浙江省"十四五"普通高等教育本科规划教材

高等院校材料专业系列规划教材

材料的性能

（第二版）

钱国栋　凌国平　刘嘉斌　崔元靖◎编

材料科学与工程
Materials Science
and Engineering

PROPERTIES
OF
MATERIALS

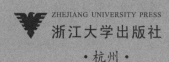

ZHEJIANG UNIVERSITY PRESS

浙江大学出版社

·杭州·

图书在版编目（CIP）数据

材料的性能 / 钱国栋等编. -- 2 版. -- 杭州 ：浙
江大学出版社，2025. 6. -- ISBN 978-7-308-26163-0

Ⅰ. TB303

中国国家版本馆 CIP 数据核字第 20252QW752 号

材料的性能（第二版）

钱国栋　凌国平　刘嘉斌　崔元靖　编

策划编辑	黄娟琴
责任编辑	徐　霞(xuxia@zju.edu.cn)
责任校对	秦　瑕
封面设计	续设计
出版发行	浙江大学出版社
	（杭州市天目山路 148 号　邮政编码 310007）
	（网址：http://www.zjupress.com）
排　版	杭州青翊图文设计有限公司
印　刷	杭州捷派印务有限公司
开　本	787mm×1092mm　1/16
印　张	22.75
字　数	539 千
版 印 次	2025 年 6 月第 2 版　2025 年 6 月第 1 次印刷
书　号	ISBN 978-7-308-26163-0
定　价	78.00 元

第二版前言

《材料的性能》自 2020 年由浙江大学出版社出版以来,已被全国多所高校的材料科学与工程专业作为本科教材或研究生参考书使用,获得了广大高校教师、学生和科研人员的广泛认同。为了使《材料的性能》这一教材能够及时体现材料科学的发展动态,并使其知识结构更为全面系统,同时结合该教材在课堂教学实践中收到的反馈和建议,我们对原有教材作了更新和完善。例如在热学性能章节增加了材料的热稳定性,在电学性能章节补充了材料极化和高分子材料导电机理等内容,在光学性能章节完善了材料颜色与光的透射、散射、吸收等光学性能的关系。此外,为便于学生在学习过程中把握重点,对书中的一些基本概念和重要内容作了突出显示。在修订过程中注重各种材料性能的共性和特性的平衡,使其更加适应培养"厚基础、宽口径"的高素质本科生的需要。

本书由浙江大学钱国栋教授和崔元靖教授负责再版的统稿工作,崔元靖教授修订第 1 至 4 章,凌国平教授修订第 5 至 7 章,刘嘉斌教授修订第 8 至 10 章。在修订与再版过程中,还得到了多位同事和研究生的大力支持和帮助,在此表示衷心的感谢。本书涉及内容很广,由于编者学识水平有限,书中难免还存在一些错误和不妥之处,敬请广大读者给予指正。

编者
2025 年 1 月于杭州

第一版前言

材料是人类文明与社会发展的基石,一种新型材料的问世往往会引起人类社会的重大变革。因此,根据所使用的主导材料不同,人们通常把人类历史分为石器、青铜器和铁器等若干不同的时代。材料也是所有科技进步的核心,不论是传统行业还是高新技术产业,无一不依赖材料科学与技术的发展来实现和突破。材料的性能是人们使用材料的依据,也是材料研究的目标。当代科学技术的发展对材料不断提出要求,极大地推动了材料科学与技术的发展,同时也广泛促进了金属材料、无机非金属材料、高分子材料等各类材料之间的交叉复合与各种性能的互补。掌握物理性能的本质及其与材料的组成、结构、构造的关系,可为判断材料优劣,正确选择和使用材料,改变材料性能,并为研究和开发新材料、新性能、新工艺打下理论基础。在材料科学与工程学科的知识范畴中,材料性能的产生机理及其应用研究具有关键的地位。

《材料的性能》教材是根据教育部1998年调整的专业目录,以多年教学实践中采用的自编教材为基础而编写的,该书第一版于2006年出版后,得到了全国广大高校教师、学生和相关工程技术人员的广泛关注和支持,并被浙江大学等高校的材料科学与工程专业作为"材料性能"这门本科生基础课的教材使用。14年来,由于材料科学的快速发展,出现了一些新材料、新理论、新技术和新应用,同时在使用过程中,一些教师和读者也提出了很多好的建议和反馈。为了使《材料的性能》这一教材及时跟随当今材料科学的发展,使其知识结构更为全面,以适应新时代的要求,结合多方面的意见和建议,对原有教材作了全面增补和修订。增补了高分子材料的热学、电学、磁学和光学性能,使其更加适应当今高校"厚基础、宽口径"的本科生培养模式。此外,还增加了材料高温氧化、电化学氧化和老化等化学性能的相关内容,使教材的内容更加充实丰满。

本书共分10章。第1章介绍了晶格振动、热容、热膨胀、热传导等材料热学性能。第2章阐述了固体电子理论、导电性能、介电性能、铁电性能、热电性能等材料电学性能。第 3 章介绍了磁学基础理论、铁磁性、铁氧体磁性能及磁性材料。第 4 章从材料的电子能带结构出发,揭示了它们在光的作用下表现出不同光学特性的本质,并在对各种光学材料作简要介绍的基础上,重点讨论了固体的发光和激光现象。第 5 章以材料的变形行为为核心,介绍了材料的拉伸、弯曲、压缩、扭转等变形行为,材料的弹性变形、塑性变形、蠕变、硬度等性能以及相应的试验测量方法和影响因素。第 6 章从材料的失效出发,介绍了材料的断裂、疲劳、磨损等行为,并从材料韧性、脆性和环境影响等角度进行失效现象和失效机制的分析。第 7 章以一些具有代表性的高新技术材料为对象,分别介绍了其力学性能。第 8 章介绍了材料的高温氧化性能。第 9 章对金属材料的电化学氧化性能作了重点讨论。第 10 章着重介绍了高分子材料的老化性能。本书最后列出了一些主要的物理量、常数的中英文对照、量纲等信息,以及包含常用信息的元素周期表,作为附录以供读者参考。

本书由浙江大学钱国栋教授、凌国平教授、刘嘉斌副教授和崔元靖教授编写。其中第 1、2、3、4 章由浙江大学钱国栋教授和崔元靖教授编写,第 5、6、7 章由凌国平教授编写,第 8、9、10 章由刘嘉斌副教授编写。本书的顺利出版得到了赵新兵教授、彭新生教授等同事的大力支持和帮助,在此表示衷心的感谢。本书涉及内容很广,由于编者水平有限,书中难免还存在一些错误和不妥之处,敬请广大读者给予指正。

钱国栋　凌国平　刘嘉斌　崔元靖
2020 年 8 月于杭州

目　　录

第4章　材料的光学性能 ··· 126

第1章

材料的热学性能

"热"是能量的一种表现形式。材料的热学性能是表征材料与热相互作用行为的一种宏观特性，包括热容、热膨胀、热传导、热辐射等。本章将概括介绍固体热性能的一般规律，并从材料的微观结构层次就热

固体气凝胶

容、热膨胀、热传导、热稳定性等四方面的热学性能进行探讨。考虑到材料的热辐射主要与材料表面特性相关，同时根据惯例，材料的热辐射通常安排在与传热学相关的课程中，所以本章将不涉及热辐射方面的内容。

人们早已有许多有关材料热学性能的感性认识，如固体的"热胀冷缩"现象、金属的优良导热性和玻璃的低热导率等。石英纤维绝热材料具有低热导率、低热膨胀系数、低密度的特点。图1.1(a)中，研究人员裸手就可接触内部温度高达1250 ℃的用石英纤维制备的块状绝热材料。这种材料被用于制造航天飞机的外层绝热防护瓦片[见图1.1(b)]，以抵御进入大气层时因摩擦而产生的高温(1650 ℃)，保护航天员、燃料和仪器设备的安全。由此可知，研究材料的热学性能具有很高的工程价值。

（a）用石英纤维制备的立方块状绝热材料　　　（b）航天飞机外表面装有数万块绝热瓦

图1.1　石英纤维绝热材料的特性及用途

1.1　热与固体原子的相互作用——晶格振动

材料的热学性能在本质上都是材料内部的原子(或离子和电子)热运动的统计表现，其中最主要的原子热运动形式是"晶格振动"。

在讨论晶体结构时,常常把原子看成在晶格结点上是固定不动的,这是为了处理方便而对客观实际的近似。实际上,由于热的作用,原子都会在平衡位置附近做微小的振动(只有当温度接近于 0 K 时,原子在晶格中的热运动才可以被忽略)。晶格振动对晶体很多方面的性质有重要影响。例如,微振动在一定程度上破坏了晶格的周期性,当加上电压时电子在振动晶格中的运动受到散射影响而增加电阻。又如,红外吸收、介质击穿等材料性质也和晶格振动有关。

晶格振动现象存在于所有固体中。对于非晶态固体(例如玻璃),虽然不存在长程有序的晶体点阵,但在足够小的范围内原子之间还是有序排列的,即所谓短程有序。即使对于原子排列“完全”无序的固体,也可理解为存在高度畸变的“晶格”。因此可以说,固体的热容、热膨胀、热传导等热学性能都与晶格振动相关。

1.1.1　一维单式格子

1. 格波的概念

为简便起见,先研究单种原子所构成的一维晶格的振动现象。假设原子的质量为 m,在一维晶格中原子之间的平衡间距为 a。由于热的作用,原子可能在其平衡位置附近前后“振动”。原子的这种热振动行为与两根弹簧(质量等于零)之间的钢珠的机械振动是类似的,即原子所受力的大小与位移成正比,力的方向与位移方向相反。

考察某个含有 N 个原子的一维晶格中的原子热振动行为。如图 1.2 所示,我们用 x_n 表示第 n 个原子偏离其平衡位置的位移($n=1,2,\cdots,N$)。原子的这种热振动通常是不同步的,即在给定的时刻 t,原子偏离其各自的平衡位置的方向和距离都可能不相同,所以原子的热振动使得相邻原子之间的距离发生变化,从而使相邻原子之间的相互作用力发生变化。

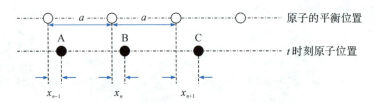

图 1.2　一维晶格中的原子热振动位移

为了定量分析原子的热振动行为,考虑图 1.2 中第 n 个原子 B 与它的两个最近邻原子 A 和 C 之间的距离变化特征。在 t 时刻,A、B 原子之间和 B、C 原子之间的距离(相对于平衡位置时)变化量分别为:$d_{AB}=x_n-x_{n-1}$ 和 $d_{BC}=x_{n+1}-x_n$。

若原子间作用力只考虑“短程弹性力”,即作用力和位移成正比但方向相反的弹性力,同时只计算两个最近邻原子间的作用力(最近邻近似),则根据胡克定律,A、B 和 B、C 原子距离的改变使得 B 原子受到的力分别为 $F_{n-1}=-\beta(x_n-x_{n-1})$ 和 $F_{n+1}=\beta(x_{n+1}-x_n)$。其中 β 称为弹性力常数(相当于弹簧的弹性系数)。根据牛顿第二定律,可引出原子 B 的运动方程:

$$m\frac{d^2 x_n}{dt^2}=F_{n-1}+F_{n+1}=\beta(x_{n+1}+x_{n-1}-2x_n) \tag{1.1}$$

式(1.1)是一个二阶线性微分方程。在讨论它的解之前,我们必须首先构建方程 (1.1)右端 x_{n-1}、x_n 和 x_{n+1} 之间的关系,将 x_{n-1} 和 x_{n+1} 表达为 x_n 的某个关系式。对此,可做如下分析。对于由相同原子构成的晶格,当温度一致时(例如在恒温条件下),处于晶体学等价位置的原子具有相同的热振动频率和振幅。原子之间位移的差异仅仅在于它们的振动通常是"不同步"的,即原子的热振动从晶格的一端传递到另一端时,原子振动的起始时间有差异。我们称这种时间差异为"相位差"。在由相同原子构成的一维晶格中,相邻原子之间的相位差是相同的,用 aK 表示。其中 a 是相邻原子之间的距离(晶格常数),K 是相位差常数(即"波数")。因此,图 1.2 中的原子 A、C 的位移 x_{n-1} 和 x_{n+1} 实际上只与原子 B 的位移 x_n 相差一个"相位差"。这样,我们可以解方程(1.1),它的解具有前进波的形式:

$$x_n=A\exp\{i(\omega t-naK)\} \tag{1.2}$$

式中:A 为振幅;ω 为角频率;$n=1,2,3,\cdots,N$,为原子在一维晶格中的位置序号;naK 为第 n 个原子的振动位相差。对每一个原子,都有以上形式相同的运动方程。

从物理上看,式(1.2)是波动方程的复数表示形式,它相当于通常的简谐振动方程:

$$x_n=A\cos(\omega t-\alpha)=A\cos\left(\omega t-\frac{\omega X}{v}\right)=A\cos(\omega t-naK) \tag{1.3}$$

式中:v 为波速;α 为距该波的振动中心距离为 X 的初位相。对于一维单原子晶格,X 就是第 n 个原子的位置,即 $X=na$。若用 λ、ν 分别表示它的波长和频率,则 $\omega=2\pi\nu$,因此,波数 $K=\omega/v=2\pi/\lambda$。由于 K 能表明波的传播方向,也称为"波矢",但本书不特别考虑其矢量特征,所以把 K 作为标量处理。

从以上讨论可以清楚地看出,式(1.2)表明热激发时每个原子在平衡位置附近的振动会通过邻近原子以行波的形式在晶体内传播。这种波称为"格波",波长是 $2\pi/K$,角频率是 ω,波速 $v=\omega/K$。格波的波长、角频率、波速都是和传递介质(晶格)性质相关的常数。

2. 格波的特性

格波是在晶格中传播的一种波。由于传播介质(晶格)本身所具有的一系列特殊性质,格波也具有与在其他介质中传播的波(如在水中传播的水波、在空气中传播的声波)不同的性质。格波的特性主要包括波矢取值的有限性、色散关系以及波矢取值的分立性。

(1)格波波矢取值的有限性　　如前所述,格波是一种谐波。由格波的波动方程式(1.2)或式(1.3)可知,当 $K'=K\pm(2\pi/a)m$ 时($m=1,2,3,\cdots$),$x_{n,K'}=x_{n,K}$。即当两个波的波矢 K 相差 $2\pi/a$ 的整数倍时,它们对同一原子所产生的振动是完全相同的。也就是说,对某一确定的振动状态,可以有无限多个波矢 K,它们间相差 $2\pi/a$ 的整数倍。因此,$x_{n,K}$ 是周期函数,其周期为 $2\pi/a$。为了保证 x_n 的单值性,通常将 K 限制在 $(-\pi/a,\pi/a]$。K 的这个取值范围称为"布里渊区"(Brillouin zone)。当 K 取正值时,格波沿正方向传播;当 K 取负值时,格波沿反方向传播。这反映了 K 的方向性。

(2)色散关系 将格波的波动方程(1.2)代入原子运动方程(1.1),可以得到角频率 ω 和波矢 K 之间的关系:

$$\omega = 2\sqrt{\beta/m} \cdot |\sin(aK/2)| \tag{1.4}$$

由于波速 $v=\omega/K$,而波长 $\lambda=2\pi/K$,式(1.4)表明格波的波速是波长的函数。这种不同于一般弹性波的特性叫作格波的振动频谱。当 K 很小($K\to 0$)时,即波长很长时,式(1.4)右端的 $\sin(aK/2)\approx aK/2$。此时,$\omega=\sqrt{\beta/m}\cdot a|K|$,波速 $v=a\sqrt{\beta/m}$ 是一常数,与弹性波的情况一致。这说明在长波情况下,即当格波的波长 $\lambda=2\pi/K$ 相对于晶格常数 a 而言很大时,晶格可看成是连续介质,格波也可看成是弹性波。

(3)波矢取值的分立性 在前面的讨论中,我们把晶体看成无限大,没有考虑边界问题。而实际上晶体是有限大的,存在晶体边界,边界对内部原子振动状态存在影响。玻恩(Born)和卡门(Karman)把边界对内部原子振动状态的影响归结为周期性边界条件。考虑图 1.2 中由 N 个原子组成的一维单式晶格,假想在它外面还有无穷多个相同的"复制品"。显然,图 1.2 晶格和它的每个"复制品"中的对应原子的振动情况是一致的。如果我们将这些一维晶格头尾相连,构成一个无限大的一维晶格,由式(1.2)给出的原子运动方程也必须适用,并且每个有限大"子晶格"中对应的原子的运动特性也应该保持相同,即 $x_n=x_{N+n}$,代入式(1.2),得:

$$\exp[i(\omega t - naK)] = \exp\{i[\omega t - (n+N)aK]\} \tag{1.5}$$

即 $\exp(-iNaK)=1$,或 $NaK=2\pi m, m=\pm1,\pm2,\cdots$,也即

$$K = 2\pi m/(Na) = 2\pi m/L \quad (m=\pm1,\pm2,\cdots) \tag{1.6}$$

式(1.6)称为"玻恩-卡门边界条件",其中 $L=Na$ 是一维晶格的长度。由于 K 的取值范围为 $(-\pi/a, \pi/a)$,式(1.6)中的 m 只能取 N 个介于 $-N/2$ 和 $N/2$ 之间的整数。这说明波矢 K 不是连续的,只能取 N 个分立值。

总结格波的特性,并和弹性波比较,可归纳出如表 1.1 所列结果。

表 1.1 格波与弹性波的一些特性比较

特性	格波	弹性波
频率关系式	$\omega=2\sqrt{\beta/m}\cdot|\sin(aK/2)|$	$\omega=vK$
频率 ω 值域	$0\sim 2\sqrt{\beta/m}$	$0\sim\infty$
波矢 K 值域	$-\pi/a\sim\pi/a$	$-\infty\sim+\infty$
波矢取值	有限个分立值	连续取值
波速	$v=d\omega/dK=2a\sqrt{\beta/m}\cdot|\cos(aK/2)|$	$v=$常数(和介质有关)

3. 声子概念

晶格的振动状态可以用频率 ω 和波矢 K 来描述。从前面的讨论可知:波矢 K 只能取一些分立的值,每个 K 值对应一个频率 ω。这意味着晶格的振动只可能以"有限个特定状态"的形式存在。换句话说,晶格振动是"量子化"的。根据量子力学中的"波粒二象性"原

理,如同把电磁波看成光子一样,在这里我们也把"量子化"的格波看成某种微粒,称为"声子"。

　　声子的能量取决于它的频率。由于频率的不连续性,声子的能量也是不连续的,只能取某些特定的值。根据量子力学理论,对应于频率 ω_i 的声子的能量可表示为 $E_i = n_i\hbar\omega_i + (1/2)\hbar\omega_i$。其中 $\hbar = h/2\pi \approx 1.05457 \times 10^{-34}$ J·s,$h = 6.6260755 \times 10^{-34}$ J·s,是普朗克常量。$E_0 = (1/2)\hbar\omega_i$ 是热力学温度为 0 K 时的能级,称为"零点能",常可忽略。n_i 的取值可由麦克斯韦-玻尔兹曼分配定律给出:

$$n_i(\omega_i, T) = \left[\exp\left(\frac{\hbar\omega_i}{kT}\right) - 1\right]^{-1} \tag{1.7}$$

式中:k 为玻尔兹曼常数,$k = 1.380658 \times 10^{-23}$ J/K。由 N 个相同原子组成的一维晶格中,将存在 N 个频率不同的格波,它们对应于 N 种不同能量的声子。晶格振动可被看成是声子的集合,而晶体则可看成是充满声子的容器。晶格振动的总能量可通过对声子能量的求和计算得到:

$$E = \sum_{i=1}^{N} \left(n_i + \frac{1}{2}\right)\hbar\omega_i \tag{1.8}$$

1.1.2　一维复式格子

1. 运动方程和色散关系

　　进一步研究一维双原子的晶格振动。假设在一条无穷长的直线上周期性地相间排列两种不同原子,每种原子的数目都是 N 个,质量分别为 m_1 和 m_2($m_1 > m_2$),相邻原子间距为 a(相邻同种原子间距为 $2a$)。

　　在简谐近似和最近邻近似条件下,可分别得到与式(1.1)相似的两种原子的运动方程:

$$\begin{cases} m_1 \dfrac{\mathrm{d}^2 x_{2n}}{\mathrm{d}t^2} = \beta(x_{2n+1} + x_{2n-1} - 2x_{2n}) \\ m_2 \dfrac{\mathrm{d}^2 x_{2n+1}}{\mathrm{d}t^2} = \beta(x_{2n+2} + x_{2n} - 2x_{2n+1}) \end{cases} \tag{1.9}$$

　　如果定义 A、B 分别为相邻两种原子的振幅,则式(1.9)的解可写为波的形式:

$$\begin{cases} x_{2n} = A\exp[\mathrm{i}(\omega_1 t - 2naK)] \\ x_{2n+1} = B\exp\{\mathrm{i}[\omega_2 t - (2n+1)aK]\} \end{cases} \tag{1.10}$$

　　同样,如果把 $2aK$ 改变 2π 的整数倍,所有原子的振动实际上完全相同,因此波矢 K 的取值只需限制在 $(-\pi/2a, \pi/2a)$。这个范围就是一维双原子链的布里渊区。

　　将式(1.10)代入式(1.9),得到一维复式格子的色散关系:

$$\frac{A}{B} = \frac{2\beta - m_1\omega_1^2}{2\beta\cos(aK)} = \frac{2\beta\cos(aK)}{2\beta - m_2\omega_2^2} \tag{1.11}$$

$$\begin{cases} \omega_1^2 = \dfrac{\beta(m_1 + m_2 - \Delta)}{m_1 m_2} \\ \omega_2^2 = \dfrac{\beta(m_1 + m_2 + \Delta)}{m_1 m_2} \end{cases} \tag{1.12}$$

式中：
$$\Delta=\sqrt{m_1^2+m_2^2+2m_1m_2\cos(2aK)} \tag{1.13}$$

由此可见，一维复式格子与一维单式格子的不同点是一个波矢对应两个独立的频率，存在两种色散关系，即存在两种格波，如图 1.3 所示。

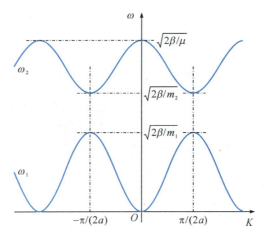

图 1.3　一维双原子晶格振动频率

对 ω_1 有：当 $K=\pm\pi/(2a)$ 时，$\omega_{1\max}=\sqrt{2\beta/m_1}$；当 $K=0$ 时，$\omega_{1\min}=0$。

对 ω_2 有：当 $K=\pm\pi/(2a)$ 时，$\omega_{2\min}=\sqrt{2\beta/m_2}$；当 $K=0$ 时，$\omega_{2\max}=\sqrt{2\beta(m_1+m_2)/(m_1m_2)}=\sqrt{2\beta/\mu}$，其中 μ 称为"折合质量"。

2. 光学波和声学波

因为 $m_1>m_2$，所以 $\omega_{2\min}>\omega_{1\max}$，即 ω_2 总是大于 ω_1。其中，频率高的格波伴随的能量也大，其频率范围处在光频范围（红外区），故称为"光频支"或"光学波"。另一支格波频率较低，伴随的能量小，与普通弹性波类似，是以声波形式出现的驻波，故称为"声频支"或"声学波"。

(1)振幅分析　对于声学波：将频率低的 ω_1 代入式(1.11)，可得 $A/B>0$，即相邻两原子向同一方向振动。当 $K\rightarrow0$（波长很长）时，有 $A/B\rightarrow1$，即相邻两原子振幅相同。因此，这支格波实际上代表了由相邻两个不同原子组成的晶胞的运动，或者说是反映了各晶胞间的相对运动。由于晶胞质量较大，晶胞间相对位移较小、相互作用较弱，因此振动频率较低。

对于光学波：将频率高的 ω_2 代入式(1.11)，可得 $A/B<0$，说明相邻两原子向相反方向振动（位相相差 π）。当 $K\rightarrow0$（波长很长）时，$m_1A+m_2B=0$，说明在振动时晶胞质心保持不变，只是晶胞内不同原子相对振动。由于原子振动方向相反，相对位移大，原子间相互作用大，振动质点（原子）的质量小、频率高，振动范围小。

此外，在 $\omega_{2\min}$ 和 $\omega_{1\max}$ 之间的频率既不属于光学波，也不属于声学波，所以在此频率区间不存在格波，故称为"禁止"频率（或能量）区。显然，两种原子之间的质量比（m_1/m_2）越大，光学波和声学波之间频率间隙也越宽。

(2)周期性分析　对于一维双原子晶格，晶胞数为 N，每个晶胞含有两个原子。可以用一维单原子晶格边界条件的假定，证明这种晶格也是量子化的，波矢 K 只能取 N 个不同值。由于一维双原子链的每个 K 值对应两个解,因此总共有 $2N$ 个不同的晶格振动频率(格波)。其次,对一维晶格来说,每个原子的自由度是 1。含有 $2N$ 个原子的一维双原子晶格,自由度共有 $2N$ 个,和晶格振动频率数目相等。因此,晶格振动波矢数等于晶体所包含的原胞数,晶格振动频率数等于晶体自由度数。

1.2　材料的热容

一个物体的温度是构成该物体的微观粒子(分子、原子、离子、电子等)热运动的统计表征。当外界对一个物体提供热运动的能量(加热)时,物体的温度将随之上升;反之,当物体向外部环境散发热量时,物体的温度将下降。

物体的热容定义为物体温度变化 1 K 时,物体与环境之间的热能交换量:

$$C = \frac{\partial Q}{\partial T} \tag{1.14}$$

式中:C 为热容,单位是 J/K;Q 为热量,单位是 J;T 为温度,单位是 K。

1 kg 物质的热容称为"比热容"(也称"质量热容"),单位是 J/(kg·K);1 mol 物质的热容称为"摩尔热容",单位是 J/(mol·K)。

根据热力学原理,式(1.14)中的热量 Q 不是状态函数,所以物体的热容与它的热变化过程有关。两种常用的特殊情况包括:等压条件下的定压热容 C_p 和等容条件下的定容热容 C_V。由于在恒压加热过程中,物体除温度升高外,还要对外界做功,所以温度每提高 1 K 需要吸收更多的热量,即 $C_p > C_V$。根据热力学第一定律,可导出:

$$C_p = \left(\frac{\partial Q}{\partial T}\right)_p = \frac{\partial H}{\partial T} \tag{1.15}$$

$$C_V = \left(\frac{\partial Q}{\partial T}\right)_V = \frac{\partial U}{\partial T} \tag{1.16}$$

式中:H 为焓;U 为内能。

C_p 的测定比较简单,但 C_V 更有理论意义,因为它可以直接用系统的能量增量进行计算。根据热力学第二定律可以导出摩尔定压热容 $C_{p,m}$ 和摩尔定容热容 $C_{V,m}$ 的关系为:

$$C_{p,m} - C_{V,m} = \frac{\alpha_V^2 V_m T}{\kappa} \tag{1.17}$$

式中:V_m 为物体的摩尔体积;α_V 和 κ 分别为物体的体膨胀系数和压缩率,定义为:

$$\alpha_V = \frac{1}{V} \cdot \frac{\mathrm{d}V}{\mathrm{d}T}, \qquad \kappa = -\frac{1}{V} \cdot \frac{\mathrm{d}V}{\mathrm{d}P}$$

式中:V 为物体的体积,单位是 m^3;T 为温度,单位是 K;P 为压强,单位是 Pa。

对于凝聚态物质,当温度不高时,$C_{p,m}$ 和 $C_{V,m}$ 的差异通常可以忽略。

1.2.1　固体热容理论

固体的热容与晶格振动有关。固体热容理论是根据原子热振动的特点,从理论上研究热容本质并建立热容随温度变化的定量关系。从 19 世纪初到 20 世纪初,固体热容理论经历了从杜隆-珀蒂经典热容理论,到爱因斯坦量子热容理论以及到德拜量子热容理论的发展历程。

1. 经典热容理论

1819 年,法国科学家杜隆(P. L. Dulong)和珀蒂(A. T. Petit)通过实验发现,许多非金属固体在室温时的摩尔定容热容都接近于摩尔气体常数 $R[R=8.314510\ \mathrm{J/(mol \cdot K)}]$ 的 3 倍,即

$$C_{V,\mathrm{m}} \approx 3R \approx 25\ \mathrm{J/(mol \cdot K)} \tag{1.18}$$

这个发现当初被称为"原子热定律",现在被称为杜隆-珀蒂定律(Dulong-Petit law)。对于杜隆-珀蒂定律,可以做如下理解:固体中的每个原子都有 3 个热振动自由度,根据能量均分理论(equipartition theory),每个原子的能量为 $3kT$。所以一个原子的热容等于 $3k$。对于 1 mol 固体,其摩尔定容热容为 $C_{V,\mathrm{m}}=3R$。

杜隆-珀蒂定律提供了一个简单、通用的固体热容估算方法。但是杜隆-珀蒂定律所不能解释的是,实验证明固体热容随温度下降而减小,并且当 $T \rightarrow 0$ K 时 $C_{V,\mathrm{m}} \rightarrow 0$。事实上这是不能用经典理论解释的现象。

2. 爱因斯坦热容理论

1906 年,德国科学家爱因斯坦(A. Einstein)提出了量子热容理论。爱因斯坦将固体中的每个原子都考虑为彼此无关的独立振子,并且都以相同的角频率 ω 振动。对于包含 N 个原子的固体,可以推导出:

$$C_{V,\mathrm{m}} = 3Nk\left(\frac{\hbar\omega}{kT}\right)^2 \cdot \frac{\exp\left(\frac{\hbar\omega}{kT}\right)}{\left[\exp\left(\frac{\hbar\omega}{kT}\right)-1\right]^2} \tag{1.19}$$

令 $\Theta_{\mathrm{E}} = \hbar\omega/k$,称为爱因斯坦温度。式(1.19)可以改写为:

$$C_{V,\mathrm{m}} = 3Nk\left(\frac{\Theta_{\mathrm{E}}}{T}\right)^2 \cdot \frac{\exp\left(\frac{\Theta_{\mathrm{E}}}{T}\right)}{\left[\exp\left(\frac{\Theta_{\mathrm{E}}}{T}\right)-1\right]^2} \tag{1.20}$$

当温度很高,$T \gg \Theta_{\mathrm{E}}$ 时,式(1.20)中的指数项:

$$\exp\left(\frac{\Theta_{\mathrm{E}}}{T}\right) = 1 + \frac{\Theta_{\mathrm{E}}}{T} + \frac{1}{2!}\left(\frac{\Theta_{\mathrm{E}}}{T}\right)^2 + \frac{1}{3!}\left(\frac{\Theta_{\mathrm{E}}}{T}\right)^3 + \cdots \approx 1 + \frac{\Theta_{\mathrm{E}}}{T} \tag{1.21}$$

因此,如果固体中的原子数 $N = \{N_{\mathrm{A}}\}_{\mathrm{mol}^{-1}}$($N_{\mathrm{A}} = 6.022 \times 10^{23}\ \mathrm{mol}^{-1}$,为阿伏伽德罗常数),则:

$$C_{V,\mathrm{m}} \approx 3\{N_{\mathrm{A}}\}_{\mathrm{mol}^{-1}}k\left(\frac{\Theta_{\mathrm{E}}}{T}\right)^2 \cdot \frac{1+\dfrac{\Theta_{\mathrm{E}}}{T}}{\left(\dfrac{\Theta_{\mathrm{E}}}{T}\right)^2} \approx 3\{N_{\mathrm{A}}\}_{\mathrm{mol}^{-1}}k = 3R \tag{1.22}$$

可见式(1.22)等同于杜隆-珀蒂定律[见式(1.18)]。因此,经典热容理论可以理解为量子理论在高温下的近似。或者说,在高温下爱因斯坦热容理论趋近于杜隆-珀蒂定律,如图 1.4 所示。

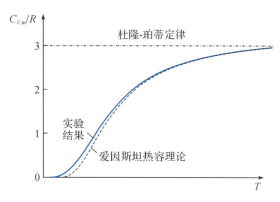

图 1.4　爱因斯坦热容理论与实验数据的比较

爱因斯坦热容模型是量子力学理论的第一次成功应用。但是在图 1.4 中同时可以看到,爱因斯坦模型计算结果在低温下明显低于实验结果。其原因是实际固体中的原子振动并不满足爱因斯坦模型所假设的彼此独立的条件。由于原子之间存在相互作用力,原子振动也将相互影响,这在低温时尤其显著。

3. 德拜热容理论

1912 年,荷兰出生的物理化学家德拜(P. J. W. Debye)建立了著名的德拜热容模型。德拜模型考虑到固体中各原子之间存在着相互作用力,这种力使原子的热振动相互牵连,因此相邻原子的振动必须相互协调。为此,德拜模型对爱因斯坦模型中关于所有原子振动频率都相同的假设进行了修改。德拜模型的基本假设是:固体中的原子可以在一个比较宽的频率分布范围内振动,但存在一个最大振动频率(德拜频率)ω_D,振动频率为 ω 的振子数目与 ω^2 成正比。

根据德拜模型,由 N 个原子构成的固体的定容热容可表达为:

$$C_{V,m} = 9Nk(kT/\hbar\omega_D)^3 \int_0^{\hbar\omega_D/kT} x^4 e^x \cdot (e^x - 1)^{-2} dx \tag{1.23}$$

定义德拜温度为:

$$\Theta_D = \frac{\hbar\omega_D}{k} \tag{1.24}$$

则式(1.23)可改写为:

$$C_{V,m} = 9Nk(T/\Theta_D)^3 \int_0^{\Theta_D/T} x^4 e^x \cdot (e^x - 1)^{-2} dx \tag{1.25}$$

当温度很高,$T \gg \Theta_D$ 时,上式中的 x 值很小,$e^x - 1 \approx x$,可得 $C_{V,m} = 3Nk$。这等同于经典的杜隆-珀蒂定律[见式(1.18)]。

在另一个极端,当温度非常低,$T \ll \Theta_D$ 时,$\Theta_D/T \rightarrow \infty$。式(1.24)右端的积分等于 $4\pi^4/15$,因此可得:

$$C_{V,m} = (12\pi^4 Nk/5) \cdot (T/\Theta_D)^3 \qquad (T \rightarrow 0) \tag{1.26}$$

这表明,低温下 $C_{V,m}$ 正比于 T^3(即著名的德拜三次方定律)。图 1.5 是在接近于 0 K 的低温下固态氩(argon)的摩尔定容热容,可见测量数据与德拜三次方定律非常吻合。

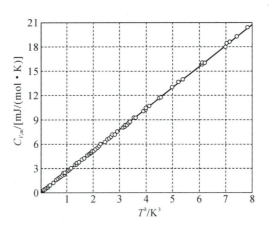

图 1.5　低温下固态氩的摩尔定容测量数据（圆圈）与德拜三次方定律（实线）的比较

根据德拜理论得到的式(1.25)是摩尔定容热容 $C_{V,m}$ 关于无量纲温度(T/Θ_D)的一个"普适"函数。只要知道了固体的德拜温度，就可通过式(1.25)计算摩尔定容热容。根据式(1.25)计算的摩尔定容与无量纲温度(T/Θ_D)的关系见图 1.6 中的实线(图中不同符号代表不同晶体的实验测量摩尔定容热容数据点)，可见德拜理论与实验测量结果非常吻合。

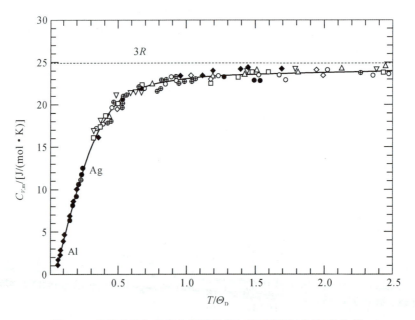

图 1.6　晶体的摩尔定容热容测量值与德拜模型（实线）的比较

4. 德拜温度

德拜温度在材料热学性能研究方面具有重要的意义。按照德拜理论，一种晶体的摩尔定容热容由其德拜温度确定。表 1.2 给出了一些元素晶体和化合物晶体的德拜温度。

经过定性分析可知，德拜温度是和原子振动难易程度有关的一个参数。原子结合力越大,原子越轻,则原子越不容易发生振动,从而德拜温度 Θ_D 越高。

从德拜温度的微观机制方面理解,在 $T \gg \Theta_D$ 的高温下,$0 \sim \omega_D$ 范围内的所有振动模式都能被激发。每个振动模式的平均能量是 kT,此时经典的杜隆-珀蒂定律成立。而当 $T < \Theta_D$ 时,声子开始被冻结,只有能量量子 $\hbar\omega \leqslant kT$ 的振动模式能被激发。温度越低,被激发的振动模式越少,从而摩尔定容热容以 T^3 的速度趋于零。

德拜温度可以用不同方法求出。例如,可以测量晶体的摩尔定容热容,通过对德拜公式(1.25)的拟合,计算德拜温度 Θ_D。另外,还可以根据德拜温度与其他固体参数之间的关系计算 Θ_D。例如,晶体的德拜温度 Θ_D 与熔点 T_m 之间存在以下经验关系:

$$\Theta_D = 137 \sqrt{\frac{T_m}{A_r V_a^{2/3}}} \tag{1.27}$$

式中:Θ_D 和 T_m 的单位都是 K;A_r 为相对原子质量(旧称为“原子量”);V_a 为原子体积(Å^3)。又如,晶体的德拜温度 Θ_D 正比于该晶体内的声速 v:

$$\Theta_D = \frac{vh}{2\pi k}\left(\frac{6\pi^2 N_0}{V_m}\right)^{1/3} \tag{1.28}$$

式中:V_m 为摩尔体积(m^3/mol)。金刚石具有非常高的德拜温度,所以金刚石中也具有很高的声速。因此,JVC 公司在高频喇叭鼓膜上镀上金刚石薄膜,以降低高频失真。

表 1.2　一些元素和化合物晶体的德拜温度

元素(化合物)	Θ_D/K	元素(化合物)	Θ_D/K	元素(化合物)	Θ_D/K
Ag	225	Fe	470	Rb	56
Al	428	Ge	374	Se	90
Au	165	Hg	71.9	Si	645
B	1220	K	91	Sn(灰色)	260
Be	1440	Li	344	Sn(白色)	170
C(金刚石)	2230	Mo	450	Ti	420
C(石墨)	760(C 轴)	Na	158	U	207
Co	445	Ni	450	V	380
Cs	38	Pb	105	W	400
Cu	343	Pt	240	Zn	327
LiF	670	KF	335	CsF	245
LiCl	420	KCl	240	CsCl	175
LiBr	340	KBr	192	CsBr	125
LiI	280	KI	173	CsI	102
NaF	445	RbF	267	AgCl	180
NaCl	297	RbCl	194	AgBr	140
NaBr	238	RbBr	149	BN	600
NaI	197	RbI	122	SiO_2(石英)	255

1.2.2　金属材料的热容

金属与其他固体的重要差别之一是其内部有大量自由电子,讨论金属热容,必须先认识自由电子对金属热容的贡献。

根据经典自由电子理论,每个自由电子对热容的贡献为 $3k/2$,并且与温度无关。如果假设金属中每个原子都有一个自由电子,则由经典理论得到的金属摩尔热容将高达 $4.5R$。但即使是在高温下实测金属材料的摩尔热容,也仅仅略大于 $3R$。事实上,在金属中,并不是所有价电子都是"自由电子",只有那些能量高于费米能的电子才对摩尔热容有贡献。根据量子自由电子理论,可以算出自由电子对摩尔热容的贡献为:

$$C_{V,m}^{e}=\left(\frac{k\pi^2}{2E_F^0}\right)RZT \tag{1.29}$$

式中:E_F^0 为 0 K 时的费米能;Z 是金属原子的价电子数。有关费米能的概念将在本书第2章中详细介绍。

根据式(1.29),可以计算出常温下 1 mol Cu 中的电子对摩尔热容的贡献大约为 $0.64\times10^{-4}RT$。这与常温下原子振动对摩尔热容的贡献(约 $3RT$)相比,是可以忽略的。

但当温度很低($T\ll\Theta_D$,$T\ll T_F=E_F^0/k$,T_F 为费米温度)时,金属热容需要同时考虑晶格振动和自由电子两部分对热容的贡献。此时金属的摩尔定容热容可以表达为:

$$C_{V,m}=aT^3+bT \tag{1.30}$$

式中:a、b 是两个材料的特征常数,$a=12R\pi^4/(5\Theta_D^3)$,$b=\pi^2ZRk_B/(2E_F^0)$。

对于合金,可以通过组元金属的热容计算合金热容。例如,A-B 二元固溶体合金的摩尔定压热容可写成:

$$C_{p,m(AB)}=x_A C_{p,m(A)}+(1-x_A)C_{p,m(B)} \tag{1.31}$$

式中:x_A 为组元 A 在固溶体中的摩尔浓度;$C_{p,m(A)}$ 和 $C_{p,m(B)}$ 分别为组元 A 和 B 的摩尔定压热容。

式(1.31)被称为奈曼-考普(Neumann-Kopp)定律,它可应用于多相混合组织、固溶体或化合物。奈曼-考普定律计算得到的摩尔定压热容值与实验值相差不大于 4%。但它不适用于低温条件或铁磁性合金。

合金在发生相变时,形成新相的热效应大小与新相的形成热有关。其一般规律是:化合物相的形成热最高,中间相的形成热居中,固溶体的形成热最小。在化合物中,以形成稳定化合物的形成热为高;反之,形成热低。相变热的存在导致在相变温度下热容发生突变。

1.2.3　无机材料的热容

根据德拜热容理论,在高于德拜温度 Θ_D 时,无机材料的热容趋于常数 25 J/(mol·K);在远低于 Θ_D 以下温度时,热容与 T^3 成正比。不同材料的 Θ_D 是不同的,例如,石墨(平面内)为 1973 K,BeO 为 1173 K,Al_2O_3 为 923 K,它取决于键的强度、材料的弹性模量和熔点等。对于绝大多数氧化物、碳化物,摩尔热容都是从低温时的一个低的数值增加到 1273 K 左右的近似于 25 J/(mol·K)。温度进一步增加,摩尔热容基本上没有什么变化。

　　无机材料的热容与材料结构关系不大,即对晶体结构或显微组织是不敏感的。CaO 和 SiO_2 的 1∶1 混合物与 $CaSiO_3$ 的热容-温度曲线基本重合。根据实验结果,大多数无机材料的摩尔定压热容可用如下经验公式描述:

$$C_{p,m} = a + bT + cT^{-2} \tag{1.32}$$

式中:$C_{p,m}$ 的单位为 J/(mol·K);T 的单位为 K;a、b、c 为经验公式的系数。表 1.3 列出了某些无机材料的热容经验公式的系数以及它们的应用温度范围。

表 1.3　一些无机材料的热容经验公式的系数及其应用的温度范围

名称	a	$b/10^{-3}$	$c/10^5$	温度范围/K
氧化铝	22.86	32.60	—	298~900
刚玉(α-Al_2O_3)	114.66	12.79	−35.40	298~1800
莫来石($3Al_2O_3 \cdot 2SiO_2$)	365.96	62.53	−111.52	298~1100
碳化硼	96.10	22.57	44.81	298~1373
氧化铍	35.32	16.72	−13.25	298~1200
氧化铋	103.41	33.44	—	298~800
氮化硼(α-BN)	7.61	15.13	—	273~1173
硅灰石($CaSiO_3$)	111.36	15.05	−27.25	298~1450
氧化铬	119.26	9.20	−15.63	298~1800
钾长石($K_2O \cdot Al_2O_3 \cdot 6SiO_2$)	266.81	53.92	−71.27	298~1400
氧化镁	42.55	7.27	−6.19	298~2100
碳化硅	37.33	12.92	−12.83	298~1700
α-石英	46.82	34.28	−11.29	298~848
β-石英	60.23	8.11	—	298~2000
石英玻璃	55.93	15.38	−14.42	298~2000
碳化钛	49.45	3.34	−14.96	298~1800
金红石	75.15	1.17	−18.18	298~1800

　　类似于合金,在较高温度下无机材料的热容也大约等于构成该化合物各元素原子热容的总和,多相复合材料的热容等于各个组成相热容的质量加权平均,即奈曼-考普定律[见式(1.31)]在无机材料中也是适用的。与金属热容一样,无机材料在相变时,由于热量的不连续变化,热容也会出现突变。玻璃在转变区热容有一个急增,这是由于原子重排需要较多的能量。图 1.7 示意性地给出了晶体材料、玻璃态材料和液体的摩尔定压热容随温度变化的关系曲线。

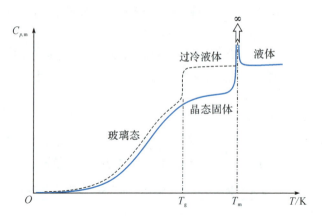

图 1.7　晶体、玻璃和液体的典型热容-温度关系曲线

1.2.4　高分子材料的热容

高分子材料也称聚合物,是相对分子质量很大(一般超过 2 万),而且没有特定值,只有一个相对分子质量分布范围,分子内有重复性化学结构(称结构单元)的化合物。与小分子相比,高分子材料因为其多层次的大分子结构而表现出分子运动的多重性、时间依赖性和温度依赖性的热运动特点。①运动单元和模式的多重性。由于高分子材料是长链结构,其相对分子质量不仅高,而且具有多分散性。其运动单元具有多重性,除了整个分子链的运动外,也可以是链内如链段、链节、侧基和支链等各个部分的运动。从运动方式来说,有键长、键角的变化,有侧基、支链、链节的旋转和摇摆运动,有链段绕主链单键的旋转运动,有链段的跃迁和大分子的蠕动等。在各种运动单元和模式中,链段的运动最为重要,高分子材料的许多特性均与链段的运动有直接关系。链段运动状态是判断材料处于玻璃态或高弹态的关键因素;链段运动既可以引起大分子构象变化,也可以引起分子整链重心位移,使材料发生塑性形变和流动。②分子运动的时间依赖性。在一定温度和外场作用下,高分子材料从一种平衡状态通过分子运动过渡到与外场相适应的另一种平衡状态总是需要一定时间,我们把这个时间称为松弛时间,这种现象称为时间依赖性或松弛特性。各种运动单元的运动需要克服内摩擦阻力,运动单元越大,运动中受到的阻力越大,松弛时间越长。小分子的松弛时间短,如室温下的液体分子的松弛时间只有 $10^{-10} \sim 10^{-8}$ s,可以认为是瞬时过程。高分子材料的分子量很高,分子间作用力大、黏度大,松弛时间长。由于运动单元的大小不同,松弛时间也不同,高分子材料实际的松弛时间不是单一的值,在一定范围内可以认为松弛时间有一个连续分布,我们把这些物理量与时间的关系曲线称为松弛时间谱。因此当外场作用时间短时,观察不到大分子的整体运动,而只能观察到链段、链节或侧基等的运动。③分子运动的温度依赖性。高分子运动具有温度依赖性,温度变化对高分子的运动影响非常大,温度升高会加快松弛过程。温度升高使高分子材料的运动单元活化,温度升高,分子运动能增加,当克服位垒后,运动单元处于活化状态;另外温度升高使高分子材料体积膨胀,加大了

分子间的自由空间。

随着温度升高,高分子材料会发生玻璃化转变过程。对于高分子材料而言,玻璃化转变温度(T_g)是其玻璃态与高弹态的转变温度。其分子运动的本质是高分子链段冻结状态与自由运动状态之间的转变过程。转变前后,材料的物理性质,如模量、比热容、热膨胀系数、光学性质、电学性质等,都会发生很大的变化。关于玻璃化转变的机理,人们曾从不同角度提出了几种理论,其中影响最大的是自由体积理论,该理论由 Fox 和 Flory 于 1950 年提出。液体、固体的宏观体积从微观看可分成两部分:一是分子本身占有体积,是体积的主要部分;二是分子堆砌形成的空隙或未占有的"自由体积",如具有分子尺寸的空穴和堆砌缺陷等。这种未被占据的自由体积,是分子赖以移动和构象重排的场所,其大小或占据百分率决定着分子(对高分子材料而言是链段)运动的状态。玻璃化温度以上,自由体积较大,为链段运动提供了空间保证,材料处于高弹态。温度变化时,材料体积的变化由分子占有体积和自由体积共同变化组成。温度降低,自由体积减小。降至玻璃化转变温度时,自由体积降到最低值。此时的自由体积已不足以提供链段运动的空间,使链段运动被冻结,材料处于玻璃态。玻璃态中,材料体积随温度的变化只取决于分子占有体积的变化,自由体积处于冻结状态,保持不变。这种观点是玻璃化转变等自由体积理论的基础。

常见高分子材料的定压比热容的数值远大于金属和无机材料,这是因为高分子链段运动的程度容易因受热而剧增,导致吸收能量较大。由于同样的原因,高分子材料在玻璃化转变温度和熔点温度时,其定压比热容也有明显增大,即橡胶态高分子材料的定压比热容大于玻璃态,熔体的定压比热容大于晶体。在熔点时,晶体的熔融要吸收大量的熔化热,使得高分子材料在熔点温度时的定压比热容有尖锐的峰值。

1.3　材料的热膨胀

热胀冷缩是最为人们熟悉的材料热学特性之一。在大多数情况下,热胀冷缩是人们不希望发生的。例如,人们不得不在铁路钢轨的连接处预留一段钢轨受热膨胀的空隙(目前通常将轨道设计成曲线,以便在保留钢轨热胀冷缩空间的同时,能够减少阻碍列车速度的钢轨连接缝隙);又如人们常见的水泥路面被分割成一块块,中间的缝隙也是为热胀冷缩提供的空间。由于不同的材料具有不同的热膨胀系数,这对不同类型材料之间的配合是非常不利的,特别是金属材料和无机材料之间的密封问题。因此,研究热膨胀系数接近于零的材料,一直是材料研究的一个重要领域。

1.3.1　固体的热膨胀机理

固体材料热膨胀的本质是分子(或原子)之间的作用力,即源于材料内部的质点(分子或原子)之间相互作用力关于质点平衡位置的不对称性。

固体中原子之间的相互作用力包括斥力和引力。以离子晶体为例,根据固体理论,原子之间斥力与 r^n 成反比(其中 r 是原子间距,n 是一个和电子层数目相关的指数,电子层越多,n 越大,例如,$n_{He}=5$、$n_{Ne}=7$、$n_{Ar}=9$);而原子之间的引力(库仑力)与 r^2 成反比。所以,当原子间距离缩短时,斥力将会以比引力(绝对值)快得多的速度迅速上升(见图1.8)。因此,如图1.8(b)所示,在质点平衡位置r_0的两侧,合力曲线的斜率是不等的:$r < r_0$时曲线的斜率较大,而$r > r_0$时的斜率较小。

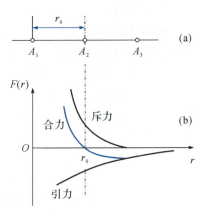

由于固体中原子相互作用力与偏离其理论平衡位置距离的不对称性,其热振动不是左、右对称的线性振动:$r < r_0$时斥力随位移增大很快;$r > r_0$时引力随位移的增大要慢一些。在这样的不对称受力情况下,质点振动时将更容易偏向$r > r_0$处。温度越高,振幅越大,质点在r_0两侧受力不对称的情况越显著,平衡位置向$r > r_0$方向偏移越多,相邻质点间的实际平均距离就增加得越大,从而使晶体膨胀。

图1.8　晶体中质点间引力-斥力曲线和位能曲线

晶体热膨胀同样可从点阵能曲线的非对称性得到具体解释。如图1.9(a)所示,假设在T_1温度时原子具有的能量为E_{T_1},因此它可以在r_C和r_D之间振动。可以看到,由于原子间相互作用能曲线的不对称性,T_1温度时原子的统计平均位置将偏离其平衡位置$r = r_0$,而移向原子间距较大的r_B处。这里原子的理论平衡位置r_0对应于能量最低点A,所以r_0可以理解为0 K时的原子间距。如果将不同温度(具有不同能量)时原子振动的平均位置标注出来,则如图1.9(b)所示,温度越高,平均位置移得越远,或者说原子间的平均间距越大。这就是固体材料热膨胀的微观机制。

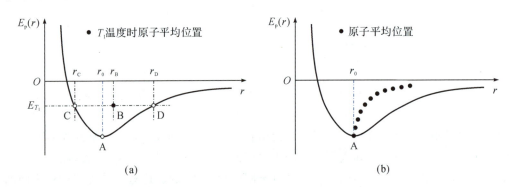

图1.9　原子间非对称作用能导致原子平均位置偏移

从数学角度考虑,两个原子之间的势能是两个原子间距r的函数,即$E_p = E_p(r)$。将原子间距r表述为平衡间距r_0和偏移量δ的和,并在$r = r_0$处将函数$E_p(r)$展开为泰勒级数:

$$E_p(r) = E_p(r_0) + \left(\frac{dE_p}{dr}\right)_{r_0} \delta + \frac{1}{2!}\left(\frac{d^2 E_p}{dr^2}\right)_{r_0} \delta^2 + \frac{1}{3!}\left(\frac{d^3 E_p}{dr^3}\right)_{r_0} \delta^3 + \frac{1}{4!}\left(\frac{d^4 E_p}{dr^4}\right)_{r_0} \delta^4 + \cdots$$

$$(1.33)$$

式(1.33)右边的第一项为常数。由于势曲线在$r = r_0$时存在最小值,即$r = r_0$时$dE_p/dr = 0$,所以式(1.33)右边第二项等于零。式(1.33)右边第三项是关于偏移量δ的二次项,反映了原子在平衡位置附近的简谐振动;第四项(三次项)反映了原子振动过程中的非谐振成分,而四次项则反映了振幅很大时的振动软化现象。

在式(1.33)中,关于偏移量 δ 不对称的三次项是导致固体材料热膨胀现象的数学根源。事实上,根据图 1.9 中势能曲线的形状,不难看出式(1.33)右边的三次项系数(E_p 的三阶导数)是负数。因此当 δ 取负值(原子间距缩小)时,式(1.33)右边的二次项和三次项同号,从而引起 E_p 的迅速上升;反之,当 δ 取正值(原子间距扩大)时,二次项和三次项异号,因此 E_p 的上升将比较缓慢。

采用玻尔兹曼统计方法,在忽略更高次项的简化假设下,可计算出平均位移:

$$\bar{\delta} = \frac{3B_3 kT}{4B_2^2} \tag{1.34}$$

其中,B_2 和 B_3 分别是式(1.33)中的二次项和三次项系数,由此可得到线膨胀系数:

$$\alpha_l = \frac{\mathrm{d}\bar{\delta}}{r_0 \mathrm{d}T} = \frac{3B_3 k}{4B_2^2 r_0} \tag{1.35}$$

固体材料中,除了原子间平均距离随温度升高而增大这个导致热膨胀的本质和主要原因以外,晶体中的热平衡缺陷也会对材料的宏观尺寸产生影响,如空位浓度升高引起的体积膨胀、间隙原子所造成的局部点阵畸变等。这些虽然是次要因素,但随着温度升高,点缺陷浓度按指数关系增加,所以在高温时这些次要因素对某些晶体的膨胀的影响就变得重要了。

工程中,膨胀系数是经常要考虑的物理量之一。例如,在玻璃陶瓷与金属间的封接问题中,由于电真空的要求,需要在低温和高温下两种材料的 α_V 值均相近,否则易漏气。所以高温钠蒸气灯所用的透明 Al_2O_3 灯管($\alpha_V = 8.0 \times 10^{-6}$ K^{-1}),应选用金属铌($\alpha_V = 7.8 \times 10^{-6}$ K^{-1})作为封接导电材料。

在多晶、多相复杂结构的材料及复合材料中,由于各相及各方向热膨胀系数不同所引起的热应力问题,也是在选材、用材时应注意的问题。

1.3.2　影响固体材料热膨胀系数的一些因素

1. 温度

热膨胀是固体材料受热后晶格振动加剧而引起的体积膨胀,晶格振动的加剧就是热运动能量增大,升高单位温度时能量的增量即热容,

热膨胀仪

所以膨胀系数显然与热容密切相关,而且有相似的规律。格林艾森(Grüneisen)从晶格振动理论导出金属体膨胀系数与热容 C_V 的关系式:

$$\alpha_V = \frac{\gamma}{KV} C_V \tag{1.36}$$

式中:γ 为格林艾森参量,表示原子非线性振动的物理量,一般物质的 γ 在 1.5~2.5 变化;K 为体积模量(bulk modulus),单位 Pa,定义为恒温条件下单位体积随压力改变量的倒数,$1/K = -(1/V)(\mathrm{d}V/\mathrm{d}p)_T$;$V$ 为体积。

从热容理论可知,低温 C_V 随温度 T^3 变化,因此膨胀系数在低温下也按 T^3 规律变化。

热膨胀系数在低温时增加很快,但在德拜温度 Θ_D 以上时则趋于常数。如果在高于德拜温度 Θ_D 时观察到热膨胀系数持续增加,则通常是由于形成弗仑克尔缺陷或肖特基缺陷所致。

2. 结合能、熔点

固体材料的热膨胀与晶体点阵中质点的势能性质有关,由图 1.9(a)可见,原子(即晶体点阵质量)在其理论平衡位置的势能很低,这种呈 U 形(不对称)的势能曲线通常称为"势阱"。质点间结合力强,则势阱深而狭窄,升高同样的温度差,质点振幅增加得较少,故平均位置的位移量增加得较少,因此热膨胀系数较小。

格林艾森还提出了固体的体热膨胀极限方程,指出一般纯金属由温度 0 K 加热到熔点 T_m,膨胀率为 6%,大多数立方结构和六方结构的金属的膨胀率为 6%~7.6%,这个关系式可表示为:

$$\alpha_V \cdot T_m = \frac{V_{T_m}}{V_0} - 1 \approx 0.06 \tag{1.37}$$

式中:V_{T_m} 为熔点温度时金属的固体体积;V_0 为 0 K 时金属体积。

从式(1.37)可见,固体加热体积增大 6% 时,晶体原子间结合力已经很弱,以至于使固体熔化为液体。同时还可看出,因为在 0 K 到熔点之间,体积要变化 6%,物质熔点越低,则物质的膨胀系数越大,反之亦然。但由于各种金属的原子结构、晶体点阵类型不同,其膨胀极限不可能都刚好等于这个数值,如正方点阵金属 In、β-Sn,膨胀极限值为 2.79%。

线膨胀系数 α_l 和金属熔点 T_m 的关系由以下经验公式给出:

$$\alpha_l T_m = b \tag{1.38}$$

式中:b 为常数,一般为 0.022。

3. 晶体缺陷

实际晶体中总是含有某些缺陷,尽管它们在室温下处于"冻结"状态,但它们仍可明显地影响晶体的物理性能。格尔茨利坎(Гердрикен)、提梅斯费尔德(Timmesfeld)等研究了空位对固体热膨胀的影响。由空位引起的晶体附加体积变化可写成关系式:

$$\Delta V = BV_0 \exp\left(-\frac{Q}{kT}\right) \tag{1.39}$$

式中:Q 为空位形成能;B 为常数;V_0 为晶体在 0 K 时的体积。空位可以由辐射发生,如 X 射线、γ 射线、电子、中子、质子辐照皆可引起辐照空位的产生,高温淬火也可产生空位。

研究工作表明,辐照空位使晶体的热膨胀系数增大。如果忽略空位周围应力,则由于辐照空位而增加的体积为 $\Delta V/V = n/N$,其中 N 为晶体原子数,n 为空位数。

温度接近熔点时,热缺陷的影响明显。下面的公式给出了空位引起的体膨胀系数变化值:

$$\Delta \alpha_V = B\frac{Q}{T^2}\exp\left(-\frac{Q}{kT}\right) \tag{1.40}$$

齐顿(Zieton)用式(1.40)分析了碱卤晶体的热膨胀特性,指出从 200 ℃ 到熔化前晶体热膨胀的增长同晶体缺陷有关,即同弗仑克尔缺陷和肖特基缺陷有关。熔化前弗仑克尔缺陷占主导地位。

4. 结构

热膨胀系数和晶体结构密切相关,通常来讲,结构紧密的晶体,膨胀系数大;结构空敞的晶体,膨胀系数小。这是由于开放结构能吸收振动能及容易通过调整键角来吸收振动能所导致的。

氧离子密堆积的氧化物结构(如 Al_2O_3、MgO 等)的膨胀系数较大;而对许多硅酸盐晶体来讲,由于存在硅氧的网络结构,常具有较低的密度,膨胀系数较小,如莫来石。

对于具有各向异性的非等轴晶体,热膨胀系数也是各向异性的。一般说来,弹性模量较高的方向将有较小的膨胀系数,反之亦然。例如,像石墨这样的层状晶体结构,在层状平面内的膨胀系数比垂直于层面的小得多。对于一些具有很强非等轴性的晶体,某一方向上的膨胀系数可能是负值,结果体膨胀系数可能非常低,如 $AlTiO_3$、堇青石以及各种锂铝酸盐。β-锂霞石($LiAlSiO_4$)的总体膨胀系数甚至是负的。这些材料可以用于平衡某些部件结构中的热膨胀,以提高部件的抗热振性能。但应注意,很小或负的体膨胀系数往往是与高度各向异性结构相联系的,因此,在这类材料的多晶体中,晶界处于很高的应力状态下,导致材料固有强度低。

5. 铁磁性转变

对于铁磁性的金属和合金,如铁、钴、镍及其某些合金,膨胀系数随温度变化将出现反常,即在正常的膨胀曲线上出现附加的膨胀峰。其中镍和钴的热膨胀峰向上,称为正反常;而铁的热膨胀峰向下,称为负反常。铁镍合金也具有负反常的膨胀特性。具有负反常膨胀特性的合金,由于可以获得膨胀系数为零值或负值的因瓦合金(invar alloy),或者在一定温度范围内膨胀系数基本不变的可伐合金(kovar alloy),故具有重大的工业应用意义。

出现反常的原因,目前大多从物质的磁性行为去解释,认为是磁致伸缩抵消了合金正常热膨胀的结果。有关磁致伸缩的内容将在第 3 章材料的磁学性能中介绍。

6. 键性

共价键结合晶体的势能曲线具有比离子键结合势能更高的对称性,因此共价键晶体的热膨胀系数比离子键晶体小。

1.3.3　工程材料的热膨胀特性

1. 钢

钢的密度与热处理所得的显微组织有关。马氏体、渗碳体(Fe_3C)、铁素体、珠光体(铁素体+Fe_3C)、奥氏体,其密度依次逐渐增大,即奥氏体有最大的密度,马氏体密度最小,这是因为比体积是密度的倒数,当淬火获得马氏体时,钢的体积将增大。这样,按比体积从大到小顺序排列应是马氏体(随含碳量而变化)、渗碳体、铁素体、珠光体、奥氏体。

从钢的热膨胀特性可见,当碳钢在加热或冷却过程中发生一级相变时,钢的体积会发生突变。过冷奥氏体转变为铁素体、珠光体或马氏体时,钢的体积将膨胀;反之,钢的体积将收缩。钢的这种膨胀特性可以有效地应用于钢的相变研究中。由于钢在相变时体积效应比较明显,故目前多采用膨胀法测定钢的相变点。

2. 玻璃

玻璃的结构比具有相同化学组成的晶体更加空敞,因此,具有比相同成分晶体更低的膨胀系数。如石英玻璃的热膨胀系数为 0.57×10^{-6} K^{-1},而石英多晶体的热膨胀系数高达 12×10^{-6} K^{-1}。

比较玻璃间的热膨胀特性,主要从网络结构的强度来考虑。玻璃网络结构本身的强度对热膨胀系数的影响很大。如熔融石英全由硅氧四面体构成网络,正负离子间键力大,故具有最小的热膨胀系数。加入碱金属及碱土金属氧化物能使网络断裂,造成玻璃膨胀系数增大,而且随着加入正离子与氧离子间键力减小而增加。若加入 B_2O_3、Al_2O_3、Ga_2O_3 等氧化物,它们参与网络构造,使已断裂的硅氧网络重新连接起来,增强了网络结构,使膨胀系数下降。但当这些氧化物的添加量过高时,它们将改变硅氧网络特性(起到网络改变剂的作用),反而使热膨胀系数增大,这种现象称为"B、Al、Ga 反常"。若加入具有高键合力的离子如 Zn^{2+}、Zr^{2+}、Th^{4+} 等,它们处于网络间空隙,对周围硅氧四面体起聚集作用,增加结构的紧密性,也促使膨胀系数下降。

3. 陶瓷

陶瓷通常是一种"多晶多相"系统,由具有不同热膨胀系数的不同相组成。这种特性对陶瓷制备工艺提出特殊要求。例如,陶瓷烧结时各晶粒相互结合形成一个整体。在冷却过程中,属于不同相的晶粒有不同的收缩量,但受到周围晶粒的约束,从而产生微应力。这种内部微应力对陶瓷件的力学性能是有害的,因此,需要控制冷却速度,以使微应力得到松弛和释放。

在陶瓷制品中,要注意各晶体和相之间膨胀系数的匹配。如陶瓷上釉,要求釉料的膨胀系数适当小于坯体,烧成后的制品在冷却过程中表面釉层的收缩比坯体小,使釉层中存在预压应力,均匀分布的预压应力能明显提高脆性材料的力学性能。同时,这一预压应力也抑制釉层微裂纹的发生和发展,因而使强度提高。但是,釉层的膨胀系数也不能比坯体小得太多,否则会使釉层剥落,造成缺陷。

4. 高分子材料

温度升高将导致高分子材料中的原子在其平衡位置的振动增加,因此高分子材料的线膨胀系数 α_l 取决于组分原子间相互作用的强弱。对于聚合物来说,长链分子沿链轴方向是共价键相连的,而在垂直于链轴方向的作用力是范德华力,因此在两个方向上的线膨胀系数是不同的。在各向同性的聚合物中,分子链的取向是杂乱的,其热膨胀系数在很大程度上取决于微弱的链间相互作用。与金属、陶瓷材料相比,高分子材料具有最高的热膨胀系数,某些高分子材料的热膨胀系数具有各向异性,与取向有关。聚合物的热膨胀还有一个特殊的现象,即结晶聚合物沿分子链轴方向的热膨胀系数是负数。如聚乙烯(PE)、聚酰胺(PA6)、聚对苯二甲酸乙二醇酯(PET)等,其轴向热膨胀系数介于 $-1.1\times10^5\sim-4.5\times10^5$ K^{-1}。

在非结晶聚合物中,热膨胀系数在玻璃化转变温度 T_g 前后是不一样的,并有各自的温度依赖性。用集合体模型可以解释非结晶聚合物的各向异性,聚合物是由许多各向异性的单元组成的聚集体,单元的性能与聚合物的性能相同。各向同性的聚合物是单元的无规则组合,聚合物宏观无序,微观有序。聚合物取向时,组成的单元沿拉伸方向转动,单元变为一定程度的有序集合,聚合物表现为各向异性。对于结晶聚合物,其晶区间的物质由三部分组成,即由非晶物质、晶区之间的连接链和晶桥组成。晶区间的连接链和晶桥在结构上的差异并不明显,在一定条件下它们的效应类似。取向的结晶聚合物沿拉伸方向有很大的负膨胀系数,这是由晶区间连接分子的橡胶弹性收缩引起的。

1.4　材料的热传导

不同的材料在导热性能上可以有很大的差别,有些是极为优良的绝热材料,有些又会是热的良导体。用作绝热体或导热体是材料的主要用途之一。

1.4.1　固体材料热传导的宏观规律

当固体材料一端的温度比另一端高时,热量会从热端自动地传向冷端,这个现象就称为热传导。假如固体材料沿 x 轴方向的温度梯度为 $\mathrm{d}T/\mathrm{d}x$,则在 Δt 时间内沿 x 轴正方向传过单位截面积上的热量 ΔQ 由傅里叶导热定律给出:

$$\Delta Q = -\kappa \frac{\mathrm{d}T}{\mathrm{d}x} \Delta t \tag{1.41}$$

式中:负号表示热量向低温处传递;κ 称为热导率(或导热系数)。热导率的物理意义是:单位温度梯度下,在单位时间内,通过单位垂直面积的热量,其单位为 W/(m·K)。

热导率反映了物质的导热能力,不同物质的热导率有很大差异。例如,非金属液体的热导率大致为 $0.17 \sim 0.7$ W/(m·K),纯金属为 $50 \sim 415$ W/(m·K),合金为 $12 \sim 120$ W/(m·K),常用的绝热材料为 $0.03 \sim 0.17$ W/(m·K),当气压为 101325 Pa(旧称"1 个标准大气压")时,气体的热导率通常为 $0.007 \sim 0.17$ W/(m·K)。

对于稳态导热过程,可以直接用傅里叶定律式(1.41)计算传热量。在非稳态导热过程中,虽然傅里叶定律仍然成立,但由于温度梯度与时间有关,需要通过对导热微分方程的求解进行计算。

1.4.2　固体材料热传导的微观机理

气体的传热是通过分子碰撞来实现的。但在固体材料中,组成晶体的质点位置基本固定,相互间有一恒定的距离,质点只能在平衡位置附近做微小的振动,不能像气体分子那样杂乱地自由运动,所以也不能像气体那样依靠质点间的直接碰撞来传递热能。固体中的导热主要是由晶格振动(格波)以及自由电子的运动来实现的。其中格波可分为振动频率较低的声频支和振动频率较高的光频支两个分支,它们分别被称为"声学声子"(acoustic phonon)和"光学声子"(optic phonon)。

金属由于有大量的自由电子,所以能迅速地实现热量的传递。因此,金属一般都有较大的热导率。虽然晶格振动对金属导热也有贡献,但却是很次要的。在非金属晶体,如一般离子晶体的晶格中,自由电子是很少的,因此,晶格振动是它们的主要热传导方式。

1. 电子导热

对于纯金属,导热主要靠自由电子,合金导热则要考虑声子导热的贡献。由金属电子论知,金属中大量的自由电子可视为自由电子气。那么,借用理想气体热导率公式来描述自由电子热导率,这是一种合理的近似。理想气体热导率的表达式为:

$$\kappa = \frac{1}{3} C_V v l \tag{1.42}$$

式中:C_V 为气体容积热容;l 为粒子平均自由程;v 为粒子平均运动速度。把自由电子气的有关数据代入式(1.42),则可近似计算电子热导率 κ_e。设单位体积自由电子数为 n,则单位体积电子热容为:

$$C_V^e = \frac{\pi^2}{2} k \frac{kT}{E_F^0} n \tag{1.43}$$

式中:E_F^0 为 0 K 时金属的费米能,由于 E_F^0 与 E_F^T 相差不多,则用 E_F 代替 E_F^0。将对应于费米能级 E_F 的电子平均速度 v_F、平均自由程 l_F 以及式(1.43)代入式(1.42)中得到:

$$\kappa_e = \frac{1}{3} \left(\frac{n \pi^2 k^2 T}{2 E_F} \right) v_F l_F \tag{1.44}$$

考虑到 $E_F = \frac{1}{2} m v_F^2$,并定义费米弛豫时间 $\tau_F = l_F / v_F$,则有:

$$\kappa_e = \frac{\pi^2 n k^2 T}{3m} \tau_F \tag{1.45}$$

2. 声子导热

假设晶格中一质点处于较高的温度下,它的热振动较强烈,平均振幅也较大,而其邻近质点所处的温度较低,热振动较弱。由于质点间存在相互作用力,振动较弱的质点在振动较强质点的影响下振动加剧,热运动能量增加。这样,热量就能转移和传递,使整个晶体中的热量从温度较高处传向温度较低处,产生热传导现象。

当温度不太高时,热辐射(光子导热)和光频支格波的能量是很弱的,在导热过程中,主要是声频支格波有贡献。为了便于讨论,这里还要引用"声子"的概念。

根据量子理论,一个谐振子的能量是不连续的,能量的变化不能取任意值,而只能是最小能量单元——量子的整数倍(一个量子所具有的能量为 $h\nu$)。晶格振动中的能量同样也应该是量子化的。

可把声频支格波看成是一种弹性波,类似于在固体中传播的声波,因此我们就把声频波的量子称为声子。它所具有的能量仍然应该是 $h\nu$,经常用 $\hbar\omega$ 来表示,$\omega = 2\pi\nu$ 是格波的角频率。

把格波的传播看成是质点-声子的运动,就可以把格波与物质的相互作用理解为声子和物质的碰撞,把格波在晶体中传播时遇到的散射看作是声子同晶体中质点的碰撞,把理想晶体中的热阻归结为声子间的碰撞。也正因如此,可以用气体中热传导的概念来处理声子热传导的问题。因为气体热传导是气体分子碰撞的结果,晶体热传导是声子碰撞的结果。与电子热导率一样,声子热导率也应具有气体热导率相似的数学表达式。

声子的速度可以看作是仅与晶体的密度和弹性力学性质有关的物理量,与角频率

无关。但是热容 C_V 和自由程 l 都是声子振动频率 ν 的函数,所以固体热导率的普遍形式可写成:

$$\kappa_{\mathrm{ph}} = \frac{1}{3}\int C_V(\nu)\nu l(\nu)\mathrm{d}\nu \qquad (1.46)$$

如果我们把晶格热振动看成是严格的线性振动,则晶格上各质点是按各自的频率独立地做简谐振动。也就是说,格波间没有相互作用,各种频率的声子间互不干扰,没有声子间碰撞,没有能量转移,声子在晶格中是畅通无阻的。晶体中的热阻也应该为零(仅在到达晶体表面时受边界效应的影响)。这样,热量就以声子的速度在晶体中得到传递。然而,这与实验结果是不符合的。实际上,在很多晶体中热量传递的速度很缓慢,这是因为晶格热振动并不是线性的,格波间有着一定的耦合作用,声子间会产生碰撞,使声子的平均自由程减少。格波间的相互作用越强,也就是声子间的碰撞概率越大,相应的平均自由程越小,热导率也就越低。因此,这种声子间碰撞引起的散射是晶格中热阻的主要来源。

另外,晶体中的各种缺陷、杂质以及晶粒界面都会引起格波的散射,也等效于声子平均自由程的减小,从而降低热导率。

平均自由程还与声子振动频率有关。不同频率的格波,波长不同。波长长的格波容易绕过缺陷,使自由程加大,所以频率 ν 为音频时,波长长,l 大,散射小,因之热导率大。

平均自由程还与温度有关。温度升高,声子的振动能量加大,频率加快,碰撞增多,所以 l 减小。但其减小有一定限度,在高温下最小的平均自由程等于几个晶格间距;反之,在低温时,最长的平均自由程长达晶粒的尺寸。

晶体缺陷与温度对声子平均自由程的综合影响如下。①点缺陷。低温时,激发的是长声学波声子,波长很大,能绕过点缺陷,点缺陷对此不会引起散射。随着温度升高,平均波长减少,散射增加,当声子波长接近点缺陷线平均间距时,散射达到最大;温度进一步提高,声子波长不会再变小,散射效应变化不大。②晶界散射。晶界对声子有散射作用,当温度降低时,自由程增加,但当增大到晶粒大小时,自由程不可能再增大。因此,低温下,声子自由程 l 值的上限为晶粒尺寸;高温下,l 值的下限为晶格间距。很显然,低温下,晶界散射更显著。

3. 光子导热

固体中除了电子和声子的热传导外,还有光子的热传导。这是因为固体中分子、原子和电子的振动、转动等运动状态的改变,会辐射出频率较高的电磁波。这类电磁波覆盖了一个较宽的频谱,其中具有较强热效应的是波长在 $0.4\sim40~\mu\mathrm{m}$ 的可见光与部分近红外光,这部分辐射线称为热射线。热射线的传递过程称为热辐射。由于它们都在光频范围内,其传播过程和光在介质(透明材料、气体介质)中传播的现象类似,也有光的散射、衍射、吸收和反射、折射,所以可以把它们的导热过程看作是光子在介质中传播的导热过程。

固体中电磁辐射能量与温度的四次方成正比,在温度不太高时,其辐射能很微弱,但在高温时就明显了。例如,在温度 T 时黑体单位容积的辐射能 E_T 为:

$$E_T = 4\sigma n^3 T^4/v \qquad (1.47)$$

式中:σ 为斯特藩-玻尔兹曼常量,其值为 $5.67\times10^{-8}~\mathrm{W/(m^2 \cdot K^4)}$;$n$ 为折射率;v 为光

速,其值为 3×10^8 m/s。

由于辐射传热中,容积热容相当于提高辐射温度所需的能量,所以:

$$C_r = \frac{\partial E_T}{\partial T} = \frac{16\sigma n^3 T^3}{v} \tag{1.48}$$

同时辐射线在介质中的速度 $v_r = v/n$,因此将式(1.48)代入式(1.42),可得到辐射能的传导率 κ_r 为:

$$\kappa_r = \frac{16}{3}\sigma n^2 T^3 l_r \tag{1.49}$$

式中:l_r 为辐射线光子的平均自由程。

实际上,光子传导的 C_r 和 l_r 都依赖于频率,所以更一般的形式仍应是式(1.46)。

对于介质中的辐射传热过程,可以定性地解释为:任何温度下的物体既能辐射出一定频率的射线,同样也能吸收类似的射线。在热稳定状态,介质中任一体积元平均辐射的能量与平均吸收的能量相等。当介质中存在温度梯度时,相邻体积元间,温度高的体积元辐射的能量多,吸收的能量小;温度较低的体积元正好相反,吸收的热量大于辐射的。因此产生能量的转移,整个介质中热量从高温处向低温处传递。介质中这种辐射能的传递能力用辐射热导率 κ_r 描述,它主要取决于辐射能传播过程中光子的平均自由程 l_r。对于辐射线透明的介质,热阻很小,l_r 较大;对于辐射线不透明的介质,l_r 很小;对于完全不透明的介质,$l_r = 0$,在这种介质中,辐射传热可以忽略。一般来说,单晶和玻璃是比较透明的,因此在 $800 \sim 1300$ K 的温度范围内,辐射传热已很明显,而大多数金属材料和烧结陶瓷材料是半透明或不透明的,其 l_r 很小或接近于 0。正因如此,一些耐火氧化物在 1800 K 以上的高温下辐射传热才明显。

光子的平均自由程除与介质的透明度有关外,对于频率在可见光区和近红外光区的光子,其吸收和散射也很重要。例如,吸收系数大的不透明材料,即使在高温时光子传导也不重要。在陶瓷材料中,主要是光子的散射问题,这使得 l_r 比玻璃和单晶都小,只是在 1800 K 以上,光子传导才是主要的,因为高温下的陶瓷呈半透明的亮红色。

1.4.3 影响热导率的因素

1. 热导率与电导率的关系

由金属导热、导电的物理本质可知,自由电子是这些物理过程的主要载体。研究发现,在不太低的温度下,金属热导率与电导率之比正比于温度,其中比例常数的值不依赖于具体金属。首先发现这种关系的是魏德曼(Widemann)和弗兰兹(Franz),故称之为魏德曼-弗兰兹定律。数学表达式如下:

$$\kappa_e / \sigma = L_0 T \tag{1.50}$$

式中:σ 为电导率;L_0 为洛伦兹系数(Lorenz number),其值约为 2.45×10^{-8} V²/K²。当温度高于 Θ_D 时,对于电导率较高的金属,式(1.50)一般都成立。但对于电导率低的金属,在较低温度下,L_0 为变量。

事实上,对于金属材料,实验测得的热导率由两部分组成,即 $\kappa = \kappa_e + \kappa_{ph}$,因此魏德曼-弗兰兹定律应写成:

$$\kappa/(\sigma T)=\kappa_e/(\sigma T)+\kappa_{ph}/(\sigma T)=L_0+\kappa_{ph}/(\sigma T) \tag{1.51}$$

分析式(1.51)可见,只有当 $T>\Theta_D$,金属导热主要由自由电子贡献时,格波(主要是声子)的贡献趋于 0,即 $\kappa_{ph}/(\sigma T)\rightarrow 0$ 时,魏德曼-弗兰兹定律才成立。现代研究表明,$\kappa/(\sigma T)$ 的值并不是完全与温度无关的常数,而且也不是完全与金属种类无关。当温度明显低于德拜温度时,L_0 往往下降。

尽管魏德曼-弗兰兹定律有不足之处,但它在历史上支持了自由电子理论。此外,根据这个关系式可由电阻率估计热导率。

2. 温度的影响

热导率的通用表达式可沿用式(1.42),即

$$\kappa=\frac{1}{3}C_V vl$$

等容热容 C_V 在低温下与温度的三次方成正比,因此 κ 也近似与 T^3 成比例地变化,随着温度的升高,κ 迅速增大。然而由德拜模型式(1.25)和图 1.6 可见,随着温度的升高,C_V-T 曲线将逐渐偏离 T^3 关系,并趋于一个恒定值 $3R$,此时,l 值因温度升高而减小成了主要影响因素,使得 κ 值随温度升高而下降。这样,在某个(较低的)温度处,κ 值出现极大值。在更高的温度下,由于 C_V 已基本上无变化,l 值也逐渐趋于下限(晶格间距),所以随温度的变化 κ 值又变得缓和了。在达到一定的高温后,κ 值又有少许回升,这是高温时辐射传热带来的影响。以上是氧化铝单晶典型的热导率随温度的变化关系。

物质种类不同,热导率随温度变化规律也有很大不同。例如,各种气体随温度上升,热导率增大。这是因为温度升高,气体分子的平均运动速度增大,虽然平均自由程因碰撞概率加大而有所缩小,但前者的作用占主导地位,因而热导率增大;金属材料在温度超过一定值后,热导率随温度的上升而缓慢下降,并在熔点处达到最低值。但像铋和锑这类金属熔化时,它们的热导率增加一倍,这可能是过渡至液态时,共价键减弱,而金属键合加强的结果;耐火氧化物多晶材料在适用的温度范围内,随温度的上升,热导率下降。至于不密实的耐火材料,如黏土砖、硅藻土砖、红砖等,气孔导热占一定分量,随着温度的上升,热导率略有增大。

3. 显微结构的影响

(1)结晶构造的影响　声子传导与晶格振动的非简谐性有关。晶体结构越复杂,晶格振动的非简谐性程度越大,格波受到的散射越大,因此声子平均自由程较小,热导率较低。例如,镁铝尖晶石($MgAl_2O_4$)的热导率较 Al_2O_3 和 MgO 的热导率都低。莫来石($3Al_2O_3 \cdot 2SiO_2$)的结构更复杂,所以热导率比镁铝尖晶石还低得多。

(2)各向异性晶体的热导率　立方晶系晶体的热导率与晶向无关,非等轴晶系晶体的热导率呈各向异性。石英、金红石、石墨等都是在膨胀系数低的方向热导率最大。当温度升高时,不同方向的热导率差异减小。这是因为温度升高,晶体的结构总是趋于更好的对称。

(3)多晶体与单晶体的热导率　对于同一种物质,多晶体的热导率总是比单晶体小。由于多晶体中晶粒尺寸小,晶界多,缺陷多,晶界处杂质也多,电子和声子更易受到散射,其平均自由程小得多,所以热导率小。另外还可以看到,低温时多晶体的热导率与单晶

体的平均热导率一致,但随着温度升高,差异迅速变大。这也说明了晶界、缺陷、杂质等在较高温度下对声子和电子传导有更大的阻碍作用,同时也使单晶在温度升高后比多晶在光子传导方面有更明显的效应。

(4)非晶体的热导率　对于非晶体的导热机理和规律,下面以玻璃作为一个示例来进行分析。

玻璃具有近程有序、远程无序的结构。在讨论它的导热机理时,近似地把它当作由直径为几个晶格间距的极细晶粒组成的"晶体"。这样,就可以用声子导热的机理来描述玻璃的导热行为和规律。从前面晶体的声子导热的机理中,已知声子的平均自由程由低温下的晶粒直径大小变化到高温下的几个晶格间距的大小。因此,对于上述晶粒极细的玻璃来说,它的声子平均自由程在不同温度时将基本上是常数,其值近似等于几个晶格间距。根据声子导热的式(1.46)可知,在较高温度下玻璃的导热主要由热容与温度的关系决定,在更高温度下,则需考虑光子导热的贡献。

①在中低温(400~600 K)以下,光子导热的贡献可忽略不计。声子导热随温度的变化由声子热容随温度变化的规律决定,即随着温度的升高,热容增大,玻璃的热导率也相应地上升。

②从中温到较高温度(600~900 K),随着温度的不断升高,声子热容不再增大,逐渐为一个常数,因此,声子导热也不再随温度升高而增大,因而玻璃的热导率曲线出现一条与横坐标接近平行的直线。如果此时光子导热在总的导热中的贡献已开始增大,则热导率曲线稍有上升。

③高温以上(超过900 K),随着温度的进一步升高,声子导热变化仍不大。但由于光子的平均自由程明显增大,根据式(1.49),光子热导率 κ_r 将随温度的三次方增大。此时光子热导率曲线由玻璃的吸收系数、折射率以及气孔率等因素决定。对于那些不透明的非晶体材料,由于它的光子导热很小,热导率 κ 不会随温度有大的变化。

将晶体和非晶体的热导率(随温度变化)曲线进行分析对照,可以从理论上解释二者热导率变化规律的差别。

①非晶体的热导率(不考虑光子导热的贡献)在所有温度下都比晶体的小。这主要是因为像玻璃这样一些非晶体的声子平均自由程,在绝大多数温度范围内都比晶体的小得多。

②晶体和非晶体材料的热导率在高温时比较接近。这主要是因为当温度升到一定值时,晶体的平均自由程已减小到下限值,像非晶体的声子平均自由程那样,等于几个晶格间距的大小;而晶体与非晶体的热容也都接近 $3R$;光子导热还未有明显的贡献,因此晶体与非晶体的热导率在较高温时就比较接近。

③非晶体热导率曲线与晶体热导率曲线的一个重大区别,是前者没有热导率的峰值。这也说明非晶体物质的声子平均自由程在几乎所有温度范围内均接近一个常数。

许多不同组分玻璃的热导率实验测定结果表明,它们的热导率曲线几乎都相似,这说明玻璃组分对其热导率的影响,要比晶体材料中组分的影响小。这一点是由玻璃等非晶体材料所特有的无序结构所决定的。这种结构使得不同组成的玻璃的声子平均自由程都被限制在几个晶格间距的量级。此外,玻璃组分中含有较多的重金属离子(如Pb),

将降低热导率。

有许多材料往往是晶体和非晶体同时存在的,如陶瓷材料。对于这类材料,热导率随温度变化的规律仍然可以用上面讨论的晶体和非晶体材料热导率变化的规律进行预测和解释。在一般情况下,这种晶体和非晶体共存材料的热导率曲线往往介于晶体和非晶体热导率曲线之间。可能出现的情况有三种:

①当材料中所含有的晶相比非晶相多时,在一般温度以上,它的热导率将随温度上升而稍有下降。在高温下,热导率基本上不随温度变化。

②当材料中所含的非晶相比晶相多时,它的热导率通常将随温度升高而增大。

③当材料中所含的晶相和非晶相为某一适当的比例时,它的热导率可以在一个相当大的温度范围内基本上保持为常数。

4. 化学组成的影响

(1)合金组成对热导率的影响　两种金属构成连续无序固溶体时,溶质组元浓度越高,则热导率降低越多,并且热导率最小值出现在溶质组元摩尔浓度接近 50% 时。当组元为铁及过渡族金属时,热导率最小值相对 50% 处有较大的偏离。当为有序固溶体时,热导率提高,最大值取决于有序固溶体的化学组分。

(2)晶体组成对热导率的影响　不同组成的晶体,热导率往往有很大差异。这是因为构成晶体的质点的大小、性质不同,它们的晶格振动状态不同,传导热量的能力也就不同。一般来说,质点的相对原子质量越小,密度越小,杨氏模量越大,德拜温度越高,则热导率越大。这样,轻元素的固体和结合能大的固体热导率较大,如金刚石的热导率为 1.7×10^{-2} W/(m·K),较轻的硅、锗的热导率分别为 1.0×10^{-2} W/(m·K) 和 0.5×10^{-2} W/(m·K)。对于氧化物和碳化物,凡是阳离子的相对原子质量较小(即与氧及碳的相对原子质量相近)的氧化物和碳化物的热导率比相对原子质量较大的要大一些,因此,在氧化物陶瓷中 BeO 具有最大的热导率。

晶体中存在的各种缺陷和杂质会导致声子的散射,降低声子的平均自由程,使热导率变小。固溶体的形成同样也会降低热导率,而且取代元素的相对原子质量和大小与基质元素的差别越大,取代后结合力改变越大,则对热导率的影响越大。这种影响在低温时随着温度的升高而加剧。当温度高于德拜温度的 1/2 时,则与温度无关。这是因为在极低温度下,声子传导的平均波长远大于线缺陷的线度,所以并不引起散射。随着温度升高,平均波长减小,在接近点缺陷线度后散射效应达到最大,此后温度再升高散射效应也不变化,从此与温度无关。

5. 陶瓷的热导率

常见陶瓷材料的典型微观结构是分散相均匀地分散在连续玻璃相中,例如晶相分散在连续的玻璃相中,其热导率可按下式计算:

$$\kappa = \kappa_c \frac{1 + 2\varphi_d (1 - \kappa_c/\kappa_d)/(1 + 2\kappa_c/\kappa_d)}{1 - \varphi_d (1 - \kappa_c/\kappa_d)/(1 + 2\kappa_c/\kappa_d)} \tag{1.52}$$

式中:κ_c 和 κ_d 分别为连续相和分散相物质的热导率;φ_d 为分散相的体积分数。

6. 气孔的影响

材料中,特别是无机材料中,常含有气孔。气孔对热导率的影响较为复杂。一般来说,当温度不太高,而且气孔率不大,气孔尺寸很小,又均匀地分散在介质中时,这样的气孔可看作为分散相,材料的热导率可以按式(1.52)计算。但是,气体导热主要源于对流,封闭小空间中的气体对流很弱,因此气孔中的气体热导率很小,与固体相比可近似视为零,即 $\kappa_{pore}=\kappa_d\approx0$。定义 $Q=\kappa_c/\kappa_d$,根据式(1.52),因 Q 很大,可得犹肯(Eucken)公式:

$$\kappa=\kappa_c\frac{1+2\varphi_d\dfrac{(1-Q)}{(1+2Q)}}{1-\varphi_d\dfrac{(1-Q)}{(1+2Q)}}=\kappa_c\frac{2Q(1-\varphi_d)}{2Q\left(1+\dfrac{\varphi_d}{2}\right)}\approx\kappa_c(1-\varphi_d)=\kappa_s(1-\varphi_p) \qquad (1.53)$$

式中:κ_s 为固体的热导率;φ_p 为气孔的体积分数。

更确切一些的计算方法是劳伯(Loeb)法,即在式(1.52)的基础上,再考虑气孔的辐射传热,导出公式:

$$\kappa=\kappa_s(1-p)+\frac{p}{(1-p_L)/\kappa_s+p_L/(4G\epsilon\sigma d T^3)} \qquad (1.54)$$

式中:p 为气孔的面积分数;p_L 为气孔的长度分数;ϵ 为辐射面的热发射率;σ 为斯特藩-玻尔兹曼常量;d 为气孔的最大尺寸;G 为几何因子,顺向长条气孔 $G=1$,横向圆柱形气孔 $G=\pi/4$,球形气孔 $G=2/3$。

在不改变结构状态的情况下,气孔率的增大,总是使热导率降低。这就是多孔或泡沫硅酸盐、纤维制品、粉末和空心球状轻质制品的保温原理。从结构上看,最好是均匀分散的封闭气孔。如是大尺寸的孔洞,且有一定贯穿性,则易发生对流传热,在这种情况下不能单独使用上述公式。含有微小气孔的多晶陶瓷,其光子自由程显著减小,因此大多数陶瓷材料的光子传导率要比单晶和玻璃的小 1~3 个数量级,光子传导效应只有在温度大于 1773 K 时才是重要的;此外,少量的大气孔对热导率影响较小,但当气孔尺寸增大时,气孔内气体会因对流而加强传热。当温度升高时,热辐射的作用增强,它与气孔的大小和温度的三次方成比例,这一效应在温度较高时,随温度的升高加剧。这样气孔对热导率的贡献就不可忽略,式(1.52)也就不适用了。粉末和纤维材料的热导率比烧结材料的低得多,这是因为其中的气孔形成了连续相。材料的热导率在很大程度上受气孔相热导率所影响。这也是粉末、多孔纤维类材料有良好热绝缘性能的原因。

一些具有显著的各向异性的材料和膨胀系数较大的多相复合物,由于存在大的内应力会形成微裂纹,气孔以扁平微裂纹出现并沿晶界发展,使热流受到严重的阻碍。这样,即使气孔率很小,材料的热导率也明显地减小。对于复合材料,实验值也比式(1.52)的计算值要小。

7. 高分子材料的热导率

大部分的高分子材料的热导率很小,是优良的绝热保温材料。高分子材料以声子导热为主,热导率低于金属和陶瓷材料。高分子材料分子内热导率高于分子间热导率,增加相对分子质量有利于提高热导率。另外,导电共轭高分子的热导率是普通非共轭高分子的 20~30 倍,将导电高分子与普通高分子共混可提高材料的热导率。

聚合物的热导率有温度依赖性,与其所处的温度有关,一般随温度的增加而增加。对于非结晶聚合物,在直至 0.5 K 的低温范围内热导率近似与 T^2 成正比。但在 5~15 K 温度范围内出现一个平台区,这时 κ 值几乎与温度无关。在更高温度时,κ 值与 T 的关系比低温时平缓。在温度高于 60 K 时,κ 值与比热容成正比。半结晶聚合物的热导率与温度的关系同非晶聚合物的差别很大。在 0.1~20 K 的温度范围内,κ 值已经没有什么平坦区,与温度之间的关系是 T 或 T^3 的关系。温度再升高,直到聚合物的玻璃化温度,κ 值随温度升高而单调地缓慢增加。结晶度高的聚合物(结晶度$\geqslant$0.7),它们的热导率 κ 值在 100 K 附近达到峰值,然后随温度升高而缓慢下降。

聚合物的热导率还具有对结晶度的依赖性,一般结晶度越高,热导率越大。结晶聚合物的热导率随温度的变化远比非结晶聚合物要显著。聚合物的热导率受取向的影响很大,拉伸非结晶聚合物,分子链沿拉伸方向取向,在拉伸方向上的热导率 $\kappa_{/\!/}$ 比垂直连轴方向的热导率 $\kappa_\perp$ 大很多,因此会产生各向异性。

1.5　材料的热稳定性

热稳定性是指材料承受温度的急剧变化而不致被破坏的能力,所以又称为抗热震性。耐热温度是指在受负荷下,材料失去其物理机械性能而发生永久变形的温度,是材料的使用上限温度,也是表征材料耐热性的重要指标。相对而言,金属材料的热稳定性优于无机材料和高分子材料,与金属材料和无机材料相比,高分子材料使用温度低、易于老化。高分子材料不耐高温,是它的主要不足之处,如何提高高分子材料的耐热性和热稳定性一直是高分子材料研究的热点,本节主要讨论高分子材料的热稳定性。

1.5.1　高分子材料的结构与耐热性

高分子材料在受热过程中将发生两类变化:①物理变化,包括软化、熔融等;②化学变化,包括环化、交联、降解、分解、氧化、水解等。它们是高分子材料受热后性能恶化的主要原因。通常用玻璃化转变温度 T_g、软化温度 T_s、熔融温度 T_m 等温度参数来表征高分子材料的耐热性能。

高分子材料的耐热性与自身结构有着强烈的依赖性。提高高分子材料的耐热性,从高分子链结构方面考虑,主要是加强分子链之间的相互作用力或强化高分子链本身。凡是能使聚合物 T_g 和 T_m 升高的结构因素,都能使高分子材料的耐热性得以提高,主要包括增加高分子链的刚性、使高分子结晶以及促进交联等三个方面。

分子链的刚性越高,玻璃化转变温度和熔融温度越高。提高聚合物的刚性是提高高分子材料耐热性最重要的方法。提高聚合物的刚性,通常有两种策略:①使分子链带上庞大的侧基;②在高分子主链中尽量减少单键,引进共轭双键、三键或环状结构。把环状结构引入高分子主链上会使得分子链的振动和转动都更加困难,增加分子链的刚性,也增加了分子链间的相互作用,使分子链间的相对位移更困难。近年来合成的耐高温聚合物,如芳香族聚酯、芳香族聚酰胺、聚苯醚、聚苯并咪唑、聚酰亚胺等都有这样的结构特点。大分子主链由芳环和杂环以及梯形结构连接起来的聚合物具有最高的耐热性,但这类刚性链结构聚合物的溶解性极差,熔点非常高,甚至不溶不熔,给成型加工带来困难,从而限制其在工业中的应用。

高分子材料的结晶度对耐热温度有重要影响,结晶度越高,耐热性越好。结晶是增加高分子链相互作用的有效方法。一般来说,高分子链的规整程度越高,结晶能力越强。分子间作用力对高分子材料的结晶能力也有一定影响,分子间作用力通常会降低分子链的柔性,因而不利于晶体的生成。但是,一旦形成结晶,则分子间的作用力又有利于结晶结构的稳定。

高分子链的对称性越高,越容易结晶。聚乙烯和聚四氟乙烯,其主链两侧都是氢原子或氟原子,对称性非常好,因而它们的结晶能力非常强。对称取代的烯类高分子材料,如聚偏二氯乙烯、聚异丁烯,主链上没有不对称碳原子,也具有较好的结晶能力。支化和交联既破坏链的规整性,又限制链的活动能力,因此会降低高分子材料的结晶能力。随着交联程度的提高,高分子材料可完全失去结晶能力。

交联会阻碍高分子链的运动,从而增加材料的耐热性。交联是提高高分子材料耐热性的有效手段,如交联聚乙烯的耐热温度可以达到 250 ℃,超过了聚乙烯的熔融温度。交联结构的高分子材料,如热固性塑料不熔不溶,无明显的玻璃化转变温度,只有高于其分解温度才能破坏其结构,耐热性一般都高于热塑性塑料。

1.5.2　高分子材料的热分解

在更高的温度下,高分子材料可能发生降解和交联这两种相反的化学变化。在许多高分子材料中,降解和交联这两种反应在一定条件下几乎同时发生并达到平衡,这时在材料的宏观性能上观察不到什么变化。然而,当其中某一反应占优势时,高分子材料或因降解而破坏,或因交联过度而发硬、变脆。所以要提高聚合物的耐热性,必须同时考虑高分子材料在高温下的稳定性。

高分子材料热分解的本质是化学键的断裂,影响热分解的决定性因素就是化学键键能。因此,高分子中化学键的键能越大,高分子材料就越稳定,耐热分解能力也就越强。高分子材料的立体异构对它的分解温度影响不大,当高分子链中的碳原子被氧原子取代时,热稳定性降低。高分子链中氯原子的存在也会降低聚合物的热稳定性,因为高分子链中 C—Cl 键较弱,受热易脱出 HCl,因此热稳定性随氯含量的增加而降低。而如果高分子链中的氢原子被氟原子取代,则可大大提高聚合物的热稳定性。用 Si、Al、Ti 等元素部分或全部取代主链上的碳原子所形成的元素有机高分子也通常具有良好的热稳定性。

在高分子主链中尽量避免长串连接亚甲基—CH₂—,并尽量引入较大比例的环状结构,可增加高分子材料的热稳定性。目前合成的多数耐高温聚合物都具有这样的结构特点,如聚碳酸酯、聚苯醚、聚芳酰胺等。梯形和螺形分子结构是指高分子的主链不是一条单链,而是像"梯子"或"双股螺线"的结构。在这类高分子材料中,一个键的断裂并不会降低分子量,只有当同一个梯格或螺圈里的两个键同时断裂,分子量才会降低。

习题与思考题

1.要分别将 2 kg 的铝、钠钙玻璃和聚乙烯从 20 ℃ 升温到 100 ℃,试计算各自需要吸收多少能量?铝、钠钙玻璃和聚乙烯的热容分别为 900 J/(kg·K)、840 J/(kg·K)和 2100 J/(kg·K)。
2.玻璃瓶旋盖黄铜制的瓶盖,加热时会发生什么情况?如果改用钨制的瓶盖,加热时又会发生什么情况？黄铜、钨和瓶用玻璃的膨胀系数分别为 20.0×10^{-6} K^{-1}、4.5×10^{-6} K^{-1}、9.0×10^{-6} K^{-1}。

3. 在冬天，即使在相同的温度下，接触汽车金属门把手要比接触塑料方向盘感觉冷得多，试解释其原因。

4. 为什么单晶的热导率要稍高于同组成多晶材料？为什么碳素钢的热导率要高于不锈钢？

5. 何谓德拜温度（Θ_D）？已知铜在 10 K 的比热容为 0.78 J/(kg·K)，试估算铜的 Θ_D。

6. 已知铝在 30 K 的摩尔热容为 0.8 J/(mol·K)，$\Theta_D = 375$ K，试求铝在 50 K 和 425 K 的比热容。

7. 试从金属、陶瓷材料的结构差别解释它们在比热容、热膨胀系数和热导等性能方面的差别。

8. 简单说明晶格振动理论在材料热学性能中的应用。

9. 金刚石的德拜温度约为 2000 K，而铅只有 100 K，两者相差悬殊，试简述其原因。

10. 厚度 1 cm、面积 900 cm^2 的窗玻璃将 25 ℃ 的房间和 40 ℃ 的户外环境隔开。计算每天通过窗户进入房间的热量。已知玻璃的热导率为 1 W/(m·K)。

11. 银的德拜温度 $\Theta_D = 225$ K，$\dfrac{k\pi^2}{2E_F^0} R_0 Z = 6.46 \times 10^{-4}$ J/(mol·K^2)，试分别计算银在 0.1 K 和 1 K 时的 $C_{V,m}$，并讨论在上述两个温度下晶格振动热容和电子热容对银热容的贡献。

12. 高分子材料在新型电光器件中具有重要的应用，非晶态高分子材料使用中遇到的问题之一是稳定性较差，即其分子链结构容易被破坏。请问用于电光器件的高分子材料的玻璃化转变温度 T_g 是高好，还是低好？为什么？

13. 声速随地壳的深度而改变，地壳外层的声速为 8 km/s，到内层后可快速增加到 12 km/s。试分析讨论：

   (1) 德拜温度 Θ_D 是如何随地壳深度而变化的？

   (2) 声速的变化表明地壳材料间的相互作用是地壳深度的函数，这一说法是否正确？

   (3) 声速随地壳深度而变的现象有何应用？

14. 需要将材料 A 的棒插入材料 B 的管子，并紧密结合，方法是将棒和管冷却（如液氮温度），并将棒插入管子，随后升温到室温，棒就能与管子牢固结合，这种方法称为冷焊。冷焊的实施依赖于 A、B 两种材料的膨胀系数差，以达到低温下松散结合，而室温时紧密结合。为达到冷焊的目的，A(棒)、B(管)两种材料中哪种材料的膨胀系数大？为什么？

15. 有两种厨房台板，一种是天然大理石，另一种是人造大理石。两者很容易从手感上加以区分，即一种摸上去很冷，而另一种则不太感觉冷。请问哪一种手感较冷？为什么？

16. 不锈钢（铁、铬、镍合金）具有好的耐腐蚀性，常用作蒸煮罐，但常用铜作为蒸煮罐的罐底材料，为什么？

第2章

材料的电学性能

材料的性能反映在许多方面,例如光学性能、热学性能、电学性能、磁学性能、力学性能以及化学性能等。但最主要的区分不同类型材料的方法是根据其电学性能而建立的。由材料的导电性能,可以非常方便地区分金属和非金属材料。

电学性能同时也是材料的最重要的物理性能之一。电子技术、传感技术、自动控制、信息传输与处理等许多新兴领域的发展,对各种材料在电学性能方面提出了新的要求。因此,研究材料的电学理论,研究、开发具有特殊电学性能的新型材料,一直是材料科学与工程的一个重要领域。

在电学领域,有三位历史人物是必须提到的。为了纪念他们对电学发展所做出的贡献,他们的姓氏被用作三个最基本的电学单位。他们是伏特、安培和欧姆。

伏特(A. G. A. A. Volta,见图2.1):意大利比萨大学教授,实验科学家。他做过大量电学方面的实验研究工作,他发明了电池,发现了水电解。他曾在1800年向当时的法国皇帝拿破仑展示了他制作的电池堆。他的姓氏现在被用作电压和电动势的SI单位(V)。

安培(A. M. Ampère,见图2.2):法国数学家和物理学家。1820年,另一位科学家H. C. Ørsted在一个课堂演示实验中发现导体中的电流变化导致附近磁针发生偏转。受其启发,安培进行了深入的研究,并建立了电磁学的数学理论。现在,电流的标准单位就是用他的姓氏命名的。

图2.1 伏特及其制作的电池堆(Cu圆片和Zn圆片交替重叠,用潮湿布片隔离)　　　图2.2 安培

欧姆(G. S. Ohm,见图2.3):德国物理学家。他在1827年提出了通过导体的电流强度与导体两端电压成正比、与导体电阻成反比的定律。尽管这个定律在将近20年内未引起人们的关注,而且欧姆本人也受到当时普鲁士统治者的排斥,丧失了他当时在科隆大学的教授职位,但现在这个定律已成为电学的一个最基本的定律,即欧姆定律。他的

姓氏也被用作为电阻的 SI 单位(Ω)。

图 2.3　欧姆及其通过磁针偏转测量恒压下电流与电阻关系的实验装置

本章将概括地介绍材料的导电性能、介电性能等电学性能。作为其物理基础,我们首先简要介绍固体的电子理论。

2.1　固体电子理论

2.1.1　概述

金属固体大多数以晶体结构存在,因此金属中电子状态主要讨论的是金属晶体中电子状态,一般称之为金属电子论。现代电子理论已成为凝聚态的理论基础之一,是我们讨论材料物理性能的基础。对金属晶体中电子状态的认识大致划分为三大阶段:第一阶段是经典自由电子学说,主要代表人物是德鲁德(Drude)和洛伦茨(Lorentz);第二阶段是量子自由电子学说;第三阶段是能带理论,它是目前最好的近似处理。

金属具有高的电导率和高的热导率,为解释这一特性,德鲁德和洛伦茨在 1900 年提出了金属的自由电子论。他们认为金属原子的价电子受原子核的束缚较微弱,易电离。当金属原子组成晶体时,由于原子之间的相互作用,价电子会脱离相应原子的束缚,为整个晶体所共有,而金属离子则处在晶格位置。这些脱离原子束缚的价电子可以自由地在金属中运动,故称为自由电子。自由电子在晶体中的行为如同气体,故又称电子气体。

用金属自由电子论很容易解释金属的优异的导电性能和导热性能,导电和导热都来源于自由电子的运动。在外电场作用下,自由电子产生定向漂移运动引起电流,在温度场中自由电子的流动伴随着能量传递,因而具有优异的导热性能。但是这个理论在说明下列问题上遇到了困难:一是电子对热容的贡献,按经典自由电子论,N 个价电子组成的自由电子气,对热容的贡献是 $3Nk/2$,但实际值只有此值的 $1/100$;二是实际测量的电子平均自由程比经典理论估计值大许多;三是绝缘体、半导体、金属导体导电性的巨大差异。

实际上电子这种微观粒子的运动要用量子力学来描述。量子力学创立以后,索末菲(Sommerfel)首先把量子力学观点引入电子理论中。他认为德鲁德和洛伦茨的自由电子气体模型是正确的,但认为自由电子不服从经典统计而服从量子统计,电子的运动要用量子力学观点来描述。结果得出,电子的能量不是连续的,而是存在一些准连续的能级。电子从最低的能级开始填充,每个能级只能填两个电子,0 K时,从最低能级填充到费米能级 E_F^0。在金属熔点以下,虽然自由电子因受热而激发,但只有能量在 E_F 附近 kT 范围内的电子,才可能通过吸收能量,从 E_F 以下能级跃升到 E_F 以上能级,只有这部分电子对热容有贡献。所以量子自由电子学说正确解释了金属电子比热容较小的原因。

　　索末菲讨论电子运动时,把电子看成是在一个恒定势场中运动,就是把离子对电子的作用势场看成恒定的。而在实际晶体中,离子是规则地周期性排列的,它对电子的作用势场也是一个周期势场,即电子在周期势场中运动。考虑了周期性势场,晶体中电子的许可能级是由一定能量范围内准连续分布的能级组成的能带。相邻两能带之间的能量范围是完整晶体中电子不可能具有的,因此将这段能量间隙称为禁带。不同的材料能带结构不同,其对固体的电磁性质有重大影响。有了能带概念,就可以说明金属和绝缘体的区别,并且由能带理论预言了介于两者之间的半导体的存在,半导体的发展和能带理论有着密切的联系。

2.1.2　量子自由电子理论

　　索末菲把量子力学观点引入电子理论,认为自由电子不服从经典统计而服从量子统计。该理论利用薛定谔方程求解其运动的波函数,计算自由电子的能量。自由电子模型认为金属中的价电子组成自由电子气体,它是理想气体,电子之间无相互作用,各自独立地在离子的平均势场中运动。因此,只需考察一个电子的运动就能了解电子气体的能量状态。

1. 金属中自由电子能级

　　先讨论一维的情况,考察一个自由电子在一根长为 L 的金属丝中做一维运动。电子势能不是位置的函数,即电子势能在晶体内到处都一样,可以取 $U(x)=0$。由于电子不能逸出金属丝外,因此电子势能在边界处为无穷大,即 $U(0)=U(L)=\infty$。这种处理方法称为一维势阱模型。因为讨论的是电子稳态运动情况,所以势阱中电子运动状态应满足定态薛定谔方程:

$$\frac{\mathrm{d}^2\psi(x)}{\mathrm{d}x^2}+\frac{2m}{\hbar^2}E\psi(x)=0 \tag{2.1}$$

式中:m 为电子质量;E 为电子能量。根据德布罗意(DeBroglie)假设,电子能量可表达为波矢 $K=2\pi/\lambda$ 的函数:

$$E=\frac{h^2}{2m\lambda^2}=\frac{\hbar^2}{2m}K^2 \tag{2.2}$$

　　用波矢 K 表达电子能量 E 后得到的薛定谔方程(2.1)的一般解为:

$$\psi(x)=A\cos Kx+B\sin Kx \tag{2.3}$$

　　根据波函数的归一化条件 $\int_0^L|\psi(x)|^2\mathrm{d}x=1$ 和边界条件 $\psi(0)=\psi(L)=0$,可以确定式(2.3)中的两个积分常数 $A=0$ 和 $B=\sqrt{2/L}$,同时还可以得到波矢 K 的量子化限制条件:$K=n\pi/L$,其中 n 是非零正整数。由此,自由电子波函数的解为:

$$\psi(x) = \sqrt{2/L} \cdot \sin(n\pi x/L) \qquad (2.4)$$

综合以上讨论,可以得出以下结论:

① 金属中价电子是做共有化运动,它属于整个晶体,能在晶体中自由运动,它在晶体中 x 处出现的概率是: $|\psi(x)|^2 = (2/L)\sin^2(n\pi x/L)$。

② 电子的能量是量子化的,存在一系列分立的能级。每个能级只能容纳自旋相反的两个电子,电子从最低的能级开始,逐渐往上填充。0 K 时,填充到费米能级 E_F^0 为止。

上述关于一维空间中电子状态的分析以及主要的结论,可以简单地推广到三维空间。

2. 自由电子的能级分布

金属中自由电子的能量是量子化的,构成准连续谱。金属中大量的自由电子是怎样占据这些能级的呢? 理论和实验证实,电子的分布服从费米-狄拉克(Femi-Dirac)统计。具有能量为 E 的状态被电子占有的概率 $f(E)$ 由费米-狄拉克分配律决定:

$$f(E) = \frac{1}{\exp\left(\dfrac{E-E_F}{kT}\right)+1} \qquad (2.5)$$

式中: E_F 为费米能; $f(E)$ 称为费米分布函数。若已知能量 E 的能级密度为 $Z(E)$,则能量在 $E+dE$ 和 E 之间的电子数为 $dN=f(E)Z(E)dE$。

当 $T=0$ K 时,由式(2.5)可知:若 $E>E_F$,则 $f(E)=0$;若 $E\leqslant E_F$,则 $f(E)=1$。说明在 0 K 时,能量小于 E_F^0 的能级全部被电子占满,能量大于 E_F^0 的能级全部空着。因此费米能 E_F^0 表示 0 K 时基态系统电子所占有的最高能级的能量。可以证明,0 K 时的费米能可表达为:

$$E_F^0 = \frac{h^2}{2m}\left(\frac{3n}{8\pi}\right)^{\frac{2}{3}} \qquad (2.6)$$

式中: $n=N/V$ 为单位体积的自由电子数。由此可知,费米能只是电子密度 n 的函数。一般金属费米能为几至十几电子伏特,多数为 5 eV 左右,如金属钠为 3.1 eV,铝为 11.7 eV。

0 K 时自由电子具有的平均能量并不像经典理论所认为的那样等于零,而是 $\overline{E_0} = \frac{3}{5}E_F^0$。它具有和 E_F^0 相当的数量级。0 K 时自由电子平均能量大于零的原因是,根据泡利不相容原理,在 0 K 时电子也不能都集中到最低能级中去。

由式(2.5)可知, T 大于 0 K 时的费米-狄拉克分布如图 2.4 所示。这里可以得到以下结论:

① 当 $E=E_F$ 时, $f(E)=1/2$,即在费米能级 E_F 处,电子占有率为 1/2。

② 当 E 比 E_F 小几个 kT 时, $f(E)\approx1$;当 E 比 E_F 大几个 kT 时, $f(E)\approx0$。由于 kT 大约为 0.1 eV 数量级,这说明只有在 E_F 附近不到 1 eV 范围内的电子才能受到热激发。由于这只是很小的一部分电子,所以金属电子对热容的贡献只有经典理论计算值的 1/100 左右。

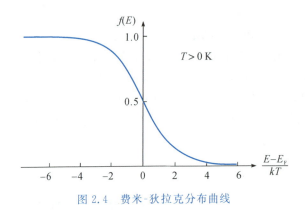

图 2.4　费米-狄拉克分布曲线

在温度高于 0 K 条件下,对电子平均能量和 E_F 的近似计算表明,此时平均能量略有提高,而 E_F 值略有下降,但变化量都非常小(相对变化量在 1/10000 数量级左右),故可以认为费米能不随温度变化。

2.1.3　能带理论

量子自由电子学说较经典电子理论有巨大进步,但模型与实际情况比较仍过于简化,在解释和预测实际问题时仍遇到不少困难。实际上,一个电子是在晶体中所有离子和电子共同形成的势场中运动的,因此电子的势能是其空间位置的函数,而不能视为常数。严格说来,要了解固体中的电子状态,必须对晶体中所有相互作用着的离子和电子系统的薛定谔方程进行求解。然而这是一个极其复杂的多体问题,很难得到精确解。所以只能采用近似处理方法来研究电子状态。

假定固体中的原子核不动,并设想每个电子是在固定的原子核的势场中及其他电子的平均势场中运动,这样就把问题简化成单电子问题,这种方法称为单电子近似。用这种方法求出的电子在晶体中的能量状态,将在能级的准连续谱上出现能隙,即分为禁带和允带。因此,用单电子近似法处理晶体中电子能谱的理论,称为能带论。这是目前最好的近似理论,在金属领域中可以半定量地解决问题。

1. 准自由电子近似理论

能带理论和量子自由电子学说一样,把电子的运动看作基本上是独立的,它们的运动遵守量子力学统计规律——费米-狄拉克统计。能带理论和量子自由电子理论的根本区别在于:自由电子模型忽略晶体中离子的作用,从而假定晶体内部为均一势场;而能带理论考虑了晶格的周期性势场对电子运动的影响。在一维空间中,晶体内部势场的这种周期性可以用下述函数表达:

$$U(x+Na)=U(x) \tag{2.7}$$

式中:a 为点阵常数。

采用"准自由电子"简化假设:①点阵是完整的;②晶体无穷大;③离子固定在点阵节点上;④电子之间没有相互作用,可以由薛定谔方程(2.1)解出式(2.7)给出的周期性势场中的电子运动状态。

应用量子力学数学解法,按准自由电子近似条件对式(2.1)求解,可以得到结论:当波矢 $K=\pm n\pi/a$ 时,在准连续的能谱上出现能隙,即出现允带和禁带。产生的禁带宽度依次为 $2|U_1|,2|U_2|,2|U_3|,\cdots$,离这些点较远的波矢,电子能量同自由电子近似。$K$ 值从 $-\pi/a$ 到 $+\pi/a$ 的区间称为第一布里渊区(简称第一布氏区)。在第一布氏区内能级分布是准连续谱。K 值从 $-\pi/a$ 到 $-2\pi/a$ 和 $+\pi/a$ 到 $+2\pi/a$ 称为第二布氏区,包含第一和第二间断点间的所有能级,第三、第四布氏区等依此类推。

2. 紧束缚近似

前面导出的能带概念,是从假设电子是自由的观点出发,然后把传导电子视为准自由电子,即采用布里渊理论。如果用相反的思维过程,即先考虑电子完全被原子核束缚,然后再考虑近似束缚的电子,是否也可以得到能带概念呢? 结论是肯定的,这种方法称为紧束缚近似。该方法便于了解原子能级与固体能带间的联系。

设想一晶体,它的原子排列是规则的,原子间距较大,以至于可以认为原子间无相互作用,此时每个原子的电子都处在其相应原子能级上。现在把原子间距继续缩小到晶体正常原子间距,并研究其能级的变化。相邻原子间同一能级的电子云开始重叠时,该能级就要分裂,分裂的能级数与原子数相等。如两个钠原子相互接近时,其 3s 轨道首先开始分裂。如果这两个原子的 3s 电子自旋方向相反,则结合成一个电子对,进入 3s 分裂后的能量较低的轨道,并使系统能量下降。当很多原子聚集成固体时,原子能级分裂成很多亚能级,并导致系统能量降低。由于这些亚能级彼此非常接近,故称它们为能带。当原子间距进一步缩小时,以至于电子云的重叠范围更加扩大,能带的宽度也随之增加。能级的分裂和展宽总是从价电子开始的,因为价电子位于原子的最外层,故最先发生作用。内层电子的能级只在原子非常接近时,才开始分裂。

原子基态价电子能级分裂而成的能带称为价带,对应于自由原子内部壳层电子能级分裂成的能带,分别以相应的光谱学符号命名,一般称 s 带、p 带、d 带等。通常,原子内部电子能级分裂成能带的往往不标出,因为它们对固体性能几乎没有什么影响。相应于价带以上的能带(即第一激发态)称为导带。我们讨论固体性质时往往分析的是价带和导带被电子占有的情况。这里应指出的是,能带和原子能级并不永远有简单的对应关系。某些晶体原子处于平衡点阵间距时,价电子能级和其他能级分裂的能带展宽的程度足以使它们相互交叠,这时能带结构将发生新的变化,简单对应关系便消失了。

采用紧束缚近似方法,利用薛定谔方程的数学方法,可以得出和布里渊区理论一致的结果。两种方法是互相补充的。对于碱金属和铜、银、金,由于其价电子更接近自由电子的情况,则用准自由电子近似方法(布里渊区理论)处理较为合适。当元素的电子比较紧密地束缚于原来所属的原子时(如过渡族金属的 d 电子),则应用紧束缚近似方法更合适。

因此不论是被原子核紧密束缚的电子,还是金属中较自由的价电子,在晶体中都是以能带的形式处在自己特定能带的某能级上。

3. 金属、绝缘体和半导体的能带特征

利用晶体能带理论解释导体、绝缘体和半导体的区别,正是能带理论发展初期的重大成就。固体导电性能是与它们的能带结构及被电子充填情况相关的。首先讨论能带被电子部分填充的情况,即能带中能量较低的能级被电子占据,能量较高的亚能级是空的。此时布氏区的费米面可以看作是球面。在同一能带中,波矢为 K 和 $-K$ 的电子具有相同的能量,它们的运动方向相反、速度大小相等。在没有外加电场的平衡态时,电子填充情况是相对于 K 空间原点对称的。因此,尽管电子自由运动,但相互抵消,故测不出宏观电流。如果在某方向施加一个外加电场 E,则每个电子都受到一电场力 eE 作用,该力使处于不同状态的电子都获得与电场方向相反的加速度,相当于费米球向与外加电场相反的方向平移了一段距离,这使得电子在 K 空间的填充状态失去了关于原点的对称性。这样,从统计角度考虑,就有一部分电子没有相应的反向运动电子,于是这部分电子的运动就产生了宏观电流。

采用费米球在 K 空间位移的方法,可以说明金属电导率的本质,并近似算出金属的电导率 σ:

$$\sigma = \frac{n_{\text{eff}} e^2 \tau_F}{m} = \frac{n_{\text{eff}} e^2 l_F}{m v_F} \tag{2.8}$$

式中:n_{eff} 为金属中未被相反运动所抵消的电子密度(即有效电子密度);e 为元电荷;m 为电子质量;τ_F、l_F 和 v_F 分别为费米面附近电子的弛豫时间、平均自由程及运动速度。

具有良好导电性能的金属的能带结构都具有一个共同特点,即在紧挨着价电子填充最高能级的上方,还存在着一个未填充的空带。这种与已填充能级紧密相邻的空带的存在,使得价电子很容易受热激发进入空带,成为传导电子。形成这种空带的原因有两类:

①价电子数目不足以填满价带。例如,一价元素原子最外层只有一个 s 电子,其价带只能填充至半满,三价元素原子给出三个价电子,因此可填满一个价带和一个半满的价带。这种半满填充的价带就形成了空带。

②由于构成三维晶体以后发生能带之间的重叠。典型例子如图 2.5 所示的 Mg 和 Co 的能带结构。二价元素镁原子最外层有 2 个 3s 电子,正好可以填满价带,所以它的费米能级 E_F 正好位于 3s 能带的顶端。但形成三维晶体后,金属镁的 3p 能带与 3s 能带发生重叠,如图 2.5(a)所示。在这种情况下,一部分价电子将填入 3p 能带,并在紧邻已填充最高能级上方形成空带。如图 2.5(b)所示,在金属钴的能带结构中,3d 和 4s 能带发生重叠。这是过渡族金属能带结构的一种典型特征。

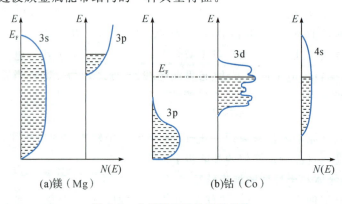

图 2.5　金属镁和钴的能带结构

四价元素具有特殊性。导带是空的,价带完全填满,中间有能隙,但是能隙较小。Ge、Si 的能隙分别为 0.67 eV 和 1.14 eV。室温下,一些价带电子可能受热激发进入导带,成为传导电子;且随着温度增加,传导电子增加,导电性增加。因此,它们在低温下是绝缘体,在室温下成为半导体。

As、Sb、Bi 等ⅤA族元素原子最外层有 5 个电子(2 个 s 电子和 3 个 p 电子)。它们在室温下的晶体单胞有 2 个原子。这样每个单胞中的 10 个价电子正好填满 5 个带,室温时传导电子浓度只有 10^{24} m^{-3},比一般的金属少 4 个数量级,因此称为半金属。

离子晶体一般为绝缘体。例如,NaCl 晶体中 Na^+ 的 3s 电子移到 Cl^- 中,因此 Na^+ 的 3s 轨道是空的,而 Cl^- 的 3p 轨道是满带。从 Cl^- 的 3p 满带到 Na^+ 的 3s 空带之间是宽度达到 10 eV 的禁带。热激发不能使电子进入导带,因此 NaCl 晶体是绝缘体(一般认为, $E_g \geqslant 3$ eV 时为绝缘体)。

4. 非晶态固体的电子状态

晶体材料的特征是原子或离子的空间排列结构周期性(长程有序),因此前面有关电子状态的分析和讨论都是建立在晶体材料结构周期性的基础上的。但是非晶态材料中不存在这种长程有序的结构周期性,从而表现出更为复杂的电子状态特征,例如电子运动平均自由程小,运动比较缓慢,电子间相互作用大。在宏观性能上,非晶态金属在不同温度范围内具有正负不同的电阻温度系数,非晶态半导体具有一些特殊的光学和电学性能。

目前,有关非晶态材料的电子状态理论还在继续发展和完善中,已有的主要理论包括"定域化"和"迁移率边"。

(1)定域化　满足周期性边界条件的波函数意味着电子在晶体各个原胞中出现的概率是相同的,波函数延伸到整个晶体之中,也就是说电子可以在整个晶体内运动。这种电子态被称为"扩展态"。

对于非晶态材料,由于不存在长程有序性,因此点阵对运动着的电子产生强烈的散射作用。如果散射作用很强,对于某一给定的能量 E,所有波函数随着距离 r 的增加而呈指数衰减。这意味着波函数 $\psi(r)$ 实际上是被限制在一个局部区域内的。这种电子态被称为"定域态"。这是安德森(P. W. Anderson)在 1958 年首先提出的,故又称"安德森定域化"。在 $T=0$ K 时,电子在这些定域能级之间不扩散。在 $T>0$ K 时,电子也只能在定域能级之间发生热辅助跃迁(包括隧道贯穿)。

发生定域化的条件取决于固体势场情况。安德森定义了一个定域化参数: $p = V_0/B$,其中 V_0 为无规势场强度的平均值,B 为固体能带宽度。安德森认为当 $p \geqslant 5.5$ 时整个能带将发生定域化。莫特(M. F. Mott)等把 $p=2$ 作为定域化的临界条件。

(2)迁移率边　如果定域化参数 $p=V_0/B$ 不是大得足以使整个能带中的电子态都被局域化,而只有在能带尾部的电子态才被局域化,这时局域态和扩展态之间将有一个能量的分界。这个分界的能量被称为"迁移率边",因为迁移率在扩展态和局域态的分界处有突变。

图 2.6 是非晶态半导体的能态密度模型示意图。图中导带和价带的中间部分为能隙中的态密度，E_V 和 E_C 分别为导带和价带中的迁移率边。由于非晶态半导体中存在大量的缺陷，这些缺陷在能隙深处造成缺陷定域态，此时费米能级位于定域带中央。定域带中电子的传导首先是费米能级附近的电子的热辅助跃迁或是越过费米能级的热激活运动。所以，E_F 所处位置及其附近的态密度分布 $N(E_F)$ 对非晶态半导体有重要作用。如果费米能级附近 $N(E_F)$ 高，则轻微的掺杂

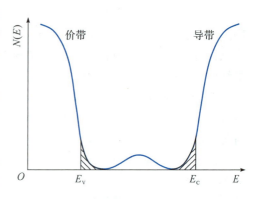

图 2.6   非晶态半导体的能态密度模型

或升高温度都不会影响费米能级的位置，因为费米能级处于被钉扎状态而不易人为控制。

2.2 材料导电性能

2.2.1 导电的物理现象

电流是电荷在空间的定向运动。物体的导电现象，其微观本质是载流子在电场作用下的定向迁移。任何一种物质，只要存在携带电荷的自由粒子——载流子，就可以在电场作用下产生电流。金属导体中的载流子是自由电子，无机材料中的载流子可以是电子（负电子、空穴），也可以是离子（正离子、负离子和空位）。载流子为离子的电导称为离子电导，载流子为电子的电导称为电子电导。

材料的导电性能用电阻率 ρ 或其倒数电导率 σ 表示。假设单位体积材料中带电粒子的数目为 n，每个粒子带的电荷为 ze（其中 z 是带电粒子的电价），在电场强度 E 作用下带电粒子的漂移速度为 v，则根据欧姆定律，材料的电导率是：

$$\sigma = j/E = nze(v/E) \tag{2.9}$$

若用单位电场作用下带电粒子的漂移速度（迁移率）μ 表示，则：

$$\sigma = nze\mu \tag{2.10}$$

从上式可看出，材料的电导率主要取决于带电粒子的浓度及其迁移率。

由于材料的带电粒子可以是电子、空穴或各种离子，因此总的电导率是各种带电粒子的电导率的总和：

$$\sigma = \sigma_1 + \sigma_2 + \cdots + \sigma_n = \sum_{i=1}^{n} n_i z_i e \mu_i \tag{2.11}$$

图 2.7 是一些典型材料的电导率。从中可以看出，不同材料的电导率相差 20 个数量级以上。根据电导率的不同，一般把固体材料分为导体、半导体和绝缘体三类。电导率大于 10^4 S/m 的固体材料称为导体（大多数是金属）；电导率小于 10^{-7} S/m 的固体称为绝缘体；介于这两者之间的称为半导体材料。当然，人们感兴趣的主要在于半导体材料

所具有的一些独特性质,例如在光、电、磁、热、声等物理场中的导电行为和特性。人们正是利用这些材料的独特性能,制成各种半导体器件,广泛应用于电子技术、自动控制、国防、科学研究等方面。

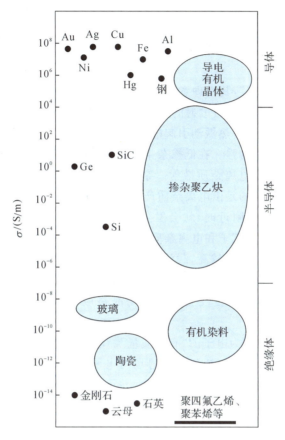

图 2.7   一些典型材料的电导率

2.2.2   电子导电

电子导电的载流子是电子或空穴(即电子空位),电子导电主要发生在导体和半导体中。电子在晶体中的运动状态用量子力学理论来描述。能带理论指出,在具有严格周期性电场的理想晶体中的电子和空穴,在 0 K 下的运动像理想气体分子在真空中的运动一样,电子运动时不受阻力影响,迁移率为无穷大。只有当电场周期性受到破坏时,才产生阻碍电子运动的条件。电场周期性被破坏的来源包括晶格热振动、固溶杂质、第二相颗粒,以及点缺陷、位错、晶界等晶体缺陷等。晶体内电场周期性破坏所造成的后果是点阵节点偏离理论位置,使电子(或空穴)在运动中与点阵发生非弹性碰撞,引起电子波的散射,从而使电子运动受阻。

电子电导率可以通过电子迁移率和载流子浓度计算得到。

1. 电子的有效质量和迁移率

当没有外加电场作用时,电子也在固体中运动,与晶格点阵、杂质、缺陷等发生碰撞并散射。但这种运动的方向和速度在统计意义上是杂乱、无序和随机的,因而对大量电子而言,在任意空间方向上电子的平均迁移速度为零,所以宏观上不表现出存在电流。在外电场作用下,电子既有随机运动,也有被电场加速而获得的定向运动。根据量子力学理论,电子在电场 E 作用下的平均定向速度 $\bar{v}$ 为:

$$\bar{v} = \tau eE/m^* \tag{2.12}$$

上式中的 τ 称为"松弛时间",其物理意义是电子发生两次碰撞之间的平均时间的1/2。松弛时间 τ 的长短取决于载流子被散射的强弱,散射越弱,则 τ 越大。产生散射的主要机制有两种。①晶格散射,即晶格热振动引起的对载流子的散射。温度越高,晶格振动越强,对载流子的晶格散射也将增强。在低掺杂半导体中,迁移率随温度升高而大幅度下降的原因就在于晶格散射。②电离杂质散射。杂质原子和晶格缺陷都可以对载流子产生一定的散射作用。但最重要的是由电离杂质产生的正、负电中心对载流子的吸引或排斥作用,当载流子经过带电中心附近时,就会发生散射作用。电离杂质散射的影响与掺杂浓度有关。掺杂浓度越高,载流子和电离杂质相遇而被散射的机会也就越大。电离杂质散射的强弱也和温度有关。温度越高,载流子的运动速度越大,因而对于同样的吸引和排斥作用所受影响相对就越小,散射作用越弱。这和晶格散射情况是相反的,所以在高掺杂时,由于电离杂质散射随温度变化的趋势与晶格散射相反,因此迁移率随温度变化较小。

式(2.12)中的 m^* 被称为电子的"有效质量"。电子的有效质量与自由电子真实质量的不同点在于,有效质量中还包括了晶格势场对电子的作用。对于一定的材料结构,晶格场是确定的。因此有效质量也有确定的值,并可通过实验测定。对大多数导体而言,由于价带只是一部分充满,所以 $m^* = m_e$;氧化物的 m^* 一般为 m_e 的 $2 \sim 10$ 倍;碱性盐的 m^* 是 m_e 的 1/2 左右。

引入松弛时间和有效质量的概念以后,电子在单位电场作用下的统计平均速度(迁移率)可表达为:

$$\mu = \bar{v}/E = \tau e/m^* \tag{2.13}$$

表 2.1 给出了一些材料在室温下的迁移率。

表 2.1 室温下一些材料载流子的近似迁移率 单位:$cm^2/(s \cdot V)$

晶体	迁移率		晶体	迁移率	
	电子	空穴		电子	空穴
金刚石	1800	1200	PbS	600	200
Si	1600	400	PbSe	900	700
Ge	3800	1800	PbTe	1700	930
InSb	100000	1700	AgCl	50	/
InAs	23000	200	AlN	/	10

续表

晶体	迁移率		晶体	迁移率	
	电子	空穴		电子	空穴
InP	3400	650	SnO_2	160	/
GaSb	2500~4000	650	$SrTiO_3$	6	/
GaAs	8000	3000	Fe_2O_3	0.1	/
GaP	150	120	TiO_2	0.2	/

2. 载流子浓度

根据能带理论,晶体中并非所有电子,也并非所有价电子都参与导电,只有导带中的电子或价带顶部的空穴才能参与导电。导体中导带和价带之间没有禁区,电子进入导带不需要能量,因而导电电子的浓度很大。在绝缘体中,价带和导带隔着一个宽的禁带 E_g,电子由价带到导带需要外界提供给能量,使电子激发,实现电子由价带到导带的跃迁,因而通常导带中的导电电子浓度很小。

半导体和绝缘体有相似的能带结构,只是半导体的禁带较窄(E_g 小),电子跃迁比较容易。一般绝缘体的禁带宽度为 6~12 eV,半导体的禁带宽度小于 2 eV。下面以半导体为例,讨论载流子的浓度。

(1)本征半导体中的载流子浓度　半导体的价带和导带中隔着一个禁带 E_g。在 0 K下,无外界能量,价带中的电子不可能跃迁到导带中去。如果存在外界作用(如热、光辐射),则价带中的电子获得能量,可能跃迁到导带中去。这样,不仅在导带中出现了导电电子,而且在价带中出现了这个电子留下的空穴。在外电场作用下,价带中的电子可以逆电场方向运动到这些空穴上来,而本身又留下新的空位。换句话说,空位顺电场方向运动,所以称此种导电为空穴导电。空穴好像一个带正电的电荷,因此空穴导电也属于电子导电的一种形式。

上面这种导带中的电子导电和价带中的空穴导电同时存在,称为本征导电。在本征导电的载流子中,电子和空穴的浓度是相等的。这类载流子只由半导体晶格本身提供,所以称为本征半导体。本征半导体的载流子是由热激发产生的,其浓度与温度成指数关系。

根据费米统计理论,可以计算出导带中的电子浓度以及价带中的空穴浓度。在某一能带(E_1 和 E_2 之间)存在的电子浓度 n 可以表示为:

$$n = \int_{E_1}^{E_2} Z(E) f_e(E) dE \tag{2.14}$$

式中:$Z(E)$ 为电子允许状态密度;$f_e(E)$ 为电子存在的概率,服从费米‐狄拉克分布[见式(2.5)]。室温下 $kT \approx 0.025$ eV,可以认为($E-E_F$)$\gg kT$。此时,电子分布函数式(2.5)可近似为:

$$f_e(E) \approx \exp\left(-\frac{E-E_F}{kT}\right) \tag{2.15}$$

设 E_C、E_V 分别为导带底部能级和价带顶部能级。由式(2.14)可知,导带中的导电电子浓度为:

$$n = \int_{E_C}^{\infty} Z_C(E) f_e(E) dE \tag{2.16}$$

式中:导带的电子状态密度 $Z_C(E)$ 为:

$$Z_C(E) = \frac{1}{2\pi^2} \left(\frac{8\pi^2 m_e^*}{h^2}\right)^{\frac{3}{2}} (E - E_C)^{\frac{1}{2}} \tag{2.17}$$

式中:m_e^* 为电子有效质量。将式(2.15)和式(2.17)代入式(2.16),积分并化简后,得:

$$n = 2\left(\frac{2\pi m_e^* kT}{h^2}\right)^{3/2} \exp\left(-\frac{E_C - E_F}{kT}\right) \tag{2.18}$$

上式中的指数前项称为"导带的有效状态密度",记为 $N_C = 2\left(\frac{2\pi m_e^* kT}{h^2}\right)^{3/2}$,则:

$$n = N_C \exp\left(-\frac{E_C - E_F}{kT}\right) \tag{2.19}$$

在本征半导体中,价带中的空穴和导带中的电子浓度相等。空穴的分布函数 f_h 和电子的分布函数 f_e 之间的关系是 $f_h = 1 - f_e$。只要条件$(E_F - E) \gg kT$ 满足,便有:

$$f_h(E) \approx \exp\left(\frac{E - E_F}{kT}\right) \tag{2.20}$$

类似于导带中电子浓度的计算,可以得到价带中的空穴浓度为:

$$\begin{aligned} p &= \int_{-\infty}^{E_V} Z_V(E) f_h(E) dE \\ &= 2\left(\frac{2\pi m_h^* kT}{h^2}\right)^{\frac{3}{2}} \exp\left(-\frac{E_F - E_V}{kT}\right) \\ &= N_V \exp\left(-\frac{E_F - E_V}{kT}\right) \end{aligned} \tag{2.21}$$

式中:$Z_V(E)$ 为价带中的空穴状态密度;m_h^* 为空穴有效质量;N_V 为价带的有效状态密度。

在本征半导体中,$n = p$,由式(2.19)和式(2.21)可以计算出费米能级 E_F:

$$E_F = \frac{1}{2}(E_C + E_V) - \frac{1}{2}kT\ln\frac{N_C}{N_V} \tag{2.22}$$

代入式(2.19)和式(2.21)后得到:

$$\begin{aligned} n = p &= 2\left(\frac{2\pi kT}{h^2}\right)^{\frac{3}{2}} (m_e^* m_h^*)^{\frac{3}{4}} \exp\left(-\frac{E_C - E_V}{2kT}\right) \\ &= 2\left(\frac{2\pi kT}{h^2}\right)^{\frac{3}{2}} (m_e^* m_h^*)^{\frac{3}{4}} \exp\left(-\frac{E_g}{2kT}\right) \\ &= N\exp\left(-\frac{E_g}{2kT}\right) \end{aligned} \tag{2.23}$$

式中:N 为等效状态密度。该式说明载流子浓度随禁带宽度的增加而快速减小,随温度的升高而迅速上升。表 2.2 是一些纯的化学计量固体的禁带宽度 E_g 和电子及空穴的近似浓度 $n = 10^{19}\exp(-E_g/2kT)$ cm^{-3}。

表 2.2　一些纯的化学计量固体的禁带宽度 E_g 和电子及空穴的近似浓度

晶 体	E_g/eV	$n(p)$/cm^{-3}		晶 体	E_g/eV	$n(p)$/cm^{-3}	
		300 K	1000 K			300 K	1000 K
NaCl	7.3	10^{-43}	4	NiO	4.2	10^{-16}	10^8
CaF$_2$	10	10^{-66}	10^{-6}	CdS	2.8	10^{-5}	10^{12}
Al$_2$O$_3$	7.4	10^{-44}	2.0	ZnO	3.2	10^{-8}	10^{11}
MgO	8	10^{-49}	0.01	Fe$_2$O$_3$	3.1	10^{-7}	10^{11}
SiO$_2$	8	10^{-49}	0.01	Si	1.1	10^{14}	10^{16}

　　(2)杂质半导体中的载流子浓度　杂质对半导体的导电性能影响很大,特别是当杂质原子与被它取代的原子的外层价电子数目不同时。例如,在四价的半导体硅晶体中掺入微量五价的砷,一个砷原子将取代硅晶体中的一个硅原子。由于砷原子外层有五个价电子,其中四个同相邻的四个硅原子形成共价键以后,还多出一个电子。这个"多余"的电子能级(E_D)离导带(E_C)很近,只差 0.05 eV,大约为硅的禁带宽度的 5%,因此它比满带中的电子更容易被激发进入导带。这种"多余"电子的杂质能级称为"施主能级"。这类掺入施主杂质的半导体称为 n 型半导体。类似地,若在半导体硅中掺入第三族元素(如硼),因为硼的外层只有三个价电子,这样它和硅形成共价键就少了一个电子,即出现了一个空穴。这个空穴的能级(E_A)距离价带(E_V)只有 0.045 eV 的间隙,因此价带中的电子激发到空穴能级要比越过整个禁带(1.1 eV)进入导带容易得多。这个空穴能级能容纳由价带激发上来的电子,所以称这种杂质能级为"受主能级"。掺入受主杂质的半导体称为 p 型半导体,如图 2.8 所示。

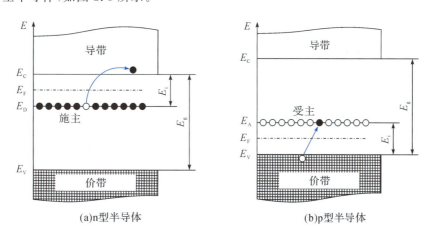

(a)n型半导体　　　　　　　　　　　　　(b)p型半导体

图 2.8　掺杂半导体的能级

　　用 N_D 和 N_A 分别表示 n 型半导体和 p 型半导体单位体积中的施主原子数目和受主原子数目。当温度不是很高(低于本征激发温度)时,可仿照上一小节,分别推导出导带中的电子浓度 n、费米能级 E_F:

$$n = (N_C N_D)^{1/2} \exp\left(-\frac{E_C - E_D}{2kT}\right) \tag{2.24}$$

$$E_F = \frac{1}{2}(E_C + E_D) - \frac{1}{2}kT\ln\frac{N_C}{N_D} \tag{2.25}$$

以及价带中的空穴浓度 p、费米能级 E_F：

$$p = (N_V N_A)^{1/2} \exp\left(-\frac{E_A - E_V}{2kT}\right) \tag{2.26}$$

$$E_F = \frac{1}{2}(E_V + E_A) - \frac{1}{2}kT\ln\frac{N_A}{N_V} \tag{2.27}$$

3. 电子电导率

对于本征半导体，根据式(2.23)，其电导率为：

$$\sigma = n_e e\mu_e + pe\mu_h = N\exp\left(-\frac{E_g}{2kT}\right)(\mu_e + \mu_h)e$$

$$= \sigma_0 \exp\left(-\frac{E_g}{2kT}\right) \tag{2.28}$$

式中：μ_e 和 μ_h 分别为电子和空穴的迁移率；σ_0 相当于本征激发载流子浓度达到"等效态密度"时的电导率。σ_0 随温度变化不太显著，在一定的温度范围内可视为常数，因此 $\ln\sigma$ 与 $1/T$ 成直线关系，由直线斜率可求出禁带宽度 E_g。

掺杂半导体的电导率将包括两项：① 与杂质浓度无关的本征电导项；② 由掺杂载流子运动引起的掺杂电导项。由式(2.24)和式(2.26)可分别写出 n 型和 p 型半导体的电导率：

$$\begin{cases} \text{n 型}: \sigma = N\exp\left(-\frac{E_g}{2kT}\right)(\mu_e + \mu_h)e + (N_C N_D)^{\frac{1}{2}}\exp\left(-\frac{E_i}{2kT}\right)\mu_e e \\ \text{p 型}: \sigma = N\exp\left(-\frac{E_g}{2kT}\right)(\mu_e + \mu_h)e + (N_V N_A)^{\frac{1}{2}}\exp\left(-\frac{E_i}{2kT}\right)\mu_h e \end{cases} \tag{2.29}$$

式中：E_i 分别为 n 型半导体中的施主能级距离导带底部的间隙和 p 型半导体中的价带顶部到受主能级的距离（见图 2.8）。因为 $E_g \gg E_i$，故在低温时式(2.29)中的第二项（掺杂电导项）起主要作用。但在高温时，杂质能级上的掺杂载流子早已全部激发，此时若温度继续升高，则电导率的增加主要来源于式(2.29)中的第一项（本征电导项）。因此，高温时也可以根据 $\ln\sigma$-$\frac{1}{T}$ 关系的直线斜率来估算掺杂半导体禁带宽度 E_g。

2.2.3 离子导电

离子晶体中的导电的载流子主要为离子。晶体的离子导电可以分为两类：第一类源于晶体点阵的基本离子运动，称为固有离子电导（或本征电导）。这种离子自身随着热振动离开晶格形成热缺陷，这种热缺陷无论是离子或者空位都是带电的，因而都可作为离子导电载流子。显然固有电导率在高温下特别显著。第二类是由固定较弱的离子的运动造成的，主要是杂质离子，因而常称为杂质导电。杂质离子是弱联系离子，所以在较低温度下杂质电导表现得显著。

1. 载流子浓度

对于固有电导率(本征电导率),载流子由晶体本身热缺陷——弗仑克尔缺陷和肖特基缺陷提供。弗仑克尔缺陷的填隙离子和空位的浓度是相等的,都可表示为:

$$N_{Fl} = N \exp\left(-\frac{E_{Fl}}{2kT}\right) \tag{2.30}$$

式中:N 为单位体积内的离子结点数;E_{Fl} 为形成一个弗仑克尔缺陷(即同时生成一个填隙离子和一个空位)所需要的能量。

肖特基空位浓度在离子晶体中可表示为:

$$N_{St} = N \exp\left(-\frac{E_{St}}{2kT}\right) \tag{2.31}$$

式中:N 为单位体积内离子对的数目;E_{St} 为离解一个阴离子和一个阳离子并到达表面所需的能量。

由以上两式可以看出,热缺陷的浓度取决于温度 T 和离解能 E_{St}。离子晶体的离解能在数量级上相当于绝缘体的禁带宽度,高于半导体禁带宽度,远远高于常温时的 kT,所以室温附近离子晶体中的热缺陷浓度是很低的。只有在高温下,热缺陷浓度才显著大起来,因此固有电导率只有在高温下才是显著的。

杂质离子载流子的浓度取决于杂质的数量和种类。杂质离子不仅增加了电流载体数,而且使点阵发生畸变,杂质离子的离解活化能变小。在温度不是很高时,离子晶体的电导率主要由杂质载流子浓度决定。

2. 离子迁移率

离子导电的微观机构为离子的扩散。当间隙离子处于间隙位置时,受周围离子的作用,处于一个暂时的平衡位置。如果它要从一个间隙位置跃入相邻原子的间隙位置,需克服一个高度为 U_0 的"势垒"[见图 2.9(a)],完成一次跃迁,又处于新的平衡位置(间隙位置)上。这种扩散过程就构成了宏观的离子"迁移"。

在离子晶体中,离子迁移需要克服的势垒 U_0 远大于一般的电场能。在一般的电场强度下,间隙离子单从电场中获得的能量不足以克服势垒 U_0,因而热运动能是间隙离子迁移所需要能量的主要来源。虽然所有离子的平均热运动能仍然比 U_0 小许多(温度为 10^4 K 时的平均热运动能才达到 1 eV 左右),但事实上离子(以及其他微观粒子)的个体热运动能存在很大差异。在同一时刻,有的离子热运动能量高,有的离子热运动能量低,即存在热运动能量的"起伏"(或者称为"涨落")现象。正是由于这种能量的起伏,使得整体平均热运动能小于势垒 U_0 的系统中存在少数离子,它们的瞬间热运动能量可以高于势垒 U_0,从而具有向邻近间隙位置跃迁的可能性。

根据玻尔兹曼统计规律,在三维系统中,单位时间内间隙离子向某一方向跃迁的次数为:

$$P = \frac{\nu_0}{6} \exp\left(-\frac{U_0}{kT}\right) \tag{2.32}$$

式中:ν_0 为间隙离子的振动频率。无外加电场时,间隙离子的这种跃迁相当于一种"随机行走"行为,其结果是使离子在晶体中的空间分布趋向于均衡。因此稳态时离子在晶体中各方向的"迁移"次数都相同,宏观上无电荷定向运动,故介质中无电导现象。

加上外电场后,由于电场力的作用,晶体中间隙离子的势垒不再对称。假设外电场强度为 E,则对于一个电量为 q 的正离子而言,将受到与电场方向相同的电场力 $F=qE$。由此而使离子跃迁势垒的变化量为 $\Delta U=F\delta/2=qE\delta/2$,其中 δ 为离子的相邻两个稳定位置间的距离[见图 2.9(b)]。由于电场对跃迁势垒的影响,正离子顺电场方向的迁移将更容易进行,而反电场方向的迁移将更为困难。类似于式(2.32),可以分别得到离子顺电场方向和逆电场方向的单位时间内跃迁次数:

$$P_{顺}=\frac{\nu_0}{6}\exp\left(-\frac{U_0-\Delta U}{kT}\right)$$
$$P_{逆}=\frac{\nu_0}{6}\exp\left(-\frac{U_0+\Delta U}{kT}\right)$$

(2.33)

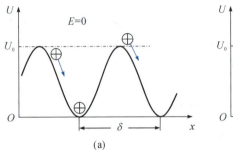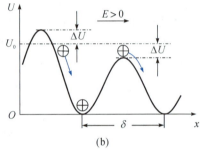

图 2.9 外电场对离子跃迁势垒的影响

显然,同时存在向顺电场方向和逆电场方向跃迁的间隙离子。因此,单位时间内沿电场方向的间隙离子"净"跃迁次数应该为向两个方向跃迁次数的差值:

$$\Delta P=P_{顺}-P_{逆}=\frac{\nu_0}{6}\exp\left(-\frac{U_0}{kT}\right)\left[\exp\left(\frac{\Delta U}{kT}\right)-\exp\left(-\frac{\Delta U}{kT}\right)\right]$$

(2.34)

上式右边的指数项可以展开为泰勒级数,考虑到通常情况下 ΔU 远远小于 kT,因此可以忽略级数展开式中的高次项,则:

$$\exp\left(\pm\frac{\Delta U}{kT}\right)\approx1\pm\frac{\Delta U}{kT}$$

(2.35)

离子每跃迁一次的距离为 δ,同时注意到 $\Delta U=qE\delta/2$,所以载流子沿电场方向的迁移速度 v 为:

$$v=\frac{\delta^2\nu_0qE}{6kT}\exp\left(-\frac{U_0}{kT}\right)$$

(2.36)

故载流子沿电流方向的迁移率为:

$$\mu=\frac{v}{\varepsilon}=\frac{\delta^2\nu_0q}{6kT}\exp\left(-\frac{U_0}{kT}\right)$$

(2.37)

通常离子的迁移率为 $10^{-13}\sim10^{-16}$ m²/(s·V)。

3. 离子电导率

载流子浓度 n 及迁移率 μ 确定以后,离子电导率的理论计算公式可以根据定义 $\sigma=nq\mu$ 推导确定。事实上,根据前面的分析可以看到,载流子浓度和迁移率的表达式都具有

"激活"过程的特征,即一个与温度关系不是很大的"常数项"和一个与激活能相关并随温度上升而迅速增大的"指数项"。这种激活过程的一个典型实例是计算扩散系数的"阿伦尼乌斯定律"。在这里,我们也可以仿照阿伦尼乌斯定律的形式,直接写出离子电导率的一般表达式。

本征离子电导率的一般表达式可写为:

$$\sigma = A_1 \exp\left(-\frac{W_1}{kT}\right) \tag{2.38}$$

式中:A_1 在一个不太大的温度范围内可以认为是常数;W_1 为"本征离子电导活化能",它包括载流子的本征激发能和迁移能。

同样,杂质离子电导率的一般表达式可写为:

$$\sigma = A_2 \exp\left(-\frac{W_2}{kT}\right) \tag{2.39}$$

式中:A_2 主要取决于杂质离子的浓度;W_2 为"杂质离子电导活化能"。虽然通常杂质离子浓度很低,但由于杂质离子电导活化能 W_2 比本征电导率中的 W_1 小得多,在温度不是很高的情况下,$\exp(-W_2/kT)$ 远远大于 $\exp(-W_1/kT)$,所以离子晶体的导电主要为杂质导电。

4. 影响离子电导率的因素

(1)温度　由式(2.38)和式(2.39)可以看到,随着温度的上升,本征导电和杂质导电都按指数规律增加。一方面,由于杂质离子电导活化能比基本点阵离子的活化能小许多,在低温下杂质导电占主要地位;另一方面,由于基本点阵离子在数量上比杂质离子多得多,所以在本征载流子大量激发的高温下,本征导电将起主要作用。

如果作 $\ln\sigma$-$\frac{1}{T}$ 曲线,则在一个不太大的温度范围内应该得到一条直线,根据其斜率可以计算电导活化能。如果发现 $\ln\sigma$-$\frac{1}{T}$ 曲线的斜率在某个温度产生突变,则可能是导电机理发生了改变,例如,由杂质导电转化为本征导电,也可能是由一种载流子导电转化为另一种载流子导电(如刚玉瓷在低温下发生杂质离子导电,高温下则发生电子导电)。

(2)晶体结构　电导活化能反映了离子的固定程度,与晶体结构密切相关。熔点高的晶体,晶体结合力大,相应活化能也高,电导率就低。离子电荷少,正负离子间结合力小,晶体结构稳定性低,电导活化能低,因此离子迁移率和电导率较高。

结构紧密的离子晶体由于可供移动的间隙小,间隙离子迁移困难,活化能高,因而电导率低。

(3)晶格缺陷　晶格缺陷在离子导电行为中具有重要的地位,特别是在作为固体电解质应用的离子晶体中。固体电解质是具有离子导电性的离子晶体。好的固体电解质应同时具有以下两个特性:①电子载流子的浓度低,从而具有高的"电子绝缘"性能。②离子晶格缺陷浓度大,并参与电导,从而具有良好的"离子电导"性能。因此"离子性"晶格缺陷的生成及其浓度大小是决定离子导电的关键。

离子晶体中的主要晶格缺陷包括以下三种:①热激活缺陷。例如,晶体中由于热激励而产生的肖特基缺陷或弗仑克尔缺陷。②不等价固溶缺陷。例如,在 AgBr 中掺杂 $CdBr_2$,由于一个 $CdBr_2$ 分子实际上要占据两个 AgBr 的晶格位置,从而将生成一个 Ag 离子空位 V'_{Ag} 和一个 Cd 离子缺陷 $Cd^{\cdot}_{Ag}$。③非化学计量比缺陷。离子晶体中正负离子计量比偏离严格的化学计量比,形成非化学计量比化合物,因而产生晶格缺陷。例如,稳定型 ZrO_2 由于氧的脱离形成氧空位和多余的电子。

固体电解质的总电导率 σ 为离子电导率和电子电导率之和。通常把离子迁移数 $t_i \geqslant 0.99$ 的导体称为离子导体,把 $t_i < 0.99$ 的称为混合导体。这里,"迁移数"是指某种载流子所运载的电流与总电流之比。

2.2.4　玻璃态导电

在含有碱金属离子的玻璃中,其基本上表现为离子导电。玻璃体的结构比晶体疏松,碱金属离子能够穿过大于其原子大小的距离而迁移,同时克服一些势垒。玻璃与晶体不同,玻璃中碱金属离子的能阱不是单一的数值,有高有低,这些势垒的体积平均值就是载流子的活化能。

纯净玻璃的电导率一般较小,但如含有少量的碱金属离子就会使电导率大大增加。这是由于玻璃的结构松散,碱金属离子不能与两个氧原子联系以延长点阵网络,从而造成弱联系离子,因而电导率大大增加。在碱金属氧化物含量不大的情况下,电导率与碱金属离子浓度有直线关系。到一定限度时,电导率成指数增长。这是因为碱金属离子首先填充在玻璃结构的松散处,此时碱金属离子的增加只是增加导电载流子数。当孔隙被填满之后,继续增加碱金属离子,就开始破坏原来结构紧密的部位,使整个玻璃结构进一步松散,因而活化能降低,电导率指数上升。

在生产实际中发现,利用双碱效应和压碱效应,可以减少玻璃的电导率,甚至可以使玻璃电导率降低 4~5 个数量级。

双碱效应是指当玻璃中碱金属离子总浓度较大(占玻璃组成的 25%~30%)时,在碱金属离子总浓度相同的情况下,含两种碱金属离子的玻璃比含一种碱金属离子的玻璃电导率要小。当两种碱金属浓度比例适当时,电导率可以降到很低。例如,在氧化物 K_2O、Li_2O 中,K^+ 和 Li^+ 占据的空间与其半径有关。因为 K^+ 半径大于 Li^+,它们在外电场作用下移动时,将有选择地进入邻近的空位。Li^+ 留下的空位比 K^+ 留下的空位小,因此 K^+ 只能跃迁到邻近处其他 K^+ 离开后留下的空位;而 Li^+ 进入体积大的 K^+ 空位时会产生额外应力,因而也是进入同种离子空位较为稳定。这样互相干扰的结果使离子跃迁的目标位置数量降低,扩散通道阻塞,从而使电导率大大下降。

压碱效应是指含碱玻璃中加入二价金属氧化物,特别是重金属氧化物,使玻璃的电导率降低。相应的阳离子半径越大,这种效应越强。这是由于二价离子与玻璃中的氧离子结合比较牢固,能嵌入玻璃网络结构,以致堵住了迁移通道,使碱金属离子移动困难,因而电导率降低。当然,如用二价离子取代碱金属离子,也可达到同样效果。

无机材料中的玻璃相,往往含有复杂的组成,一般玻璃相的电导率比晶体相高,因此对介质材料应尽量减少玻璃相的电导率。上述规律对陶瓷中的玻璃相也是适用的。

半导体玻璃作为新型电子材料非常引人注目。半导体玻璃按其组成可分为以下三种：

①金属氧化物玻璃，如 SiO_2 等。另外含有变价过渡金属离子的某些氧化物玻璃呈现出电子导电性，最典型的是磷酸钒和磷酸铁玻璃。

②硫属化物玻璃。硫属化物泛指除了氧以外的 $VI A$ 族元素（S、Se、Te 等）与金属的化合物。硫属化物多成分系玻璃具有特有的玻璃化区域和物理状态，其中以 Si-As-Te 系玻璃研究较多。该系材料在其玻璃化区域内呈现出半导体性质；在玻璃化区域以外，存在着结晶化状态，形成多晶体，表现出金属导电性。大多数硫属化物玻璃的导电过程为热激活过程，与本征半导体的导电相似。这是因为非晶态的半导体玻璃存在很多悬空键和区域化的电荷位置，从能带结构来看，在价带和导带之间存在很多局部能级，因此对杂质不敏感，从而难以进行价控而形成 pn 结。

③Ge、Si、Se 等元素非晶态半导体。采用 SiH_4 的辉光放电法所形成的非晶态硅，由于悬空键被 H 所补偿，成为 α-Si：H，能实现价控，并在太阳能电池上获得应用。

2.2.5　金属导电

根据能带理论导出的金属电导率表达式由式（2.8）给出。在 0 K 温度下，电子波在一个理想晶体点阵中将不会被散射，此时电子的运动可理解为类似于理想气体在"真空"中的运动。但事实上，由温度引起的晶格振动、晶体中的异类原子以及位错、点缺陷等都会使理想晶体点阵的周期性遭到破坏。在这些晶体点阵周期性被破坏的地方，电子波将发生散射，从而降低导电性。电子波的散射是金属（以及其他电子导电材料）中存在电阻的根本原因。

导致电子波发生散射的原因可以分为以下两类：

①晶格振动。晶格振动的结果是晶体中的离子无序地偏离其在晶体点阵中的平衡位置，使得晶格的周期性（或者说晶体势场的周期性）遭到破坏，从而对电子波产生散射作用。温度越高，晶格振动的振幅越大，对电子波的散射作用越强。

②晶体缺陷。晶体缺陷包括杂质、位错、空位等。它们使得晶体点阵发生畸变，从而产生对电子波的散射。这部分散射的强度取决于缺陷的性质和数量，与温度无关。

这样，金属的总电阻包括晶格振动引起（与温度相关）的"基本电阻"和由杂质、位错、空位等引起（与温度无关）的"缺陷电阻"。其数学表述就是著名的马西森定则（Matthiessen's rule）：

$$\rho = \rho(T) + \rho' \tag{2.40}$$

式中：$\rho(T)$ 为与温度有关的电阻率；ρ' 为与杂质浓度、点缺陷、位错有关的电阻率。

金属的电阻在高温时主要由 $\rho(T)$ 项决定，在低温时 ρ' 项是主要的。一般把 4.2 K 温度下测得的金属电阻率称为"剩余电阻率"，用它或用"相对电阻率"$\rho(300 \text{ K})/\rho(4.2 \text{ K})$ 作为衡量金属纯度的重要指标。目前生产的金属单晶体的相对电阻率值大于 2×10^4。

我国科学家在高温超导领域取得重大突破

2.2.6　超导电性

1908 年，荷兰物理学家昂内斯（K. Onnes）获得了液氦（4.2 K）。

1911 年，昂内斯在实验中发现在 4.2 K 附近，水银的电阻突然下降到无法测量的程度。这种在一定的低温条件下材料突然失去电阻的现象称为超导电性。超导态的电阻小于目前所能检测的最小电阻率 10^{-27} Ω·m，可以认为超导态没有电阻。发生这种现象的温度称为临界温度，并以 T_c 表示。与超导态对应的是常导态或正常态。

有报道说，用铌-锆合金（$Nb_{0.75}Zr_{0.25}$）超导线制成的螺管磁体，其超导电流估计衰减时间不小于 10 万年。超导体中有电流而没有电阻，说明超导体是等电位的，超导体内没有电场。

超导体有两种特性：①完全导电性。例如，在室温下把超导体做成圆环放在磁场中，并冷却到低温使其转入超导态。这时把原来的磁场去掉，则通过磁感作用，沿着圆环将感生出电流，由于圆环的电阻为零，故此电流将永不衰减，称为永久电流，环内感应电流使环内的磁通保持不变，称为冻结磁通。②完全抗磁性。即处于超导状态时，不管其经历如何，磁感应强度 B 始终为零，这就是所谓的迈斯纳（Meissner）效应。迈斯纳效应说明超导体是一个完全抗磁体，超导体具有屏蔽磁场和排除磁通的性能。当用超导体制成圆球并处在常导态时，磁通通过圆球；当它处于超导态时，进入圆球内部的磁通将被排出球外，使内部磁场为零。

超导体有三个性能指标。第一个是超导转变温度 T_c。超导体低于某一温度 T_c 时，便出现完全导电和迈斯纳效应等基本特性。超导材料转变温度越高越好，越有利于应用。

临界磁感应强度 B_c 是超导体的第二个指标。当温度 $T < T_c$ 时，将超导体放入磁场中，当磁感应强度高于 B_c 时，磁力线穿入超导体，超导体被破坏，而成为正常态。临界磁感应强度 B_c 就是能破坏超导态的最小磁场。随温度降低，B_c 将增加。不少超导体的 B_c 和温度的关系是抛物线关系：

$$B_c = B_c^0 \left[1 - \left(\frac{T}{T_c} \right)^2 \right] \tag{2.41}$$

式中：B_c^0 是 0 K 时超导体的临界磁感应强度。B_c 与超导材料的性质有关，例如 $Mo_{0.7}Zr_{0.3}$ 超导体的 $B_c = 0.27$ T，而 $Nb_3Al_{0.75}Ge_{0.25}$ 超导体的 $B_c = 42$ T，可见不同材料的 B_c 变化范围很大。

临界电流密度 J_c 是超导体的第三个指标。除了上述两个因素影响超导体的超导态以外，输入电流也起着重要作用，它们都是相互依存和相互关联的。如把温度从 T_c 往下降，则临界磁场 B_c 将随之增加。当输入电流所产生的磁场的磁感应强度与外磁场的磁感应强度之和超过临界磁感应强度 B_c 时，超导态遭破坏，此时输入电流为临界电流，或称为临界电流密度 J_c。随着外磁场的增加，J_c 必须相应地减小，以使它们的总和不超过 B_c 值，从而保持超导态。故临界电流就是保持超导状态的最大输入电流。

作为非常规超导体之一的新型氧化物超导材料，在探索高临界温度超导体的研究工作中，一直受到人们的极大关注。自从 1986 年瑞士的贝德诺尔茨（J. G. Bednorz）发现了 Ba-La-Cu-O 系中存在 35 K 下的超导现象以来，人们多年梦想的液氮温度超导体已成为现实，而且超导临界温度的纪录还在不断地被刷新之中。超导薄膜、线材也相继问世。

前几年,科学家们已在 Ba-Y-Cu-B 系统中获得了超导转变中点温度达 93 K 的超导体。名义组分为(Ba、Y)CuO₃ 的典型样品的电阻-温度关系显示,在温度接近室温时,其电阻-温度关系呈现典型的金属行为,即电阻随温度升高而线性地增大。当温度降到 215 K 时,电阻随温度的变化明显偏离线性依赖关系。随着温度的进一步下降,则发生急剧的常导态-超导态转变。

超导材料是具有广泛应用前景的重要功能材料。超导材料可在超导体电机、磁悬浮列车等方面应用。利用超导体约瑟夫森效应(英国的 B. D. Josephson 于 1962 年就从理论上预测了超导电子的隧道效应——超导电子能在极薄的绝缘体阻挡层中通过,称为约瑟夫森效应)可以制作新型的电子器件。这种器件具有以下特点:①小功率(μW 级)超高速开关动作(ps 级);②显著的非线性电阻特性;③施加几毫伏的直流电压可以获得高达 10 THz(1 THz$=10^{12}$ Hz)的超高频振荡信号;④产生的噪声极小,制成超导环(闭回路)可以获得高灵敏度的磁敏感器件。

因此,超导材料可用于制备超高速计算机运算存储器件、高灵敏度电磁波检测器件、超高精度电位计、超导量子干涉器件等。随着高临界温度的超导材料的研制成功,超导材料的应用还会不断扩大。

2.2.7　高分子材料的导电

高分子材料一般都是绝缘体,但是自从 1977 年美国科学家黑格(A. J. Heeger)、麦克德尔米德(A. G. MacDiarmid)和日本科学家白川英树(H. Shirakawa)发现掺杂聚乙炔具有导电特性以来,有机高分子材料不能用作导电材料的概念被彻底改变。导电高分子主要有两种类型:一类是本征型导电高分子材料,另一类是复合型导电高分子材料。

1. 本征型导电高分子

本征型导电高分子是指其本身具有传输电荷能力的高分子材料,目前主要分为以下几种类型。

(1)电子导电聚合物　1977 年人们发现了导电聚乙炔,开创了导电高分子材料的新局面。人们发现具有共轭双键结构的有机小分子化合物有半导体的性质,这是由于分子内 π 电子云的重叠产生了为整个分子共有的能带,类似金属导体中的自由电子。具有共轭双键的聚合物常有半导体甚至导体的性质,图 2.10 列举了几种常见的电子导电聚合物的分子结构。聚乙炔、聚苯乙炔是半导体,这是因为它们的相对分子质量不高,共轭不完善。聚硫腈(SN)ₙ 单晶在分子链方向具有金属导电性,其分子结构为共轭双键结构。要使这类共轭结构的高分子材料导电或表现出导体的其他特征,必须使它们的共轭结构产生某种缺陷。"掺杂"是通常采用的产生缺陷的化学方法,实际上,掺杂就是在共轭结构高分子上产生电荷转移或氧化还原反应。共轭结构高分子中的 π 电子有较高的离域程度,既表现出足够的电子亲和力,又表现出较低的电子离解能。根据反应条件的不同,高分子链既可以被氧化(失去或部分失去电子),也可以被还原(得到或部分得到电子)。相应地,借用半导体科学的术语,称作发生了"p-型掺杂"或"n-型掺杂"。

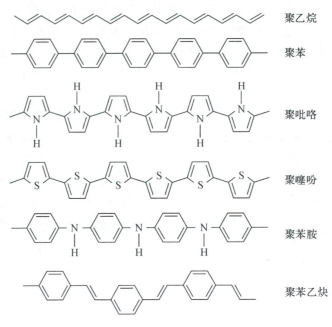

聚乙烷

聚苯

聚吡咯

聚噻吩

聚苯胺

聚苯乙炔

图 2.10　常见电子导电聚合物分子结构

（2）离子导电聚合物　载流子是离子的导电聚合物。与电子导电聚合物相比，离子具有更大的体积，并且离子可以带正电，也可以带负电，各种离子的化学性质各不相同，表现出的物理化学性质也千差万别。离子导电聚合物的基体主要有 PEO（聚氧化乙烯）、PPO（聚苯醚）、P（EO-ECH）（氧化乙烯-环氧氯丙烷共聚物）。离子导电聚合物常见的可选用的盐有 $LiBF_4$、$LiPF_6$、$LiB（C_6H_5）_4$、$LiSCN$、$LiClO_4$、$NaSCN$、$NaPF_6$、NaI、$NaClO_4$、KNO_3 等，图 2.11列举了几种常见的离子导电聚合物分子结构。

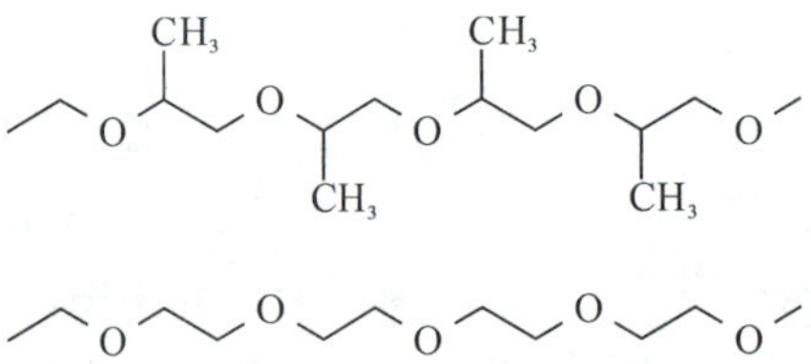

聚环氧丙烷

聚环氧乙烷

图 2.11　常见离子导电聚合物分子结构

影响离子导电聚合物的导电能力的因素主要有：

①聚合物玻璃化转变温度的影响。决定聚合物是否导电的一个重要因素是聚合物的玻璃化转变温度，在玻璃化转变温度以下，聚合物处在冻结状态，没有离子导电能力。要取得理想的离子导电能力并有合理的使用温度，降低离子导电聚合物的玻璃化转变温度是关键。

②聚合物溶剂化能力的影响。聚合物对离子的溶剂化能力是影响其离子导电能力的重要因素之一。例如，聚硅氧烷这类玻璃化转变温度只有 -80 ℃的聚合物，而其离子导电能力却很低的原因就是对离子的溶剂化能力低，无法使盐解离成正、负离子。因此，

设法提高聚合物的溶剂化能力是制备高性能离子导电聚合物的重要研究内容。溶液的溶剂化能力一般可以用介电常数来衡量,介电常数大的溶剂化能力强。

③其他因素的影响。聚合物的其他性质,比如相对分子质量的大小、分子的聚合程度等内在因素,温度和压力等外在因素也会对离子导电聚合物的电学性能产生一定的影响。其中温度的影响比较显著,是影响聚合物离子导电性能的重要环境因素。在聚合物的玻璃化转变温度以下时,没有离子导电能力,聚合物不能作为电解质使用。在此温度以上,离子导电能力随温度的提高而增大。这是因为温度提高,分子的热振动加剧,可以使自由体积增大,给离子的定向运动提供更大的活动空间。但是应当注意,随着温度的提高,聚合物的机械性能也随之下降,会降低其实用性。

(3)氧化还原导电聚合物　这类聚合物从结构上看,侧链常带有可以进行可逆氧化还原反应的基团,或聚合物骨架本身也具有可逆氧化还原能力。在此情况下,当聚合物的两端接有测定电极时,在电极电势作用下,聚合物内的电活性基团发生可逆的氧化还原反应,在反应过程中伴随着电子定向转移过程。如果在电极之间施加电压,促使电子转移的方向一致,聚合物中将有电流通过,即产生导电现象。这种导电材料的导电机理,如图 2.12 所示。

图 2.12　氧化还原型导电聚合物的导电机理

氧化还原型聚合物的导电机理为:当电极电位达到聚合物中电活性基团的还原电位(或氧化电位)时,靠近电极的活性基团首先被还原(或氧化),从电极得到(或失去)一个电子,生成的还原态(或氧化态)基团可以通过同样的还原反应(或氧化反应)将得到的电子再传给相邻的基团,自己则等待下一次还原反应(或氧化反应),直至将电子传送到另一侧电极,完成电子的定向转移。氧化还原型导电聚合物的主要用途是作为各种用途的电极材料,特别是作为一些有特殊用途的电极修饰材料。由此得到的表面修饰电极广泛用于分析化学、合成反应和催化过程,以及太阳能利用、分子微电子器件制备、有机发光显示器件制备等方面。

本征导电聚合物的载流子是电子、空穴和正/负离子,且绝大多数聚合物都存在离子导电。共轭聚合物、聚合物电荷转移络合物、聚合物自由基-离子化合物和有机金属聚合物具有很强的电子电导。

2. 复合型导电高分子

复合型导电高分子中的高分子材料本身并不具有导电性,只充当了黏合剂的角色。它的导电性是通过混合在其中的导电性物质如炭黑、金属粉末等获得的。复合型导电高分子可用作导电橡胶、导电涂料、导电黏合剂、电磁波屏蔽材料和抗静电材料,在许多领域发挥着重要的作用。如用迅速淬火工艺获得的铝粉来填充高分子材料,在材料内部可形成导电网络,使二维材料各向同性、复合均匀。

2.3 材料介电性能

电介质是指在电场作用下,建立极化的一切物质。具有介电常数的任何物质,都可以看作是电介质,至少在高频下是这样。

当在一个真空平行板电容器的电极板间嵌入一块电介质时,如果在电极之间施加外电场,则可发现在电介质表面上感应出了电荷,即正极板附近的介质表面上感应出了负电荷,负极板附近的介质表面上感应出了正电荷,这种表面电荷称为感应电荷,也称束缚电荷。束缚电荷不会形成漏导电流。电介质在电场作用下产生感应电荷的现象,称为电介质的极化。

电路中的电容器的电容 C 包含几何的和材料的两种因素,对以上真空平行板电容器的电容为

$$C_0 = \frac{A}{d}\varepsilon_0 \tag{2.42}$$

式中:A 为电容器板面积;d 为板极间距;ε_0 为真空介电常数,$\varepsilon_0 = 8.85 \times 10^{-12}$ F/m。如果在真空电容器中嵌入电介质,则

$$C = C_0 \frac{\varepsilon}{\varepsilon_0} = C_0 \varepsilon_r \tag{2.43}$$

式中:ε 为电介质的介电常数;ε_r 称为相对介电常数,反映了电介质极化的能力。

2.3.1 电介质极化

1. 电介质极化的现象及其表征

电介质最重要的性质是在外电场作用下能够极化。所谓极化,就是介质内质点(原子、分子、离子)的正负电荷中心发生分离,从而转变成偶极子。在电场作用下,组成电介质的质点(原子、分子、离子)的电子层在电场作用下发生畸变,造成正、负电荷中心不重合,形成电偶极子,产生极化,称为电子位移极化;如果电介质由正、负离子组成,在电场作用下,正、负离子发生相对位移而出现感应电偶极矩,称为离子位移极化;如果组成材料的分子具有极性或者说固有电偶极矩,在电场作用下发生转向,趋于和外加电场一致,介质整体出现宏观电偶极矩,这种极化现象称为固有电偶极子转向极化。无论是何种极化形式,极化的基本特征就是电介质内部感应出电偶极矩,电介质表面出现宏观束缚电荷。

很显然,在相同电场作用下,电介质感应出的电偶极矩越大,电介质越易极化,电介质表面产生的束缚电荷越多,所以可用单位体积电介质感应的总电偶极矩来描述电介质的极化的难易程度。

定义电介质单位体积内的电偶极矩总和 P 为电介质的极化强度或极化电荷密度。设 N 是单位体积内电偶极矩(或极化质点数)的数目,每个电偶极矩 μ 等于正、负电荷 q 乘以它们相互位移的间隔距离 d,$\mu = qd$,故电偶极矩总和 $P = N\mu = Nqd$。

当电压 V 加到两块中间是真空的平行金属板上时,极板上自由电荷密度为:

$$\frac{Q_0}{A} = \frac{C_0 V}{A} = \frac{C_0 d}{A} \cdot \frac{V}{d} = \varepsilon_0 E \tag{2.44}$$

式中:E 为电场强度,$E = V/d$。由于有介电材料存在,极板上的电荷密度(物理学中称电感应 D,电工学中称电位移)等于自由电荷密度加上束缚电荷密度,即 $D = \varepsilon E = \varepsilon_0 E + P$。所以有:

$$P = (\varepsilon - \varepsilon_0)E = \varepsilon_0(\varepsilon_r - 1)E \tag{2.45}$$

若令 χ_e 表示束缚电荷密度与自由电荷密度的比值,即 $\chi_e = P/(\varepsilon_0 E) = \varepsilon_r - 1$,则:

$$P = \varepsilon_0 \chi_e E \tag{2.46}$$

χ_e 被称为电极化率,由式(2.46)和磁性理论中磁矩和磁场强度的关系类似,故也称 χ_e 为介电磁化率。

材料中各种质点形成的电偶极矩是和作用在这些质点上的局部电场 E_{loc} 成正比的,即 $\mu = \alpha E_{loc}$。比例系数 α 为极化率,是反映单位局部电场所形成质点的电偶极矩大小的量度。由于局部电场 E_{loc} 是外电场 E 加上所有其他质点形成的偶极矩给予这个质点的总电场,若质点是指原子,则从理论上可以推导出局部电场为

$$E_{loc} = E + \frac{1}{3\varepsilon_0} P \tag{2.47}$$

这就是洛伦兹关系。将式(2.45)代入式(2.47),化简后可得:

$$E_{loc} = \frac{\varepsilon_r + 2}{3} E \tag{2.48}$$

根据定义,$P = N\mu = N\alpha E_{loc}$,将式(2.48)代入后与式(2.45)联立,可以得到:

$$\frac{\varepsilon_r - 1}{\varepsilon_r + 2} = \frac{N\alpha}{3\varepsilon_0} \tag{2.49}$$

式(2.49)称为“克劳修斯-莫索蒂方程”。注意到式(2.49)的左边是宏观物理量(相对介电常数 ε_r)的函数,而式(2.49)的右边是微观物理量(偶极矩的极化率 α),所以“克劳修斯-莫索蒂方程”的意义在于建立了宏观量 ε_r 与微观量 α 之间的关系。该式适用于分子间作用很弱的气体、非极性液体(固体)、一些具有 NaCl 晶型的离子晶体和具有适当对称的晶体。

对具有多种极化质点的电介质,式(2.49)可表达为所有极化质量效应的代数和:

$$\frac{\varepsilon_r - 1}{\varepsilon_r + 2} = \frac{1}{3\varepsilon_0} \sum_i^n N_i \alpha_i \tag{2.50}$$

电介质的电极化强度 P 取决于介质的介电常数 ε_r。ε_r 是材料的一个本征特性,是综合反映介质内部电极化行为的一个主要宏观物理量。一般介质的 ε_r 值都在 10 以下,金红石可达 110,而铁电材料的 ε_r 值可达到 10^4 数量级。高介电材料是制造电容器的主要材料,可大大缩小电容器体积。

2. 极化机理

介质的总极化一般包括三个部分:电子极化、离子极化和偶极子转向极化。这些极化的基本形式又分为两种:第一种是位移式极化,这是一种弹性的、瞬时完成的极化,不消耗能量,电子位移极化、离子位移极化属于这种类型;第二种是松弛极化,这种极化与

热运动有关,完成这种极化需要一定的时间,而且是非弹性的,因而要消耗一定的能量,电子松弛极化、离子松弛极化属于这种类型。

(1)电子位移极化 在外电场作用下,原子或离子外围的电子云相对于正电荷原子核发生位移形成的极化叫电子位移极化。这种极化在一切电介质中都存在,极化形成的时间极短,通常为$10^{-15}\sim10^{-14}$ s,相当于光的频率。外电场取消后,能立即恢复到原来的状态,基本上不消耗能量。温度升高,ε_r略减小,表现为负温度系数。测量电子位移极化一般在光频(紫光)下进行。此时,其他极化机制(分子、离子极化)由于惯性跟不上电场的变化,因而此时的介电常数几乎完全来自电子位移极化率的贡献。

由于电场和电子云相互作用是引起折射率的原因,因此,在光频范围内,电子位移极化引起的相对介电常数ε_r和折射率n存在如下关系:

$$\varepsilon_r=n^2 \tag{2.51}$$

将上式代入克劳修斯-莫索蒂方程式(2.49),可求出电子位移极化率α_e。根据经典理论的玻尔原子模型,电子位移极化率α_e等于原子(离子)的体积和真空介电常数ε_0的乘积:

$$\alpha_e=\left(\frac{4\pi r^3}{3}\right)\varepsilon_0 \tag{2.52}$$

式中:r为原子(离子)半径。r增大时,电子位移极化率很快增加,因为这时电子与核的联系减弱。另外,r增大也往往意味着离子中的电子数增加,此时电子位移极化率也增大,因每一电子在电场作用下都有一些位移,而最外层电子在电场作用下产生的位移最大,对极化率贡献也最大。

通过定性分析,可以得到以下结论:

①同一族元素,由上而下电子极化率增大。

②同一周期元素,离子电子位移极化率随原子序数增大而减少,这是因为核电荷的增大加强了电子与核的联系。

③与同一周期的正离子相比,负离子壳内电子多得多,电子轨道半径较大,极化率很大,因而负离子的极化率一般比正离子大。

综合考虑,O^{2-}、B^{3+}、Ti^{4+}、Zr^{4+}、Pb^{2+}等离子的α_e很大,所以为获得高介电材料,往往引入这些离子。

(2)离子位移极化 在电场作用下,由离子构成的电介质中的正负离子发生相对位移,因而产生感应电偶极矩,这称为"离子位移极化"。这种极化是在外电场的静电作用下,异性离子的库仑引力和离子的电子壳层的斥力达到暂时平衡的结果。离子位移极化率α_i和正负离子半径之和的立方成正比:

$$\alpha_i=4\pi\varepsilon_0\frac{(r^++r^-)^3}{j} \tag{2.53}$$

式中:j为电子层斥力指数,对离子晶体$j=7\sim11$。α_i的数量级为10^{-40} F·m²。

离子位移极化建立的时间很短,为$10^{-13}\sim10^{-12}$ s。离子位移属于有限范围内的弹性位移,外场取消后能立即回复到原来状态,基本上不消耗能量。温度升高,ε_r增大,表现了正温度系数。对于由同种原子组成的共价晶体,无离子位移极化。

（3）松弛极化　松弛极化虽然也是电场作用造成的，但它与质点的热运动有关。当材料中存在着弱联系电子、离子和偶极子等松弛质点时，热运动使这些松弛质点分布混乱而无电偶极矩，在电场作用下，质点沿电场方向做不均匀分布而在一定的温度下形成电偶极矩，使介质发生极化。这种极化具有统计性质，叫作热松弛极化。松弛极化的带电质点在热运动时移动的距离可与分子大小相比拟，甚至更大，并且质点需要克服一定的势垒才能移动，因此这种极化建立的时间较长（可达 $10^{-9} \sim 10^{-2}$ s）。在高频电场作用下，松弛极化跟不上电场的变化，有较大的能量损耗。因为松弛极化需要吸收一定的能量，因而它是一种非可逆的过程。松弛极化包括离子松弛极化、电子松弛极化和偶极子松弛极化，多发生在晶体缺陷区、玻璃体以及有机分子物质中。

①离子松弛极化。在完整的离子晶体中，离子处于正常结点（即平衡位置），能量最低，最稳定，离子牢固地束缚在结点上，称为强联系离子。它们在电场作用下，只能产生弹性位移极化，极化质点仍束缚于原平衡位置附近。但是在玻璃态物质、结构松散的离子晶体中以及晶体的杂质和缺陷区域内，离子本身能量较高，易被活化迁移，称为弱联系离子。弱联系离子的极化可以从一个平衡位置到另一个平衡位置，当去掉外电场时，离子不能回到原来的平衡位置，因而是不可逆的迁移。这种迁移的行程可与晶格常数相比拟，因而比弹性位移距离大。但是，离子松弛极化的迁移又和离子导电不同。离子导电是离子做远程迁移，而离子松弛极化质点仅做有限距离的迁移，它只能在结构松散区域或缺陷区附近移动。离子松弛极化需要越过的势垒小于离子电导势垒，所以离子参加极化的概率远大于参加导电的概率。

离子松弛极化率与温度之间存在如下关系：

$$\alpha_T = \frac{q^2 \delta^2}{12kT} \tag{2.54}$$

式中：δ 为相邻平衡位置之间的距离；q 为离子电荷。温度越高，热运动对质点的规则运动阻碍增强，因而 α_T 减少。由计算可知，离子松弛极化率比电子位移极化率和离子位移极化率大一个数量级，因而导致较大的介电常数。

松弛极化的介电常数 ε 与温度的关系中往往出现极大值。这是由温度对松弛极化过程的双重影响作用所决定的：一方面，温度升高，则松弛时间减小，松弛过程加快，极化建立更充分，从而 ε 升高；另一方面，温度升高，则极化率 α_T 下降，使 ε 降低。所以在适当温度下，ε 有极大值。但也有一些具有离子松弛极化的陶瓷材料，其 $\varepsilon\text{-}T$ 关系中并未出现极大值，这是因为参加松弛极化的离子数随温度连续增加。

由于离子松弛极化的松弛时间长达 $10^{-5} \sim 10^{-2}$ s，所以在无线电频率（10^6 Hz）下，离子松弛极化来不及建立，因而介电常数随频率升高而明显下降。当频率很高时，无松弛极化，只存在电子和离子位移极化。

②电子松弛极化。电子松弛极化是由弱束缚电子引起的极化。晶格的热振动、晶格缺陷、杂质的引入、化学组成的局部改变等因素都能使电子能态发生改变，出现位于禁带中的局部能级，形成弱束缚电子。例如，晶体中一个负离子在空位的电荷作用下可俘获一个电子，形成一种被称为"F-心"的点缺陷（"F-心"源于德文 Farbe-Zentrum，意即"颜色中心"，因为这种缺陷可导致晶体吸收光谱的颜色变化）。"F-心"的弱束缚电子为周围结

点上的阳离子所共有,在晶格热振动下,吸收一定的能量由较低的局部能级跃迁到较高的能级而处于激发态,连续地由一个阳离子结点转移到另一个阳离子结点,类似于弱联系离子的迁移。外加电场力图使弱束缚电子的运动具有方向性,这就形成了极化状态。这种极化与热运动有关,也是一个热松弛过程,所以叫电子松弛极化。电子松弛极化的过程是不可逆的,必然有能量的损耗。

电子松弛极化和电子弹性位移极化不同,由于电子是弱束缚状态,所以极化作用强烈得多,即电子轨道变形厉害得多,而且因吸收一定能量,可做短距离迁移。

但弱束缚电子和自由电子也不同,不能自由运动,即不能远程迁移。因此电子松弛极化和导电不同,只有当弱束缚电子获得更高的能量时,受激发跃迁到导带成为自由电子,才形成导电。由此可见,具有电子松弛极化的介质往往具有电子导电特性。

电子松弛极化主要出现在折射率大、结构紧密、内电场大和电子电导率大的电介质中。一般以 TiO_2 为基础的电容器陶瓷很容易出现弱束缚电子,形成电子松弛极化。含有 Nb^{5+}、Ca^{2+}、Ba^{2+} 杂质的钛质瓷和以 Nb、Bi 氧化物为基础的陶瓷,也具有电子松弛极化。

电子松弛极化建立的时间通常为 $10^{-9} \sim 10^{-2}$ s,当电场频率高于 10^9 Hz 时,这种极化形式就不存在了。因此具有电子松弛极化的电介质,其介电常数随频率升高而减小,类似于离子松弛极化。同样,ε 随温度的变化关系中也具有极大值。和离子松弛极化相比,电子松弛极化可能出现非常高的介电常数。

(4)**转向极化**　转向极化主要发生在极性分子介质中,具有恒定偶极矩 μ_0 的分子称为极性分子。无外加电场时,这些极性分子的取向在各个方向的概率是相等的,因此就电介质整体来看,偶极矩等于零。当极性分子受到外电场作用时,偶极子发生转向,趋于和外加电场方向一致。但热运动抵抗这种趋势,所以体系最后建立一个新的统计平衡。在这种状态下,沿外场方向取向的偶极子比和它反向的偶极子的数目多,所以介质整体出现宏观偶极矩。这种极化现象称为偶极子转向极化。偶极子转向极化仍要受到温度的影响,根据经典统计,可求得极性分子的转向极化率与温度的关系为:

$$\alpha_{or} = \frac{\mu_0^2}{3kT} \tag{2.55}$$

转向极化一般需要较长的时间,通常为 $10^{-10} \sim 10^{-2}$ s。对于典型的偶极子,$\mu_0 \approx e \times 10^{-10}$ C·m,因此 $\alpha_{or} \approx 2 \times 10^{-38}$ F·m²,比电子极化率(10^{-40} F·m²)高得多。偶极子转向极化的介电常数具有负温度系数。

转向极化的机理可应用于离子晶体介质中。带有正、负电荷的成对的晶格缺陷所组成的离子晶体中的"偶极子",在外电场作用下也可发生转向极化。

(5)**空间电荷极化**　空间电荷极化常常发生在不均匀介质中。在电场作用下,不均匀介质内部的正、负间隙离子分别向负、正极移动,引起介质内各点离子密度变化,即出现电偶极矩。这种极化叫作空间电荷极化,在电极附近积聚的离子电荷就是空间电荷。

实际上晶界、相界、晶格畸变、杂质等缺陷区都可成为自由电荷(间隙离子、空位、引入的电子等)运动的障碍。在这些障碍处,自由电荷积聚,形成空间电荷极化。宏观不均匀性,例如夹层、气泡等,也可形成空间电荷极化。所以,上述极化又称界面极化。由于空间电荷的积聚,可形成很高的与外电场方向相反的电场,因此这种极化有时称为高压式极化。

空间电荷极化随温度升高而下降,因为温度升高,离子运动加剧,离子扩散容易,因而空间电荷减小。空间电荷的建立需要较长的时间,需要几秒到数十分钟,甚至数十小时,因而空间电荷极化只对直流和低频下的介电性质有影响。

(6)自发极化　以上介绍的各种极化机制是介质在外电场作用下引起的,没有外加电场时,这些介质的极化强度等于零。还有一种极化叫自发极化,这是一种特殊的极化形式。这种极化状态并非由外电场引起,而是由晶体的内部结构造成的。在这类晶体中,每一个晶胞里存在固有电偶极矩,这类晶体称为极性晶体。

自发极化现象通常发生在一些具有特殊结构的晶体中。铁电体就具有这种特殊的晶体结构。有关铁电体的晶体结构及其自发极化机理将在后面详细介绍。

建立极化需要一定的时间,即松弛时间,说明介质的极化和频率有关。电子位移极化和离子位移极化建立所需的时间非常短,极化跟得上电场的变化,介电常数与频率无关。而和热运动有关的松弛极化,建立它需要的时间较长,只能在较低的频率下才能建立,随着频率增高,极化开始跟不上电场的变化,到某一频率后,甚至完全不能建立。因而介电常数随频率升高而减小,最后这种极化完全消失,即对介电常数无贡献。各种极化形式的综合比较见表 2.3。

表 2.3　各种极化形式的比较

极化形式	电介质种类	最高频率	与温度的关系	能量消耗
电子位移极化	一切电介质	光频	负温度系数	没有
离子位移极化	离子结构介质	红外	温度升高极化增强	很微弱
离子松弛极化	离子结构的玻璃,结构不紧密的晶体及陶瓷	超高频	有极大值	有
电子松弛极化	钛质陶瓷,高价金属氧化物基陶瓷	超高频	有极大值	有
转向极化	有机材料	超高频	有极大值	有
空间电荷极化	结构不均匀的陶瓷	高频	随温度升高而减弱	有
自发极化	铁电材料	超高频	有显著极大值	很大

3. 多晶多相无机材料的极化

陶瓷材料既含有结晶相,又含有玻璃相和气相,是一个典型的多晶多相系统,其极化机制可以不止一种。按其极化形式可分类如下:①主要是电子位移极化的电介质,包括金红石瓷、钙钛矿瓷以及某些含锆陶瓷。②主要是离子位移极化的材料,包括以刚玉、斜顽辉石为基础的陶瓷以及碱性氧化物含量不多的玻璃。③具有显著离子松弛极化和电子松弛极化的材料,包括绝缘子瓷、碱玻璃和高温含钛陶瓷。一般折射率小、结构松散的电介质,如硅酸盐玻璃、绿宝石、堇青石等矿物,主要表现为离子松弛极化;折射率大、结构紧密、内电场大、电子电导大的电介质,如含钛瓷,主要表现为电子松弛极化。

4. 高分子材料的极化

在各种形式的极化中,偶极的取向极化对高分子材料介电性的影响最大。因此,其介电性与分子的极性有密切关系。高分子材料电介质按照单体单元偶极矩的大小可划分为极性和非极性两类。一般来说,偶极矩在 $0\sim0.5$ D(1 D$=3.33564\times10^{-30}$ C·m)范围内的是非极性高分子材料,电介质偶极矩在 0.5 D 以上的为极性高分子材料。非极性高分子材料具有低介电系数和低介电损耗;而极性高分子材料具有较高的介电系数和介电损耗,而且极性越大,这两项值越高。通常来说,极性高分子材料在外电场作用下,偶极取向过程是分子运动的过程。因此,分子的活动能力、高分子材料的支化和交联都将影响偶极的取向程度,从而影响高分子材料的介电性能。

高分子材料的凝聚态结构和力学状态也会影响偶极的取向程度。结晶能够抑制链段上偶极的取向极化,因此高分子材料的介电系数随结晶度的增加而下降。当高分子材料的结晶度大于 70% 时,链段上偶极的极化可能被完全抑制,介电性能会降低至最低值。对非结晶高分子材料而言,其力学状态对介电性能也有影响。在玻璃态时,链段运动被冻结,结构单元上极性基团的取向受到了链段的牵制。但在高弹态,极性基团的取向则不受链段的牵制。所以,同一高分子材料在高弹态的介电系数和介电损耗会比玻璃态时高。

2.3.2 电介质的导电性

电介质的电阻很大,甚至电压很高时穿过电流也不大,这种电流称为传导电流或传导残余电流。但在电介质两端加上电压的瞬间可以观察到一个较大的电流。这个电流是由电子极化、离子极化等极化机理引起的,称为吸收电流或位移电流。它是由外加电压 U、电路中的电容 C 和电阻 R 决定的。电流 I 的大小随时间 t 而按指数规律衰减:

$$I=\frac{U}{R}\exp\left(-\frac{t}{RC}\right) \tag{2.56}$$

2.3.3 电介质损耗

1. 电介质损耗的概念

任何电介质在电场作用下,总有部分电能转化为热能,单位时间内因发热而消耗的能量称为电介质损耗。电介质损耗是电介质在交变电场下使用很重要的品质指标之一。对电子瓷来说,介质损耗越小越好。

根据电工学原理,交变电压产生电流的功率 $P=UI\cos\varphi$。其中 U 和 I 是交变电压和电流的幅值,φ 是两者的相位差。这一功率对介电材料而言是功率损失。对于理想电介质,电流相位超前电压相位 $\pi/2$(即 $\varphi=\pi/2$),因此 $P=0$,不产生电介质损耗;但对于实际电介质,相位角都略小于 $\pi/2$,即 $\varphi=(\pi/2)-\delta$,两者之差为 δ。当 δ 很小时,有:

$$P=UI\cdot\cos\left(\frac{\pi}{2}-\delta\right)=UI\sin\delta\approx UI\tan\delta \tag{2.57}$$

上式右边用 $\tan\delta$ 代替 $\sin\delta$ 的意义在于:电流可分解为垂直于电压和平行于电压的两部

分,垂直于电压的部分(无功电流)不消耗能量,而平行于电压的部分(有功电流)要消耗能量,即产生电介质损耗。$\tan\delta$ 就是有功电流密度和无功电流密度之比。

记 ω 为角频率,C 为电容,K 为电容器形状系数,A 为电容器极板面积,d 为电介质厚度。由于 $U=I/(\omega C)$,$C=K\varepsilon A/d$,电场强度 $E=U/d$,根据式(2.57),单位体积电介质的功率损耗可表达为:

$$\frac{P}{Ad}=\omega K E^2 \varepsilon \tan\delta \qquad (2.58)$$

当外界条件(外施电压)一定时,介质损耗只与 $\varepsilon\tan\delta$ 有关。$\varepsilon\tan\delta$ 是反映电介质本身性质影响功率损失的因素,其大小直接影响电介质的损失大小,也是判断电介质是否可做绝缘材料的初步标准,故称 $\varepsilon\tan\delta$ 为损耗因素。$\tan\delta$ 的倒数称为"品质因素",或称"Q 值"。显然 Q 值大,电介质损耗小,表示电介质品质好。Q 值可直接用实验测定,它是材料的一个本征性质。

2. 电介质损耗的微观机理

由电介质极化机理可知,电介质损耗主要有电导(漏导)损耗、极化损耗和共振吸收损耗。

(1)漏导损耗　电介质由于缺陷的存在,或多或少存在一些束缚较弱的带电质点(载流子)。这些带电质点在外电场作用下运动,产生一定的电导,造成能量损失。这种由于电介质中的带电质点的宏观运动引起的能量损耗称为"漏导损耗"。电介质不论是在直流或交流电场作用下,都会发生漏导损耗。当外加电场频率很低,即 $\omega\to 0$ 时,电介质的各种极化都能跟上外加电场的变化,此时不存在极化损耗,介电常数达到最大值,介电损耗主要由漏导引起。

(2)极化损耗　由于各种电介质极化的建立所造成的电流引起的损耗称为极化损耗。极化损耗主要与极化的弛豫(松弛)过程有关。建立极化所需时间很短的电子位移极化和离子位移极化,由于松弛时间很短,在外场频率低于光频时,极化相当于弹性形变,不消耗能量。而由热运动引起的松弛极化,松弛时间长,在交变电场作用下,由于极化所造成的电偶极矩的取向跟不上电场变化,产生电介质损耗。显然,这种损耗和频率密切相关。德拜研究了电介质的介电常数 ε 及反映介电损失的 $\varepsilon\tan\delta$(用 ε' 表示)与所施加的外电场的角频率 ω、弛豫时间 τ 的关系,得到

$$\varepsilon_r=\varepsilon(\infty)+\frac{\varepsilon(0)-\varepsilon(\infty)}{1+\omega^2\tau^2}, \qquad \varepsilon_r'=\frac{[\varepsilon(0)-\varepsilon(\infty)]\omega\tau}{1+\omega^2\tau^2} \qquad (2.59)$$

式中:$\varepsilon(0)$ 为静态相对介电常数;$\varepsilon(\infty)$ 为光频相对介电常数,即频率 $\omega\to\infty$ 时的介电常数。式(2.59)连同 $\tan\delta=\varepsilon'/\varepsilon$ 称为德拜公式。由此可得到以下结论:

①当外电场很低时,即 $\omega\to 0$ 时,各种极化都能跟上电场的变化,即所有极化都能完全建立,介电常数达到最大,而不造成损耗。

②当外电场频率逐渐升高时,松弛极化在某一频率开始跟不上外电场变化,此时松弛极化对介电常数的贡献减少,使 ε_r 随频率升高而显著下降,同时产生介质损耗,当 $\omega=1/\tau$ 时,损耗达到最大。

③当外电场频率达到很高时,松弛极化来不及建立,对介电常数无贡献,介电常数仅

由位移极化决定,$\varepsilon_r \rightarrow \varepsilon(\infty)$,$\varepsilon_r$趋于最小值。当$\omega \rightarrow \infty$时,$\tan\delta \rightarrow 0$,此时无极化损耗。

(3)共振吸收损耗　对于离子晶体,晶格振动的光频波代表原胞内离子的相对运动,若外电场的频率等于晶格振动光频波的频率,则发生共振吸收。带电质点吸收外电场能量,振幅越来越大,电介质极化强度逐渐增加,最后通过质点间的碰撞和电磁波的辐射把能量耗散掉,并一直进行到从电场中吸收的能量与耗散掉的能量相等时,达到平衡。室温下,共振吸收损耗在频率10^8 Hz以上时发生。由于介电常数和折射率有关,因此这种损耗就是光学材料的光吸收的本质。

2.3.4　介电强度

电介质的特性,如绝缘、介电能力等,都是指在一定的电场强度范围内的材料的特性,即电介质只能在一定的电场强度以内保持这些性质。当电场强度超过某一临界值时,电介质由介电状态变为导电状态,这种现象称为介电强度的破坏,或称为介质的击穿。相应的临界电场强度称为"介电强度",或称为击穿电场强度。

对于凝聚态绝缘体,通常所观测到的击穿电场范围为$10^7 \sim 5 \times 10^8$ V/m。从宏观尺度看,这些电场属于高电场。但从原子的尺度看,这样一个电场是非常低的,10^8 V/m相当于10^{-2} V/Å。击穿可能是一个可逆过程,当电场强度减小时,材料的介电性质还没有损坏。但在另外一些情况下,它可能是一个不可逆过程,例如在击穿电流所经过的通道附近发生了物质性质的变化,如形成了某些导电金属的物质。

除了在非常特殊的实验室条件下,击穿不是由电场对原子或分子的直接作用所导致的。电击穿是一种宏观整体现象,能量通过其他粒子(如已经从电场中获得了足够能量的电子和离子)传送到被击穿的组分中的原子或分子上。

虽然严格地划分击穿类型是很困难的,但为了便于叙述和理解,通常将击穿类型分为三种:电击穿、热击穿和局部放电击穿。

(1)电击穿　电击穿是一种电子碰撞离子化现象。固体介质的电击穿理论是在气体放电的碰撞电离理论基础上建立的。大约在20世纪30年代,在固体物理基础上,以量子力学为工具,逐步建立了固体介质电击穿的碰撞电离理论。这一理论认为,在很高的电场下,通常存在少数导电的电子被加速到很高的能量,它们与原子或分子碰撞时,打出电子,或者说激发了价带中的电子到导带上去了。这些电子又被加速撞击另一些原子或分子,如此继续下去,形成雪崩,结果电流迅速增大,产生电击穿。

(2)热击穿　若介电损失很高(也就是在松弛过程时或在共振吸收峰的频率时),在电介质内部发出的热量超过它传导出去的热量,这样,材料的温度将升高,直至出现永久性损坏,这被称为热击穿。

(3)局部放电击穿　某些陶瓷材料内部存在气泡,在高电场下发生电弧并通过这一区域,导致局部放电击穿。

2.4　铁电性能

电介质在电场的作用下,可以使它的带电粒子相对位移而发生极化。某些电介质晶体也可以通过纯粹的机械作用变形而发生极化,并导致电介质两端表面出现符号相反的束缚电荷,其电荷密度同外力成正比,机械力激起晶体表面束缚电荷的效应称为"压电效应"。

除了由于机械力的作用而引起电极化之外,某些晶体还可以由于温度的变化而产生电极化。均匀加热电气石晶体时,在其表面上就会产生数量相等、符号相反的电荷,如果将晶体冷却,电荷的变化同加热时相反,这种现象称为"热释电效应"。实际上,这种晶体在通常条件下就有自发极化性质,但这种效应被附着于晶体表面上的自由表面电荷所掩盖。加热时,自发极化由于热膨胀随温度而发生变化,即热释电效应是由于晶体中存在自发极化而引起的。

在这些晶体中,在一定的温度范围内,当不存在外电场时,晶胞中正、负电荷中心也不重合,即每一个晶胞里存在固有电偶极矩,这类晶体通常称为极性晶体。由于电偶极子之间的相互作用是长程作用,相互作用的结果是使这些电偶极子在一定区域中产生平行排列而发生自发极化。这一过程和铁磁体中偶极子的自发平行排列相类似。所以在一定温度范围内具有自发极化性质,并且自发极化方向可随外电场做可逆转动的晶体叫"铁电体"。铁电体所具有的自发极化性质叫铁电性。很明显,铁电晶体一定是极性晶体,但并非所有的极性晶体都具有这种自发极化可随外电场转动的性质。只有某些特殊的晶体结构,在自发极化改变方向时,晶体结构不发生大的畸变,才能产生以上的转动。

铁电晶体可区分为两大类:"有序-无序型铁电体"和"位移型铁电体"。前者的自发极化同个别离子的有序化相联系,后者的自发极化同一类离子的亚点阵相对于另一类亚点阵的整体位移相联系。典型的有序-无序型铁电体是含有氢键的晶体,如 KH_2PO_4,这类晶体中质子的有序运动与铁电性相联系。位移型铁电体的结构大多同钙钛矿结构及钛铁矿结构紧密相关。

铁电材料具有广泛的应用,特别是铁电陶瓷因其制作工艺简单、成本低,是目前生产和用量最大的一类功能陶瓷。

2.4.1　铁电材料的特征

1. 自发极化的微观机理

关于铁电现象,定量的微观机理还不成熟,我们以典型的铁电材料——钛酸钡($BaTiO_3$)晶体为例,介绍其自发极化的微观模型。

由于 $BaTiO_3$ 晶体从非铁电相到铁电相的过渡总是伴随着晶格结构的改变,晶体从立方晶系转变为四方晶系,晶体的对称性降低。因此人们提出了一种离子位移理论,认为自发极化主要是由晶体中某些离子偏离了平衡位置造成的。由于离子偏离了平衡位置,使得单位晶胞中出现了电偶极矩。电偶极矩之间的相互作用使偏离平衡位置的离子在新的位置上稳定下来,与此同时,晶体结构发生畸变。

$BaTiO_3$ 晶体属钙钛矿结构,Ba^{2+} 半径较大,和 O^{2-} 共同组成面心立方点阵。Ba^{2+} 处于立方点阵顶角位置,O^{2-} 处于面心位置,而 Ti^{4+} 进入八面体间隙中,处于体心和边心位置,见图 2.13(a)。和其他钙钛矿结构不同,$BaTiO_3$ 晶体的结构特征是大尺寸的 Ba^{2+} 增

大了面心立方 BaO_3 结构的晶胞尺寸,因此 Ti^{4+} 在八面体间隙中有位移的余地。在高于 $BaTiO_3$ 晶体的居里温度——120 ℃的较高温度时(居里温度概念见后),热激发使 Ti^{4+} 没有固定的平衡位置,但就统计平均而言,Ti^{4+} 仍处在八面体间隙的中心,无剩余电偶极矩。当冷却到居里温度以下时,$BaTiO_3$ 晶体发生结构相变,由立方晶系转变为四方晶系。此时那些热振动能量特别低的 Ti^{4+} 不足以克服 Ti^{4+} 和 O^{2-} 之间的电场作用,而向某一个 O^{2-} 靠近,在此新的平衡位置上固定下来,发生自发位移,并使这个 O^{2-} 出现强烈的电子位移极化,造成正、负电荷中心不重合,结果产生永久电偶极子,如图 2.13(b)所示。

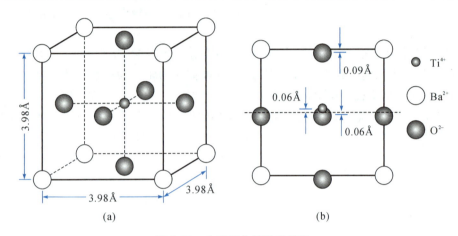

图 2.13   自发极化的微观机理

一般来说,自发极化包括两部分:一部分是直接由离子位移产生的;另一部分是由电子云的形变产生的。应用洛伦兹表达式可以估计出离子位移极化大约占总极化的 39%。

出现自发极化的必要条件是晶体结构不具有对称中心。$BaTiO_3$、$SrTiO_3$ 和 $CaTiO_3$ 同属钙钛矿结构,但只有前两种晶体有自发极化效应,而 $CaTiO_3$ 晶体则无自发极化效应。这是由于 Ba^{2+}、Sr^{2+} 半径较大,和 O^{2-} 一起紧密堆积,每个 Ba^{2+}、Sr^{2+} 和 12 个 O^{2-} 配位,构成的氧八面体间隙较大,Ti^{4+} 在其中很容易发生位移。在一定温度范围内,Ti^{4+} 离开中心位置而形成电偶极矩,造成自发极化。而 Ca^{2+} 半径小,氧八面体间隙小,Ti^{4+} 不易移动,因而不能产生自发极化。

2. 铁电畴

通常一个铁电体并不是在一个方向上单一地产生自发极化。例如,$BaTiO_3$ 晶体在居里温度以下时,四方晶系的每一个晶胞内沿 c 轴方向产生自发极化。但由于四方晶系的 c 轴是由原来立方晶系的三根轴中的任意一轴转变而成的,所以晶体中的自发极化方向一般不相同,互相成 90°或 180°的角度。但在一个小区域内,各晶胞的自发极化方向都相同,这个小区域称为"铁电畴",两畴之间的界壁称为畴壁。若两个铁电畴的自发极化方向互成 90°,则其畴壁叫 90°畴壁。此外,还有 180°畴壁。90°畴壁较厚,一般为 50~100 Å;180°畴壁较薄,一般为 5~20 Å。为了使体系的能量最低,各电畴的极化方向通常"首尾相连"。

铁电畴结构与晶体结构有关。$BaTiO_3$ 晶体的铁电相晶体结构有四方、斜方、菱形三种晶系,它们的自发极化方向分别沿[001]、[011]、[111]方向,这样,除了 90°和 180°畴壁外,在斜方晶系中还有 60°和 120°畴壁,在菱形晶系中还有 71°和 109°畴壁。

铁电畴可用各种实验方法显示,例如,可用弱酸溶液侵蚀多晶陶瓷表面,由显微镜观察可以看到多晶陶瓷中每个小晶粒可包含多个铁电畴。由于晶粒本身取向无规则,所以各电畴分布是杂乱的,因而对外不显示极性。对于单晶体,各铁电畴间的取向成一定的角度,如 90°、180°。

铁电畴的形成及其运动的微观机理是复杂的。对于 $BaTiO_3$ 晶体,如果其自发极化的产生由钛、氧离子间的强耦合作用引起,则铁电畴的形成可如前述加以定性解释。

铁电畴在外电场作用下,总是要趋向于与外电场方向一致,这形象地称作铁电畴的"转向"。实际上,铁电畴运动是通过在外电场作用下新畴的出现、发展以及畴壁的移动来实现的。实验发现,在电场作用下,180°畴的转向是通过许多尖劈形新畴的出现、发展而实现的,尖劈形新畴迅速沿前端向前发展。90°畴的转向虽然也产生针状铁电畴,但主要是通过 90°畴壁的侧向移动来实现的。实验证明,这种侧向移动所需要的能量比产生针状新畴所需要的能量还要低。一般在外电场作用下,180°畴转向比较充分,同时由于转向时结构畸变小,内应力小,因而这种转向比较稳定。而 90°畴的转向是不充分的,对 $BaTiO_3$ 陶瓷,90°畴只有 13%转向,而且,由于转向时引起较大的内应力,所以这种转向不稳定。当外加电场撤去后,则有小部分电畴偏离极化方向,恢复原位,大部分电畴则停留在新转向的极化方向上,这叫"剩余极化"。

铁电畴在外电场作用下的"转向",使得铁电材料具有宏观剩余极化强度,即材料具有"极性",通常把这种工艺过程称为"人工极化"。

实际上,新畴的成核和畴壁的运动,与晶体的各种性质,如应力分布、空间电荷、缺陷等都有很大关系,在缺陷处容易形成新畴。

正是由于铁电材料中存在着铁电畴,使得铁电材料在外场作用下,其极化强度 P 和外场 E 就不再是线性关系了,而是一个电滞回线,和铁磁体在磁场中的行为类似,见图 2.14。铁电体的电滞回线是铁电畴在外电场作用下运动的宏观描述。若只考虑单晶体的电滞回线,并且设极化强度的取向只有两种可能(即沿某轴的正向或负向)。在没有外电场时,晶体总电偶极矩为 0。当外电场施加于晶体时,沿场方向的电畴扩展,变大,而与电场反平行方向的铁电畴则变小。这样,极化强度随外电场

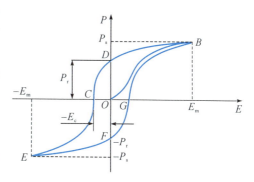

图 2.14　铁电材料的电滞回线

增加而增加,最后晶体铁电畴方向都趋于外加电场方向,类似于单畴,极化强度达到饱和。此时再增加外电场,P 与 E 呈线性关系(类似于单个弹性偶极子)。在 P-E 关系曲线中,将这线性部分外推至 $E=0$ 时在 P 轴上的截距称为"饱和极化强度"或"自发极化强度",用 P_s 表示。实际上,P_s 为原来每个单畴的自发极化强度,是对每个单畴而言的。如果外电场自 P-E 线形部分开始降低,晶体的极化强度亦随之减小。在零电场处,仍存在剩余极化强度 P_r。这是因为外电场降低时,部分铁电畴由于晶体内应力的作用偏离了极

化方向。但当 $E=0$ 时，大部分铁电畴仍停留在极化方向，因而宏观上还有剩余极化强度。由此，剩余极化强度 P_r 是对整个晶体而言的。当电场反向到 $-E_c$ 时，剩余极化全部消失。反向电场继续增大，极化强度才开始反向。E_c 称为"矫顽电场强度"。如果它大于晶体的击穿场强，那么在极化强度反向前，晶体就被击穿，则不能说该晶体具有铁电性。

由于极化的非线性，铁电体的介电常数不是常量，一般以 P-E 曲线在原点的斜率来代表介电常数。所以在测量介电常数时，所加的外电场（测试电场）应很小。

另外，有一类物体在转变温度以下，邻近的晶胞彼此沿反平行方向自发极化，这类晶体叫反铁电体，如钙钛矿型的 $PbZrO_3$、$PbHfO_3$、$Pb(Mg,W)O_3$ 等。与铁电体不同之处只是其子晶格沿反平行方向产生自发极化，因此从宏观上来看，总自发极化强度为零，也无电滞回线。但它随温度发生相变，高温时往往是顺电相，在相变温度（反铁电居里温度）以下变成对称性较低的反铁电相，在相变温度处，介电常数出现反常值。但在很强的外电场强迫作用下，可以将反铁电相诱导成铁电相，并伴随着较大应变发生（约 10^{-3}），比压电效应大 1 个数量级。因此可以利用此原理研制大功率超声、水声换能装置，此外还可用来制造储能器和电压调整器等。

3. 居里点

通常铁电体的自发极化只在一定温度范围内呈现，当温度高于某一临界温度 T_C 时，自发极化消失。我们称这一过程为铁电相到顺电相的转变，一般伴随结构相变。这一临界温度 T_C 叫居里温度或居里点。

实际上铁电相可以视为两个作用相互较量的结果：一个作用就是局部电场（其他偶极子在所考察偶极子处产生的电场），它趋于使偶极子平行排列；另一个作用就是热激发，它趋于使偶极子无序分布。在居里温度以下，局部电场的作用大于热激发，偶极子趋于平行排列而出现铁电畴，成为铁电相。居里温度以上，热激发作用大于局部电场作用，偶极子趋于无序排列而变为顺电相。故铁电体可以看成是极化的有序状态，随着温度升高，热运动加剧，这种有序态被破坏而变成顺电相，即极化的无序态。所以顺电相稳定温度恒比铁电相的高，在这个相变过程中，热运动起主要作用。

居里温度是铁电材料的一个很重要的参数，居里温度附近具有最大介电常数，这对制造小体积、大容量的电容器具有重要意义。因此改变这种铁电体的介电性质，使居里温度符合使用条件是十分重要的。固溶合金化是控制铁电体居里温度的一种常用方法。例如，$BaTiO_3$ 中加入低 T_C 的 $SrTiO_3$，可以使 T_C 向低温侧移，加入高 T_C 的 $PbTiO_3$，则使 T_C 向高温侧移。这些能使居里温度改变的添加剂叫移峰剂。为了减缓居里温度附近的介电常数随温度的变化趋势，也可以加入使峰值展宽的所谓展宽剂或压峰剂。常用的展宽剂为非铁电体。例如，$BaTiO_3$ 中加入 $Bi_{2/3}SnO_3$ 使峰值展宽进而使居里温度几乎消失，显示出直线型的温度特性，而介电常数仍能保持近 2000 F/m。其机理可认为是加入非铁电体后，破坏了原来的内电场，使自发极化减弱，即铁电性减小。

4. 介电常数

铁电体的极化强度和外加电压的关系是非线性的，即其介电常数随外电场的增大而增大。铁电体的介电常数可以很大，最大可以超过 10^5 F/m，这对制造大容量、小体积的电容器十分有意义。铁电体虽有高的介电常数，但用作电容器介质材料时也有许多缺

点,如随电压变化大;易产生电致伸缩现象;呈现电滞回线,因而损耗很大;耐电性能差;
老化严重等。

2.4.2　铁电体的应用

1. 压电效应

1880 年,居里兄弟(J. Curie 和 P. Curie)在 α-石英晶体上最先发现
了压电效应。当对石英晶体在一定方向上施加机械应力时,在其两端
表面上会出现数量相等、符号相反的束缚电荷;当作用力反向时,表面荷电性质也相反,
而且在一定范围内电荷密度与作用力成正比。反之,石英晶体放在电场中,则会产生外
形尺寸的变化,在一定范围内,其形变与电场强度也成正比。前者称为正压电效应,后者
称为负压电效应,二者统称为压电效应。具有压电效应的物体称为压电体。晶体的压电
效应的本质是因为机械作用引起了晶体介质的极化,从而导致介质两端表面内出现符号
相反的束缚电荷。

压电效应与晶体的对称性有关。压电效应的本质是对晶体施加力时,改变了晶体内
的电极化,这种电极化只能在不具有对称中心的晶体内才可能发生。具有对称中心的晶
体都不具有压电效应,因为这类晶体受到应力作用后,内部发生均匀变形,质点间仍然保
持对称排列规律,并无不对称的相对位移,因而正、负电荷重心重合,不产生电极化,没有
压电效应。如果晶体不具有对称中心,质点排列并不对称,在外力作用下,它们就受到不
对称的内应力,从而产生不对称的相对位移,结果形成新的电偶极矩,呈现出压电效应。

所有铁电材料都具有压电效应,然而具有压电效应的材料不一定是铁电体。

对于具有压电效应的非铁电材料,虽无自发极化,但在外应力作用下,正、负电荷做
相对位移,产生电偶极矩,相反,若以这些材料加以电场,则会发生变形。

压电体可用于点火装置、压电变压器、微音放大器、振动计、超声换能器件和各种频率滤波
器等,用途十分广泛。这些压电器件除了选择合适的材料组成外,还要有先进的结构设计。

2. 热释电效应

铁电晶体是一种含有固有电偶极矩的极性晶体。通常因自发极化所建立的电场吸
引异性电荷在其表面,形成一层表面电荷层,自发极化被表面电荷屏蔽了,没有表现出
来。若对晶体加热,离子间距离和键角发生变化,晶胞尺寸也发生变化,宏观电极化强度
改变,使屏蔽电荷失去平衡,晶体表面多余的屏蔽电荷释放出来,因此从形式上把这种效
应称为热释电效应。

2.5　热电性能

2.5.1　热电现象与历史

1823 年,德国科学家塞贝克(T. Seebeck)将两种不同的导体 a 和 b 相互连接并构成
闭合回路(见图 2.15)。他发现,当导体的两个连接点 1 和 2 之间存在温差 $\Delta T = T_2 - T_1$

新型高分子
铁电材料

时,回路中就有电流产生。这种现象被称为"热电效应"或"温差电效应"(thermoelectric effect 或 Seebeck effect)。塞贝克发现,温差热电势 ΔU 与导体两端的温度差 ΔT 成正比,其比例系数称为塞贝克系数(或称为"热电势系数"),用 ε_{ab} 表示:

$$\varepsilon_{ab} = \Delta U / \Delta T \tag{2.60}$$

1834 年,帕尔帖(J. C. A. Peltier)在法国王宫演示了一个实验。将一段金属 Bi(n 型)和一段金属 Sb(p 型)连接,在连接处挖小凹坑盛水。当图 2.16 中的双向开关与端点 1 连通时,可使小凹坑中的水结冰;反向通电(开关与端点 2 连通)时小凹坑处又被加热,使冰融化。这种效应称为"帕尔帖效应"(Peltier effect)。单位时间内,在连接点处产生的吸热或放热的热量 Q 与流经的电流强度 I 成正比,其比例系数 π_{ab} 称为帕尔帖系数:

$$dQ/dt = \pi_{ab} I \tag{2.61}$$

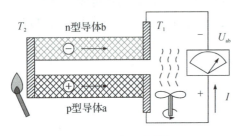

图 2.15 塞贝克效应

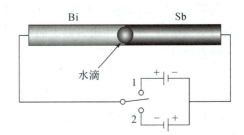

图 2.16 帕尔帖效应

现在人们已经知道,式(2.60)和式(2.61)中的塞贝克系数 ε_{ab} 和帕尔帖系数 π_{ab} 是 p 型和 n 型半导体的组合效应:$\varepsilon_{ab} = \varepsilon_a - \varepsilon_b$,$\pi_{ab} = \pi_a - \pi_b$。由此,我们可以测量并研究单种材料的塞贝克系数和帕尔帖系数。

1855 年,英国 Glasgow 大学的汤姆逊(W. Thomson,开尔文勋爵)发现并建立了塞贝克效应和帕尔帖效应的关系,预言了第三种热电现象,即汤姆逊效应(Thomson effect)的存在:当一段存在温差的导体中有电流 I 通过时,材料内部的原有温度场被破坏,为了维持原有的温度分布,导体将吸热或放热(汤姆逊热)。导体在单位时间内与环境交换的汤姆逊热 Q 与导体中的电流强度 I 和温度梯度 $\dfrac{dT}{dx}$ 成正比,其比例系数 τ 称为汤姆逊系数:

$$\frac{dQ}{dt} = \tau I \left(\frac{dT}{dx} \right) \tag{2.62}$$

材料的塞贝克效应、帕尔帖效应和汤姆逊效应是相互关联的。三个相应的系数之间存在以下相关关系:

$$\pi_{ab} = \varepsilon_{ab} T \tag{2.63}$$

$$\frac{d\varepsilon_{ab}}{dT} = \frac{(\tau_a - \tau_b)}{T} \tag{2.64}$$

理论上,塞贝克效应、帕尔帖效应和汤姆逊效应可存在于所有材料中。但通常只有那些具有明显热电效应,并可以或可望用于实现某种热-电转换应用的材料,才被称为热电材料(thermoelectric materials)。在热电材料研究界,thermoelectric 常常简写为 TE。

自 19 世纪上叶发现材料的热电以后,人们就设想利用塞贝克效应发电,利用帕尔帖效应致冷。但当时人们认为只有金属才具有"导电"特性,将热电材料的研究局限在金属与合金中。由于金属的塞贝克系数很小(10 μV/K 左右),因此利用金属材料进行温差发电或致冷的效率非常低。早期的热电材料研究所获得的主要应用是利用塞贝克效应测量温度,即我们至今仍在使用的各种"热电偶"。

材料的综合热电性能用"热电优值"(figure of merit)Z 表示。它取决于塞贝克系数 ε、电导率 σ 和热导率 κ 这三个基本的材料特性参数(统称为输运特性):

$$Z = \varepsilon^2 \sigma / \kappa \tag{2.65}$$

可以推导出 Z 的单位是 K^{-1}。在实际应用中,为了不同测量数据之间的比较,通常也用无量纲优值 ZT 来表示材料的热电性能。热电优值 Z 由电学性能和热学性能两部分组成,其中的电学性能部分($\varepsilon^2 \sigma$)称为热电材料的"功率因子"。

在 20 世纪,俄国科学家 A. Ioffe 发现,掺杂半导体具有比当时已知热电材料高得多的热电效应。这一发现引发了世界范围的半导体材料研究热潮,并开发了一系列至今仍在应用的热电材料(见图 2.17),如应用于 250 ℃ 以下的室温型 Bi_2Te_3 系列化合物,在 400 ℃ 左右使用的中温型 PbTe 化合物以及最高使用温度可达到 1000 ℃ 的高温型 SiGe 合金。这些材料的最高热电优值 ZT 都接近于 1。它们的成功开发使得热电材料在发电和致冷方面得到了真正的商业化应用。

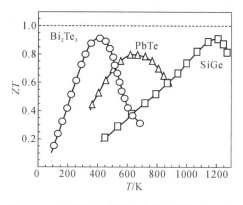

图 2.17　主要的商业化生产热电材料的性能

同时,20 世纪 50 年代的半导体热电材料研究也孕育了半导体物理和半导体材料等学科分支,极大地丰富了人们对半导体材料的认识。这一时期的半导体研究显著地推进了以硅单晶材料为代表的微电子半导体材料的发展,1958 年硅集成电路和 1959 年第二代晶体管计算机的研制成功为当代信息科学和技术的发展奠定了基础。

随着半导体研究的兴趣点向信息技术应用领域转移,当时全球大多数热电材料研究者都转向以硅单晶材料为代表的微电子半导体材料研究领域,而热电材料的研究发展也停滞了几乎半个世纪。直到 20 世纪 90 年代中期,一方面由于新材料技术和纳米技术的发展,另一方面也由于全球范围内对环境、能源问题关注程度的提高,热电材料研究获得了新的推动力和突破点,从而形成了近些年来的热电材料研究第三次浪潮。

2.5.2 热电现象的物理基础

根据本章第 2.2.2 节中的描述［见式(2.24)、式(2.26)和图 2.8］,在本征激发温度以下,n 型半导体施主浓度和 p 型半导体受主浓度(统称"载流子浓度")与温度的关系都具有热激活过程的特征:

$$n \propto \exp\left(-\frac{E}{kT}\right) \tag{2.66}$$

式中:n 为载流子浓度;E 为激活能(等于掺杂能级到 n 型的导带底或 p 型的价带顶的距离的 1/2)。

由式(2.66)可见,半导体材料中的载流子浓度随温度升高而上升。当一段半导体材料的两端存在温差时,热端载流子浓度高,而冷端载流子浓度低,载流子将从热端向冷端扩散。对 n 型半导体而言,热端电势将高于冷端,p 型半导体则正好相反。这造成了半导体材料两端的电势差(塞贝克效应)。如果在半导体材料两端加一外部电场,迫使载流子在一端跃迁而在另一端回复到原始能级。此时,载流子跃迁端将吸热而载流子返回原始能级端将放热,从而产生帕尔帖效应。

从理论上讲,只要材料中存在载流子的运动,都可以产生塞贝克效应和帕尔帖效应。但对于金属材料而言,由于价带上方紧邻空带,载流子(电子)很容易激发,相当于式(2.66)中的 $E \rightarrow 0$,载流子浓度与温度的相关关系很小,因此塞贝克效应和帕尔帖效应不明显。相反,对于宽禁带半导体,式(2.66)中的 E 较大,载流子浓度的绝对值较小,因此也不适合于作为热电材料。

根据式(2.65),材料的热电优值取决于塞贝克系数 ε、电导率 σ 和热导率 κ。根据固体物理理论,在一定的简化假设下,可以给出它们的表达式:

$$\varepsilon = \mp \frac{k}{e}(\xi - \delta) \tag{2.67}$$

$$\sigma = ne\mu \tag{2.68}$$

式中:$\xi = \dfrac{E_F}{kT}$ 为简约费米能级;n 为载流子浓度;μ 为载流子迁移率。δ 由下式定义:

$$\delta = \frac{\left(s + \dfrac{5}{2}\right) F_{s+\frac{3}{2}}(\xi)}{\left(s + \dfrac{3}{2}\right) F_{s+\frac{1}{2}}(\xi)}$$

式中:F 为散射因子 s 和费米能级 ξ 的函数,也称为费米积分:

$$F_n(\xi) = \int_0^\infty \frac{x^n}{1 + \exp(x - \xi)} \mathrm{d}x$$

材料的热导率包含两部分:载流子热导率(carrier thermal conductivity)κ_e 和声子热导率(phonon thermal conductivity)κ_{ph}。它们可分别表达为其中载流子热导率由第 1 章公式(1.50)给出,$\kappa_e = LT\sigma$,比例系数 L 为洛伦兹系数,对于金属或高度简并的半导体:

$$L = \frac{\pi}{3}\left(\frac{k_B}{e}\right)^2 \approx 2.443 \times 10^{-8} \ \mathrm{V^2/K^2} \tag{2.69}$$

对于非简并半导体：

$$L \approx 1.5 \times 10^{-8} \text{ V}^2/\text{K}^2 \tag{2.70}$$

声子热导率 κ_{ph} 亦称晶格热导率。理论上可由式(1.46)计算得到,其中 C_V、ν 和 l 分别是与晶格振动频率有关的声子的定容热容、振动频率和平均自由程。实际研究中,声子热导率一般是通过测量材料的电导率并计算相应的载流子热导率,然后从实验测量的总热导率中减去载流子热导率后计算的。

根据上述半导体物理传统理论,无量纲优值 ZT 可以表示为费密能级 ξ、散射因子 s 和一个无量纲材料参数 β 的函数：

$$ZT = [\xi - (s+5/2)]^2 / [(\beta e^{\xi})^{-1} + (s+5/2)] \tag{2.71}$$

根据量子力学理论,对于处在 0 K 以上的任何一种实际晶体,不可避免地存在着晶格本身的热振动以及非完整性等因素的影响,从而导致载流子在实际晶体中的势场偏离严格的周期性,结果就会对载流子的运动产生散射。散射过程的存在将使载流子的平均自由程受到制约,因此必然对晶体中的电荷与能量输运过程产生重要的影响。表 2.4 列出了半导体热电材料中常见的载流子散射机构所对应的散射因子的大小。在实际材料中,往往存在着几种不同的散射机理在起作用,这时散射因子的大小应是各种散射机理对载流子散射作用的总效果。

表 2.4　常见载流子散射机理与散射因子的关系

散射机理	声学声子散射	光学声子散射	离化杂质散射	合金散射	中性杂质散射
散射因子 s	$-1/2$	$1/2$	$3/2$	$-1/2$	0

材料的热电特性强烈地依赖于费米能级,而费米能级的高低主要由载流子浓度决定,即由掺杂决定。只有进行适当掺杂,使载流子浓度达到最佳值,才能得到好的热电优值。一般热电材料的最佳载流子浓度为 $10^{25} \sim 10^{26}$ m^{-3} 数量级,因此,大多数热电材料属重掺杂半导体。

在散射机理确定和最佳掺杂条件下,热电优值是材料参数 β 的单调函数,β 越大,优值越大。β 正比于能带极值的简并度 N_v、载流子有效质量 m^* 和迁移率 μ,反比于晶格热导率 κ_{ph},即 $\beta \propto \dfrac{N_v \mu (m^*)^{\frac{3}{2}}}{\kappa_{ph}}$。$N_v$ 一般为 6 或 8,最大值受晶体对称性的限制,化合物单胞中原子数越多,N_v 可能也越大。目前还不知道如何设计具有高 N_v 值的材料。迁移率与有效质量是相关项,通常迁移率随有效质量的升高而降低。这两个参量的关系类似于宏观量 σ 与 ε 的关系,在载流子浓度一定的情况下,高的迁移率和有效质量对应于高的电导率 σ 和塞贝克系数 ε。对热电材料来讲,载流子浓度通常是根据功率因子 $\varepsilon^2 \sigma$ 最大化原则设计的,载流子热导率实际上是难以调节控制的。但在热电材料的总热导率中,声子热导率占有较大比例,因此降低声子热导率是提高热电材料热电优值的最主要方法之一。

式(2.67)~式(2.71)都是在许多简化假设条件下推导出来的,所以至少在目前,实际上还不能依赖这些公式计算或设计材料的热电性能。但从这些固体物理理论,我们可以大致了解一些提高热电材料性能的途径或方向,例如:

①采用相对原子质量较大的化合物。较大的原子质量将降低原子振动频率,从而导致声子热导率的降低。已有的商业化的热电材料大多是这种材料,如 Bi_2Te_3 基材料和 PbTe 材料。

②高效热电材料应具有高对称性的复杂晶体结构,单胞中含有较多的原子。这样的复杂晶体结构对声子的散射能力较强。

③组成材料的元素间的电负性差要小,以降低晶格原子对载流子的束缚力,保证材料有较大的载流子迁移率。

④制备亚微米及纳米晶粒尺寸的热电材料,提高晶界对声子的散射作用。

⑤稀土元素所特有的 4f 层电子能带具有较大的有效质量和特殊的"中间价态"能带结构,有助于提高材料的功率因子。

2.5.3 热电材料的应用

采用热电材料制备的"热-电"转换装置(thermoelectric devices,TE 装置),通过材料内部的载流子输运,实现"热能"和"电能"的直接相互转换。其基本模块一般通过 p 型和 n 型热电材料单元相互串联而成(见图 2.18)。

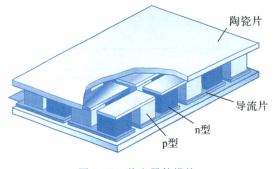

高性能塑料
基热电材料

图 2.18 热电器件模块

与其他能量转换过程相比较,TE 装置的能量转换过程不包含任何零部件的机械运动,不需要任何化学介质,也不涉及材料本身的成分、微观组织和晶体结构的变化。因此,TE 装置具有以下两方面的显著特色:

①运行过程中不产生任何形式的化学和物理污染。常规的"热-电"转换装置需要通过化学介质的相变能(如压缩机致冷装置)或运动部件的机械能(如汽轮发电机)实现能量的转换。而 TE 装置的能量转换过程完全通过载流子运动实现,所以运行过程中不会产生化学污染和噪声污染,此外,也不存在电磁波污染。

②运行装置免维护、可靠性高、寿命长。TE 装置中没有运动零部件,从而可实现免维护运行,同时材料在服役过程中也不发生相变等微观过程,因此,装置的运行可靠性高、运行寿命长。

欧姆(G. S. Ohm)被认为是第一个制造 TE 发电装置的人。在他于 1827 年制作的电流使悬挂磁针发生偏转的实验装置(见图 2.3 右图)中,使用的电源就是一个最原始的 TE 发电装置。该装置的热端用沸水加热(100 ℃),冷端用冰水冷却(0 ℃),从而可以获得一个恒定的输出电压。在 19 世纪 20 年代,这是最可靠的恒压电源。利用热电材料的塞贝克效应实现热能和电能之间的直接相互转换,是近一个半世纪以来热电材料研究领域的首要目标。

目前 TE 发电装置已在许多领域得到应用。其中最著名的是"放射性同位素热电发电装置"(见图 2.19,radioisotope thermoelectric generator,RTG)。RTG 以^{238}Pu为燃料,其优点是半衰期长(约 87 年),安全性好(放射的是穿透力很弱的 α 射线)。美国 NASA 自 1961 年以来,已经在几十个航天器上使用 RTG 作为电源。俄罗斯在北冰洋安装了 1000 多座使用 RTG 作为电源的海洋灯塔。这些发电装置可以免维护安全运行 20 年以上。此外,使用燃油或天然气的 TE 发电装置也已经大量应用于石油、天然气输运管道阴极保护电源以及偏远地区的自动控制系统、自动运行装置和通信装置的电源等领域。近年来,能源和环保问题促进了利用余热、废热等低品位热源的 TE 发电应用研究。例如,利用汽车发动机以及电力、冶金、玻璃、水泥等行业的废热发电,将具有重要的发展前景。

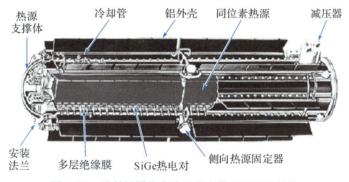

图 2.19　放射性同位素热电发电装置(RTG)结构

在如图 2.18 所示的 TE 模块中通一个直流电,模块的一面将吸热而另一面放热。利用这种方法致冷的装置称为帕尔帖致冷器。目前国内生产的大部分热电材料被用于制造致冷器,用于冷热型饮水机、小型冰箱、便携式冷藏箱以及激光头和红外探测器的局部冷却装置等。

热电装置的最大发电效率 η_{max} 和最高致冷效率 ϕ_{max} 分别为:

$$\eta_{max} = \frac{T_h - T_c}{T_h} \cdot \frac{\sqrt{1 + Z\overline{T}} - 1}{\sqrt{1 + Z\overline{T}} + T_c/T_h} \tag{2.72}$$

$$\phi_{max} = \frac{T_c}{T_h - T_c} \cdot \frac{\sqrt{1 + Z\overline{T}} - T_h/T_c}{\sqrt{1 + Z\overline{T}} + 1} \tag{2.73}$$

式中:T_h、T_c 和 $\overline{T}$ 分别为热端温度、冷端温度和平均温度,单位为 K。

图 2.20 显示了 TE 装置的致冷效率、发电效率与材料的热电性能(ZT)之间的关系。在 500 ℃ 有效温差条件下,采用目前企业化生产热电材料的热电发电装置,能量转换效

率接近 15％（与太阳能电池相当）。如果热电材料的 ZT 值达到 3，则转换效率可超过 25％，相当于卡诺效率的 40％以上。对于致冷应用而言，采用目前商业生产材料的 TE 致冷装置的致冷效率与小型机械致冷装置相当（COP＝1～2），当热电材料的 ZT 值达到 3 以上时，用热电材料制作的 TE 空调装置的致冷效率将可与常规的机械压缩致冷机（家用空调）相当（COP≈3）。

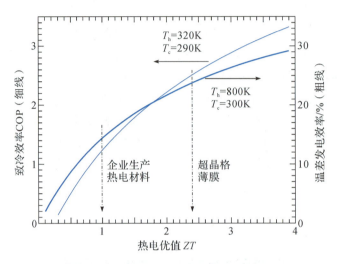

图 2.20　　TE 装置的致冷效率、发电效率与材料热电优值的关系

　　热电材料的第三个应用领域是作为温度或热流量的传感器。在 19 世纪热电材料研究的主要成果就是目前广泛使用的热电偶，这也是最早实用化的热电材料研究成果。半导体热电材料虽然难以像金属那样加工成丝状热电偶，但半导体热电材料具有更高的塞贝克系数，对温度更敏感，可用于制造高敏感温度传感器、红外传感器以及热流量传感器等。图 2.21 是利用热电材料制作的热流量传感器示意图以及用于飞机发动机内部热流量分布测量的结果。

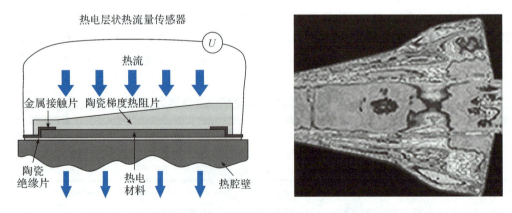

图 2.21　　TE 热流量传感器及其测量得到的飞机发动机热流量分布图

习题与思考题

1.简单说明经典自由电子学说、量子自由电子学说和能带理论各解决了什么问题以及存在的局限。

2.独立原子与固态材料的电子结构有何不同?

3.依据电子能带结构说明导体、半导体和绝缘体的导电性。

4.为什么金属的电导率表现出负温度系数?

5.某 n 型半导体具有电子浓度 3×10^{18} m^{-3},若在电场 500 V/m 下电子的漂移速度为 100 m/s,试计算其电导率。

6.若每个金原子有 1.5 个自由电子,金的电导率和密度分别为 4.3×10^7 S/m 和 19.32 g/cm^3,试计算每立方米金的自由电子数和金中自由电子的迁移率。

7.已知硅和锗在 300 K 的电阻率分别为 2.3×10^3 Ω·m 和 0.46 Ω·m,试分别计算硅和锗在 250 ℃ 时的电阻率。

8.简述介电材料在电场中的极化机理,并分别画出由极性分子和非极性分子组成的介电材料的相对介电常数与电场频率的关系曲线,指出不同频率范围内的极化机理。

9.说明铁电体高介电常数的来源及其微观机理。

10.氢在常压下是绝缘体,而在一定的高压强下,却表现出金属的导电特性。试解释原因。

11.空气是一种介电强度很小的电介质,根据这一特性,请解释闪电产生的物理机制。

12.计算表明,室温的热能(kT,k 为玻尔兹曼常数,T 为温度)相当于半导体的禁带宽度(以波长为单位)1000 nm。半导体制备的红外探测器(检测波长大于 800 nm 的近红外光)需要在液氮温度(77 K)下工作,为什么?

13.Bi$_2$Te$_3$ 和 Sb$_2$Te$_3$ 都是热电材料,请解释为什么 Bi$_2$Te$_3$ 的热电性能优于 Sb$_2$Te$_3$。研究发现,将 Bi$_2$Te$_3$ 和 Sb$_2$Te$_3$ 混合后得到的 Bi$_{0.5}$Sb$_{1.5}$Te$_3$ 三元化合物具有更好的热电性能,请解释其理由。

14.请画一个测量材料塞贝克系数的装置示意图,给出其测量原理并分析可能的测量误差。

第3章

材料的磁学性能

在地球南北两极附近地区的高空,夜间常会出现灿烂美丽的光辉。有时它像一条彩带,有时它像一团火焰,有时它又像一张五光十色的巨大银幕。它轻盈地飘荡,同时忽暗忽明,发出红的、蓝的、绿的、紫的光芒。静寂的极地由于它的出现骤然显得富有生气。这种壮丽动人的景象就叫作极光(见图 3.1)。

图 3.1　出现在地球南北两极附近地区高空的极光

人们知道极光至少已有 2000 年了,因此极光一直是许多神话的主题。在中世纪早期,不少人相信,极光是骑马奔驰越过天空的勇士。在北极地区,因纽特人认为,极光是神灵为最近死去的人照亮归天之路而创造出来的。随着科技的进步,极光的奥秘也越来越为人们所知,原来,这美丽的景色是太阳与大气层合作创造出来的作品。

极光是太阳风与地球磁场相互作用的结果。太阳风是太阳喷射出的带电粒子,当它吹到地球上空时,会受到地球磁场的作用。地球磁场形如漏斗,尖端对着地球的南、北两个磁极,因此太阳发出的带电粒子沿着地磁场这个“漏斗”沉降,进入地球的两极地区。两极的高层大气受到太阳风的轰击后,会发出光芒,形成极光。高层大气是由多种气体组成的,不同元素的气体受轰击后所发出的光的颜色不同,氧被激后发出绿光和红光,氮被激后发出紫色的光,氩被激后发出蓝色的光,因而极光就显得绚丽多彩、变幻无穷。

英文中的“磁性”(magnetism)一词,来源于盛产磁石的小亚细亚(今天的土耳其亚洲部分)的 Magnesia 州的州名。我国河北省的磁县古称磁州,也是因盛产磁石而得名。由于天然磁石的存在,人类很早就观察到了磁现象。在我国春秋时期的一些著作中,已有关于磁石的描述。东汉王充在《论衡》一书中描述了世界上最早的指南器(司南勺)。北宋沈括在《梦溪笔谈》中明确地记载了指南针以及通过与天然磁石摩擦人工磁化指南针的方法。

早期对磁现象的研究主要是用天然磁铁进行的。通过观察,人们认识到磁铁有两极:指向北方的叫北极(N 极),指向南方的叫南极(S 极)。磁棒的磁性与电偶极子的电性有类似之处,人们由此设想在磁棒的两端分别聚集了两种不同性质的磁荷,提出了磁荷的库仑定律,并在此基础上建立了磁场的概念,定义了磁场强度矢量 **H**。为证明磁荷学说,必须要将磁棒的两极分开,以获得单一的正磁荷或负磁荷,即得到单磁极(magnetic monopole),并将它假定为磁场源,就如带电粒子产生电场一样。人们已经设计过许多精巧的实验,试图来检测单磁极的存在,但都未获成功。这就促使严肃的科学家对磁现象做更深入的研究和思考。

在 19 世纪初,有关电流磁效应的一系列重要发现揭示出磁现象与电现象的联系,使人们认识到磁现象起源于电流或带电粒子的运动。1820 年,丹麦物理学家奥斯特(H. C. Oersted)在一次题为"电与磁"的报告结束时,将一个小磁针放在一根通电导线的附近,结果小磁针不再指向南方,而偏转到一个新的平衡位置。这个现象说明,小磁针受到一个磁力矩的作用,而这个磁力矩只能是通电导线引起的。这一现象揭示出电流和磁铁一样具有伴存磁场并对磁极有作用力。随后,毕奥(J. B. Biot)和萨伐尔(F. Savart)通过实验证明,直长的通电导线周围的磁感应强度与电流成正比,与距离成反比。在此基础上,他们提出了与电流元(带电微观粒子的电量与运动速度的乘积,表示带电粒子的运动效应)相伴存的磁场分布的基本规律,即毕奥-萨伐尔定律。

几个月以后,法国物理学家安培发现,磁场对电流,如同对磁极一样,也有作用力。安培把一根导线水平地悬挂在马蹄形磁铁的两极间,结果发现导线通电后因受到力的作用而被推出(或吸入)。不久,安培又发现两根平行悬挂的直导线会互相吸引(或排斥)。这一现象说明,电流与电流之间,如同磁极与磁极之间一样,能够通过磁场相互作用。

所有这些实验表明,在电流周围的空间和在磁极周围的空间一样,伴存着磁场;如同磁场对磁极一样,磁场对电流也有作用力。

19 世纪以后,物理学发展进一步说明,一切磁现象无论与电流相联系,还是与磁极相联系,其唯一的本源是电流或运动电荷。磁相互作用是电流之间通过磁场相互作用,而磁场则是与电流伴存的场。

磁性材料的发展是建立在对磁现象的本源及磁性的物理本质基础上的。人类从最初利用天然磁石,到利用磁铁矿简单烧结制备磁性材料。进入 20 世纪以后,随着磁畴和分子场理论的提出(1907 年),磁性材料的发展非常迅速。20 世纪 50 年代之前为金属磁一统天下,50—80 年代为铁氧体的黄金时代,除电力工业外,各应用领域中,铁氧体占绝对优势;90 年代以来,纳米结构的金属磁性材料的崛起成为铁氧体有力的竞争者。磁性材料的发展也反映在材料制备工艺上的演变,由冶金工艺发展到粉末冶金工艺、陶瓷工艺。随着纳米磁性材料的发展,制备纳米微粒、薄膜、颗粒膜、多层膜、纳米有序阵列等所需的多种物理、化学工艺发展起来。

随着现代科学技术和工业的发展,磁性材料的应用越来越广泛,如用于语音、图像信息记录的磁带、磁盘,各种 ID 卡的可读式磁条。20 世纪 90 年代以来,磁性材料进入了蓬勃发展的时期。除传统的永磁、软磁、磁记录等磁性材料在质与量上均有显著进展外,新颖的磁性功能材料,如具有巨磁电阻、巨磁阻抗、巨霍尔效应、巨磁致伸缩、巨磁热效应、巨磁光效应等,利用特大的磁-电、磁-力、磁-热、磁-光等交叉效应的磁性功能材料为未来磁性材料的发展开拓了新领域。

图 3.2 是运行在上海市区与东海之滨的浦东国际机场之间的磁悬浮列车。上海浦东高速磁悬浮铁路总线全长 30 km,单向运行时间约 8 min,最高设计时速 430 km,是世界上第一条投入商业运营的磁悬浮列车线,于 2003 年元旦正式投入试运行。磁悬浮列车是一种基于磁性材料的相吸或相斥而产生的磁悬浮力,采用无接触的电磁悬浮、导向和驱动系统的磁悬浮高速列车系统。它的时速可达到 500 km 以上,是当今

图 3.2　上海浦东高速磁悬浮列车

世界最快的地面客运交通工具,有速度快、爬坡能力强、能耗低、运行时噪声小、安全舒适、不使用任何燃料污染少等优点,是 21 世纪人类理想的交通工具。

信息技术、电子技术等的发展,对磁性材料提出了新的要求。因此,研究磁学性能、发现新型磁性材料,也是材料科学的一个重要方向。此外,磁性不只是一个宏观的物理量,它与物质的微观结构也密切相关。它不仅取决于物质的原子结构,还取决于原子间的相互作用(键合情况、晶体结构)。因此,研究磁性是研究物质内部结构的重要方法之一。

本章将简要介绍磁性的一般理论、磁性的分类,着重讨论铁磁性材料和铁氧体材料的结构与磁学性能的关系,最后简单介绍几类磁性材料及其应用。

3.1　磁性概论

3.1.1　磁学基本量

1. 磁偶极子

在电学中,一对等量异号电荷组成的体系叫作电偶极子。在磁性材料中,也存在类似的体系,它由南极和北极组成,称为磁偶极子(magnetic dipole)。

磁场的分布可以用磁感线来表示,如图 3.3 所示。从磁场的分布特点来看,通电圆线圈相当于"磁偶极子",可以用"磁矩"来描述其磁性。由物理学可知,环形电流周围的磁场,犹如条形磁铁的磁场。环形电流在其运动中心处产生一个磁矩 $\boldsymbol{P}_m$(或称磁偶极矩,magnetic dipole moment),其方向与环形电流法线方向一致,可用右手定则确定,其大小为电流 I 与封闭环形的面积 S 的乘积,即

$$\boldsymbol{P}_m = IS \tag{3.1}$$

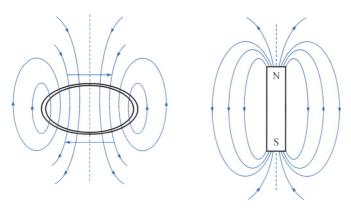

图 3.3　通电线圈和棒状磁体周围的磁感线

磁矩的概念不仅适用于通电圆线圈,它同样适用于其他任意形状的通电线圈。图 3.4 是由许多微线圈拼成的六边形线圈,各微线圈的电流相等。在两微线圈相切处,两者的电流等值、反向而互相抵消。因而微线圈组合的效果,是使电流只呈现在周界上。这就是说,微线圈可以组成任意形状的线圈,若每一微线圈对应于一个磁矩,任意形状的通电线圈则对应于合磁矩。

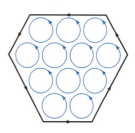

图 3.4　六边形线圈

将磁矩 P_m 放入磁感应强度为 B 的磁场中,它将受到磁场力的作用而产生力矩,所受力矩为

$$T = -P_m \times B \tag{3.2}$$

该力矩使磁矩 P_m 处于位能最低的方向。磁矩与外加磁场的作用能称为静磁能。处于磁场中某方向的磁矩,所具有的静磁能 U 为

$$U = -P_m \cdot B \tag{3.3}$$

上式是分析磁体相互作用以及在磁场中所处状态是否稳定的依据。

磁矩 P_m 在不均匀磁场中,还要受到一个净力(不平衡的力)的作用,对一维情况可写出

$$F_x = -\frac{dU}{dx} = P_m \frac{dB}{dx} \tag{3.4}$$

2. 磁场矢量

由电磁学理论可知,对于通电的密绕螺线管,若螺线管高为 l、线圈匝数为 N、通过的电流为 I,则螺线管内所产生的磁场强度 H(magnetic field strength)为:

$$H = \frac{NI}{l} \tag{3.5}$$

在磁场内,磁偶极子会受到力矩的作用,运动电荷也会受到力的作用。磁场所具有的效力用磁感应强度 B 来描述,如运动电荷 q 以速度 v 在磁场中运动,运动方向与磁场成 θ 角,受到的力为 F,则有关系:$B = F/(qv\sin\theta)$。磁感应强度也称为磁通密度(magnetic flux density),是磁场单位面积的磁通量。在国际单位制中,B 的单位是特斯拉(teslas),简称特,用 T 表示,1 T = 1 N/(A · m) = 1 Wb/m^2。

磁场是矢量场,因此 $\boldsymbol{B}$ 是矢量,磁感线上任一点的切线方向与该点的 $\boldsymbol{B}$ 方向一致。但在本书中多用它的标量形式,即 B。

磁场在真空中的磁感应强度为 B_0,其磁场强度 H 与 B_0 的关系是

$$B_0 = \mu_0 H \tag{3.6}$$

式中:$\mu_0 = 4\pi \times 10^{-7}$ H/m(亨/米),称为真空磁导率(permeability of vacuum)。将材料放入磁场强度为 H 的自由空间,材料中的磁感应强度为:

$$B = \mu H \tag{3.7}$$

式中:μ 为材料的磁导率,只与介质有关。

由式(3.6)、式(3.7)可得相对磁导率 μ_r 为:

$$\mu_r = B/B_0 = \mu/\mu_0 \tag{3.8}$$

磁导率或相对磁导率用于度量材料被磁化的程度,或在外磁场 H 中感应出磁感应强度 B 的难易程度。式(3.7)还可以写成如下形式:

$$B = \mu_0 H + \mu_0 M = \mu_0(H + M) \tag{3.9}$$

式中:M 为材料的磁化强度(magnetization),单位为 A/m,与 H 的单位相同。

任何材料在外磁场作用下都会或大或小地显示出磁性,这种现象称为材料被磁化。由式(3.9)可看出,材料内部的磁感应强度 B 可看成是由两部分的场叠加而成的:一是材料对自由空间磁场的反应 $\mu_0 H$;二是材料对磁化引起的附加磁场的反应 $\mu_0 M$,它是由材料中偶极矩沿外磁场方向平行排列而引起的。$\mu_0 M$ 也称磁极化强度(magnetic polarization),单位为 T。磁化强度或磁极化强度比磁感应强度更能反映磁性材料的内禀性质。

一个物体在外磁场中被磁化的程度,用单位体积内磁矩的多少来衡量,称为磁化强度 M。若物质被均匀磁化,在体积 V 内含有磁矩 $\sum P_m$,则由定义可得:

$$M = \sum P_m / V \tag{3.10}$$

材料的磁化强度 M 可以认为是材料在磁场中显示出净磁矩的结果。那么,作用在体积为 V 的材料上的力 F_x 与磁化强度 M 的关系,可用整块材料的磁矩 VM 在磁场中的受力来表示,由式(3.4)和式(3.10)可得:

$$F_x = VM \frac{\partial B}{\partial x} \tag{3.11}$$

若外磁场分布已知,则 M 可由力的测定计算出。

从宏观来看,物体在磁场中被磁化的程度与磁场的磁场强度有关,其公式为

$$M = \chi H \tag{3.12}$$

式中:χ 称为单位体积磁化率(magnetic susceptibility)。根据 M 与 H 的方向,χ 可取正(当 M 与 H 同向时),也可取负(当 M 与 H 反向时),这与物质的磁性本质有关。在理论工作中,多采用摩尔磁化率 $\chi_m = \chi V_m$(V_m 为摩尔原子体积),有时采用单位质量磁化率 $\chi_d = \chi/d$(d 为密度)。三者的关系为:

$$\chi_m = \chi V_m = \chi_d A_r \tag{3.13}$$

式中:A_r 为相对原子质量。还可由式(3.9)与式(3.12)导出:

$$\mu_r = 1 + \chi \tag{3.14}$$

μ_r、μ、χ 这三个磁性参数实质上是描写同一客观现象的,已知其中一个,就可以确定其他两个。μ_r 和 χ 都是量纲一的量。

在磁学中,过去常使用高斯制(厘米-克-秒制电磁单位,cgs-emu)。各参数的国际单位制(SI)与高斯制(cgs-emu)的换算关系见表 3.1。

表 3.1　磁学基本量的单位换算关系

参数符号	SI 导出单位	用 SI 基本单位表示	cgs-emu 单位	转换关系
B	T(或 Wb/m²)	kg/(s・C)	高斯(Gs)	1 Wb/m² = 10^4 Gs
H	A/m	C/(m・s)	奥斯特(Oe)	1 A/m = $4\pi \times 10^{-3}$ Oe
M	A/m	C/(m・s)	麦克斯韦尔/厘米²(Mx/cm²)	1 A/m = 10^{-3} Mx/cm²
μ_0	H/m	kg・m/C²	1(emu)	$4\pi \times 10^{-7}$ H/m = 1 emu
μ_r(SI) μ_s(cgs-emu)	—	—	—	$\mu_r = \mu_s$
χ(SI) χ_s(cgs-emu)	—	—	—	$\chi = 4\pi\chi_s$

3.1.2　磁性的本质

磁现象和电现象存在着本质的联系,物质的磁性本源是电荷的运动。物质的磁性和原子结构、电子结构有着密切的关系。原子磁性包括电子轨道磁矩(orbital magnetic moment)、电子自旋磁矩(spin magnetic moment)和原子核磁矩(atomic nucleus magnetic moment)。因为原子核比电子重 1000 多倍,运动速度仅为电子速度的几千分之一,所以原子核的自旋磁矩仅为电子自旋磁矩的千分之几,可以忽略不计。

1. 电子的磁矩

电子磁矩由电子的轨道磁矩和自旋磁矩组成。电子在轨道中围绕原子核运动,相当于一个小的通电线圈,形成一个很小的磁场,因此沿电子运动轴方向存在一个磁矩,如图 3.5(a)所示。除了电子的轨道运动外,每个电子还存在如图 3.5(b)所示的自旋运动,自旋运动形成许许多多细微的电流环,因而也形成一个磁矩。

磁矩的最基本单位是玻尔磁子(Bohr magneton)μ_B,$\mu_B = 9.27 \times 10^{-24}$ A・m²,是一个极小的量。原子中每个电子的自旋磁矩近似值等于 $\pm\mu_B$,正号表示自旋向上,负号表示自旋向下。电子的轨道磁矩等于 $m_l\mu_B$,m_l 为电子的磁量子数,根据电子所处支壳层 s、p、d、f,m_l 值分别为 1、3、5、7(即各电子支壳层的轨道数)。实验证明,电子的自旋磁矩比轨道磁矩要大得多。在晶体中,电子的轨道磁矩受晶格场的作用,其方向是变化的,不能形成一个联合磁矩,对外没有磁性作用。因此,物质的磁性不是由电子的轨道磁矩引起的,而是主要由自旋磁矩引起的。

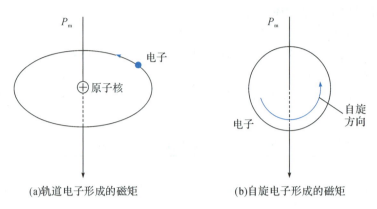

(a)轨道电子形成的磁矩　　　　　　　　(b)自旋电子形成的磁矩

图3.5　磁矩的形成

电子自旋向上的磁矩可以与自旋向下的磁矩互相抵消,原子的净磁矩等于原子所含电子的自旋磁矩总和。因此,根据原子的结构,孤立原子可以具有磁矩,也可以没有。若原子具有完全填充的电子壳层,则由于电子磁矩互相抵消,原子就不具有"永久磁矩"。由这类原子组成的材料将不具有被永久磁化的能力,如惰性气体以及某些金属、离子晶体。原子中如果有未被填满的电子壳层,其电子的自旋磁矩未被抵消,原子就具有"永久磁矩"。例如,铁原子的原子序数为26,共有26个电子,电子层分布为$1s^2 2s^2 2p^6 3s^2 3p^6 4s^2 3d^6$。可以看出,除3d支壳层外,其余各层均被电子填满,自旋磁矩被抵消。根据洪特法则,电子在3d支壳层中应尽可能填充到不同的轨道,并且它们的自旋尽量在同一方向上(平行自旋)。因此5个轨道中除了有一条轨道必须填入2个电子(自旋反平行)外,其余4个轨道均只有一个电子,且这些电子的自旋方向平行,因此,总的电子自旋磁矩为$4\mu_B$。

2. 交换作用

像铁这类元素,具有很强的磁性,这种磁性称为铁磁性。铁磁性除与电子结构有关外,还取决于晶体结构。实验证明,处于不同原子间的、未被填满壳层上的电子发生特殊的相互作用,这种特殊的相互作用称为"交换"作用(exchange interaction)。这是因为在晶体内,参与这种相互作用的电子已不再局限于原来的原子,而是"公有化"了。原子间好像在交换电子,故称为"交换"作用。而由这种"交换"作用所产生的"交换积分"J与晶格的原子间距有密切关系。当距离很大时,J接近于零。随着距离的减小,相互作用有所增加,当原子间距R_{ab}与未被填满的电子壳层半径r之比大于3时,J为正值,就呈现出铁磁性;当$R_{ab}/r<3$时,交换积分为负值,为反铁磁性。

3.1.3　物质的磁性分类

所有物质不论处于什么状态,都显示或强或弱的磁性。根据物质磁化率,可以把物质的磁性大致分为抗磁性、顺磁性、铁磁性、反铁磁性和亚铁磁性等五类,有时候也把亚铁磁性和反铁磁性归入铁磁性中。

1. 抗磁性

磁化方向与外加磁场方向相反,即当磁化率 χ 或磁化强度 M 为负时,固体表现为抗磁性(diamagnetism)。抗磁性物质的原子(离子)的磁矩应为零,即不存在永久磁矩。当把抗磁性物质放入外磁场中时,外磁场使电子轨道改变,感生一个磁矩,其方向与外磁场方向相反,表现为抗磁性,如图 3.6(a)所示。所以抗磁性来源于在外磁场中原子电子轨道状态的变化。抗磁性物质的抗磁性一般很弱,磁化率 χ 一般为 -10^{-5} 量级,相对磁导率 μ_r 略小于 1。在外磁场中,这类磁化了的介质内部的磁感应强度 B 小于真空中的磁感应强度 B_0。几乎所有的材料都有抗磁性,但由于抗磁性很弱,只有当材料不存在其他磁性的时候,才可观察到抗磁性。周期表中前 18 种元素主要表现为抗磁性,这些元素构成了陶瓷材料中几乎所有的阴离子,如 O^{2-}、F^-、Cl^-、S^{2-}、SO_4^{2-}、CO_3^{2-}、N^{3-}、OH^- 等。在这些阴离子中,电子填满壳层,自旋磁矩平衡。金属中约有一半是简单金属,如 Bi、Cu、Ag、Au 等,主要表现为抗磁性。

抗磁性

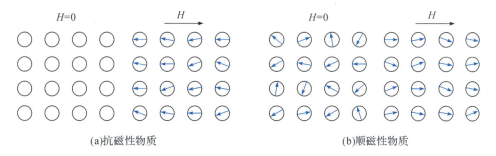

(a)抗磁性物质　　　　　　　　　　　　(b)顺磁性物质

图 3.6　施加外磁场 H 前、后原子磁偶极子取向

2. 顺磁性

顺磁性(paramagnetism)物质的主要特征是,不论外加磁场是否存在,原子的电子磁矩或轨道磁矩不能互相抵消,原子内部存在永久磁矩。但在无外加磁场时,由于顺磁性物质的原子做无规则的热运动,宏观看来,没有磁性。在外加磁场作用下,每个原子磁矩比较规则地取向,如图 3.6(b)所示,材料显示极弱的磁性。磁化强度 M 与外磁场方向一致,M 为正,而且 M 严格地与外磁场 H 成正比。

顺磁性物质的磁性除了与 H 有关外,还依赖于温度。其磁化率 χ 与温度 T 成反比:

$$\chi = C/T \tag{3.15}$$

式中:C 称为居里常数,取决于顺磁性物质的磁化强度和磁矩的大小。该式即为居里定律。但是,也有一些顺磁性物质,其 χ 与温度无关,如锂、钠、钾、铷等金属。

顺磁性物质的磁化率 χ 一般也很小,在室温下,χ 为 $10^{-6} \sim 10^{-3}$ 量级,相对磁导率 μ_r 略大于 1。一般含有奇数个电子的原子或分子,电子未填满壳层的原子或离子,如过渡元素、稀土元素、钢系元素,还有铝、铂、钯、奥氏体不锈钢等金属,都属于顺磁性物质。表 3.2 给出了部分抗磁性和顺磁性材料的室温磁化率。

表 3.2　抗磁性和顺磁性材料的室温磁化率

抗磁性材料	χ(SI 单位)	顺磁性材料	χ(SI 单位)
氧化铝	-1.81×10^{-5}	铝	2.07×10^{-5}
铜	-0.96×10^{-5}	铬	1.13×10^{-4}
金	-3.44×10^{-5}	氯化铬	1.51×10^{-3}
汞	-2.85×10^{-5}	硫酸锰	3.70×10^{-3}
硅	-0.41×10^{-5}	钼	1.19×10^{-4}
银	-2.38×10^{-5}	钠	8.48×10^{-6}
氯化钠	-1.41×10^{-5}	钛	1.81×10^{-4}
锌	-1.56×10^{-5}	锆	1.09×10^{-4}

3. 铁磁性

抗磁性和顺磁性物质的磁化率的绝对值都很小,且只有在施加外磁场下才显示出磁化现象,因而都可以认为是无磁性物质,或属于弱磁性物质。另有一类物质如过渡金属 Fe、Co、Ni 和某些稀土金属如 Gd 等,无论是否施加外磁场,都具有永久磁矩,且在无外加磁场或较弱的磁场作用下,就能产生很大的磁化强度。室温下的磁化率 χ 很大,可达 10^6 数量级,属于强磁性物质。这类物质的磁性称为铁磁性(ferromagnetism)。

铁磁性物质和顺磁性物质的主要差异在于:即使在没有磁场的情况下,铁磁性物质的原子磁偶极子也可在很大的区域内保持同向平行排列(即磁畴)。因此在较弱的磁场内,铁磁性物质也可以得到极高的磁化强度,而且当外磁场移去后,仍可保留极强的磁性。

铁磁体的磁化率 χ 为很大的正值,且与外磁场呈非线性关系变化。当外磁场增大时,由于磁化强度迅速达到饱和,其 χ 变小。

铁磁性物质及相关理论将在后面重点介绍。

图 3.7 给出了抗磁性物质、顺磁性物质和铁磁性物质的磁化强度 M 与磁场强度的关系。

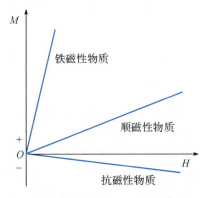

图 3.7　抗磁性、顺磁性、铁磁性物质的磁化强度与磁场强度的关系

4. 反铁磁性

反铁磁性(antiferromagnetism)是指由于"交换"作用为负值,电子自旋磁矩反向平行排列。在同一子晶格中,有自发磁化强度,电子磁矩是同向排列的;在不同子晶格中,电子磁矩反向排列。两个子晶格中自发磁化强度大小相同,方向相反,整个晶体的磁化强度 $M=0$。氧化锰具有反铁磁性,是由 Mn^{2+} 和 O^{2-} 组成的离子型陶瓷材料,其中 O^{2-} 的电子自旋和轨道磁矩总体上互相抵消,不存在净磁矩,Mn^{2+} 则存在净的电子自旋磁矩。Mn^{2+} 在晶体中的排列使得相邻离子的磁矩反向平行排列,如图 3.8 所示。Mn^{2+} 的磁矩

相互抵消,因此氧化锰晶体整体上不具有净磁矩。

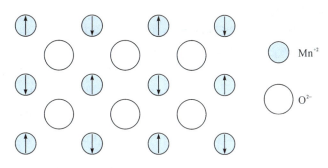

图 3.8　反铁磁性 MnO 自旋磁矩反向平行排列

反铁磁性物质大多是金属化合物,如氧化镍、氧化铜、氧化铬等,此外也有少量金属,如铬、α-Mn 等。

不论在什么温度下,都不能观察到反铁磁性物质的任何自发磁化现象,因此其宏观特性是顺磁性的,M 与 H 处于同一方向,磁化率 χ 为正值。当温度很高时,χ 极小,温度降低,χ 逐渐增大。在一定温度 T_N 时,χ 达最大值 χ_N。称 T_N 为反铁磁性物质的奈尔温度(Nèel temperature),它是反铁磁性转变为顺磁性的温度。对奈尔温度存在 χ_N 的解释是:在极低温度下,由于相邻原子的自旋完全反向,其磁矩几乎完全抵消,故磁化率 χ 几乎接近于零;当温度上升时,自旋反向的作用减弱,χ 增加;当温度升至奈尔温度以上时,热扰动的影响较大,此时反铁磁体与顺磁体有相同的磁化行为。

在奈尔温度附近普遍存在热膨胀、电阻、比热容、弹性等的反常现象,由于这些反常现象,使反铁磁性物质可能成为具有实用意义的材料。例如,近年来研究具有反铁磁性的 Fe-Mn 合金作为恒弹性材料。

5.亚铁磁性

在反铁磁性材料中,所做的讨论都局限于同类磁性原子都分布在等价的晶位上,各自的磁矩严格地互相抵消。如果存在两种不同类型的磁性离子,且具有非等价的磁次晶格,这类材料叫作亚铁磁体。亚铁磁性(ferrimagnetism)物质由磁矩大小不同的两种离子(或原子)组成,相同磁性的离子磁矩同向平行排列,而不同磁性的离子磁矩是反向平行排列的。由于两种离子的磁矩不相等,反向平行的磁矩就不能恰好抵消,二者之差表现为宏观磁矩。具有亚铁磁性的物质绝大部分是金属的氧化物,是非金属磁性材料,一般称为铁氧体(ferrite),又称磁性瓷或铁淦氧。最早发现的铁氧体是磁铁矿 Fe_3O_4,也叫天然磁石(lodestone)。按铁氧体的导电性,它应属于半导体,但常作为磁介质而被利用。铁氧体不易导电,其高电阻率的特点使它可以应用于高频磁化过程。

3.1.4　温度对物质磁性的影响

随着温度的提高,材料中原子的热运动加剧。而原子磁矩是可以自由转动的,因此,温度提高使得原先定向排列的磁矩趋向于无规排列。可见,温度对物质的磁性具有重要影响。

对于铁磁性、反铁磁性和亚铁磁性材料,原子的热运动抵消了相邻原子磁偶极矩之间的耦合作用,即使在存在外磁场的情况下,也可以使部分磁偶极子偏离原先的定向排列方向,其结果造成了铁磁性和亚铁磁性物质的磁化强度下降。由此可见,由于 0 K 时原子的热振动最小,因此磁化强度最大。随着温度增加,物质的磁化强度下降,并在某一温度下,磁化强度快速降到零,该温度称为居里温度 T_C(Curie temperature)。图 3.9给出了纯铁和 Fe_3O_4 的磁化强度与温度的关系。在 T_C 处,相邻原子的自旋磁矩耦合作用被完全破坏,磁化强度为零。高于 T_C,铁磁性和亚铁磁性材料变成了顺磁性的。不同材料具有不同的居里温度,如 Fe、Co、Ni 和 Fe_3O_4 的 T_C 分别为 768 ℃、1120 ℃、335 ℃和 585 ℃。

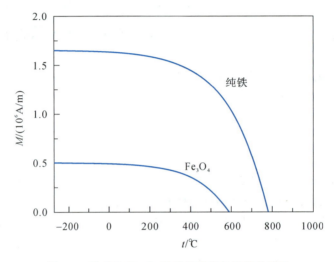

图 3.9 纯铁和 Fe_3O_4 的磁化强度与温度的关系

温度对反铁磁性物质的磁性也有影响,存在相似的转变温度,即奈尔温度 T_N。高于 T_N,反铁磁性材料也变成了顺磁性材料。

19 世纪 90 年代,法国物理学家居里(P. Curie)在磁学理论方面的工作堪称现代磁学理论的先驱。他提出了顺磁性物质磁化率与温度的关系,即居里定律[见式(3.15)]。为了使居里定律适用于铁磁性物质,法国另一位物理学家外斯(P. E. Weiss)进行了修正,提出了居里-外斯方程:

$$\chi = \frac{C}{T - \theta} \tag{3.16}$$

式中:θ 为外斯常数,是物质的特性常数。对于顺磁体,$\theta=0$;对于铁磁体和亚铁磁体,$\theta=T_C$,式(3.16)适用的温度范围为 $T>T_C$;对于反铁磁体,$\theta=T_N$,式(3.16)适用的温度范围为 $T>T_N$。

图 3.10 所示为顺磁体、铁磁体和反铁磁体的磁化率与温度的关系曲线。

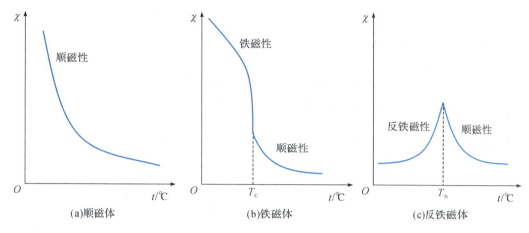

图 3.10　磁化率与温度的关系曲线

3.2　铁磁性

3.2.1　铁磁性理论

铁磁性现象虽然发现很早,然而这些现象的本质原因和规律还是在 20 世纪初才开始得到认识的。1907 年,法国物理学家外斯系统地提出了铁磁性假说,即著名的分子场理论。其主要内容有:铁磁性物质内部存在很强的分子场,即相邻原子之间存在着特殊的"交换耦合作用"。这是一种纯量子效应,不能用经典理论来解释。在分子场的作用下,电子自旋磁矩趋于同向平行排列,即自发磁化至饱和,称为自发磁化。铁磁体自发磁化分成若干个小区域,这种自发磁化至饱和的小区域称为磁畴(domain),如图 3.11 所示。磁畴的大小因不同材料而异,其线度从微米量级到毫米量级。对于多晶材料,每个晶粒可能包含数个磁畴。不存在外磁场时,由于各个磁畴的磁化方向各

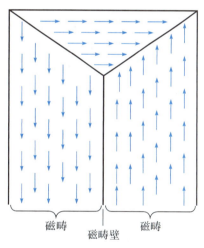

小箭头代表原子磁偶极子

图 3.11　磁畴

不相同,其磁性彼此相互抵消,所以大块铁磁体对外不显示磁性。

刚开始,外斯的磁畴假说只是一种设想,直到 1931 年首次获得了磁畴壁的显微照片。今天,利用现代技术(如 Bitter 粉纹法、Kerr 磁光法等)已不难在实验室里观察到磁畴,从实验上证明其存在,并在此基础上发展了现代的铁磁性理论。在分子场假说的基础上,发展了自发磁化理论,解释了铁磁性的本质;在磁畴假说的基础上,发展了技术磁化理论,解释了铁磁体在磁场中的行为。

1. 自发磁化理论

铁磁性材料的磁性是自发磁化产生的。所谓磁化过程（又称充磁），只不过是把物质本身的磁性显示出来，而不是由外界向物质提供磁性的过程。

(1) 铁磁性产生的原因　实验证明，铁磁性物质自发磁化的根源是原子（正离子）磁矩，而且在原子磁矩中起主要作用的是电子自旋磁矩。与原子顺磁性一样，在原子的电子壳层中存在没有被电子填满的状态是产生铁磁性的必要条件。例如，铁的 3d 状态有四个空位，钴的 3d 状态有三个空位，镍的 3d 状态有两个空位。如果使填充的电子自旋按同向排列，将会得到较大的磁矩，理论上铁有 $4\mu_B$，钴有 $3\mu_B$，镍有 $2\mu_B$。

可是对于另一些过渡族元素，如锰在 3d 状态上有五个空位，若同向排列，则它的自旋磁矩应是 $5\mu_B$，但它并不是铁磁性元素。因此，在原子中存在没有被电子填满的状态（d 或 f 态）是产生铁磁性的必要条件，但不是充分条件。产生铁磁性不仅仅在于元素的原子磁矩是否高，而且还要考虑形成晶体时，原子之间相互键合的作用是否对形成铁磁性有利，这是形成铁磁性的第二个条件。

根据键合理论，原子相互接近形成分子时，电子云要相互重叠，电子要相互交换。对于过渡族金属，原子的 3d 状态与 s 态能量相差不大，因此它们的电子云也将重叠，引起 s、d 态电子的再分配。这种交换便产生一种交换能 E_{ex}，此交换能有可能使相邻原子内 d 层未抵消的自旋磁矩同向排列起来。量子力学计算表明，当磁性物质内部相邻原子的电子交换积分为正时（$J > 0$），相邻原子磁矩将同向平行排列，从而实现自发磁化。这就是铁磁性产生的原因。这种相邻原子的电子交换效应，其本质仍是静电力迫使电子自旋磁矩平行排列，作用的效果好像强磁场一样。外斯分子场就是这样得名的。

理论计算证明，交换积分 J 不仅与电子运动状态的波函数有关，而且强烈地依赖于原子核之间的距离 R_{ab}（点阵常数），如图 3.12 的贝蒂-施莱特曲线所示。前已叙及，只有当原子核之间的距离 R_{ab} 与参加交换作用的电子距原子核的距离（电子壳层半径）r 之比大于 3 时，交换积分才有可能为正（交换能 $E_{ex} < 0$）。铁、钴、镍以及某些稀土元素满足自发磁化的条件。铬、锰的 J 是负值，不是铁磁性金属，但通过合金化作用改变其点阵常数，使得 $(R_{ab}/r) > 3$，便可得到铁磁性合金。

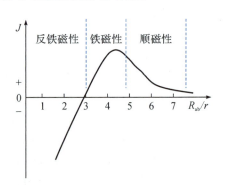

图 3.12　贝蒂-施莱特曲线
（交换积分 J 与 R_{ab}/r 的关系）

综上所述，铁磁性的产生需要两个条件：①原子内部要有未填满的电子壳层；②$(R_{ab}/r) > 3$，使交换积分 J 为正。前者指的是原子本征磁矩不为零；后者指的是要有一定的晶体结构。

根据自发磁化的过程和理论，可以解释许多铁磁特性，如温度对铁磁性的影响。当温度升高时，原子间距加大，降低了交换作用，同时，热运动不断破坏原子磁矩的规则取向，故自发磁化强度 M_s 下降。直到温度高于居里温度，以致完全破坏了原子磁矩的规则取向，自发磁矩就不存在了，材料由铁磁性变为顺磁性。同样，可以解释磁晶各向异性、磁致伸缩等。

（2）**磁畴**　外斯假说认为,自发磁化是以小区域磁畴形式存在的。各个磁畴的磁化方向是不同的,所以大块铁磁体对外不显示磁性,如图 3.11 所示。从磁畴组织的观察中可以看到有的磁畴大而长,称为主畴,其自发磁化方向必定沿晶体的易磁化方向;小而短的磁畴叫副畴,其磁化方向就不一定是晶体的易磁化方向。

磁畴的观测方法

相邻磁畴的界面称为磁畴壁(domain wall),磁畴壁是一个过渡区,有一定厚度。磁畴壁可分为两种,一种为 180°磁畴壁,另一种称为 90°磁畴壁,图 3.13 给出了两种畴壁的示意图。磁畴的磁化方向在磁畴壁处不能突然转一个角度,而是经过磁畴壁的一定厚度逐步转过去的,即在这过渡区中,原子磁矩是逐步改变方向的,如图 3.14 所示。若在整个过渡区中原子磁矩都平行于磁畴壁平面,这种壁叫布洛赫(Bloch)壁。在铁中,这种壁厚相当于点阵常数的 300 倍。

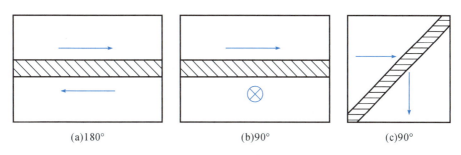

(a)180°　　　　　　　　(b)90°　　　　　　　　(c)90°

箭头所示为磁畴的取向,⊗表示垂直向内

图 3.13　磁畴壁的种类

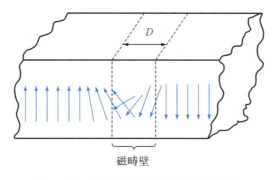

图 3.14　磁偶极子在磁畴壁处逐渐转向

磁畴的形状与尺寸、磁畴壁的类型与厚度,总称为磁畴结构。对同一种磁性材料,如果磁畴结构不同,则其磁化行为也不同。因此,磁畴结构类型的不同是铁磁性物质磁性千差万别的原因之一。平衡状态时的磁畴结构是由总能量(交换能、各向异性能、磁弹性能、退磁能等)达到最小的条件所决定的。

磁畴壁具有交换能、磁晶各向异性能及磁弹性能。因为磁畴壁是原子磁矩方向由一个磁畴的方向转到相邻磁畴的方向的逐渐转向过渡层,原子磁矩逐渐转向比突然转向的交换能小,但仍然比原子磁矩同向排列的交换能大。如只考虑降低磁畴壁的交换能

E_{ex}，则磁畴壁的厚度 D 越大越好。但原子磁矩的逐渐转向使原子磁矩偏离易磁化方向，因而使磁晶各向异性能 E_A 增加，所以磁晶各向异性能倾向于使磁畴壁变薄。综合考虑这两方面的因素，则单位面积上的畴壁能 E_w 与壁厚 D 的关系曲线如图 3.15 所示。在某一壁厚 D_0 处，E_w 存在最小值。磁畴壁能最小值所对应的壁厚 D_0，便是平衡状态时磁畴壁的厚度。由于原子磁矩的逐渐转向，各个方向上的伸缩难易不同，因此便产生磁弹性能。

实际使用的铁磁性物质大多数是多晶体。多晶体的晶界、第二相、晶体缺陷、夹杂、应力、成分的不均匀性等对磁畴结构有显著的影响，因而实际晶体的磁畴结构是十分复杂的。在多晶体中，每一个晶粒都可能包括许多磁畴。在一个磁畴内，磁化强度一般都与晶体的易磁化方向相同（见图 3.16）。对于非织构的多晶体，各晶粒的取向是不同的，即具有不同的易磁化方向，因此不同晶粒内部磁畴的取向是不同的，即意味着磁畴壁一般是不能穿过晶界的。

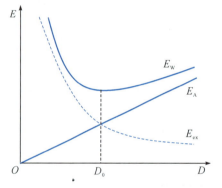

图 3.15　畴壁能 E_w 与畴壁厚度 D 的关系

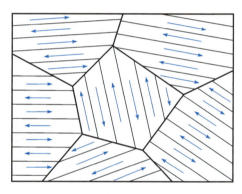

图 3.16　多晶体中的磁畴

如果晶体内部存在着夹杂物、应力、空洞等不均匀性，磁畴结构将变得复杂化。一般来说，夹杂和空洞对磁畴结构有两方面的影响。由于夹杂处磁通连续性遭到破坏，势必出现磁极和退磁场能。为减少退磁场能，往往要在夹杂物附近出现楔形磁畴或者附加磁畴。而当磁畴壁切割夹杂物或空洞时，一方面，磁畴壁能降低，因为磁畴壁的一部分被夹杂物占据，有效面积减少了；另一方面，夹杂物处的退磁场能进一步降低。所以夹杂物有吸引畴壁的作用。在平衡状态时，磁畴壁一般都跨越夹杂物或空洞。内应力对磁畴壁也有同样的影响。由于材料内部存在不均匀的应力，使材料内部的磁化不均匀，某些局部区域的磁化强度矢量偏离易磁化方向，因此便出现了散磁场。为了减少散磁场，磁畴壁的位置应使散磁场能降低到最小值。

2. 技术磁化理论

铁磁性物质，如铁、钴、镍及其合金，以及稀土族元素钆、镝等很容易磁化，在不很强的磁场作用下，就可得到很大的磁化强度。如当纯铁的真空磁感应强度 $B_0 = 10^{-6}$ T（即 0.01 Oe）时，其磁化强度 $M = 10^4$ A/m（即 10 Gs），而顺磁性的硫酸亚铁在 10^{-6} T（即 0.01 Oe）下，其磁化强度仅有 10^{-3} A/m（即 10^{-6} Gs）。铁磁体的磁学特性与顺磁性、抗磁性材料不同，主要特点表现在磁化曲线和磁滞回线上。

(1)技术磁化本质与磁化曲线　技术磁化过程就是外加磁场对磁畴的作用过程,也就是外加磁场把各个磁畴的磁矩方向转到外磁场方向(或近似外磁场方向)的过程。它与自发磁化有本质的不同。技术磁化是通过两种形式进行的,一是磁畴壁的迁移,一是磁畴的旋转。在磁化过程中,有时只有其中一种方式起作用,有时是两种方式同时起作用。磁化曲线和磁滞回线是技术磁化的结果。

图 3.17 为磁感应强度 B(或磁化强度 M)与外加磁场强度 H 的关系曲线(即磁化曲线)。磁化曲线给出了一般铁磁体技术磁化过程的普遍规律。处于外磁场中的铁磁体,当磁场强度从零开始增加时,只有那些磁矢量与磁场方向较接近的磁畴,其尺寸依靠磁畴壁可逆的位移而扩大。去掉磁场,磁畴壁又可逆恢复到原来位置。这是磁化的第一阶段。第二阶段是那些磁矢量和磁场方向相差较大的磁畴,只有在较大磁场强度作用下,才能通过不可逆的磁畴壁位移,使它转到和磁场方向较接近的方向,磁感应强度迅速增大,直至成为一个大的磁畴。最后阶段又是可逆的,磁化矢量逐渐转到与磁场方向平行,达到饱和。B_s 称为饱和磁感应强度,相应的 M_s 称为饱和磁化强度,分别代表材料中所有磁偶极子都沿外磁场方向排列时的磁感应强度和磁化强度。

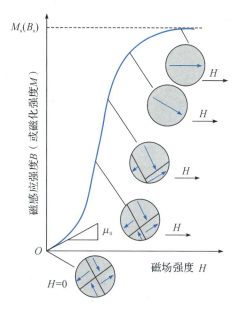

图 3.17　磁化曲线分区示意图

图 3.17 的磁化曲线中各个阶段磁化所采取的方式到底是以磁畴壁迁移为主还是以磁畴旋转为主,或者两者重叠进行,这要视具体材料而定。

磁畴壁移动的容易与否是决定磁化曲线形状最基本的要素,是结构敏感的。影响磁畴壁迁移的因素很多:①铁磁材料中夹杂物、第二相、空隙的数量及其分布。②内应力的起伏大小和分布,起伏越大,分布越不均匀,对畴壁迁移阻力越大。为提高材料磁导率,就必须减少夹杂物的数量,减少内应力。③磁晶各向异性能的大小。因为磁畴壁迁移实质上是原子磁矩的转动,它必然要通过难磁化方向,故降低磁晶各向异性能也可提高磁导率。④磁致伸缩和磁弹性能也会影响磁畴壁的迁移过程,因为磁畴壁迁移也会引起材料某一方向的伸长,另一方向则要缩短。故要增加磁导率,应使材料具有较小的磁致伸缩和磁弹性能。

由式(3.7)可知,在磁化曲线上任何点 B 和 H 的比值称为磁导率。磁化曲线上一些特殊点的磁导率有特殊名称。

起始磁导率 μ_0 相当于磁化曲线起始部分的斜率。技术上规定在 $10^{-7} \sim 10^{-5}$ T(即 $0.001 \sim 0.1$ Oe)磁场的磁导率为起始磁导率,它是软磁材料的重要技术指标,定义为

$$\mu_0 = \lim_{\Delta H \to 0} \frac{\Delta B}{\Delta H} \quad 或 \quad \mu_0 = \lim_{H \to 0} \frac{\mathrm{d}B}{\mathrm{d}H} \tag{3.17}$$

最大磁导率 μ_m 是磁化曲线拐点 K 处的斜率(见图 3.18)。它也是软磁材料的重要

技术参数。

(2)磁滞理论与磁滞回线　前面的技术磁化理论说明了起始磁化曲线,而磁滞理论用来说明退磁曲线(反向磁化、反向迁移过程)。图 3.18 所示为铁磁体的磁化曲线和磁滞回线(hysteresis loop),图 3.18 中的 OKB 曲线即为图 3.17 的磁化曲线。

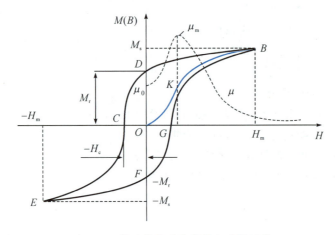

图 3.18　铁磁体的磁化曲线和磁滞回线

当铁磁性材料磁化到饱和后,其饱和磁化强度 M_s 的方向一般是不与晶体的易磁化方向重合的。将一个试样磁化至饱和,然后慢慢地减少 H,直至取消外磁场,就要发生磁畴的旋转,磁矢量松弛恢复到最近的易磁化方向,即 B(或 M)也将减少,这个过程叫退磁。但是,B(或 M)并不按照磁化曲线反方向进行,而是按另一条曲线改变,见图 3.18 中的 BC 段。当 H 减少到零时,磁化强度或磁感应强度并不减小到零,此时材料的磁化强度在外磁场方向的投影就是所谓的剩磁(remanence),即图 3.18 中的 M_r。当然,饱和磁化强度 M_s 总要大于剩磁 M_r。

为了提高 M_r,可采取一些相应的措施。①使材料的易磁化方向与外磁场方向一致,这样就不会有旋转过程,可以得到 $M_r \approx M_s$。这可以通过晶体的取向来实现,即通过适当的轧制就可以分别将各个晶粒的择优方向都一致取向到轧制方向。高度拉伸的 15% 镍铁细丝,其易磁化方向便与拉伸方向相同,从而可以获得很大的 M_r。②进行磁场热处理,获得磁织构。做法是让材料在外磁场中从高于居里温度向低温冷却,造成磁畴排列的有序取向,这种材料由于磁畴已在室温磁化时所要伸长的方向(设具有正磁致伸缩)预先进行了伸长,因而使样品的磁化容易,从而提高了磁导率。

如果要使 $M=0$(或 $B=0$),则必须加上一个反向磁场 H_c,以推动磁畴壁的反向迁移,H_c 称为矫顽力(coercivity)。通常把曲线上的 CD 段称为退磁曲线。由此可见,在退磁过程中,M 的变化要落后于磁场强度 H 的变化,这种现象称为磁滞现象。

结合技术磁化的分析可以判断,矫顽力 H_c 的大小取决于磁畴壁反向迁移的难易程度。一般来说,迁移和反迁移进行的难易程度是一致的,材料中的夹杂物等比较多,弥散度大,则迁移困难,反迁移也较难,H_c 就较大。反之,材料越纯,H_c 就越小。

当然,反向迁移能否进行的先决条件是:在已经磁化的材料中是否有反向磁畴,或者说是否有磁畴壁。在一般材料中,反向磁畴是一定会存在的,因为材料中总有夹杂物、第二相、空隙等,在它们的四周相应地出现磁极,形成退磁场。这些退磁场在外磁场推动下可以发展为反向磁畴,出现磁畴壁。

当反向磁场强度 H 继续增加时,最后又可以达到反向饱和,即可达到图 3.18 中的 E 点。如再沿正方向增加 H,则又得到另一半曲线 $EFGB$。从图 3.18 可以看出,当 H 从 $+H_m$ 变到 $-H_m$ 再变到 $+H_m$,试样的磁化曲线形成一个封闭曲线,称为磁滞回线。

可见,铁磁体的 B-H 关系是多值的、不可逆的,沿磁滞回线磁化一周,外界对单位体积介质所做的功为:

$$\Delta W = \oint H\mathrm{d}B \tag{3.18}$$

上式是以磁滞回线为路径的环路积分。由定积分的几何意义可知:$\Delta W =$ 磁滞回线所包围的面积 >0。铁磁体的状态经过一周的变化又回到初态,因而其中的磁能应该没有变化。在这个过程中,外界对铁磁体做了正功。外界所做的功,只能是消耗在介质中的能量,即不可逆地转化为其他形式的能量,如热能。这种损耗叫作磁滞损耗(hysteresis loss)。

工作在交变电磁场中的铁磁体,其状态总是沿某一回线周期性地变化,因而有相应的损耗,该磁滞损耗对交流元件是十分有害的,必须尽量使之减小。

3.2.2　铁磁性材料的特性

1. 磁晶各向异性和各向异性能

磁晶各向异性(magneto crystalline anisotropy)是指不同晶体方向上磁的性能不同。最早明确晶体磁性各向异性的是铁、镍、钴的单晶磁化曲线。从图 3.19 可见,对于 α-Fe 单晶体,沿立方体棱边方向施加一个磁场时,最容易被磁化;与此相反,沿空间对角线方

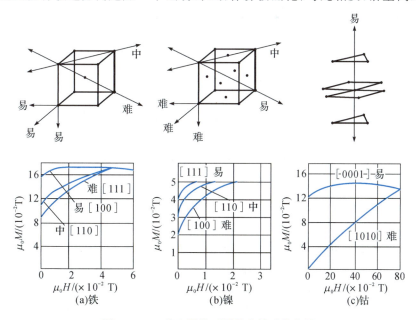

图 3.19　三种金属沿不同晶向的磁化曲线

向,最难被磁化。因此 α-Fe 的[100]方向为易磁化方向,而[111]方向为难磁化方向。对于镍单晶体,与铁正好相反,它是面心立方结构,易磁化方向为[111]。钴在室温下是六角晶体,易磁化方向是 c 轴,c 面内是难磁化方向。

为了使铁磁体磁化,要消耗一定的能量,它在数值上等于图 3.20 中阴影部分的面积,称为磁化功。沿不同方向的磁化功不同,反映了饱和磁化强度矢量($\boldsymbol{M}_s$)在不同方向取向时的能量不同。$\boldsymbol{M}_s$ 沿易磁化轴时能量最低(通常取此能量为基准);沿难磁化轴时能量最高。把从易磁化方向的磁化转向难磁化方向所需的功,称为磁晶各向异性能,用 E_A 表示。磁晶各向异性能是磁化强度矢量方向的函数。

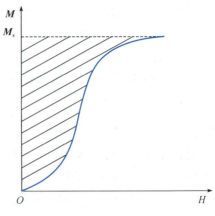

图 3.20 磁化功

考虑晶体的对称性,立方晶系物质的磁晶各向异性能可以写成:

$$E_A = K_1(\alpha^2\beta^2 + \beta^2\gamma^2 + \gamma^2\alpha^2) + K_2\alpha^2\beta^2\gamma^2 \tag{3.19}$$

式中:α,β,γ 分别为磁化强度与三个晶轴的方向余弦;K_1,K_2 称为磁晶各向异性常数,同物质结构有关。在一般情况下,K_2 较小,可忽略,把 K_1 写成 K,代表磁晶各向异性常数,则:

$$E_A = K(\alpha^2\beta^2 + \beta^2\gamma^2 + \gamma^2\alpha^2) \tag{3.20}$$

铁在 20 ℃时的 K 值约为 4.2×10^4 J/m³,镍的 K 值为 -0.34×10^4 J/m³,负号表示镍的易磁化方向是[111],而难磁化方向是[100]。

包括六方晶系的具有单轴对称的材料中的磁晶各向异性能可以表示成:

$$E_A(\theta,\varphi) = K_{U1}\sin^2\theta + K_{U2}\sin^4\theta + K_{U3}\sin^4\theta\cos^4\varphi + \cdots \tag{3.21}$$

式中:$K_{U1},K_{U2},K_{U3}\cdots$为单轴对称材料的各向异性常数;$\theta,\varphi$ 为自发磁化方向与单一对称轴(c 轴)和 a 轴的极角。在大多数情况下,只考虑 K_{U1} 和 K_{U2} 两项就足够了。如果 K_{U1} 很大,并且 $K_{U1}>0$,在六方或四方晶系中,易磁化方向就沿 c 轴,如六角晶体的钴;反之,如果 $K_{U1}<0$,则易磁化方向垂直于 c 轴。如果 K_{U1} 的值不是很大,则易磁化方向就会在其他方向上。

稀土金属的磁晶各向异性能比 3d 金属都大,例如,钴的 $K_{U1}=4.1\times10^5$ J/m³,钕的 $K_{U1}=5.0\times10^6$ J/m³,钐的 $K_{U1}=-1.2\times10^7$ J/m³。制备具有高矫顽力的材料需要有很高的磁晶各向异性,因此,这些稀土材料在永磁材料中起着重要作用。

2. 铁磁体的形状各向异性及退磁能

铁磁体在磁场中的能量为静磁能,它包括铁磁体与外磁场的相互作用能和铁磁体在自身退磁场中的能量,后一种静磁能常称为退磁能(demagnetization energy)。

非取向的多晶体并不显示磁的各向异性,把它做成球形则是各向同性的。实际应用的铁磁体一般都不是球形的,而是棒状的、片状的或其他形状的。形状对磁性有重要影响。一个如图 3.21(a)所示的长片状试样,沿不同方向测得的磁化曲线是不同的[见图 3.21(b)],说明其磁化行为是不同的。这种现象称为形状各向异性(shape anisotropy)。

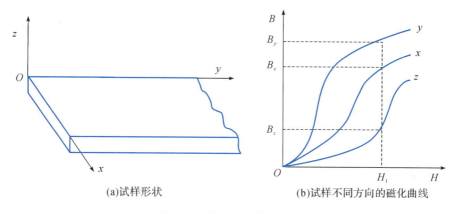

(a)试样形状 (b)试样不同方向的磁化曲线

图 3.21 形状各向异性现象

铁磁体的形状各向异性是由退磁场引起的。当铁磁体出现磁极后,除在铁磁体周围空间产生磁场外,在铁磁体的内部也产生磁场。这一磁场与铁磁体的磁化强度方向相反,它起到退磁的作用,因此称为退磁场,如图 3.22 所示。

退磁场的表达式为:

$$H_d = -NM \qquad \text{(cgs-emu)} \qquad (3.22)$$

$$(B_0)_D = -DM \qquad \text{(SI)} \qquad (3.23)$$

式中:N 和 D 称为退磁因子,负号表示退磁场的方向与磁化强度的方向相反。退磁因子的大小与铁磁体的形状有关,例如,长棒状铁磁体试样越短、越粗以及板状铁磁体越厚(见图 3.21 的 z 轴方向),则 N 越大,退磁

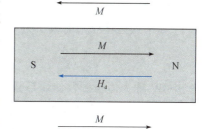

图 3.22 铁磁体的磁场与退磁场

场强度越强,于是试样需在更强的外磁场作用下才能达到饱和。单位体积的退磁能可表示为:

$$E_d = -\int_0^M H_d \mathrm{d}M = \int_0^M NM \mathrm{d}M = \frac{1}{2}NM^2 \qquad \text{(cgs-emu)} \qquad (3.24)$$

$$E_D = \frac{1}{2}DM^2 \qquad \text{(SI)} \qquad (3.25)$$

减小退磁能是磁畴分割(分畴)的基本动力。前面已经提及,平衡状态时的畴结构是由总能量(交换能、各向异性能、磁弹性能、退磁能等)达到最小的条件所决定的。以单晶为例,电子交换能力图使整个晶体自发磁化至饱和,磁化方向沿着晶体的易磁化方向,这样可以使交换能和磁晶各向异性能都达到最小值。自发磁化的结果必然在晶体的端面处产生磁极,而磁极的存在就必然产生退磁场,从而增加了退磁能。反过来,退磁场的建立会破坏已形成的自发磁化。两种相互矛盾的作用使大磁畴分割为小磁畴。当然,分畴后退磁能虽然减小,却增加了磁畴壁能,因此不能无限制地分畴。当磁畴壁能与退磁能之和为最小值时,达到一种平衡状态的磁畴结构,分畴就停止了。

3. 磁致伸缩与磁弹性能

铁磁体在磁场中磁化,其形状和尺寸都会发生变化,这种现象称为磁致伸缩(magnetostriction)。早期观察到的磁致伸缩现象出现在有关永磁体发声的报道中,当永磁体置于或靠近一个通有交变电流的线圈时,它将发出声音,这是变压器中交流声的主要来源,是由磁致伸缩而引起的铁磁体的振动而产生的。

设铁磁体原来的尺寸为 l_0,放在磁场中磁化时,其尺寸变为 l,长度的相对变化为:

$$\lambda = \frac{l - l_0}{l_0} \tag{3.26}$$

式中:λ 称为线磁致伸缩系数。当 $\lambda > 0$ 时,表示沿磁场方向的尺寸伸长,称为正磁致伸缩;当 $\lambda < 0$ 时,表示沿磁场方向的尺寸缩短,称为负磁致伸缩。所有铁磁体均有磁致伸缩的特性,但不同的铁磁体其磁致伸缩系数不同,一般为 $10^{-6} \sim 10^{-3}$。随着外磁场的增强,铁磁体的磁化强度增强,这时 $|\lambda|$ 也随之增大。当磁场强度 H 等于饱和磁场强度 H_s 时,磁化强度达到饱和值 M_s,此时 $\lambda = \lambda_s$,称为饱和磁致伸缩系数。对于一定的材料,λ_s 是个常数。

如果铁磁体原来的体积为 V_0,磁化后体积变为 V,体积的相对变化为:

$$W = \frac{V - V_0}{V_0} \tag{3.27}$$

式中:W 称为体积磁致伸缩系数。一般铁磁体的体积磁致伸缩系数都十分小,其数量级为 $10^{-10} \sim 10^{-8}$。但是,因瓦合金(invar, $Fe_{63.8}Ni_{36}C_{0.2}$)具有较大的体积磁致伸缩系数,其数量级可达 10^{-3}。因瓦合金具有的自发体积磁致伸缩足够大,以至可以抵消通常由非简谐晶格振动所引起的热膨胀,从而使得其在居里(或奈尔)温度以下的一个宽温度范围内出现一个很小的甚至为负的热膨胀系数。

当磁场强度小于饱和磁化强度 H_s 时,只有线磁致伸缩,而体积磁致伸缩十分小。因此对于正磁致伸缩的材料,当它的纵向伸长时,横向要缩短。

对于多晶各向同性体,线磁致伸缩系数公式可写成:

$$\lambda_\theta = \frac{3}{2}\lambda_s \left(\cos^2\theta - \frac{1}{3}\right) \tag{3.28}$$

式中:θ 为磁化强度与测量方向的夹角。

在非取向的多晶体材料中,其饱和线磁致伸缩是不同取向的晶粒的磁致伸缩的平均值,用 $\bar{\lambda}_s$ 表示。假定应力分布是均匀的,对于立方晶体,$\bar{\lambda}_s$ 与单晶体的 λ_s 有如下关系:

$$\bar{\lambda}_s = \frac{2\lambda_s^{[100]} + 3\lambda_s^{[111]}}{5} \tag{3.29}$$

式中:$\lambda_s^{[100]}$、$\lambda_s^{[111]}$ 分别表示磁化沿 [100] 和 [111] 时,同方向的饱和线磁致伸缩系数。

如果物体在磁化时受到限制,不能伸长(或缩短),则在物体内部产生压应力(或拉应力)。这样,物体内部将产生弹性能,称为磁弹性能(magnetoelastic energy)。因此,物体内部缺陷、杂质等都可能增加其磁弹性能。

对多晶体来说,磁化时由于应力的存在而引起的单位体积中的磁弹性能可由下式计算:

$$E_\sigma = \frac{3}{2}\lambda_s\sigma\sin^2\gamma \tag{3.30}$$

式中：γ 为磁化方向和应力方向的夹角；σ 为材料所受的应力；λ_s 为饱和磁致伸缩系数。

4. 铁磁性与温度的关系

图 3.23 表示几种铁磁性材料的饱和磁化强度与温度的关系曲线。由图可见，当温度高于材料各自的居里温度 T_C 时，饱和磁化强度 M_s 降低到零，表示铁磁性消失，材料变成顺磁性材料。在低于居里温度的条件下，各类铁磁性均随温度升高而有所下降，直到居里温度附近，有一个急剧下降。图 3.24 为温度对铁的磁性参数（矫顽力 H_c、磁滞损耗 ΔW、剩余磁感应强度 B_r、饱和磁感应强度 B_s）的影响。除 B_r 在 $-200\sim20$ ℃ 加热时稍有上升外，其余皆随温度上升而下降。

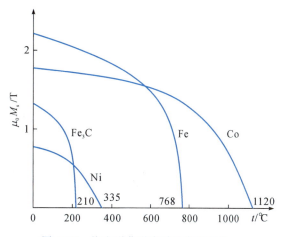

图 3.23　饱和磁化强度随温度的变化

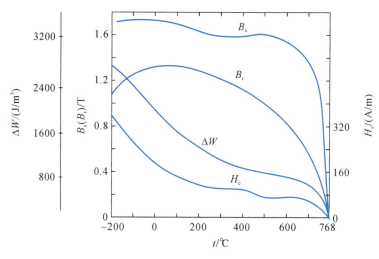

图 3.24　温度对铁的磁性参数的影响

可见居里温度是决定材料磁性温度稳定性的一个十分重要的物理量。到目前为止，人类所发现的 100 多种元素中，仅有 4 种金属元素在室温以上是铁磁性的，它们是铁、钴、镍和钆，T_C 分别为 768 ℃、1120 ℃、335 ℃ 和 20 ℃。在极低温度下有 5 种是铁磁性的，即铽、镝、钬、铒和铥。

5. 影响合金铁磁性的因素

从铁磁性理论可知，金属和合金的铁磁性与相和组织的状态有关。实际上，凡是与自发磁化有关的参量都是组织结构不敏感的，如饱和磁化强度 M_s、饱和磁致伸缩系数 λ_s、磁各向异性常数 K 等只与成分、原子结构、组成合金的各相的含量有关，还有居里温

度 T_c 只与相的结构和成分有关,这些量称为本征参量;凡与技术磁化有关的参量,如矫顽力 H_c、磁导率 μ 或磁化率 χ、剩余磁感应强度 B_r 等都是组织结构敏感的,这些参量被称为非本征参量,主要与晶粒的形状和弥散度、它们的位向及相互的分布、点阵的畸变等有关。

在多相合金中,如果各相都是铁磁相,则其饱和磁化强度由各组成相的磁化强度之和来决定(即相加定律)。合金的总磁化强度为:

$$M_s V = M_1 V_1 + M_2 V_2 + \cdots + M_n V_n$$

$$M_s = M_1 \frac{V_1}{V} + M_2 \frac{V_2}{V} + \cdots + M_n \frac{V_n}{V}$$

$$(3.31)$$

式中: M_1, M_2, $\cdots$, M_n 为各相的饱和磁化强度; V_1, V_2, $\cdots$, V_n 为各相的体积,且有 $V = V_1 + V_2 + \cdots + V_n$。其中各铁磁相均有各自的居里温度。图 3.25 为由两个铁磁相组成的合金的饱和磁化强度与温度的关系曲线,图中 Δ_i 等于 $M_i V_i / V$,该曲线称为热磁曲线。利用这个特性可以研究合金中各相的相对含量及析出过程。

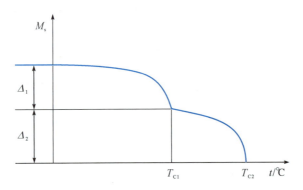

图 3.25　由两个铁磁相组成的合金磁化强度与温度的关系

加工硬化引起晶体点阵扭曲、晶粒破碎、内应力增加,从而引起与组织相关的磁性改变。图 3.26 给出了铁丝(含 C 0.07%)经不同压缩变形后磁性的变化。冷加工变形会在晶体中引起滑移带和内应力,将不利于金属的磁化和去磁过程。磁导率 μ_m 随冷加工变形而下降,而矫顽力 H_c 相反,随压缩率的增大而增大。同时,磁滞损耗也在加工硬化下增加。饱和磁化强度则与加工硬化无关。剩余磁感应强度 B_r 的变化比较特殊,在临界压缩程度下(对铁则为 5%~8%)急剧下降,而在压缩率继续增大时, B_r 则增大。

再结晶退火与加工硬化的作用相反。退火之后,点阵扭曲恢复,晶粒长大成为等轴状,所以各种磁性又恢复到加工硬化之前的情况。

纯金属及部分固溶体合金常用作高导磁性材料,对这些材料希望有较高的纯度、晶粒粗大并呈等轴状以及较小的内应力,有时采用磁场中退火以提高磁导率。晶粒越细,则矫顽力和磁滞损耗越大,磁导率越小。这是因为晶界处晶格扭曲畸变,阻碍了磁化进行,晶粒越细,相当于增加了晶界的总长,这和加工硬化对磁性的影响相同。

合金元素(包括杂质)的质量分数对铁的磁性有很大影响,绝大多数合金元素都将降低饱和磁化强度,只有钴例外。

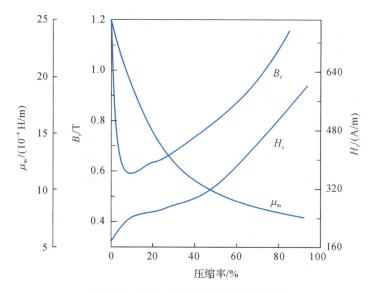

图 3.26　冷加工变形对铁丝磁性的影响

阿波耶夫(АПаеВ)给出计算马氏体饱和磁化强度同碳的质量分数关系的经验公式:

$$M_s = 1720 - 74q \quad (\text{单位:Gs}) \tag{3.32}$$

式中:q 为碳钢中碳的质量分数(%),且 $q \leqslant 1.2\%$。α-Fe 的饱和磁化强度为 1.72×10^6 A/m(即 1720 Gs)。

在固溶体合金中,间隙固溶体要比置换固溶体的磁性差,因此要尽量减少有害的间隙杂质。合金中析出第二相以及它的形状、大小、分布对组织敏感的合金的磁性影响极为显著。图 3.27 给出了第二相析出对磁性的影响示意图。

铁磁性合金经热处理后组织发生了变化,其磁性也将发生变化。对同一含碳量的钢而言,淬火态的 M_s 比退火态的 M_s 低,这是因为淬火钢中含有非铁磁性的残余奥氏体相。矫顽力 H_c 随碳质量分数的增加而增加,不仅与 Fe_3C 含量有关,而且还与组织形态有关,对相同碳质量分数的钢的矫顽力,在淬火后比退火后高,这基本上是由形成马氏体所致,因为淬火马氏体具有很高的内应力。

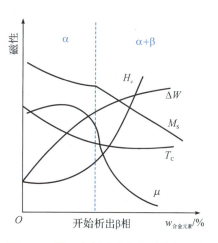

图 3.27　第二相析出对合金磁性的影响

3.3　铁氧体的结构与磁性能

金属和合金铁磁性材料由于电阻率低,在较高交变电场作用下易感应出涡流,消耗功率而发热,其应用受到限制。在实际应用中,虽然通过各种方法加以改善,但在高频范围,这一缺点仍无法克服。因此需要发展一种强磁性、高电阻和低损耗的磁性材料,陶瓷磁性材料——铁氧体正好能满足这一需要。它们在无线电电子学、自动控制、计算机、信息存储、激光调制等方面都已有着广泛的应用。

铁氧体是含铁酸盐的陶瓷磁性材料。铁氧体的磁性与铁磁性材料的相同之处在于有自发磁化强度和磁畴,因此有时也被统称为铁磁性物质。其和铁磁性材料的不同点在于:铁氧体一般都是由多种金属的氧化物复合而成的,因此铁氧体的磁性来自两种不同的磁矩。一种磁矩在一个方向相互排列整齐;另一种磁矩在相反的方向排列。这两种磁矩方向相反,大小不等,两个磁矩之差,就产生了自发磁化现象。因此铁氧体磁性又称亚铁磁性。

按材料结构分,目前已有尖晶石型、石榴石型、磁铅石型、钙钛矿型、钛铁矿型和钨青铜型6种类型的铁氧体。前三种比较重要,本节将讨论它们的结构,并以尖晶石、石榴石为代表,研究铁氧体的亚铁磁性以及其产生的微观机理。

3.3.1　尖晶石型铁氧体

1. 尖晶石结构

具有或接近尖晶石结构的材料的一般分子式为 AB_2O_4,其中,氧离子作面心立方最紧密堆积排列,A 和 B 是较小的金属离子,处于较大的氧离子组成的间隙位置。

尖晶石型铁氧体(spinel ferrite)的通式可写成 $Me^{2+}O \cdot Fe_2^{3+}O_3$ 或 $Me^{2+}Fe_2^{3+}O_4$,其中 Me^{2+} 是二价金属离子,如 Fe^{2+}、Mn^{2+}、Ni^{2+}、Cu^{2+}、Mg^{2+}、Zn^{2+}、Cd^{2+} 等。复合铁氧体中的二价阳离子可以是几种离子的混合物(如 $Mg_{1-x}Mn_xFe_2O_4$),因此其组成和磁性能范围宽广。尖晶石晶胞中含有 8 个"分子",即 $Me_8^{2+}Fe_{16}^{3+}O_{32}$。每有一个氧离子就会有一个被 6 个氧离子包围的八面体空间和两个被 4 个氧离子包围的四面体间隙,因此在 O^{2-} 堆砌形成的骨架中,有 64 个氧四面体间隙和 32 个氧八面体间隙。四面体间隙中只有 1/8 被金属离子占据,八面体间隙中只有 1/2 被金属离子占据,因而在晶胞中只有 8 个四面体间隙和 16 个八面体间隙被金属离子占据。图 3.28(a)表示尖晶石的晶胞,它可以看作是由八个小块拼合而成的,小块中质点的排列有两种情况,分别注以 A 块、B 块,如图 3.28(b)所示。A 块中显示出二价阳离子占有四面体间隙,B 块中显示出三价阳离子占有八面体间隙的情况。A 块和 B 块按图(a)中的位置堆砌起来,即可获得尖晶石的完整晶胞。

在 $Me^{2+}Fe_2^{3+}O_4$ 尖晶石中,根据金属离子的占据情况,可以分为正型尖晶石、反型尖晶石和混合型尖晶石。

正型尖晶石:所有二价阳离子 Me^{2+} 都填充在四面体间隙(称 A 位),所有三价阳离子 Fe^{3+} 都填充在八面体间隙(称 B 位)中。如 $Zn^{2+}(Fe^{3+})_2O_4$ 就是一个典型的例子,括号表示八面体间隙。

反型尖晶石:二价阳离子占有八面体间隙,三价阳离子占有四面体间隙及其余的八面体间隙。如 $Fe^{3+}(Fe^{3+}Me^{2+})O_4$,其中 Me^{2+} 是 Mn^{2+}、Fe^{2+}、Co^{2+}、Ni^{2+}、Cu^{2+} 或 Mg^{2+}。

混合型尖晶石:$Me_{1-x}^{2+}Fe_x^{3+}(Fe_{2-x}^{3+}Me_x^{2+})O_4$,$x(0 \leqslant x \leqslant 1)$ 常称为反型参数。

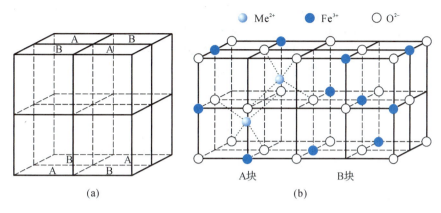

图 3.28　尖晶石($Me^{2+}O \cdot Fe_2^{3+}O_3$)的结构

所有的亚铁磁性尖晶石几乎都是反型的,A 位离子与反平行态的 B 位离子之间借助于电子自旋耦合而形成二价离子的净磁矩,即

$$^AFe^{3+} \uparrow\ ^BFe^{3+} \downarrow\ ^BMe^{2+} \downarrow$$

阳离子出现于反型的程度,即 x 值不是尖晶石的内禀性质,而是取决于热处理条件。一般来说,提高正型尖晶石的温度会使离子激发至反型位置,所以在制备类似于 $CuFe_2O_4$ 的铁氧体时,必须将反型结构高温淬火才能得到存在于低温的反型结构。锰铁氧体约为 80% 正型尖晶石,这种离子分布随热处理变化不大。

2. 亚铁磁性及其产生机理

为了解释铁氧体的磁性,奈尔认为铁氧体中 A 位与 B 位的离子的磁矩应是反平行取向的,这样彼此的磁矩就会抵消。但由于铁氧体内总是含有两种或两种以上的阳离子,这些离子各自具有大小不等的磁矩(有些离子完全没有磁性),加上占 A 位或 B 位的离子数目也不相同,因此晶体内由磁矩的反平行取向而导致的抵消作用通常并不一定会使磁性完全消失而变成反铁磁体,往往保留了剩余磁矩,表现出一定的铁磁性。这类磁性称为亚铁磁性或铁氧体磁性。图 3.29 形象地表示了在居里温度或奈尔温度以下时,铁磁性、反铁磁性及亚铁磁性的自旋方向。

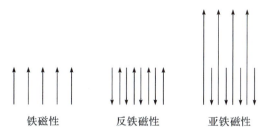

铁磁性　　　　反铁磁性　　　　亚铁磁性

图 3.29　铁磁性、反铁磁性、亚铁磁性的自旋方向

例如,磁铁矿属反型尖晶石结构,一个晶胞含有 8 个 Fe_3O_4 "分子",8 个 Fe^{2+} 占据了 8 个 B 位,16 个 Fe^{3+} 中有 8 个占据 A 位,另有 8 个占据 B 位。对于任一个 Fe_3O_4 "分子"来说,两个 Fe^{3+} 分别处于 A 位及 B 位,它们是反平行自旋的,因而这种离子的磁矩必然

全部抵消,但在 B 位的 Fe^{2+} 的磁矩依然存在。Fe^{2+} 有 6 个 3d 电子分布在 5 条 d 轨道上,其中只有一对处在同一条 d 轨道上的电子反平行自旋,磁矩抵消。其余尚有 4 个平行自旋的电子,因而应当有 4 个 μ_B,亦即整个"分子"的饱和磁矩应为 4 个玻尔磁子。实验测定的结果最大值为 $4.2\mu_B$,与理论值相当接近。一些尖晶石的饱和磁矩列于表 3.3 中,其中的锂铁磁尖晶石($Li_{0.5}Fe_{2.5}O_4$)在特性上也是完全反型的,即可以写成 $Fe^{3+}(Li_{0.5}^+Fe_{1.5}^{3+})O_4$,计算出的每个"分子"的磁矩等于 $2.5\mu_B$,与测量值极其符合。

表 3.3　一些尖晶石的实验和理论的饱和磁矩

尖晶石	$MnFe_2O_4$	$FeFe_2O_4$	$CoFe_2O_4$	$NiFe_2O_4$	$CuFe_2O_4$	$MgFe_2O_4$	$Li_{0.5}Fe_{2.5}O_4$
理论值/μ_B	5	4	3	2	1	1.1	2.5
实验值/μ_B	5.0~4.40	4.2~4.08	3.30~3.90	2.3~2.40	1.3~1.37	1.1~0.86	2.60

铁氧体亚铁磁性的来源是金属离子间通过氧离子而发生的超交换作用(superexchange interaction)。所谓的超交换作用是指如下的交换作用:如图 3.30 所示,金属离子不是直接接触的,而是通过中间负氧离子起传递作用。金属离子 Me_1 和 Me_2 在氧离子的两侧,如果金属离子 d 壳层中电子未填满一半,而氧离子的轨道和金属离子的 d 轨道重叠,也就是说,它的外部电子在运动过程中有一段时间处于金属离子 Me_1 的 d 轨道中,根据洪特规则,这个氧的电子自旋必须是和金属离子的其他电子相平行的。同时氧离子在 p 轨道内的另一个电子受到相同轨道其他电子的库仑排斥作用,处于氧离子的另一侧,这第二个电子的自旋由于泡利不相容原理和先前一个电子自旋是异向平行的。因此它和金属离子 Me_2 起作用,同样根据洪特规则,它们的自旋也应是平行的,这样就形成了反铁磁性的超交换。如果金属离子 d 壳层填满超过了一半,结果也得到反铁磁性的超交换。当两个金属离子在 O^{2-} 两旁近似成 180° 时,这两个轨道重叠最大,超交换最强烈。

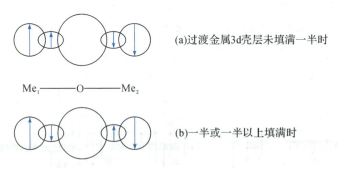

图 3.30　180°超越交换作用

对于尖晶石型铁氧体,由于 O^{2-} 上 2p 电子分布呈哑铃形,因而在 O^{2-} 两旁成 180° 的两个金属离子的超交换作用最强,而且必定是反向平行的。在尖晶石结构中存在 A-A、B-B、A-B 三种交换作用,因为 A、B 在 O^{2-} 两旁近似成 180°,而且距离较近,所以 A-B 型超交换作用占优势,而且 A、B 位磁矩是反向排列的,即 A-B 型超交换作用导致了铁氧体的亚铁磁性。表 3.4 给出了尖晶石型铁氧体的超交换作用,负号表示相邻磁矩反向平行排列,反向平行排列的磁矩不完全抵消即产生亚铁磁性。

表 3.4　尖晶石型铁氧体中的超交换作用　　　　　　　　单位:K

铁氧体	J_{AA}	J_{AB}	J_{BB}
Fe_3O_4	-17.7	-23.4	$+0.5$
$NiFe_2O_4$	-9.1	-30.0	-8.4
$Zn_{0.2}Ni_{0.8}Fe_2O_4$	-20.9	-29.4	-9.5
$Zn_{0.4}Ni_{0.6}Fe_2O_4$	-61.8	-35.5	-10.6

必须指出,当 A 位或 B 位离子不具有磁矩时,A-B 交换作用就非常弱,上述结论不适用。例如,锌铁氧体 $ZnFe_2O_4$ 是正型尖晶石结构,是反铁磁性的。由于 Zn^{2+} 的固有磁矩为 0,故在 B 位上的 Fe^{3+} 的总磁矩也应为 0,否则不能使整个"分子"的磁矩为 0,表现出反铁磁性,因此决定了即使在 B-B 间的交换作用也必须是反铁磁性的。

3.3.2　石榴石型铁氧体

石榴石型铁氧体(garnet ferrites)的晶体结构由空间群 O_h^{10}-$Ia\bar{3}d$ 描述,每个单胞中含有 8 个"分子",共有 160 个离子,并可以分成镜面相关的八分体。稀土铁石榴石(rare earth iron garnets,RIGs)也是一类重要的亚铁磁性材料,其化学式一般写成 $\{R_3^{3+}\}_C[Fe_2^{3+}]_A(Fe^{3+})_DO_{12}$,式中 R 为稀土离子或钇离子,三种不同的阳离子被不同的氧多面体所包围,不同类型的括号标志不同的阳离子配位,并用下标 C、A、D 表示该离子所占晶格位置的类型。稀土离子在具有 D_2-222 对称性的 24 个十二面体中,由 8 个氧离子包围;A 位和 D 位铁离子分别占据对称性为 C_{3i}-3 的 16 个八面体和 24 个四面体中,它们分别被 6 个和 4 个氧离子包围。图 3.31 给出了一个石榴石分子(1/8 个晶胞)结构的简化模型,A 位离子排列成体心立方晶格,C 位离子和 D 位离子位于立方体的各个面上。

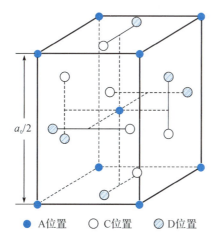

● A位置　○ C位置　◎ D位置

图 3.31　石榴石结构的简化模型
(只表示了元晶胞的 1/8,O^{2-} 未标出)

石榴石型铁氧体
的相关综述

　　可见，RIGs 包含 3 个磁次晶格，由 2 个占据四面体（D）位和八面体（A）位的 Fe^{3+} 组成，剩下的次晶格由占据十二面体（C）位的 R^{3+} 组成，相应的次晶格的磁化强度分别记为 M_D、M_A 和 M_C。与尖晶石型铁氧体类似，石榴石型铁氧体的净磁矩起因于反平行自旋的不规则贡献。在 Fe^{3+}（A）和 Fe^{3+}（D）磁矩之间是负的强超交换作用，它使 M_A 和 M_D 反向平行，并不受 R^{3+} 存在的影响。C-D 的互作用比 C-A 的互作用约大 15 倍，因此 R^{3+}（C）主要与 Fe^{3+}（D）耦合，使 M_C 和 M_D 也是反向平行排列的。

　　如果假设每个 Fe^{3+} 的磁矩为 $5\mu_B$，则对 $\{R_3^{3+}\}_C[Fe_2^{3+}]_A(Fe_3^{3+})_D O_{12}$，有：

$$\mu_{净} = 3\mu_C - (3\mu_D - 2\mu_A) = 3\mu_C - 5\mu_B \tag{3.33}$$

　　在重稀土铁石榴石中有一个抵消温度或补偿温度 T_{comp}，在此温度下，自发宏观磁化强度消失。该抵消温度的出现源于 C-D 和 C-A 的超交换作用。在抵消温度下，RIGs 存在相变，但相变的性质和类型，目前还不是很清楚。

3.3.3　磁铅石型铁氧体

磁铅石铁氧体的相关综述

　　磁铅石型铁氧体（hexagonal ferrites）的结构与天然的磁铅石 $Pb(Fe_{7.5}Mn_{3.5}Al_{0.5}Ti_{0.5})O_{19}$ 相同，属六方晶系，结构比较复杂。其中氧离子呈密堆积，由六方密堆积与等轴面心堆积交替重叠。受天然磁铅石结构的启发，人们研制了一类磁铅石型铁氧体，其分子式可写成 $AB_{12}O_{19}$，其中 A 是二价金属离子，如 Ba^{2+}、Pb^{2+}、Sr^{2+} 等，B 是三价金属离子，如 Al^{3+}、Ga^{3+}、Cr^{3+}、Fe^{3+} 等。

　　20 世纪 50 年代初，人们研制出了被称为钡恒磁的永磁铁氧体。它是含钡的铁氧体，化学式为 $BaFe_{12}O_{19}$，结构与天然磁铅石相同。元晶胞包括 10 层氧离子密堆积层，每层有 4 个氧离子，两层一组的六方密堆积与四层一组的等轴面心堆积交替出现，即按密堆积的 ABABCA……层依次排列。在两层一组的六方密堆积中，有 1 个氧离子被 Ba^{2+} 所取代，并有 3 个 Fe^{3+} 填充在空隙中。在四层一组的等轴面心堆积中，共有 9 个 Fe^{3+} 分别占据 7 个 B 位和 2 个 A 位，类似于尖晶石结构，故这四层一组的堆积又叫尖晶石块。因此一个元晶胞中共含 O^{2-} 为 $4 \times 10 - 2 = 38$ 个，Ba^{2+} 有 2 个，Fe^{3+} 有 $2 \times (3+9) = 24$ 个，即每一个元晶胞中包含了两个 $BaFe_{12}O_{19}$ "分子"。

　　钡恒磁的磁性起源于铁离子的磁矩。在钡恒磁中，Fe^{3+} 分布在 5 个不等价的晶体学位置，在相同晶体学位置的 Fe^{3+} 磁矩是铁磁性排列的，而不同晶体学位置的 Fe^{3+} 磁矩间的耦合可能是铁磁性的，也可能是反铁磁性的。所有这些耦合都是由氧原子作为中心，通过超交换作用产生的。铁磁矩的部分反平行耦合导致了每个单胞只有 $40\mu_B$ 的总磁矩（8 个 Fe^{3+} 的磁矩未被抵消）。

　　由于六角晶系铁氧体具有高的磁晶各向异性，故适宜作为永磁铁，它们具有高矫顽力。

3.4　磁性高分子材料

　　通常有机化合物都是通过共价键结合的，不具有未成对电子，因此绝大多数有机化合物都呈现抗磁性，不具有顺磁性或铁磁性。随着磁性材料和磁学理论的发展，近年来相继发现了含磁性金属元素的有机化合物和不含磁性金属元素的纯有机化合物的铁磁性。有机磁性材料的出现打破了有机物质与铁磁性无缘的传统观念,是对磁矩起源和磁矩相互作用等基本观念的挑战,具有极为重要的科学意义。磁性高分子材料根据其组成不同,通常可分为复合型和结构型两种。前者是高分子材料与各种无机磁性物质通过复合制得的磁性体,如磁性橡胶、磁性树脂、磁性高分子微球等;后者是高分子链结构本身就具有强磁性的材料,如含氮基团取代苯的衍生物、聚双炔和聚丙烯的热解产物等。

3.4.1　结构型磁性高分子材料

结构型磁性高分子材料是指不用加入无机磁性物而高分子自身就具有强磁性的材料。按照聚合物类型的不同,结构型磁性高分子材料主要可分为以下几类:纯有机磁体、金属有机磁性高分子和电荷转移复合物。

1. 纯有机磁体

高分子中不含任何金属,仅由 C、H、N、O、S 等元素组成的磁性高分子为纯有机磁性高分子。纯有机磁性高分子的磁性主要来源于带单电子自旋的有机自由基。自由基是含有奇数电子或含有偶数电子(N)的原子、离子或分子,但这些电子分布于大于 $N/2$ 的轨道上。因此,自由基具有未成对电子,也就是说有净自旋。

将含有有机自由基的单体聚合,通过高分子链的传递作用使自由基中的电子自旋发生耦合,从而表现出宏观的磁性。

1963 年,McConnell 预言有机化合物中存在着铁磁性的相互作用。1987 年,苏联科学家 Ovichinnikov 设想将含有自由基的单体聚合,希望自由基能够稳定通过聚合物主链,而自由基上的未配对电子之间能够产生自旋耦合,借此获得宏观上的铁磁性高分子。将两个稳定的 4-羟基-2,2,6,6-四甲基哌啶-1-氧自由基接到丁二炔上,得到如图 3.32 所示的单体 BIPO,再在 100 ℃左右聚合成磁性高分子——poly-BIPO。

因不含任何无机金属离子,纯有机磁体的磁性机理及材料合成出现了很多新概念和新方法。Ovichinnikov 提出了超交换模型分析了磁性的来源。如图 3.33 所示,在 poly-BIPO 结构中,主链是一简单的反式聚乙炔结构,R 是自由基,有一个未配对电子。每个单元内有一个未配对电子存在,各单元内未配对 π 电子之间的相互作用将可能导致体系呈现一种铁磁性。

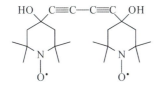

图 3.32　单体 BIPO 的化学结构

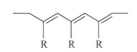

图 3.33　poly-BIPO 的基本结构

2. 金属有机磁性高分子

金属元素(Cu、Fe、Co、Ni 等)及其过渡金属元素(如稀土元素 Sm、Eu、Gd、Tb、Dy 等)与高分子之间以络合物的形式形成的高分子为金属有机磁性高分子。这类磁性材料的磁性主要依赖于顺磁性的金属离子的相互作用,配体的作用是固定自旋的位置而对磁性几乎没有贡献。因络合物中配体一般为高分子链结构,其体积比较庞大,高分子链结构将金属离子包围使得金属离子与金属离子之间的相互作用比较弱,这就使得金属离子在磁场中心难以定向排列,因而金属有机磁性高分子一般只有顺磁性。

3. 电荷转移复合物

电荷转移复合物是目前研究的最多的一类结构型磁性高分子材料,是基于电子给体和电子受体之间的电荷相互作用达到长程有序。1985 年由 Miller 第一次通过二茂金属与电子受体四氰基乙烯(TCNE)合成了络合物[FeCp2*]TCNE,它的铁磁相转变温度T_c=4.8 K,其结构如图 3.34 所示。可与电子受体形成磁有序的电荷转移复合物的电子给体除了二茂金属之外,还有芳烃有机金属配合物和带有卟啉类配体的有机金属配合物。

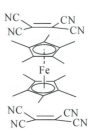

图 3.34　络合物[FeCp2*]TCNE 的结构

与传统磁性材料相比,结构型磁性高分子材料具有结构多样、易于修饰、磁性能多样、可用常温或低温的方法进行合成等优良的性质。但是目前大多数结构型磁性高分子材料只有在低温下才具有铁磁性,尚处于研究阶段,其理论基础也有待完善。

3.4.2　复合型磁性高分子材料

复合型磁性高分子材料是指以高分子材料与各种无机磁性材料通过混合黏结、填充复合、表面复合、层积复合等方式加工制得的磁性材料,可分为树脂基铁氧体类高分子共混磁性材料和树脂基稀土填充类高分子共混磁性材料两类。复合型磁性高分子材料主要由磁性无机物和高分子基质材料组成。磁性无机物主要是铁氧体类磁粉(如 Sr、Ba 铁氧体磁粉等)和稀土类磁粉(如 SmCo、NdFeB、SmFeN 永磁粉等)。高分子基质材料则主要是橡胶、热固性树脂(如环氧树脂、酚醛树脂等)和热塑性树脂(如聚酰胺、聚丙烯、聚乙烯等)。复合型磁性高分子材料的结构单元内没有未配对的电子存在,本身并没有磁性,在聚合物中掺杂的无机磁性材料是其具有磁性的根本原因。根据聚合物与无机磁性材料的结合方式及制备方法、应用领域的不同,复合型磁性高分子材料主要可分为磁性橡胶、磁性塑料、磁性高分子微球、磁性聚合物薄膜等。

3.5　磁性材料及其应用

许多著名的科学家如高斯(K. Gauss)、麦克斯韦(J. C. Maxwell)和法拉第(M. Faraday)等从理论的角度解释了磁学现象,而 20 世纪众多的物理学家则在材料的准确描述和现代技术磁化方面做出了贡献。居里和外斯成功地给出了唯象自发磁化理论及其与温度的关系,外斯提出的磁畴概念很好地解释了为什么磁性材料能够被磁化和为什么有些磁性材料的净磁矩为零。

　　对磁学基本问题的探讨是为了很好地开发和应用磁性材料。今天,磁性材料已在电力和电子设备中广泛应用,成为现代工业中不可缺少的一员。在发达国家,平均一个家庭拥有 50 多种与磁性材料有关的设备,其中至少有 10 种是用在家用轿车上的。磁性材料在制造业和医疗设备、信息产业方面的应用也正在日益扩大。

　　磁性是物质的基本性质,磁性材料是古老而年轻的功能材料。磁性材料发展的总趋势将由 3d 过渡族合金、化合物向 3d-(4f,4d,5d,5f,…)多元合金、化合物方向发展,由三维向低维方向发展,纳米磁性材料将成为重要的磁性功能材料。

3.5.1　软磁材料

　　磁性材料的本征参量,如饱和磁化强度 M_s、饱和磁致伸缩系数 λ_s、磁各向异性常数 K 等,在很大程度上取决于材料的成分,而与其微结构的关系并不大;而矫顽力 H_c、磁导率 μ 或磁化率 χ、剩磁 B_r 等磁学性能则主要取决于材料的精细结构,如晶粒尺寸、杂质含量、内应力、各向异性等。

　　磁性材料按矫顽力 H_c 的大小分为两类:矫顽力很小的软磁材料[$H_c \approx 1$ A/m(10^{-2} Oe)]和矫顽力很大的硬磁材料[$H_c \approx 10^4 \sim 10^6$ A/m($10^2 \sim 10^4$ Oe)]。

　　软磁材料(soft magnetic material)总的特性是有较高的磁导率(μ_0、μ_m)、较小的矫顽力(H_c)和较低的磁滞损耗(ΔW)。在磁场作用下,这类材料非常容易磁化,而取消磁场后又很容易去磁,即磁滞回线很窄,如图 3.35 所示。结构的非均匀性将成为布洛赫磁畴壁的钉扎中心,阻碍它们的运动。而材料的各向异性也会影响畴壁的转动过程。因此,高的磁导率和小的矫顽力要求材料的结构尽量均匀,没有缺陷,在磁学上各向同性。此外,对于铁磁体,由于在交变磁场中会产生涡流,因发热而

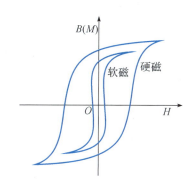

图 3.35　软磁和硬磁材料的磁滞回线

造成能量损失。因此,若要在交变磁场中用作软磁材料,铁磁体应有较大的电阻率,这可以通过材料的合金化来做到,如铁-硅合金、铁-镍合金等。

　　软磁材料主要用于动力工程、高性能电子学、通信技术、航空及空间技术等来制造磁导体,增加磁路的磁通量,降低磁阻。例如,变压器和继电器的磁芯(铁芯)、电动机的转子和定子、磁路中的连接元件、磁屏材料、感应圈铁芯、电子计算机的开关元件和存储元件等。软磁材料在磁场中经合适的热处理,可以获得方型磁滞回线,用作磁放大器或脉冲变压器等。

　　最常见的软磁材料有工业纯铁、硅钢、坡莫合金(permalloy)、铁铝合金、软磁铁氧体等,可根据对使用材料的要求和经济价值而选用。表 3.5 给出了部分软磁材料的典型磁性能和电阻率。

表 3.5   部分软磁材料的典型磁性能和电阻率

软磁材料	化学组成 （质量分数）/%	起始磁 导率 μ_0	饱和磁通密度 B_s/T(Gs)	磁滞损耗 ΔW/(J/m³)	电阻率 ρ/($\Omega \cdot$ m)
工业纯铁	99.95Fe	150	2.14 (21400)	270	1.0×10^{-7}
方向性硅钢	97Fe-3Si	1400	2.01 (20100)	40	4.7×10^{-7}
45 坡莫合金	55Fe-45Ni	2500	1.60 (16000)	120	4.5×10^{-7}
超透磁合金	79Ni-15Fe-5Mo-0.5Mn	75000	0.80 (8000)	—	6.0×10^{-7}
铁氧体 A	$48MnFe_2O_4$,$52ZnFe_2O_4$	1400	0.33 (3300)	≈ 40	2000
铁氧体 B	$36MnFe_2O_4$,$64ZnFe_2O_4$	650	0.36 (3600)	≈ 35	10^7

1. 工业纯铁

工业纯铁也叫软铁,有优良的软磁特性,加工性能好,价格便宜。但工业纯铁的电阻率较低($\rho = 9.7 \times 10^{-8}$ $\Omega \cdot$ cm),不能用于交变磁场,只能用于直流磁场。其可用来制造直流电磁铁芯、磁极头、继电器铁芯、衔铁等。

软铁的饱和磁化强度基本上是由纯度决定的,除了 Co 以外,所有的杂质都使饱和磁化强度下降。矫顽力主要取决于碳含量、非磁性脱溶物的体积和含量、晶格点阵的不完整性以及晶粒尺寸。因此,若要求性能更高的纯铁,就要采用电解铁或羰基铁的粉末进行重熔或烧结的办法来获取。

2. 硅钢(Fe-Si 合金)

从实际应用量的角度看,硅钢和硅铁是软磁材料中最重要的一类。它是硅在铁中的固溶体合金,具有较大的电阻率和较高的磁性能。主要缺点是比纯铁硬而脆,饱和磁感应强度比纯铁低。

工业上常用的硅钢可分为非取向(各向同性)钢和取向钢。各向同性钢基本上用于转动机械,因为在这类应用中,磁通方向可以是各个方向的,不需要磁的择优取向。取向钢又分为立方织构和 Goss 织构两种(见图 3.36)。在立方织构中,晶粒的取向是其立方体的边沿着带的轧制方向,立方体的一个面在带面内;而在 Goss 织构中,立方点阵的基本立方块是以其边而定位的,晶粒的(110)晶面落在带面内。取向硅钢多用于磁通与轧制方向一致的场合,如变压器的铁芯,因此又称为变压器硅钢片。

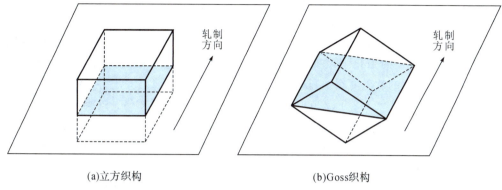

(a)立方织构　　　　　　　　　　(b)Goss织构

图 3.36　晶粒取向材料的两种织构

近年来,Goss织构的取向程度、相应的磁化能力、总能量损耗等都得到了显著改进。涡流损耗可以从两个途径来降低:一是将硅钢片的厚度从原先的 0.35 mm 降到 0.30 mm、0.27 mm,直至 0.23 mm,从而降低正常涡流的损耗;二是对硅钢片的表面进行处理,如进行绝缘处理以减小涡流,或对表面进行机械刮痕或激光刻划,以增加布洛赫磁畴壁,减小磁畴尺寸,从而降低反常涡流损耗。

3. 铁-镍合金

Fe-Ni 合金也称坡莫合金,是一类重要的优良软磁材料。它在弱磁场中具有很高的磁导率、很小的矫顽力。软磁 Fe-Ni 合金是面心立方结构,Ni 含量通常为 30%～80%。通过对 Ni 含量的调整,可以改变材料的磁导率、矫顽力、居里温度、饱和磁化强度、磁滞回线的形状等。坡莫合金广泛用于测量、自动化设备及无线电技术中作为磁性元件,能在弱静磁场中及弱的几万周交变磁场中工作。薄带材能在较高频率的磁场中工作。

坡莫合金的缺点有:①材料磁性对应力极为敏感;②饱和磁感应强度稍低;③生产这种材料时常以钼和铬等元素作为添加剂,价格昂贵;④制成器件后必须在氢气或真空中退火,工艺复杂。

4. 铁-钴合金

Fe-Co 合金中 Co 含量通常为 27%～50%。在所有软磁材料中,Fe-Co 合金具有最高的饱和磁化强度(饱和磁极化强度 $\mu_0 M_s$ 可达 2.4 T);最高的居里温度接近 950 ℃。但是,高的磁晶各向异性和高的磁致伸缩使得它的磁性不如 Fe-Ni 合金“软”。

从冶金的角度说,Fe-Co 合金的可加工性,特别是轧成薄带的能力比 Fe-Ni 合金要困难和复杂得多。Fe-Co 合金也不能像 Fe-Ni 合金和 Fe-Si 合金那样获得预想的晶体结构,但通过磁场回火可产生矩形回线。常用的合金组分是 49% Co 和 2% V。加钒可降低脆性,改善轧制行为和增加电阻率。

5. 铁氧体软磁材料

通常根据不同频段下的使用情况选用系统、成分、性能不同的软磁铁氧体。如在低频、中频和高频范围选用的尖晶石型铁氧体,基本上是含锌的尖晶石,最主要的是 Ni-Zn、Mn-Zn、Li-Zn 铁氧体;如在超高频范围($>10^8$ Hz)内,则采用磁铅石型六方铁氧体。

这类磁性材料主要应用于电感线圈、小型变压器、脉冲变压器、中频变压器等的磁芯,以及天线棒磁芯、录音磁头、电视偏转磁轭、磁放大器等。

6. 具有特殊性能的软磁材料

这类软磁材料主要有:①热磁合金 1J38(Fe,35% Ni,8%~13% Cr)。当温度在室温上下波动时,此合金的磁化强度变化很大,主要用于制造各种精密仪器中的补偿装置。②高饱和磁化强度的软磁材料。1J22(Fe,49%~51% Co,1.4%~1.8% V)是这种合金的典型代表,其 $4\pi M_s = 2.2$ T(22000 Gs),$H_c < 150$ A/m(1.8 Oe)。这类合金主要用于做磁极头、磁性薄膜,纯铁也是一种高饱和磁化强度材料。③高磁致伸缩材料。纯镍是其中一种,$\lambda_s = -35 \times 10^{-6}$,具有良好的抗蚀性,是一种良好的磁致伸缩材料。1J13(Fe,13% Al),其 λ_s 与纯镍的大小相同,但密度低是它的突出优点,这类材料主要用作超声波换能器的铁芯。一种含稀土铽(Tb)的磁致伸缩材料——Terfenol-D 是目前磁致伸缩量最高的,其微应变达 1400 以上。

软磁合金材料中大多含有大量的镍,比较贵重。现代发展起来的 Fe-Al 可以部分代用。例如,用 1J16(Fe,16% Al)、1J12(Fe,12% Al)代替 1J19 和 1J50 等材料制造屏蔽变压器铁芯等。

7. 合金粉末铁芯材料

粉末铁芯材料和粉末复合材料并不是新的材料,只是以不同的方式制备铁芯和部件。叠片铁芯是以二维片状材料相叠来降低涡流损耗的,而粉末铁芯是三维的,因此在铁芯中不存在磁通的择优取向问题。

粉末铁芯的体电阻比实际合金要大好几倍,可与铁氧体相比。对涡流而言,可分为各个粉末粒子的微观涡流和通过整个粉末铁芯的宏观涡流,如图 3.37 所示。当各个粒子的尺寸显著减小时,铁芯的微观涡流降低,宏观涡流也因体电阻增加而降低。但是,当粒子尺寸减小时,矫顽力会增加,这就会增加磁滞损耗。因此,在实际应用中,应综合考虑上述两个矛盾的因素。

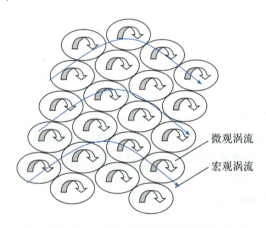

图 3.37　合金粉末铁芯中的微观和宏观涡流

由于各个粒子间的绝缘层造成铁芯中包含许多非常小的孔隙,因此,粉末铁芯的磁化曲线呈很强的剪切状,即呈现一段很长的线性曲线,磁滞回线很扁。

8. 软磁薄膜

软磁薄膜对高频磁头非常重要,大多用与块状磁头材料相同的材料来制备。一般常用的软磁薄膜材料是 Fe-Ni 二元合金,组分范围在 83Ni-17Fe 和 48Ni-52Fe 之间,以满足磁致伸缩系数 $\lambda \to 0$、磁晶各向异性参数 $K_1 \to 0$。

薄膜的厚度一般在 1 μm 以下,特殊情况低于 0.1 μm。薄膜的磁畴结构和磁性都表现出许多特殊性质,当膜厚减小时,矫顽力和初始磁导率等磁性能均偏离其大块材料。薄膜厚度低于某临界值时,薄膜层中就不再形成垂直于膜面的布洛赫磁畴壁,而形成了膜面内的磁畴壁(称 Néel 壁),两种磁畴壁的示意图见图 3.38。

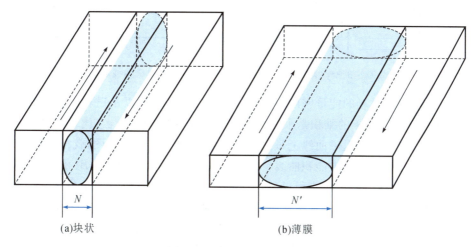

(a)块状　　　　　　　　　　　　　(b)薄膜

图 3.38　软磁材料的磁畴壁

轧制的最薄的带可低于 3 μm,但是,一般的软磁薄膜是用蒸发、溅射等技术制备的。在磁场中蒸发的 1 μm 厚的 81Ni-19Fe 合金膜的磁性能为:$H_c \approx 20$ A/m,$\lambda_s \approx 1 \times 10^{-6}$,$\mu_0 \approx (2000 \sim 4000)$ H/m,$\mu_0 M_s \approx 0.9$ T。

3.5.2　硬磁材料

硬磁材料(hard magnetic material)又称永磁材料(permanent magnetic material),是用于制造各种永久磁铁的磁性材料。硬磁材料广泛应用于各类扬声器、微音器、拾音器、助听器、录音磁头、电视聚焦器,各种磁电式仪表、磁通针、磁强计、示波器,以及各种控制设备、机械制造工业中使用的磁器件,如在永磁发电机(包括步进电动机)以及钟表用电机中使用的永磁材料等。

假设磁铁是一个闭合回路(如环状),在磁化后取消外磁场,则在磁铁中有剩磁(B_r),但它对外不能提供一个可使用的磁场空间。如果在环上开一个空气隙(见图 3.39),在磁铁上就出现了两极,并在此空气隙中建立了磁场。但有了磁极,就产生了退磁,降低了剩余磁感应强度 B_r 的数值。这种退磁关系是按照磁滞回线在第二象限内的曲线变化的(见图 3.40 的左半部分)。

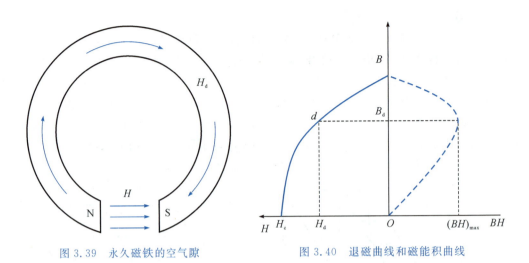

图 3.39　永久磁铁的空气隙　　　　　　　图 3.40　退磁曲线和磁能积曲线

由电磁学可知,磁场的能量密度为 $BH/2$(单位:J/m^3),所以永磁材料在退磁曲线上稳定下来的一点,B 和 H 的乘积是永磁材料磁场能量密度的 2 倍,它代表永磁材料能量的大小,称为磁能积。把退磁曲线上每一点的磁能积 BH 值对 B 作图,就得到图 3.40 右半部分的曲线,此曲线称为磁能积曲线。由图可知,在某一特定的 H_d、B_d 的条件下,磁能为最大。把 $H_d B_d$ 称为最大磁能积,简写为$(BH)_{max}$,它表明此种材料单位体积中所能产生的最大磁能。最大磁能积是永磁材料的重要性能指标之一,通常用来表征永磁材料性能的优劣。

如果材料的$(BH)_{max}$大,则在相同空气隙条件下,可以得到高的磁场。反之,若要求空气隙有一定的磁场,则选用$(BH)_{max}$大的材料,这样就可以少用材料,减少磁铁的体积,即要考虑单位磁能积的质量。由于各种硬磁材料 B_r 相差不大,即 B_d 相差不大,因此起主要作用的是矫顽力 H_c,所以制造永磁材料要选用 H_c 大的材料。永磁材料的磁滞回线要比软磁材料宽得多,如图 3.35 所示。

综上所述,对于永磁材料要求必须具有高矫顽力 H_c、高剩磁 B_r、大的最大磁能积$(BH)_{max}$。

在某些应用中,永磁材料需要暂时升温或循环到高温。在这种情形下,还应考虑永磁材料的剩磁和矫顽力在工作温度范围内的温度依赖性。如果材料的矫顽力和磁化强度随温度上升显著下降,则在温度升高时,磁体的性能将相应下降。在大多数情况下,这种下降是暂时的,在回复到室温后剩磁和矫顽力能恢复到初始值。但是,对于某些类型的永磁材料,这种下降是不可逆的。因此,永磁材料在某些器件上的应用需要考虑剩磁和矫顽力的可逆温度系数。此外,判断不同类型永磁材料适用性的标准还包括耐腐蚀性、机械稳定性、机械加工难易性、电阻率等。

最常用的硬磁材料有淬火马氏体、铝-镍-钴合金(Al-Ni-Co)、用粉末冶金法制成的单畴微粉磁体、稀土永磁合金、永磁铁氧体等。部分硬磁材料的典型性能和电阻率如表 3.6 所示。

表 3.6　部分硬磁材料的典型磁性能和电阻率

硬磁材料	化学组成 (质量分数)/%	剩磁 B_r /T	矫顽力 H_c /(A/m)	$(BH)_{max}$ /(J/m³)	T_C /℃	电阻率 ρ /(Ω·m)
马氏体碳钢	98.1Fe0.9C1Mn	0.95	4000	1600	—	—
钨钢	92.8Fe6W0.5Cr0.7C	0.95	5900	2600	760	3.0×10^{-7}
Cu-Ni-Fe 合金	20Fe20Ni50Cu	0.54	44000	12000	410	1.8×10^{-7}
Cu-Ni-Co 合金	29Co21Ni50Cu	0.34	54000	6400	860	2.4×10^{-7}
烧结 AlNiCo 8 合金	34Fe7Al15Ni35Co4Cu5Ti	0.76	123000	36000	860	—
取向性钡铁氧体	BaO-6Fe₂O₃	0.32	240000	20000	450	$\approx10^4$

1. 淬火马氏体钢

淬火马氏体钢包括铬钢、钨钢及钴钢。虽然这类磁体是现有永磁材料中性能比较低的,但其具有良好的力学性能,可在高温下锻造、轧制以及制成所要求的形状和尺寸。利用淬火工艺形成较大内应力的马氏体结构,从而提高 H_c。目前此类材料的应用较少,但在不考虑体积、质量情况下,还常用此类磁钢。

2. 铸造铝镍、铝镍钴磁钢

Alnico 合金是一类重要的永磁材料。由 Fe、Co、Ni、Al 及少量作为添加剂加入的 Cu、S、Ti、Nb 元素组成,是铁磁性颗粒镶嵌在非铁磁基体中形成的。这类合金具有很好的磁性能,其较高的矫顽力和剩磁,理论上是由非铁磁基体中针状的富铁或富铁富钴铁磁性颗粒的形状各向异性造成的。因此,铁磁性颗粒的形状对永磁性能有重要的影响,在生产过程中,经热处理和定向结晶形成磁织构后,会使磁性能大大提高。

Al-Ni-Co 合金的居里温度较高,通常为 700～850 ℃,而且负的可逆温度系数较小(−0.02 ％/℃),因此磁通量在高温下相当稳定。Al-Ni-Co 合金的冶金和化学稳定性也很好,实际上 Al-Ni-Co5 合金是唯一在 500 ℃以上有长期效用的磁性材料。

但是,Al-Ni-Co 合金的力学性能差(低韧性、高硬度),只能通过磨削加工或电火花加工才能达到需要的尺寸和表面粗糙度。

3. 粉末冶金方法制成的永磁体

用粉末轧制方法代替铸造方法制成永磁体,所以这类磁体不需要成品加工。对于小型及形状比较复杂的永磁体,这种方法应用相当广泛。根据生产特点及形成高矫顽力状态的物理过程,可将粉末磁体分为:金属陶瓷磁体、金属可塑性磁体、氧化物磁体及微粉磁体。

金属陶瓷磁体是将金属粉末轧制成形(无黏结剂)并在高温下烧结而成的铁磁体,性能上略低于铸造磁钢,成本上略高于铸造碳钢。

金属可塑性磁体是将带有绝缘性黏结剂的金属粉末轧制成形,在较低的温度下烧结(必须是黏结剂聚合)而成的,性能上低于铸造磁钢,但有高的电阻率、小的密度。

氧化物铁氧体目前主要是钡铁氧体和锶铁氧体,其生产工艺与软磁铁氧体相似。磁性能较铁铝镍合金要低,但铁氧体便宜,不含稀有合金元素,电阻率高,可应用于高频技术中。用所谓的磁致晶粒取向法,即把已经过高温合成和通过球磨的钡铁氧体粉末,在磁场作用下进行模压,使得晶粒更好地择优取向,形成与外磁场基本一致的结构,可以提高剩磁。这样,虽然使矫顽力稍有降低,但总的最大磁能积$(BH)_{max}$还是有所增加的,从而改善了材料的性能。

前面已指出,磁化过程包括磁畴壁移动和磁畴转向两个过程,据研究,如果晶粒小到全部都包括一个磁畴(单畴),则不可能发生磁畴壁移动而只有磁畴转向过程,从而可大大提高矫顽力。超细粉末磁体是由钡恒磁 $BaFe_{12}O_{19}$ 铁氧体经细磨和适当提高烧成温度(但不能太高,否则晶粒会因重结晶而长大)制成的,或是由铁及 Mn-Bi 系合金的微粉末制成的。由于粉末颗粒的单畴结构,使合金具有高的矫顽力。虽然还没有广泛应用,但从理论上看,这种磁体很有发展前景。

4. 稀土永磁材料

稀土钴永磁材料是目前进展较快的新型硬磁材料,是钴与稀土元素的金属间化合物。以 RCo 表示,R 代表钇(Y)、镧(La)、铈(Ce)、镨(Pr)、钐(Sm)等元素。RCo 属六方晶系,具有特别高的磁晶各向异性能,大约为 10^7 数量级,比锶铁氧体还大 1 个数量级。RCo 合金具有很高的饱和磁化强度和居里温度,是一种很理想的永磁材料。其中 SmCo 的磁能积$(BH)_{max}$最大可达 159 kJ/m^3($20×10^6$ Gs·Oe)。制造这种材料的方法有粉末冶金法和铸造法。

在永磁材料的发展中,总是以提高最大磁能积$(BH)_{max}$为重要目标。性能优异而价廉的钕铁硼(NdFeB)永磁材料正在取代钐钴和其他永磁材料。目前已能生产出$(BH)_{max}$达 440 kJ/m^3(55 MGs·Oe)的钕铁硼材料。20 世纪 80 年代以来,我国不少研究单位都相继研制出了这种材料,并大批量投入生产。当前,钕铁硼材料已在世界范围内成为主要永磁材料,但其存在的主要问题是较低的居里温度、较高的矫顽力温度系数及较差的抗腐蚀性,科学家正致力于解决这些问题。

5. 其他永磁合金

在某些场合,对永磁合金的力学性能及磁性能有特殊要求,例如,录音磁体要求磁体是线状或带状的,因此要求磁体具有良好的可变形加工性能。这类合金有 Cu-Ni-Fe、Cu-Ni-Co、Co-V-Fe 合金;另外,在一些情况下,要求永磁合金具有特别高的矫顽力,这类合金有贵金属 Ag-Mn-Al 或 Pt-Co 合金,其矫顽力可达 $48×10^4$ A/m(6032 Oe)。

6. 永磁铁氧体

用于永磁的铁氧体是六角晶系铁氧体,即磁铅石型铁氧体,也叫 M 型铁氧体。这些六角晶系铁氧体一般的化学式为 $MeFe_{12}O_{19}$,其中 Me 表示 Ba、Sr、Pb,其硬磁性是由较大的磁晶各向异性造成的。永磁铁氧体因其单位有效磁能积的价格低、原材料容易获得且化学稳定性高,在永磁材料市场中有着非常重要的地位。

$MeFe_{12}O_{19}$化合物的居里温度相当高,当 Me 表示 Ba、Sr、Pb 时,T_C 分别为 740 K、750 K 和 725 K。

永磁铁氧体属于低成本、低性能的磁体,其应用非常广泛,主要应用于电动机各向异性整流子片、扬声器的各向异性环和分油器的大各向异性块。虽然矫顽力和剩磁的温度系数过高,但由于铁氧体化学稳定性较好,且矫顽力随温度增加而增加,而不是降低,它的使用温度可以比室温高得多。永磁铁氧体明显的缺点是$(BH)_{max}$低，所以通常磁体尺寸相对较大，这就限制了它们在质量和空间有限的磁性设备中的应用。

3.5.3　磁致伸缩材料

磁致伸缩材料(magnetostrictive material)是指随磁化状态变化而自身尺寸相应改变的一类磁性材料。从这种意义上来讲，包括顺磁体、抗磁体、铁磁体以及亚铁磁体的所有磁性材料在某种程度上都有磁致伸缩性质。前两种材料中的磁致应变是很小的，例如，Pd 在 0.1 T(1×10^4 Oe)的磁场下的应变仅具有 10^{-8} 数量级；而铁磁及亚铁磁材料的磁致应变的范围从铁基非晶的 10^{-5} 到稀土金属的 10^{-2}。

从 20 世纪 70 年代开始，由于发现了许多稀土-铁二元系和赝二元系中出现的大磁致伸缩，重新引起了人们对稀土化合物的磁弹性行为的研究兴趣。尽管对大量的稀土化合物进行了基础的科学研究，尤其是与铁及钴构成的化合物。但是，应用研究工作仍集中在稀土-铁赝二元系，如 $TbFe_2$、$SmFe_2$ 具有巨大的磁致伸缩效应，其值为 10^{-3} 量级，称为巨磁致伸缩效应。但是，这类材料的饱和磁化强度太高，为了达到实际应用的目的，需要尽量降低 M_s。相关的研究已经取得重要进展，如 $Tb_x Dy_{1-x} Fe_2$ 赝二元系。室温下由于 Tb 和 Dy 的单离子磁晶各向异性相互抵消，$Tb_{0.3} Dy_{0.7} Fe_{2-x}$($x = 0.05 \sim 0.1$)合金的磁晶各向异性很小，故这种材料的磁致应变在相对低的磁场下便可以产生。在 600 A/m 磁场下，磁致伸缩系数约为 1.5×10^{-3}。在 Tb-Dy-Fe-Mn 四元系统中，用 Mn 取代 10% Fe，磁致伸缩效应可增加 50%。采用与软磁纳米复合的方法也可以降低 M_s。

对于不需要大的作用力的应用场合，如作为传感器的换能材料，铁基非晶材料就很适合。横向退火的非晶 Fe-B-Si-C 锻带具有大于 0.97 的磁机械耦合系数，这是近乎完美的能量转换。同样化学组成的材料也可以制成丝材，其纵向机械耦合系数也很大。

尽管磁致伸缩的理论目前还存在缺陷，如对 $GdCo_2$ 中磁致伸缩大的各向异性的起源以及在 $Tb_x Dy_{1-x} Fe_2$ 赝二元系中存在小的 λ_{100} 的原因等至今还不清楚，但是，铁磁体的磁致伸缩已在技术上得到利用。例如，具有高磁致伸缩系数的材料已被用来做超声波换能器(接收和产生超声波)、传感器、延迟线和存储器等。

3.5.4　磁记录材料

磁记录是使用记录磁头在磁记录介质内写入磁化强度图纹作为信息存储，用同一或另外记录磁头可从磁化强度图纹中读出所储存的信息。磁记录是大规模存储电子信息的通用技术之一。磁带、软盘和硬盘的磁存储介质是最常见的磁记录材料(magnetic recording material)，在模拟或数字音频、视频和数字数据记录方面都有大量和广泛的应用。磁记录和其他技术相比，主要优点有：①频率范围宽，可从直流到十几兆赫的交流；②信息密度高、容量大；③信息可以长期保存，直接再生，反复再生，成本低；④固有失真小；⑤寿命长。

受美国科学家史密斯(O. Smith)提出的磁声记录原理的启发，1897 年，丹麦人波尔森(V. Poulsen)发明了电声机，并作为第一台用磁记录声音的仪器而于 1898 年获得丹麦发明专利。在 1900 年巴黎博览会上，波尔森公开表演读出了记录在 1 mm 直径的铁磁钢丝上、线速度为 2 m/s 的声音。所用的钢的矫顽力只有 3.2×10^3 A/m,属于比较软的磁性材料。1940 年,美国人凯尔索尔(G. A. Kelsall)发明了磁性录音机,这种仪器在含 $32\% \sim 62\%$ Co 和 $6\% \sim 16\%$ V 的铁合金组成的金属带上记录声音。改变合金的成分和随后的热处理,可以产生矫顽力高达 8×10^4 kA/m、防锈的磁信息存储介质。

第二次世界大战前不久,德国发明了一种以后为全世界采用的新型磁带。这种磁带是在塑料薄膜上涂布分散有磁性铁颗粒的黏合材料层,基片和黏合剂都含有纤维素乙酸酯。1934 年所用的磁性材料是由碳酸铁 $Fe(CO)_5$ 气态热分解得到的羰基铁,磁带中所含的金属铁粉是直径为 $3 \sim 5$ μm 的大的球形颗粒。由于羰基铁的大颗粒体积,导致有不希望的高背底噪声。之后不到一年,就开始用较细的 Fe_3O_4 磁粉代替了大颗粒的羰基铁粉。1949 年后,使用针状 $\gamma\text{-}Fe_3O_4$、CrO_2、钴改性氧化铁和金属磁粉,磁记录介质得到了重要的更进一步的改进。目前市场上所有磁记录介质都由分布着磁存储层的底板(片)组成。磁带和软盘一般用 $6 \sim 80$ μm 厚的聚对苯二甲酸乙二酯(PET)作基片,硬磁盘用 $1 \sim 2$ mm 厚的 Al-Mg 盘作基板材料。磁存储层可以是均匀分散在黏合剂中的颗粒磁性材料,也可以是 $30 \sim 300$ nm 厚的磁性薄膜。

目前的信息存储是以纵向磁记录原理为基础的。在此情况下,磁化强度向量的方向是与底片的表面平行的。纵向磁记录使用环形磁头,用磁头记录和读出介质中磁化强度图纹。环形磁头由软磁材料、磁芯和非磁性材料小缝隙所组成。磁芯上绕有线圈,通过线圈的电流在磁芯中产生磁场,并通过磁头缝隙区域发散出来。模拟记录时,信号在磁头线圈中产生相应变化的电流;数字记录时,磁头线圈中类阶梯变化的电流存储为二进制信息。在记录和读出两种情况下,磁头接近介质,并以一定速度做相对移动。在记录过程中,磁头缝隙的边缘磁场(散磁场)使磁存储层的磁性子单元(介质中的颗粒或薄膜中的晶粒)的磁化强度沿磁场方向取向,而在磁存储层中产生小磁化区域。因此,随磁头信号电流的变化,其极性交替变化。散磁场经过后,介质中有磁化强度残留下来。反过来,在读出过程中,磁头从磁化区域散发出来的磁通感应出磁场的变化,产生相应的电压。

根据磁记录和读出的原理,可以采取一些措施来优化磁介质的本征参数。首先是选择高比饱和磁化强度材料或增加记录层中材料的体积分数,使剩余磁化强度增高,从而有利于增大信号输出。尤其是增高在介质记录方向的剩余磁化强度,即沿磁头的磁场方向有相对高的剩磁。这可以通过将磁性子单元的易轴沿介质相对磁头运动的方向来实现。

其次,要尽量缩短两个邻近记录磁畴间的过渡区的长度。过渡区长度短,磁化强度的梯度就陡,使信号输出增大。为了做到这一点,要求磁性颗粒或晶粒具有一致的开关性能。实现这个目标的一种方法是保证单畴尺寸的磁性子单元的磁性分布范围要窄。最大的记录密度与过渡区的长度成反比,高密度光存储要求过渡区长度短,可以用减薄层厚来减小数字记录的过渡区长度。但是,短的过渡区长度会引起大的相邻磁畴的自退磁作用,这可以通过足够大的磁层矫顽力来解决。矫顽力的大小由磁各向异性和磁化强度反转机理所决定,而最大可能使用的矫顽力又由记录磁头所能产生的最大磁场强度所决定。

因此,要得到窄的过渡区,从而有高信号输出和高记录密度,记录介质的 4 个参数是非常重要的,即要有高矫顽力、薄记录层、窄开关场分布和高相对剩磁。

低噪声水平是理想的高信号输出所要求的。磁记录介质的噪声主要来源是记录介质的颗粒噪声,当磁头移经介质时,每一个类似磁偶极子的磁性子单元都能使磁头内感应出电压。这种效应与颗粒尺寸成正比,较小颗粒产生较低噪声电压。此外,读出噪声由介质成分的任何不均匀性或写入的位结构(如磁性薄膜的锯齿过渡区的不规则性)所产生,因此,高密度光存储要求用均匀和薄的厚度,且单位体积内具有许多单畴尺寸的磁性孤立的子单元的磁介质。

为了保证写入后磁化强度随温度的变化不大,磁层应有小的温度系数。磁层还要求有小的磁致伸缩。对高密度记录,介质表面十分光滑以及缺陷密度低也是很重要的。此外,磁介质需要具有好的抗腐蚀性能以及磁介质与磁头发生摩擦作用时稳定的性能。

制备感应磁头应选用软磁材料,其磁特性是具有高磁导率、低矫顽力和低剩磁。由于写入过程磁头要在介质中产生强磁场,因此磁头材料要有高饱和磁化强度。在早期,音频磁头材料选用 Ni-Fe 大块合金,视频系统的磁头材料选用 Fe-Al 和 Fe-Si-Al 大块合金。由于铁氧体的高频特性好,也被用作高频系统的磁头材料。高密度记录介质要用较高矫顽力的磁性材料,这就要选用高饱和磁通密度的磁头材料,以便能使高矫顽力的介质充分磁化。同时,为了避免大块材料带来的高电导率,使用薄膜材料代替单或多组元大块材料已是明确的趋势。为进一步减小涡流损耗,以改善频率性能,薄膜磁头由化学沉积 Ni-Fe 合金厚膜发展到 Fe-Si-Al/SiO_2 多层膜。为了提高磁头的高频性能,开发了铁氧体磁头,主要的材料有 Mn-Zn 和 Ni-Zn 铁氧体。因其耐磨性能好,适于制作视频磁头。在铁氧体磁芯间隙中沉积一层软磁合金薄膜,可以提高记录磁场强度,这种磁头称为 MIG 磁头(metal-in-gap head)。除 Fe-Si-Al 合金外,还发展了其他高饱和磁感应强度材料,如钴基非晶合金。目前,磁头材料研究的焦点是多层材料和重复周期为数纳米、十分薄的薄膜人工超晶格结构组成的材料。

磁电阻(MR)磁头的结构简单,甚至在低磁头/介质速度下也能产生高信号振幅,因而引起人们的广泛兴趣。MR 磁头利用磁层电阻是外磁场函数变化的效应,与感应磁头相比,其灵敏度要高约 10 倍。磁电阻层应有大的磁电阻(以增强信号)、小磁化强度(可以减小退磁场和得到高灵敏度)、单轴各向异性(为了控制磁结构)、难磁化方向矫顽力小(以减小 MR 磁滞)、低磁致伸缩(以减小应力诱导各向异性)和低电阻(以获得大的磁电阻)。同时,MR 磁头要求有好的抗磨损和抗腐蚀性能。$20 \sim 40$ nm 厚的 81Ni-19Fe 膜层是目前最好的 MR 磁头材料,它的磁电阻大约为 2.5%。此外,在 Fe/Cr 等多层膜中也发现了巨磁电阻效应。

常用的磁记录介质有氧化物和金属两类:氧化物中以 γ-Fe_2O_3 应用最广泛,其他还有 Fe_3O_4、CrO_2、包钴的 γ-Fe_2O_3、钡铁氧体等。表 3.7 给出了部分磁粉的性能。金属磁记录介质有 Fe、Co、Ni 的合金粉末和用电镀、化学或蒸发方法制成的磁性合金薄膜。从磁记录介质的结构上看,又分为磁粉涂布型介质和连续薄膜型介质两大类。

表 3.7　部分磁粉的性能

性能	$\gamma\text{-}Fe_2O_3$	CrO_2	CoFe	金属颗粒	钡铁氧体
比表面积/(m^2/g)	15～50	15～40	20～50	30～60	25～70
颗粒尺寸/nm	270～500	190～400	150～400	120～300	500～200
颗粒体积/$(\times10^{-5}\ \mu m^3)$	30～200	10～100	5～100	3～45	2～90
矫顽力/$(\times10^3\ A/m)$	20～35	25～75	35～75	75～160	50～150
密度/(g/cm^3)	4.8	4.8	4.8	6.0	5.3

　　提高记录密度是磁记录的一个重要方向。纵向(水平)记录方式的记录密度不是很高,因此垂直磁记录越来越受到重视,它是磁化方向垂直于磁介质的表面,在提高磁记录密度时,不发生退磁作用。研制的垂直磁记录新材料有 Co-Cr、Co-V、Co-Ru、Ni-Co-P、Co-Ni-Mn-P 等合金及钡铁氧体,其中尤以 Co-Cr、钡铁氧体更引人注目。具有优异性能的 Pt-Mn-Sb 合金也受到人们的注意。

3.5.5　高密度磁光存储材料

　　磁光存储(magneto-optical storage)是光存储中的佼佼者,它既有光存储的大容量及可自由插换的特点,又有磁性存储的可擦重写以及与磁性硬盘相接近的平均存储速度的优点。20 世纪 70 年代从实验上探索了磁光存储的特征及其可行性,随着固体二极管激光器(LD)、集成光学等的发展,80 年代初,采用稀土和过渡族金属合金薄膜介质实现了可擦重写的密装配的磁光盘和 LD 系统,并于 1988 年演示了第一个商用磁光标准驱动器。目前已经发展到第五代,3.5 英寸磁光盘的单面存储容量达到 2.56Gb。

高密度磁光存储
材料的相关综述

　　磁光盘面记录密度很高,这是由磁光盘高的道密度所决定的。在磁光盘的衬底上能用微细加工的方法预先刻录精密沟槽,然后通过光在存储介质的反射信号实施道跟踪。沟槽的间距在 1 μm 以下,远比初期的磁记录高。

　　磁光存储的基本原理是利用热磁效应改变微小区域的磁化矢量的取向,如图 3.41 所示。磁光存储薄膜的磁化矢量必须垂直于膜面。如果磁化矢量的初始化状态排列规则(如磁化矢量一致向上),当经光学物镜聚焦为 1 μm 左右的激光束瞬时作用于该薄膜的某一局部区域,此区域的温度急剧上升,超过薄膜的居里温度 T_C 后,自发磁化强度消失或矫顽力降到非常低的值。然后,减小激光功率,同时附加一个与膜上其余部分磁化方向相反的偏磁场[见图 3.41(a)],使原来与偏磁场方向取向相反的畴按偏磁场方向磁化。因为偏磁场小于膜的矫顽力,所以偏磁场不会改变薄膜其他区域的磁化矢量方向。如果定义向上排列的磁化矢量作为二进制的"0",则经激光瞬时照射后向下排列的磁化矢量就是"1",实现了信息的写入。原理上,外加偏磁场不是必不可少的,而是可以由有效场来代替的,这一有效场是由写入磁畴周围区域通过加热区的磁通闭合所造成的。

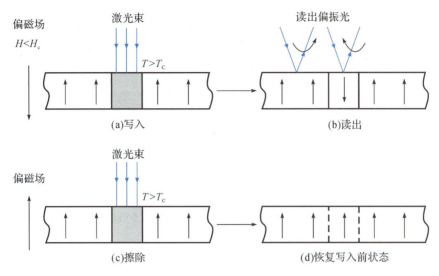

图 3.41　磁光存储原理

　　磁畴(或写入信息)的存在通常用极向克尔效应(Kerr effect)来判断,即从膜反射回来的低功率激光束的偏振方向来测定,见图 3.41(b)。通常,当一线偏振光入射到磁化强度垂直于磁性薄膜的表面后,产生反射,反射光变成椭圆偏振光。由于左、右圆偏振光的折射率不同,偏振面旋转一角度 θ_K,它正比于磁化强度 M,这种效应称为磁光克尔效应。当入射光 I_0 在记录面反射后,偏振面对应于向上和向下的磁化方向将旋转 θ_K 和 $-\theta_K$,θ_K 即克尔旋转角。从而可以区分出写入信息的区域(或磁畴),读出信息。如薄膜的反射率为 ρ,其光强表示为:

$$I = I_0 \rho \sin^2(\theta \pm \theta_K) \tag{3.34}$$

式中:θ 为起偏器的角度。代表"0"和"1"的向上和向下磁化方向的信号差为:

$$\Delta I = I_0 \rho [\sin^2(\theta + \theta_K) - \sin^2(\theta - \theta_K)] = I_0 \rho \sin 2\theta \sin 2\theta_K \tag{3.35}$$

显然,当 $\theta = 45°$ 时,ΔI 为最大。

　　存入的信息(或磁畴)可随机地采用信息写入的逆过程,即加一与之相反的偏磁场来实现抹除,如图 3.41(c)所示。从原理上来说,采用这种技术不涉及原子运动,仅仅是原子感生磁矩取向的变换,信息能无限制地擦除和写入。

　　上述存储方法称为居里点存储。铁磁薄膜只有一个特征温度,用居里温度存储是唯一的方法。另一种方法是用补偿温度 T_{comp} 存储。亚铁磁材料除 T_C 外,还有一个特征温度 T_{comp},在此温度下,自发磁化强度消失。这是因为亚铁磁中两个反平行磁次晶格子的磁矩随温度的变化不一样,在低于 T_C 的某一温度时反平行的磁矩相互抵消,即 $M=0$。因为 $H_c \propto 1/M$,当 $M=0$ 时,H_c 就趋于无穷大。当存储介质微小区域的温度稍高于 T_{comp} 时,H_c 急剧下降。当 H_c 小于偏磁场时,磁矩的排列就可以按偏磁场方向翻转,从而实现记录和擦除的功能。

　　由于光头和磁光盘的距离在 1～2 mm,因此磁光盘可以如软盘那样移出磁光驱动器的盒子。这一点要明显优于传统的硬磁盘。

磁光存储的密度取决于记录光斑直径 d 的大小，$d=\lambda/NA$，其中 λ 为激光波长；NA 为聚焦物镜的数值孔径（numerical aperture）。使用短波长半导体激光器和大数值孔径物镜是提高磁光存储密度的主要途径。如用蓝光激光，光斑直径约为 $0.6\ \mu m$，面密度可高达 $60\ Gb/in^2$，直径 $12\ cm$ 盘片的容量达 $90\ GB$。磁光存储技术还在向更高存储密度的方向发展，脉冲激光磁场调制记录的使用、平台沟槽同时记录的使用、薄衬底（$0.6\ mm$）的使用、超分辨率的读出以及近场光学存储等高密度光存储技术已从实验室向企业转移。

磁光存储技术的发展是建立在材料发展的基础上的。理想的磁光存储材料应具备以下基本性能。

①磁光存储薄膜的磁化矢量垂直于膜面，因而单轴各向异性常数 K_U 大于薄膜的自身退磁场 $2\pi M_s^2$ 应是最基本的要求，为满足 $K_U>2\pi M_s^2$，材料的饱和磁化强度 M_s 应偏小，亚铁磁性材料具有明显的优点。

②薄膜的磁滞回线必须是矩形，即剩磁比为 1，从而确保良好的记录开关特性。

③适中的居里温度，否则记录用半导体激光器的功率要增大。

④材料的矫顽力要足够大，因为稳定的记录位尺寸 d 可以粗略地用 $d\propto 1/H_c$ 表示，当亚铁磁材料的补偿温度接近室温时，H_c 很高。

⑤记录材料要有高的热传导率，当激光作用时，记录介质能快速升温和冷却。

⑥磁光盘的载噪比直接与克尔旋转角 θ_K 及低的动态噪声相关，要求材料有大的 θ_K，成膜后膜面平整，晶粒大小在纳米量级，非晶薄膜最佳。

⑦热稳定性好，在记录/擦除激光光束反复作用下（一般要求 100 万次以上），材料的结构不发生变化。

⑧优良的抗氧化、抗腐蚀性能，要求存储介质经长期存放后性能不变。

⑨能使用廉价的塑料衬底，制备盘片的衬底温度或成膜后的热处理温度不应高于塑料衬底的软化温度，不然需用价格昂贵的玻璃衬底。

⑩大面积成膜容易，为了能大量生产，要在连续通过式溅射设备上成膜，因此采用合金靶或烧结靶是重要的。

第一代磁光盘选用轻稀土-过渡族金属（RE-TM）非晶态合金薄膜作为存储介质，其中使用最普遍的是 Tb-Fe-Co 非晶合金，目前商品化的 4 倍和 10 倍密度磁光盘均使用这种材料。非晶态合金的独特优点是成分可以连续变化，而不会像晶态合金一样出现某种相，从而可获得成分连续变化的均匀合金相，在较大范围内调节磁光存储介质的 M_s、H_c、T_{comp} 等磁性能。但是，由于稀土元素的抗氧化性能差，对需永久保留的文档资料是一个隐患。而且 RE-TM 靶材的制作和回收困难，也不利于降低盘片的制作成本。

铁氧体材料在短波长时有很大的磁光效应，可以获得高的信噪比，信号输出大，因而在磁光存储介质中处于有利的竞争地位。此外，铁氧体具有很好的抗氧化性和抗辐射性能，可以用于特殊的场合，如军事、航空、航天等。铁氧体存储介质由高频溅射制得，薄膜需经历 $600\ ℃$ 左右的温度加热（溅射时衬底加热或成膜后晶化处理），因此需用玻璃衬底，提高了磁光盘的制作成本。

贵金属/过渡族元素磁性成分调制膜有望成为短波长高密度磁光记录介质，研究得较多的是 Pt/Co 和 Pd/Co。所谓的成分调制薄膜,是指两种以上不同材料按一定厚度周期性交替生长的多层膜。Pt/Co 的磁和磁光性能已达到实用要求,其主要特点是在激光波长 400 nm 下,$\theta_K > 0.3°$。此外,Pt/Co 多层膜的反射比也较高,所以磁光品质因子在短波长范围内优于 RE-TM 薄膜,是下一代超高密度的磁光存储介质。

大磁光效应材料是选择磁光存储介质的重要条件之一。以 Mn 为基的材料,如 Mn-Bi、Pt-Mn-Sb 等具有大磁光效应的材料,在 21 世纪有希望成为磁光存储介质。

3.5.6 磁致冷材料

磁致冷是利用自旋系统磁熵变的致冷方式,即借助磁致冷材料(magnetic refrigerant material)的磁热效应(magnetocaloric effect),在磁化时向外界排放热量,退磁时从外界吸收热量,从而达到致冷目的。与传统的压缩气体致冷方式相比,磁致冷具有明显的竞争优势:①无环境污染和破坏,由于磁致冷材料本身为固体材料以及在循环回路中可用加防冻剂的水作为传热介质,消除了因使用氟利昂、氨及碳氢化合物等致冷剂所带来的破坏臭氧层、有毒、易泄漏、易燃、易爆等损害环境的缺陷;②高效节能,磁致冷的效率可达到卡诺循环的 30%～60%,而气体压缩致冷一般仅为 5%～10%,节能优势明显;③磁致冷技术还具有尺寸小、重量轻、运行可靠、寿命长等优势。

磁致冷发展的总趋势是由低温向高温发展。1933 年,吉奥克(W. F. Giauque)利用顺磁盐 $Gd_2(SO_4)_3 \cdot 8H_2O$ 作为磁制工质,采用绝热去磁方式成功地获得了 0.25 K 的超低温,这是其他致冷技术难以达到的温度。由于对低温技术及低温下固体材料性质研究的重要贡献,吉奥克于 1949 年获得诺贝尔化学奖。20 世纪 80 年代,采用 $Gd_3Ga_3O_{12}$ (GGG)型的顺磁性石榴石化合物,成功地应用于 1.5～15 K 的磁致冷。20 世纪 90 年代,用磁性铁离子取代部分非磁性镓离子,由于铁离子与钆离子之间存在超交换作用,使局域磁矩有序化,构成磁性的纳米团簇,当温度高于 15 K 时,其磁熵变超过 GGG 的,从而成为 20 K 温区最佳的磁致冷材料。

在近室温区间,磁致冷材料的磁自旋的热激发能量较大,要获得较大的熵变化,有两条途径:一是需要非常高的外加磁场;二是磁致冷材料本身具有较强的磁热效应。前者可以采用超导磁体来解决,但超导磁体使磁致冷系统结构复杂、成本昂贵,成为室温磁致冷技术发展的制约因素。因此,较为可行的办法就是寻找居里温度在室温附近,且具有较强磁热效应的磁致冷材料,以便在永磁体提供的磁化场下就可以获得较高的磁熵变。研究显示,随着温度的增加,磁工质的晶格熵增大,因而在近室温区间顺磁工质已不适合了,需要用具有较大磁矩的铁磁工质。1976 年,Brown 首先采用金属 Gd,在 7 T 磁场下实现了室温磁致冷。但是,这项技术要实用化,需要开发在永磁体所能达到的低磁场下(通常低于 2 T)具有大磁熵变的材料。

20 世纪 80 年代以来,人们在室温磁致冷材料方面开展了许多工作。1997 年报道类钙钛矿型化合物在 1.5 T 外加磁场变化下,居里温度处的磁熵变超过金属 Gd 在同样外场变化下居里点磁熵变的 50%～100%。但是,它们的居里温度仍在 265 K 左右,还不能用于室温致冷。同年,美国 Ames 实验室发现了 Gd-Si-Ge 系合金的巨磁热效应,该系列合金发生巨磁热效应的居里温度随合金的成分在 29～290 K 范围内连续可调,其磁热性能是已有磁致冷材料的热效应的 2～10 倍。在该系列合金中,$Gd_5Si_2Ge_2$ 合金在 290 K 存在着巨磁热效应,比金属 Gd 的磁热效应高 1 倍,因此成为室温磁致冷工质的首选材料。

    尽管室温磁致冷离实际应用还有一定的距离,但正在一步步走向实用化。室温磁致冷的实现必将产生巨大的经济效应和深远的社会影响。

习题与思考题

1. 一通电的密绕螺线管高为 0.2 m、线圈匝数为 100、通过的电流为 10 A,试计算:

    (1)螺线管内的磁场强度 H;   (2)管内真空磁感应强度 B_0;

    (3)管内存在钛金属棒时的磁感应强度 B,钛金属的磁化率为 1.81×10^{-4};

    (4)钛金属的磁化强度 M。

2. 解释电子磁矩的来源,并回答:

    (1)是否所有的电子都有净磁矩,为什么?   (2)是否所有的原子都有净磁矩,为什么?

3. 在 $H=5 \times 10^5$ A/m 的外磁场下,某材料的磁感应强度 $B=0.630$ T。

    (1)试计算该材料的磁导率和磁化率;   (2)回答该材料的磁性属于哪一类? 为什么?

4. 在 $H=200$ A/m 的外磁场下,某合金材料的磁化强度 $M=1.2 \times 10^6$ A/m。

    (1)试计算该合金的磁导率、磁化率和磁感应强度; (2)该合金的磁性属于哪一类? 为什么?

5. 金属钴的密度为 8.90 g/cm^3,每个 Co 原子的净磁矩为 $1.72\mu_B$,试计算钴的饱和磁化强度和饱和磁感应强度。

6. 若每个铁原子有 $2.2\mu_B$,试证明铁的饱和磁化强度为 1.70×10^6 A/m。已知铁有 BCC 晶体结构,晶胞尺寸为 0.2866 nm。

7. 假定某铁磁性金属具有硬球堆积模型的简单立方结构,原子半径为 0.125 nm,饱和磁感应强度为 0.85 T,试计算该金属单位原子的玻尔磁子数量。

8. 镍铁氧体$[(NiFe_2O_4)_8]$ 的单胞尺寸为 0.8337 nm,试估算其饱和磁化强度和饱和磁感应强度。

9. 锰铁氧体的分子式可以写成$(MnFe_2O_4)_8$,即一个单胞含 8 个分子。若锰铁氧体的饱和磁化强度是 5.60×10^5 A/m,密度为 5.00 g/cm^3。试估算每个 Mn^{2+} 的磁矩(以玻尔磁子为单位)。

10. 钇铁石榴石$(Y_3Fe_5O_{12})$可以写成 $Y_3^C Fe_5^{A D} O_{12}$ 形式,其中上标 C、A、D 代表 Y^{3+} 和 Fe^{3+} 占据的位置,处于 A 位的 Fe^{3+} 与处于 C 位的 Y^{3+} 的自旋磁矩平行排列,而与处于 D 位的 Fe^{3+} 反向平行排列。若每个晶胞含 8 个 $Y_3Fe_5O_{12}$ 分子,单胞是立方晶胞,且边长为 1.2376 nm,该钇铁石榴石的饱和磁化强度为 1.0×10^4 A/m,并假设每个铁离子有 5 个 μ_B,试计算每个 Y^{3+} 含几个玻尔磁子。

11. 根据如右图所示的钢的磁滞回线(B-H 曲线),回答:

    (1)饱和磁感应强度是多少?

    (2)饱和磁化强度是多少?

    (3)剩磁和矫顽力各是多少?

    (4)结合表 3.4 和表 3.5,分析该材料属于硬磁材料还是软磁材料?

12. 简要说明为什么铁磁体材料的饱和磁化强度随温度增加而下降,并在温度高于居里温度后,铁磁性消失。

13. 简单解释磁滞现象,并回答为什么在铁磁性和亚铁磁性材料中会出现磁滞现象。

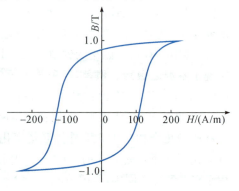

钢的磁滞回线

14. 某铁磁体具有剩磁 $B_r = 1.25$ T,矫顽力 $H_c = 50000$ A/m,当磁场强度为 100000 A/m 时达到饱和,饱和磁感应强度 $B_s = 1.50$ T。根据上述数据,请画出磁场强度在 $-100000 \sim 100000$ A/m 范围内的完整磁滞回线,并在轴上的相应位置标注符号。

15. 某变压器磁钢具有如下数据:

$H/(\text{A/m})$	0	10	20	50	100	150	200	400	600	800	1000
B/T	0	0.03	0.07	0.23	0.70	0.92	1.04	1.28	1.36	1.39	1.41

(1)画出 $B\text{-}H$ 的关系曲线;　　　　　　　　(2)求出初始磁导率和初始相对磁导率;

(3)求出最大磁导率;　　　　　　　　　　　(4)求出最大磁导率所对应的磁场强度;

(5)求出最大磁导率所对应的磁化率。

16. 具有 4000 A/m 矫顽力的某棒状磁铁,需要在一高为 0.15 m、线圈匝数为 100 的通电密绕螺线管中消磁。请问螺线管的电流为多大时,产生的磁场才能使磁棒消磁?

17. 简单描述磁存储信息的原理。

18. 磁畴大小和结构由哪些条件决定?

19. 一个合金中肯定有两种铁磁性相,用什么实验方法证明?

第4章

材料的光学性能

人们对材料的光学性能以及在材料中发生的光学现象的研究和应用已经有很长的历史。在经典光学发展时期,固体介质对光的折射、反射和吸收以及利用固体的色散来进行分光、利用固体的双折射来产生和检测偏振光等,都是固体光学的重要内容。麦克斯韦电磁理论的建立为光即电磁波这一经典理论奠定了基础。不同的固体有不同的光学性能,可用一些光学常数来加以定量描述。

19 世纪末 20 世纪初,人们对固体由原子和电子组成的认识逐步加深,随着固体电子论的发展,提出了一些模型,把固体(包括电介质和金属)的宏观光学性能与微观结构联系起来。但是在量子理论建立之前,这些模型本质上仍是经典模型。量子力学建立后,随着固体能带论和格波理论的发展,人们对固体的认识,特别是对固体微观结构的认识有了新的发展,逐步建立起了近代的固体物理学。同样,也发展了固体光学性能和光学过程的量子理论,使各种类型的光跃迁得到研究。

能带论把固体分成导体(金属)、半导体和绝缘体(电介质),它们常常表现出不同的光学性能,但在有些场合下又显示出相似的性能。研究材料的光学性能,不仅对基础研究有用,而且还有应用意义。固体材料在光通信技术、光电子技术、激光技术、光信息处理技术、显示技术等方面有越来越多的应用。

当光通过固体材料时,会发生透射、折射、反射、吸收、散射等现象,不同的材料具有不同的光学性能,例如,无色玻璃对于可见光是透明的,而金属对可见光既反射又吸收。光从空气射入不同的固体,常常发生不同程度的折射,可用折射率来描述折射程度的强弱。固体材料具有的这些性能,都是光与固体材料中的电子、离子和缺陷相互作用的结果。

根据光同材料相互作用时产生的不同的物理效应,可将光学材料分为光介质材料和光功能材料两类。光介质材料能够使光产生折射、反射或透射效应,以改变光线的方向、强度和位相,使光线按预定要求在材料中传播,也可以利用材料对某一特定波长范围的光线的吸收或透射来改变光线的光谱成分。简言之,光介质材料就是传输光线的材料,它属于传统的光学材料,如普通光学玻璃和光学晶体等。光功能材料是指在电、声、磁、热、压力等外场作用下其光学性能发生变化,或者在光的作用下其结构和性能会发生变化的材料,如发光材料、激光材料、光导材料、磁光材料、非线性光学材料等,利用这些变化可以实现能量的探测和转换。

人类很早就认识到用光可以传递信息,2000 多年前我国就有了用光传递远距离信息的设施——烽火台;后来有用灯光闪烁、旗语等传递信息的方法。以发明电话而著名的发明家贝尔(A. G. Bell)也在光通信方面做过贡献,1880 年,他利用太阳光作光源,用硒晶体作为光接收器件,成功地进行了光电话的实验,通话距离最远达到了 213 m。用大气作为传输介质,损耗很大,而且无法避免自然气象条件的影响和各种外界的干扰,光最多只能传几百米远。因此人们不得不寻求可以在封闭状态下传送光信号的办法。低损耗的石英光纤(见图 4.1)的出现,实现了大容量、高速、长距离、低成本的光信息传输。

图 4.1　通信用石英光纤

今天,光通信技术已经很成熟,光纤通信已是各种通信网的主要传输方式,光纤通信在信息高速公路的建设中扮演着至关重要的角色,欧美等发达国家已经把光纤通信放在了国家发展的战略地位。现在光纤的使用已不只限于陆地,光缆已广泛铺设到了大西洋、太平洋海底,这些海底光缆使得全球通信变得非常简单快捷。现在不少发达国家又把光缆铺设到住宅前,实现了光纤到办公室、光纤到家庭。

短波长发光与激光材料在许多领域有着广泛而重要的应用价值,如高密度的数据存储、海底通信、大屏幕显示(需要蓝绿光构造全色显示)、检测及激光医疗等。1994 年,日本 Nichia Chemical 公司利用 GaN 研制成功了第一只低电压驱动、高亮度的蓝色发光二极管(light emitting diode,LED)。随后该公司还用 InGaN 研制成功了激光波长在蓝-紫光范围的激光二极管(laser diode,LD)。蓝色 LED 和 LD 的出现大大促进了高密度光学存储以及高分辨显示器、图像扫描仪、彩色打印机、生物医学诊断仪、遥感探测仪等的发展。

光学材料按聚集状态和结构,可以分为单晶体、多晶体、非晶态;按材料类型,可以分为无机材料、金属材料和高分子材料。除了一般块状材料外,还有纤维、薄膜等具有特殊外形的材料。

本章首先讨论与电磁辐射及与固态材料相互作用相关的一些基本概念与原理;然后从光折射、反射、吸收、透射、辐射等性质来探讨金属和非金属材料的光学性能,并从导体、半导体和绝缘体的电子能带结构出发,揭示它们在光的作用下表现出不同光学特性的本质;最后,还将对固体的发光、激光、非线性光学、光电转换等各种光学材料作简要介绍。

4.1　基本概念

4.1.1　电磁辐射

关于光的本质是什么,历史上曾有过很多争论。现在,我们知道光具有波粒二象性,牛顿(I. Newton)的微粒理论和惠更斯(C. Huygens)的波动理论二者同时有效,前者有光电效应为其证明,后者有光的干涉现象作为例证。

　　光波是一种波长很短的电磁波,具有定向、直线传播的性质。从经典意义上讲,电磁辐射(electromagnetic radiation)是一种波,由电场分量和磁场分量组成,两个分量彼此互相垂直,并都垂直于波的传播方向(见图4.2)。光、热(辐射能)、雷达、无线电波和X射线都是各种形式的电磁波,它们之间的差别是波长(或频率)范围不同。电磁波包括的波长范围很宽,从 10^{-12} m 到 10^5 m。按波长增加的次序,依次可分为 γ 射线、X 射线、紫外线、可见光、红外线和无线电波(见图4.3)。

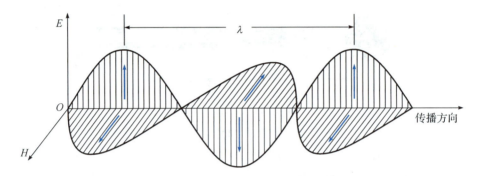

图 4.2　电磁波的电场分量 E、磁场分量 H 和波长

　　可见光是人的眼睛能感知的电磁波,在整个电磁波谱中只占很窄的一部分,其波长范围为 $0.4\sim0.7$ μm。光线的颜色取决于波长,如图4.3右边所示。白光是各种色光的混合光。

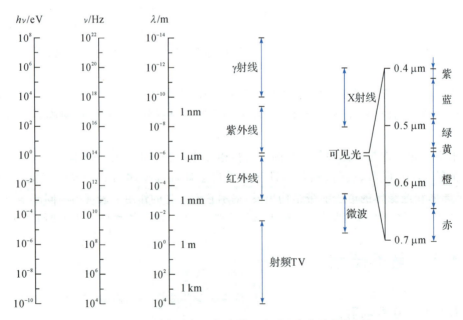

图 4.3　电磁波的波长和频率谱以及可见光的波长和颜色

所有的电磁波在真空（或称自由空间）中的传播速度是相同的，是一个常数，即 $c = 3 \times 10^8$ m/s。根据麦克斯韦电磁理论，电磁波的真空传播速度与真空介电常数 ε_0、真空磁导率 μ_0 存在如下关系：

$$c = \frac{1}{\sqrt{\varepsilon_0 \mu_0}} \tag{4.1}$$

上式将电磁波常数 c 与电场常数 ε_0、磁场常数 μ_0 联系起来。电磁波的频率 ν、波长 λ 和传播速度 c 间的关系可以写成：$c = \lambda \nu$。各种电磁波的频率范围也同时标注在图 4.3 中。

此外，还可以用量子力学的概念来理解电磁辐射，即微粒说。这时可以把电磁辐射看作由一系列能量量子——光子（photon）组成的。光子的能量是量子化的，即有：

$$E = h\nu = \frac{hc}{\lambda} \tag{4.2}$$

式中：h 为普朗克常数（Planck constant），其值为 6.626×10^{-34} J·s。光子能量 $h\nu$ 也同时标注在图 4.3 中。

当讨论涉及光与物质之间相互作用的各种光学现象时，用光子理论比较方便；而在另一些情况下，可能用波动理论比较容易理解。当然，有时也可以同时用微粒理论和波动理论来讨论同一种光学现象。

4.1.2　光和固体的相互作用

当光从一种介质进入另一种介质时（如从空气进入固体中），一部分光透过介质，一部分光被吸收，还有一部分光在两种介质的界面上被反射。设入射到固体表面的光辐射能流率为 φ_0，透射、吸收和反射光的辐射能流率分别为 φ_T、φ_A 和 φ_R，则：

$$\varphi_0 = \varphi_T + \varphi_A + \varphi_R \tag{4.3}$$

光辐射能流率的单位为 W/m²，表示单位时间内通过（与光线传播方向垂直）单位面积的能量。式（4.3）的另一种表达式为：

$$\tau + \alpha + \rho = 1 \tag{4.4}$$

式中：τ 为透射率（φ_T / φ_0）；α 为吸收率（φ_A / φ_0）；ρ 为反射比（φ_R / φ_0）。上式表示所有的入射光只能有三种形式：透射、吸收和反射。

透明材料（transparent material）是指透射率较高而吸收比和反射比较小的材料；半透明材料（translucent material）是指光线透过它时能发生漫反射的材料；不透明材料（opaque material）是指不透可见光的材料。金属对整个可见光波段都是不透明的，即所有的入射光不是被吸收，就是被反射。所有的电绝缘材料都可能制成透明材料。在半导体材料中，有些是透明的，有些是不透明的。

4.1.3　光和原子、电子的相互作用

在固体材料中出现的光学现象是电磁辐射与固体材料中原子、离子或电子之间相互作用的结果。其中最重要的两种作用是电子极化和电子跃迁。

1. 电子极化

电磁波的分量之一是迅速交变的电场分量。在可见光频率范围内,电场分量与传播过程中遇到的围绕每个原子的电子云都会发生相互作用,引起极化,即随着电场分量方向的改变,诱导电子云和原子核的电荷中心发生相对位移,如图 4.4 所示。电子极化的结果是,当光线通过介质时,一部分光子能量被吸收,同时光波速度减小。后者导致光的折射。

2. 电子跃迁

电磁波的吸收和发射包含电子从一种能态跃迁到另一种能态的过程。为讨论方便,考虑一个孤立的原子,其电子能级图如图 4.5 所示。该原子吸收了光子的能量之后,可能将 E_2 能级上的电子激发到能量较高的 E_4 空能级上去,电子发生的能量变化 ΔE 与被吸收光子的频率有关:

$$\Delta E = E_4 - E_2 = h\nu_{42} \tag{4.5}$$

式中:ν_{42} 为光子振动频率。在此还必须明确几个概念:第一,原子中电子的能级是分立的,能级之间存在特定的 ΔE 值,因此,只有能量为 ΔE 的光子才能被该原子通过电子跃迁而吸收,而且在每一次激发中,每个光子的能量将全部被吸收,即能量的吸收是量子化的;第二,受激电子不可能无限长时间地保持在激发状态,经过一个短时期后,它又会衰变回基态或低激发能级,同时发射出电磁波,衰变的途径不同,发射出的电磁波频率就不同。

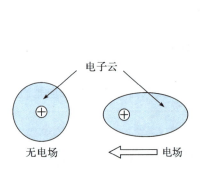

图 4.4   在电场作用下电子云变形
产生的电子极化

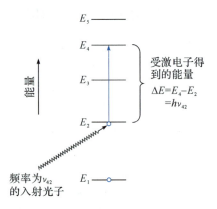

图 4.5   孤立原子吸收光子后
电子跃迁

4.1.4   材料光学性能概述

金属对可见光是不透明的,其主要原因在于金属的电子能带结构的特殊性。如图 4.6 所示,在金属的电子能带结构中,费米能级以上存在许多准连续的空能级。因此,当金属受到光线照射时,比较容易吸收入射光线的光子能量,将价带中的电子激发到费米能级以上的空能级中去。实际上,只要金属箔的厚度为 0.1 μm 就可能吸收全部光子能量。所以只有厚度小于 0.1 μm 的金属箔才可能透光。由于费米能级以上有许多准连续的空能级,因而各种不同频率的可见光,即具有各种不同能量(ΔE)的光子都能被吸收。事实上,金属对所有从无线电波到中紫外线的低频电磁波都是不透明的,只有对高频的 X 射

线和 γ 射线才是透明的。

　　大部分被金属材料吸收的光又会从表面上以同样波长的光被发射出来,表现为反射光,见图 4.6(b)。大多数金属的反射比为 0.9～0.95,另一小部分因电子弛豫而产生的能量以热的形式损失掉了。利用金属的这种性质往往在其他材料衬底上镀以金属薄层作为反光镜使用。图 4.7 是常用金属膜的反射率与波长的关系曲线。

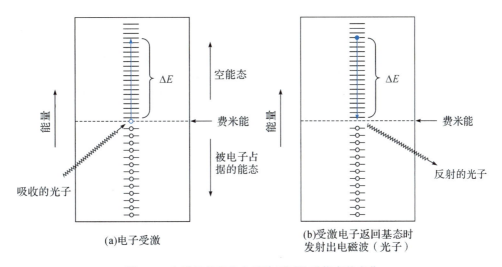

图 4.6　金属材料吸收电磁波(光子)后能态的变化

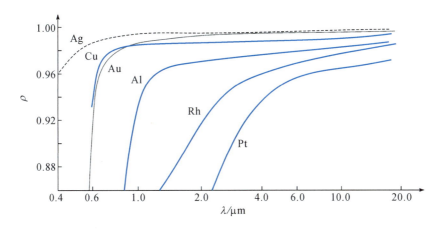

图 4.7　常用金属膜反射镜的反射比与光波波长的关系

　　肉眼看到的金属颜色不是由吸收光的波长决定的,而是由反射光的波长决定的。对整个可见光波段都具有高反射的金属,如银和铝,在白光照射下表现为银白色。换句话说,从这类金属反射回来的光(由吸收后又重新发射出来的光子所组成)的频率与数量都与入射光相似,是由各种波长的可见光组成的混合光。而铜为橘红色,金为黄色,这是因为短波长的光子被这些金属吸收后没有以反射光的形式重新从表面发射出来,反射光以长波长的可见光为主。

根据电子能带结构的不同,非金属材料对于可见光可能是透明的,也可能是不透明的,因此,除反射和吸收以外,还应考虑折射和透射。

4.2　折射和色散

4.2.1　光的折射

从式(4.1)可以得出光学材料中的一个重要性质——折射率与材料性质的关系。

折射率 n 是光从真空通过相界面时折射的性质,通常用界面法线形成的入射角和折射角的正弦之比来表示。光进入透明材料内部以后其传播速度会减小,结果引起光在界面处产生弯曲(见图4.8),这种现象称为折射(refraction),并用折射率(refractive index) n 表征介质对光线的折射程度。光的折射现象是费马(P. de Fermat)最短时间原理(Fermat's principle of least time)的一个结果。该原理认为光线总是选择只需最短时间的路径进行传播。

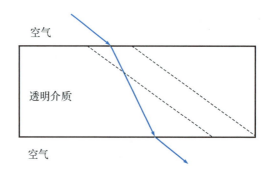

图 4.8　单色光通过透明介质产生折射现象

折射率 n 为光在真空中的速度 c 和光在材料中的速度 v 之比:

$$n = c/v \qquad (4.6)$$

同样地,由麦克斯韦理论可知,光在物质中的传播速度为:

$$v = \frac{1}{\sqrt{\varepsilon \mu}} \qquad (4.7)$$

式中:ε、μ 分别为物质的介电常数和磁导率。该式反映了材料的性质对光传播的影响。由式(4.1)、式(4.6)、式(4.7)可得:

$$n = \frac{c}{v} = \sqrt{\varepsilon_r \mu_r} \qquad (4.8)$$

式中:ε_r、μ_r 分别为材料的相对介电常数和相对磁导率。

大多数材料是非磁性的或磁性很弱的,因此有 $\mu \approx \mu_0$ 或 $\mu_r = 1$,式(4.8)可简化为:

$$n \cong \sqrt{\varepsilon_r} \qquad (4.9)$$

该式表明透明介质的折射率和材料的相对介电常数有关。

由第2章"材料的电学性能"可知,电介质的介电常数和介质的极化有关。光是电磁波,由电场分量和磁场分量组成,当光在介质中传播时,只有电场分量和介质原子发生相互作用,引起极化。而且由于光波频率很高,在材料中只有质量很小的电子位移极化才能跟得上光波频率的变化,对极化有贡献,因此只有电子位移极化对折射率有贡献。而比较重的离子只能在比较缓慢的红外波段的频率范围内发生位移极化。由此可见,光和介质的相互作用主要就是介质中的电子在光波电场作用下做强迫振动。

介质中的电子在光波电场作用下的强迫振动可以用经典力学方法来研究。介质原子中电子有下列几种作用力:①维持电子在平衡位置的弹性力,若该电子振动时在 t 时刻的位移是 x,按胡克定律,该力等于 kx,其中 k 是弹性常数;②引起振动衰减的阻力,设它和位移速度 dx/dt 成正比,即 rdx/dt,r 是比例系数(或叫阻力系数);③引起强迫振动的光波电场力,它等于 $eE_0\cos(\omega t)$,其中 E_0 是光波中电场的最大值,ω 是角频率。对简谐振动往往用复数表示,则该力等于 $eE_0\exp(i\omega t)$。

根据牛顿第二定律,有:

$$m\frac{d^2 x}{dt^2}=eE_0\exp(i\omega t)-kx-r\frac{dx}{dt} \tag{4.10}$$

式中:m 为电子的质量。并设 $k/m=\omega_0^2$ 和 $r/m=g\omega_0$,其中 ω_0 为系统的共振(或吸收)频率,g 为阻尼系数。由于电磁波引起电荷 e 位移,从而产生电偶极矩 $P=ex$,则上式可写成:

$$\frac{d^2 P}{dt^2}+g\omega_0\frac{dP}{dt}+\omega_0^2 P=\frac{e^2}{m}E_0\exp(i\omega t) \tag{4.11}$$

设该方程的解是 $P=P_0\exp(i\omega t+\varphi)$,其中 φ 是电偶极矩相对于电场强度的位相角。代入式(4.11),可以得出最大偶极矩:

$$P_0=\frac{e^2 E_0}{m}\cdot\frac{\exp(-i\varphi)}{(\omega_0^2-\omega^2)+ig\omega_0\omega} \tag{4.12}$$

设每单位体积有 N 个原子,则单位体积内的电偶极矩 $P=NP_0$,由电偶极矩与电场的关系式 $P=(\varepsilon-\varepsilon_0)E=\varepsilon_0(\varepsilon_r-1)E$ 和式(4.9)可得:

$$n^2-1=\frac{P}{\varepsilon_0 E} \tag{4.13}$$

因此有:

$$n^2-1=\frac{Ne^2}{\varepsilon_0 m}\cdot\frac{1}{(\omega_0^2-\omega^2)+ig\omega_0\omega} \tag{4.14}$$

上式右边表明 n 是一个复数,可用一个复数 n^* 来代替它,以便和实际的折射率区别,并称它为复折射率。根据数学中复数表示法:$n^*=n-\alpha i$,α 是虚部,则 $(n^*)^2=(n^2-\alpha^2)-2n\alpha i$。和式(4.14)相比较,两者的实部和虚部分别相等,因此有:

$$n^2-\alpha^2=1+\frac{Ne^2}{\varepsilon_0 m}\cdot\frac{\omega_0^2-\omega^2}{(\omega_0^2-\omega^2)^2+g^2\omega_0^2\omega^2} \tag{4.15}$$

$$2n\alpha=\frac{Ne^2}{\varepsilon_0 m}\cdot\frac{g\omega_0\omega}{(\omega_0^2-\omega^2)^2+g^2\omega_0^2\omega^2} \tag{4.16}$$

α 在共振频率时有一个最大值,它是反映光波通过材料时能量的损失,因此称 α 为吸收比。实际上,电介质在交变电场作用下的介电常数和电导率也是复数,分别称为复介

电常数 ε^* 和复电导率 σ^* 。

$$\varepsilon^* = \varepsilon + i\varepsilon_i \tag{4.17}$$

$$\sigma^* = \sigma + i\sigma_i \tag{4.18}$$

复数光学常数具有实部分量和虚部分量。在光波的电磁场作用下,虚部分量与能量消耗有关,而实部分量则不牵涉到能量损失,是无耗分量。

图 4.9 是绝缘体、金属、半导体的折射率 n 和吸收比随频率变化的简略图。对绝缘体来说,在低频时,由于离子和电子极化,因此折射率较大,随着频率增大,离子极化不能进行,折射率减小。吸收曲线表明,在可见光范围内,绝缘体的透过性一般很好,而金属和半导体很差,这主要是由于后者在低频时的光子能量就已经足够激发电子跃迁而引起能量的吸收。绝缘体有三个吸收峰,折射率也是异常变化的。一个吸收峰是在红外区,它是由于红外频率的光波引起材料中离子或分子的共振而发生的。在紫外线范围中有另一个吸收峰,它是由于紫外线频率引起原子中电子的共振而发生的,也就是说,紫外线频率的光子足够使电子从价带跃迁到导带或其他能级上去,因而发生吸收。第三个峰的吸收效应是由于 X 射线使原子内层电子跃迁到导带而引起的,它对折射率影响很小,以致没有在曲线上显示出来。

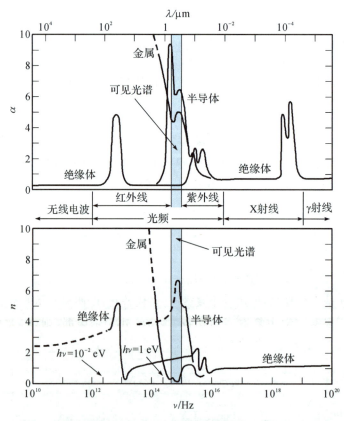

图 4.9　绝缘体、金属和半导体的折射率吸收比随频率变化的简略图

实际上,光波和材料之间的相互作用行为可用麦克斯韦方程来描述,当光在介电常数为 ε_r,电导率为 σ 的各向同性介质中传播时,有:

$$n^2 = \frac{1}{2}\varepsilon_r\left\{\left[1+\left(\frac{\sigma}{\omega\varepsilon_r\varepsilon_0}\right)^2\right]^{1/2}+1\right\} \tag{4.19}$$

$$\alpha^2 = \frac{1}{2}\varepsilon_r\left\{\left[1+\left(\frac{\sigma}{\omega\varepsilon_r\varepsilon_0}\right)^2\right]^{1/2}-1\right\} \tag{4.20}$$

在可见光频率范围内对式(4.19)和式(4.20)分析如下:

① 对于绝缘体(电介质)材料,$\sigma \to 0$,$n \to \varepsilon_r^{1/2}$,$\alpha \to 0$,材料是透明的;

② 对于半导体材料,$\varepsilon_r \gg \sigma/(\omega\varepsilon_0)$,$n \to \varepsilon_r^{1/2}$,$\alpha = (1/\varepsilon_r^{1/2})[\sigma/(2\omega\varepsilon_0)]$,其折射率与电介质材料相似,因存在吸收,故不透明;

③ 对于金属材料,$\varepsilon_r \ll \sigma/(\omega\varepsilon_0)$,$n = \alpha = [\sigma/(2\omega\varepsilon_0)]^{1/2}$,对光有强烈的吸收,不透明,反射比 $\rho \approx 1$,光主要被材料表面所反射,产生金属光泽。

4.2.2　光的色散

在前面的讨论中包含了这样一个假定,即引起材料中电子振动唯一的强迫力是光波电场 E。实际上,对固体材料,还须考虑周围质点极化的影响。因此,需用实际起作用的质点局部电场 E_{loc} 来代替光波电场 E。质点局部电场 E_{loc} 是外源所施加电场 E 加上所有其他质点形成的偶极矩给予这个质点的总电场。若质点是指原子,则从理论上可以推导出局部电场为 $E_{loc} = E + \dfrac{P}{3\varepsilon_0}$。因此,可以得到折射率的表达式为:

$$n^2 - 1 = \frac{Ne^2}{m\varepsilon_0}\Big/\left[(\omega_0^2-\omega^2)-\frac{Ne^2}{3m\varepsilon_0}\right] \tag{4.21}$$

式(4.21)表明,折射率是光波频率的函数,也就是说,它随波长而变化。所谓色散(dispersion),就是指折射率随波长改变的变化率 $dn/d\lambda$。色散的出现是由于不同波长的光经过介质时具有不同的速度,从而产生不同角度的折射而引起的。当光波频率远离共振频率($\omega < \omega_0$)时,可得出:

$$n^2 = 1 + \frac{3Ne^2}{3m\varepsilon_0(\omega_0^2-\omega^2)-Ne^2} \tag{4.22}$$

该式表明折射率随波长减小而增大,称为正常色散。还可以用一个经验公式反映它们之间的关系:

$$n = A + \frac{B}{\lambda^2} + \frac{C}{\lambda^4} \tag{4.23}$$

式中:A、B 和 C 为常数,随材料不同而变化。

当共振发生时,折射率随波长变短而减小,称为异常色散。

在实际测定时,常常用不同的固定波长的折射率之差表示色散,而不是用色散曲线。色散常有以下表示方法。设 n_A、n_C、n_D、n_F、n_G、n_h 分别表示是红的钾 A 谱线(7856 Å)、红的氢 C 谱线(6563 Å)、黄的钠 D 谱线(5893 Å)、浅蓝的氢 F 谱线(4861 Å)、蓝的氢 G 谱线(4341 Å)和紫的汞 h 谱线(4047 Å)对材料测出的折射率。则全色散是 $n_A - n_h$,平均色散是 $n_F - n_C$ 和 $n_G - n_F$,色散倒数(或称阿贝数)是 $(n_D - 1)/(n_F - n_C)$,相对部分色散是

$(n_D-n_C)/(n_F-n_C)$ 和 $(n_G-n_F)/(n_F-n_C)$。

材料的折射率和色散是用精密分光计测定的,利用最小偏向角方法可使折射率的测量精度达到 1×10^{-5} 以上。一般也可用 V 棱镜折射光仪测定,其精度也可达到 1×10^{-4}。红外和紫外区域的折射率测定通常在测角仪上用最小偏向角法测出,由于红外线和紫外线不能用眼睛直接观察,因此最小偏向角借助各种光电接收器来测定,紫外区的波长用水银蒸气的线光谱来标定,而大于 $1~\mu m$ 的红外区波长的标定是用二氧化碳、水蒸气等线谱。

大多数透明材料的色散是正常色散,即波长减小,折射率 n 是增大的。一般来说,紫外线的折射率比红外线的折射率大百分之几,这是由于紫外线透过时引起电子从低能级向高能级的跃迁,只要光子能量接近电子跃迁所需能量数值,这些电子进行远离原子核的漂移,因而在紫外区产生较大极化率和折射率。

4.2.3　材料组成和结构对折射率的影响

由于光速在介质中的减小或折射率的产生是由电子极化引起的,因而组成介质的原子或离子的大小对光速的影响很大。一般地说,原子或离子越大,则电子极化程度越高,光速就越慢,从而折射率越高。例如,普通钠钙玻璃的折射率约为 1.5,而在玻璃中加入大的钡离子和铅离子(如 BaO 和 PbO)后,折射率就会提高。含 90% PbO 的铅玻璃的折射率可高达 2.1。

结构宽敞的高温态比结构紧密的低温态的折射率要小。例如,SiO_2 玻璃态的折射率是 1.46,而磷石英、方石英和石英的折射率分别是 1.47、1.49 和 1.55。

下述经验公式可用来估计由 m 种氧化物组成的多元材料的折射率:

$$n = 1 + \rho \sum_{i=1}^{m} W_i K_i \tag{4.24}$$

式中:ρ 为材料密度(g/cm³);W_i、K_i 分别为 i 组分的重量分数和格拉斯顿常数(Gladstone constant)。格拉斯顿常数是经验数据,某些常见氧化物的格拉斯顿常数见表 4.1。由于原子极化率在不同化合物中变化较少,因此式(4.24)反映了加和性。某些组分氧化物的折射系数非常大,例如,TiO_2 的格拉斯顿常数差不多是 Na_2O、K_2O、MgO、CaO 的两倍。这是由于 TiO_2 在近紫外线作用下电子发生迁移,即从 O^{2-} 的 2p 能级迁移到 Ti^{4+} 的 3d 轨道,导致电子极化率增大,因此折射率和介电常数也随着增大。

表 4.1　某些氧化物的格拉斯顿常数

氧化物	H_2O	Li_2O	Na_2O	K_2O	BeO	MgO	CaO	SrO
K	0.34	0.31	0.18	0.19	0.24	0.20	0.23	0.14
氧化物	BaO	PbO	B_2O_3	Al_2O_3	Y_2O_3	CO_2	La_2O_3	Bi_2O_3
K	0.13	0.15	0.22	0.20	0.14	0.22	0.15	0.16
氧化物	SiO_2	TiO_2	ZrO_2	SnO_2	N_2O_5	P_2O_5	Nb_2O_5	SO_3
K	0.21	0.40	0.20	0.15	0.24	0.19	0.30	0.18

氧化物的折射率还可以用下面的近似式估算：

$$n^2 \approx 1 + \frac{1.5}{E_g} \tag{4.25}$$

式中：E_g 为禁带宽度，单位为 eV。倘若一个氧化物要使整个可见光范围内是透明的，其禁带宽度至少是 $hc/4000\ \text{Å} \approx 3.1\ \text{eV}$（$h$ 为普朗克常量，c 为光速）。从上式可知，该氧化物的折射率必须小于 1.22。

上述光在材料中传播的现象，即具有单一折射率或折射率具有各向同性的现象，只是对各向同性材料是适合的。对非等轴晶系，折射率是各向异性的，要产生双折射（birefringence）现象，即通过这类晶体观察目的物时会发现两个象，见图 4.10。在六方晶系材料中，由于折射率的各向异性，入射的非偏振光被分成了两束不同传播速度的偏振光，也就是说，光在这种晶体界面上分成两支传播速度和方向不同的光，一支叫寻常光，折射线在入射面内，遵守各向同性材料折射定律；另一支叫非常光，折射线不一定在入射面内。巴托林（E. Bartholin）于 1669

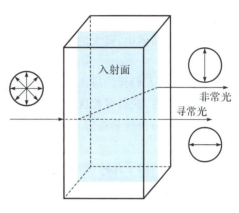

图 4.10　六方晶系材料的双折射现象

年首先描述了双折射现象，随后，惠更斯用光波动理论进行了解释。

在讨论电介质极化时，曾说到过电荷是沿电场方向位移而形成电偶极矩，这对球形对称电子云是正确的，也就是说它是各向同性的。但是对双原子分子就不能有这种各向同性了，因为极化还和晶体中相邻原子的局部电场有关。原子的电偶极矩 μ 等于局部电场 E_{loc} 和极化率 α 的乘积，即 $\mu = \alpha E_{\text{loc}}$，而局部电场是外加的电场 E 和相邻原子的偶极子电场的向量和。由正、负电荷对所形成的电场情况可知，对图 4.11(a)的情况，相邻原子的偶极子电场 E' 加强了 E，结果使这两个原子的极化更大些，因而得到较大的极化率和较大的折射率。而对图 4.11(b)的情况，其作用则相反，相邻原子的偶极矩电场 E' 是和 E 相反的，减少了这两个原子的偶极矩和折射率。因此，平行这个分子的偏振光波的传播速度比垂直于该分子的偏振光波来得慢，这就是造成双折射的原因。同理，高度对称的

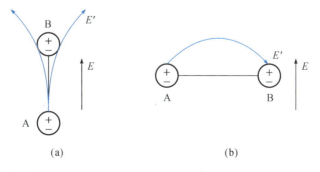

图 4.11　在电场中的双原子分子（E' 为 A 原子电偶极矩在 B 原子处产生的电场）

等轴晶系类似于球形的分子,各向同性,因此无双折射现象;而非等轴晶系则类似于双原子分子的情况,是各向异性的,因此它有双折射现象。

对于层状结构的晶体,沿原子较紧密堆积层面内的光波速度都比其他方向小,而垂直于层面的光波速度最大。因此,在这些强的非等轴晶系晶体材料中,双折射率最大。有些晶体的结构内并未形成明显的层状结构,但具有平面状负离子团,如 CO_3^{2-}、NO_3^- 和 ClO_3^-,它们在晶体结构中上、下互相平行排列,同样也会出现强的双折射,用来产生偏振光的尼科耳棱镜就是典型的例子。

在链状晶体中,最大的折射率依然出现在结构质点最紧密堆积的链上,双折射率也较大。

近年来,人们开始应用外场(如高压电场、超短脉冲激光等)对各向同性物质进行人工微结构调控,获得可控区域的各向异性结构,产生双折射现象。根据外场诱导各向异性结构形成的快慢和稳定与否,这类材料分别可用于光开关(快响应)和光学存储(长期稳定)等。

表 4.2 给出了几种玻璃、透明陶瓷和聚合物的折射率,对于折射率各向异性的单晶体和陶瓷,表中给出的是平均值。

表 4.2　几种透明材料的平均折射率

玻璃和陶瓷材料	折射率	聚合物材料	折射率
氧化硅玻璃	1.458	聚四氟乙烯	1.35
钠钙玻璃	1.51	聚乙烯	1.51
硼硅酸盐玻璃	1.47	聚苯乙烯	1.60
重燧石玻璃	1.65	聚甲基丙烯酸甲酯	1.49
刚玉(Al_2O_3)	1.76	聚丙烯	1.49
方镁石(MgO)	1.74	聚偏氟乙烯	1.42
石英(SiO_2)	1.55	聚乙酸乙烯酯	1.467
尖晶石($MgAl_2O_4$)	1.72	聚甲醛	1.48

高分子材料的折射率与其分子基团有关,其折射率按照下列顺序逐渐增大,如图 4.12 所示。大多数碳-碳聚合物的折射率为 1.5 左右,具有较大极化率和较小分子体积的苯环具有较高的折射率。含有相同碳数的碳氢基团,折射率按支化链<直链<脂环<芳环的顺序变大。分子中引入除 F 以外的卤族元素,S、P、砜基、稠环、重金属离子等均可提高折射率,而分子中含有甲基和 F 原子时折射能力降低。

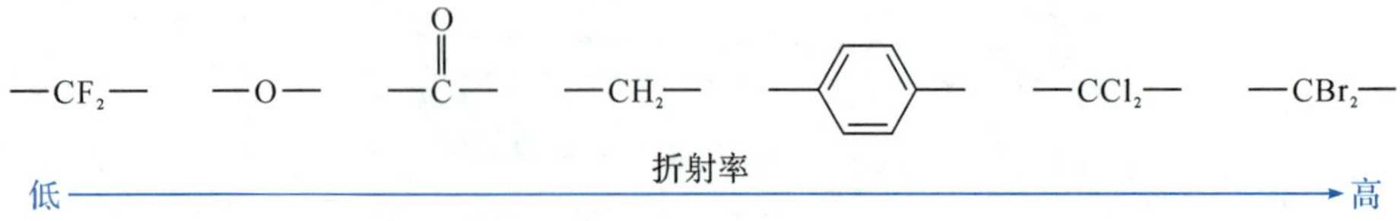

图 4.12　部分基团的结构

4.3　光的反射和散射

4.3.1　光的反射

折射率大小不仅决定了相界面的折射性质,而且还决定了相界面的反射性质。当光线从一种介质进入另一种折射率不同的介质时,即使两种介质都是透明的,也总会有一部分光线在两种介质的界面处被反射。反射比(reflectance)ρ 表示反射光所占入射光的分数,以光强形式可以表示为:

$$\rho = \frac{I_r}{I_0} \tag{4.26}$$

式中:I_r、I_0 分别为反射光和入射光的强度。

根据菲涅耳(A. J. Fresnel)研究结果,光垂直界面入射时,其反射光所占的分数(反射比)是:

$$\rho = \frac{(n_r-1)^2 + \alpha^2}{(n_r+1)^2 + \alpha^2} \tag{4.27}$$

其中,n_r 为介质 2 相对介质 1 的折射率,即 $n_r = n_2/n_1$。若介质 1 为真空或空气,则 $n_r = n_2 = n$。当吸收比 α 和折射率相比甚小时,则有:

$$\rho = \frac{(n_2-n_1)^2}{(n_2+n_1)^2} = \frac{(n_r-1)^2}{(n_r+1)^2} \tag{4.28}$$

如果入射光不是垂直界面入射,而是与界面的法线成 i 角度入射,如图 4.13 所示,则相对折射率 $n_r = n_2/n_1 = \sin i/\sin r$。由式(4.28)可知,此时的反射比 ρ 与入射角 i 相关。

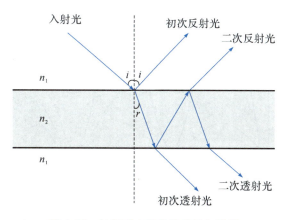

图 4.13　材料对入射光的反射与透射

式(4.28)可写成 $\rho = [1-2/(n_r+1)]^2$,可见,固体材料的折射率 n_r 越高,反射比 ρ 也越大(如 $n=1.5$,$\rho=4\%$;$n=1.9$,$\rho=10\%$)。由此可知,含铅量较高的所谓水晶玻璃之所以有耀眼的光泽,就是由于其折射率较高,反射光较强的缘故。普通的硅酸盐玻璃,其反射比 $\rho \approx 5\%$。同时,由于固体材料的折射率与入射光的波长有关,因此反射比也与波长有关。

但是,从另一方面看,光学仪器中所使用的光学玻璃,由于光反射造成的光损失也随着折射率增大而增加。为减少反射光损失,常利用光的干涉方法在光学玻璃表面涂上一层 1/4 光波波长的光学厚度(膜折射率 n 与膜厚 h 的乘积 nh)的介质膜,介质膜的折射率取在两相邻介质折射率之间,这种介质膜叫作增透膜或减反射膜。常用作减反射膜的两种材料是冰晶石($n=1.35$)和 MgF_2($n=1.38$)。这样可以使图 4.13 中所示的初次反射光被同样大小、相位相反的二次反射光所抵消,以避免光的反射损失。

若在图 4.13 中的介质 2 表面涂上一层光学厚度 nh 为 1/4 光波波长的膜,则式(4.28)可写成:

$$\rho_{\lambda/4} = \left(\frac{n^2 - n_1 n_2}{n^2 + n_1 n_2} \right)^2 \tag{4.29}$$

当 $n^2 = n_1 n_2$ 时,$\rho_{\lambda/4}=0$。即选择合适的减反射膜,可使垂直入射的光的反射比严格为 0。若 $n_1=1.5$,$n_2=1.27$,则选择 MgF_2 为增透膜,可大大减少反射损失。

另外,许多光学仪器为了消除由于色散引起的像差,总是采用不同牌号的光学玻璃分别磨成各种透镜,以组合镜头来改善光学性质。有时候,由五六块透镜组成镜头,界面可多达十几个,由此引起的界面反射损失可达到十分严重的地步。为减少因反射而带来的损失,通常使用折射率与光学玻璃接近的加拿大树胶($n=1.54$)把这些透镜依次粘贴起来。这样,使界面减少到只有最外面两个,从而大大减小了界面的反射损失。

与减反射膜相反,如果在一个玻璃表面敷上一层折射率足够高的材料,按照前面的分析,该玻璃表面的反射比将大大增高(见图 4.14)。因此,该表面可以作为一个很好的分束器。二氧化钛(TiO_2,$n \approx 2.5$)或硫化锌(ZnS,$n \approx 2.3$)敷层就非常适合用作分

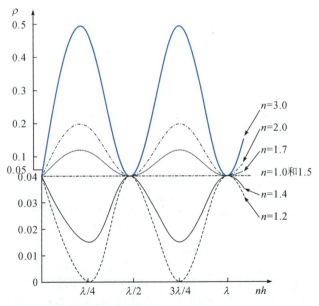

图 4.14　介质膜的反射率随其光学厚度的变化关系
(膜的折射率 n 标于图中,$n_1=1.0$,$n_2=1.5$,光垂直入射)

束器,其反射比最高可达 35%。还有一些高折射率材料,它们对入射光存在吸收。如用三硫化二锑(Sb_2S_3,$n \approx 2.8$)敷层能够得到 $\rho = 46\%$,但此时入射光有 8% 被敷层所吸收。

对金属来讲,$n = \chi \gg 1$,$\rho = 1$,光基本上被反射,显示金属光泽。从能带角度看,入射光被金属吸收,把费米能级附近的电子激发到较高能态,处于激发态的电子不稳定,返回基态时辐射光波,此光波即为反射光。大部分金属在阳光照射下表现为银白色,表明入射光基本上都被其反射,有些金属表现出颜色,是由于某些频率的光被其吸收,以声子的形式发射出来,变成热而损耗掉。

像陶瓷这类材料,界面不是完全光滑的,因此表面会发生向各个方向的漫反射。漫反射导致反射面增加,反射增强,透射下降,且使透射光杂乱无章,无法成像。表面粗糙度增加,符合反射定律的所谓镜面反射的量逐渐减少,漫反射量增加。

表面光泽与表面的镜面反射和漫反射的相对量有关。特别是与反射所成的虚像的鲜明性和完整性紧密相关,也就是说,与镜面反射带的宽度和强度有关。而这些因素归根结底是由折射率和表面粗糙度决定的。为了使搪瓷或釉面有较好的表面光泽,往往使用基质含铅的搪瓷或釉,并在足够高的温度下烧成,铺展成一个完整的光滑表面。而要获得无光釉,则要求选用低折射率的釉,并对表面进行研磨或喷砂。

4.3.2　光的散射

若透明介质中分散有折射率不同的细小的其他介质,光线在介质内部传播时,会发生多次反射和折射,而且反射面(或折射面)杂乱无章,使得光线偏离原来前进的方向而向各个方面传播的现象,称为第二相介质散射或者廷德尔散射(Tyndall scattering)。但实际上,在表面看来十分纯净、均匀的液体和气体中,也能观察到微弱的散射。这是由介质分子的密度涨落引起的,这样的散射称为分子散射。

散射依据第二相介质的大小不同具有不同的机理。当第二相介质的尺寸小于光波波长时,产生瑞利散射(Rayleigh scattering),该散射类似于分子散射,散射光只有相位变化而无频率或能量的变化,属于弹性散射。

对于瑞利散射,与入射束成 θ 角的散射光强度 I_θ 与入射光强度 I_0 之间存在如下关系:

$$I_\theta = \frac{8\pi^4 \alpha^2 (1 + \cos^2\theta)}{x^2 \lambda^4} I_0 \tag{4.30}$$

式中:α 为第二相介质的极化率;x 为从散射体到探测点的距离;λ 为入射光波长。由此可见,瑞利散射的散射光强度与光波波长的 4 次方成反比。因此当白光通过含有细小微粒的混浊体时,散射光呈淡蓝色,因为波长较短的浅蓝色光或蓝光比黄光和红光散射强烈。通过混浊体后的光线呈浅红色,这是由于它发生散射而缺少短波长光的缘故。

瑞利散射解释了太阳在正午和傍晚显示不同颜色的现象。正午时,太阳离地球最近,当太阳光穿过大气层到达地球时,短波长光被空气中的分子散射了,因此天空呈现蔚蓝色,而太阳本身是黄色的(因为太阳光中的黄光比红光强);傍晚时,太阳离地球远,太阳光穿过更厚的大气层斜照向地球,因此有更多的短波长光被散射了,西边的天空出现晚霞,而落山的太阳呈红色。如果不存在大气层中各种空气分子对太阳光的散射,天空将除去太阳、星星之外,一切都是黑的。

当第二相介质的尺寸和光波波长相近或者更大一点时,则不遵守上述规律,而是遵守米氏散射。散射的本质是光线在两介质界面上的漫反射和漫透射。米(G. Mie)和德拜(P. Debye)以球形质点为模型计算了电磁波的散射。计算证明只有当球半径 $a < 0.3\lambda/2\pi$ 时,瑞利散射定律是正确的。当 a 较大时,散射强度与波长的依赖关系就不是很明显了。

由于散射,光在前进方向上的强度减弱了。对于第二相介质分布均匀的材料,由于散射引起光的减弱规律与吸收规律具有相同的形式:

$$\frac{I}{I_0} = \exp(-sx) \tag{4.31}$$

式中:I_0 为入射光原始强度;I 为光束在材料中传播距离 x 后的剩余光强度;s 为散射系数,也称混浊系数。散射系数的大小与第二相介质的尺寸(直径 d)有直接关系。若第二相介质的体积浓度不变,当 $d < \lambda$ 时,随着 d 的增加,散射系数 s 随之增大;当 $d > \lambda$ 时,则随着 d 的增加,s 反而减小;当 $d \approx \lambda$ 时,s 达到最大。

当第二相介质的尺寸比光波波长大时,若不计多重散射,散射系数正比于第二相介质的投影面积:

$$s = kN\pi r^2 \tag{4.32}$$

式中:r 为微粒的平均半径;N 为单位体积中微粒的数目;k 为散射因子,取决于第二相介质与基体的相对折射率。两者折射率差别越大,k 越大,当两者的折射率相近时,$k \approx 0$,一般地,k 处于 0 和 4 之间。因此,式(4.31)变为:

$$\frac{I}{I_0} = \exp(-sx) = \exp(-kN\pi r^2 x) \tag{4.33}$$

考虑到 N 不好计算,用微粒的体积来代替 N。设 V_p 是在单位体积中全部微粒占有的体积,则 $V_p = \frac{4}{3}\pi r^3 N$。式(4.32)、式(4.33)分别变为:

$$s = \frac{3}{4}kV_p r^{-1} \tag{4.34}$$

$$\frac{I}{I_0} = \exp\left(-3kV_p \frac{x}{4r}\right) \tag{4.35}$$

由上式可以看出,散射系数 s 是反映散射强弱的参数,它和微粒尺寸大小成反比,和微粒的浓度 V_p 成正比。

光与微粒作用,除了前面所介绍的不存在能量损失的弹性散射外,还可能伴随光子与粒子间的能量交换,结果使得散射的光子具有不同于入射光子的波长和相位,这类散射称为非弹性散射。拉曼效应(Raman effect)和康普顿效应(Compton effect)即属于非弹性散射的例子。

4.3.3　光的散射与材料的透明性

有许多本来透明的材料可以被制成半透明或不透明的。其原理是设法使光线在材料内部发生多次反射和折射(包括漫反射),致使透射光线变得十分弥散,当散射作用非常强烈,以至于几乎没有光线透过时,材料看起来就不透明了。

引起内部散射的原因是多方面的。一般地说,由折射率各向异性的微晶组成的多晶样品是半透明或不透明的。在这种材料中,微晶无序取向,因而光线在相邻微晶界面上必然发生反射和折射。光线经无数次反射和折射,便变得十分弥散。同理,当光线通过分散得很细的两相体系(包括材料中分散有微小的气孔)时,也因两相的折射率不同而在相界面上发生散射。两相的折射率相差越大,散射作用越强烈。

在纯聚合物(不加添加剂和填料)中,非结晶均相聚合物应该是透明的,而结晶聚合物一般是半透明甚至是不透明的。结晶聚合物是晶区和非晶区混合的两相体系,晶区和非晶区的折射率不同,而且结晶聚合物制品多是晶粒取向无序的多晶体系,因此光线通过结晶聚合物时,易发生散射。聚合物的结晶度越高,散射越强。因此,除非是厚度很薄的薄膜或薄膜中球晶的尺寸与可见光波长同一数量级或更小,结晶聚合物一般是半透明甚至不透明的,如聚乙烯、全同立构聚丙烯、聚四氟乙烯、尼龙、聚甲醛等。另外,聚合物中的嵌段共聚物、接枝共聚物和共混聚合物多属两相体系,除非特意使两相的折射率接近,一般也是半透明或不透明的,如橡胶增韧聚苯乙烯、丙烯腈-丁二烯-苯乙烯三元共聚物(ABS)等。

陶瓷材料如果是单晶体,一般是透明的。但大多数陶瓷材料不仅是多晶体,而且是多相体系,由晶相、玻璃相和气相(气孔)组成,因此往往是半透明或不透明的。但是利用高技术加工方法可以使玻璃相和气孔完全消失,从而得到较为透明的陶瓷多晶材料。例如,用热压法制备的多晶三氧化二铝是相当透明的。

在硅酸盐材料生产过程中,常常要考虑制品的美观问题。比如,陶瓷坯体通常为劣质原料,一般颜色较深,通常为了美观,在陶瓷坯体上施釉以遮盖颜色较深的坯体。我们知道釉是玻璃体,对可见光是透明的,只有用乳浊釉才能遮盖颜色较深的坯体。搪瓷器皿也遇到要把金属制品遮盖的问题,通常也采用乳浊釉来加以解决。乳浊釉就是利用了散射效应,另外还有乳白玻璃,也可以使光源变得柔和。

釉、搪瓷、乳白玻璃和瓷器是由玻璃相和微小晶相组成的,因此其外貌除了与光在表面的反射性、透过性或吸收性有关外,还受到内部由于分布的微粒引起的散射的强烈影响。如图 4.15 所示,它和镜面反射光、表面漫反射、直接透射光以及散射光等占有的比

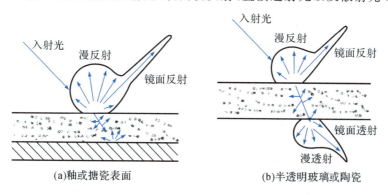

(a)釉或搪瓷表面　　　　　　　　(b)半透明玻璃或陶瓷

图 4.15　不透明或透明材料的镜面反射、漫反射和镜面透射

例有关。在陶瓷和玻璃的加工过程中遇到的乳白性或遮盖能力等问题,就是要求光未到达底衬层以前就已经被漫反射了。所谓的优良半透明性,是指光被散射了,甚至大部分入射光到达界面时不是直接透过而是通过散射光透过的。

陶瓷和搪瓷施釉遮盖表面达到美观的目的,这要求釉有高度的乳浊性(opacity),以使光线到达坯体前就被全部漫反射掉。因此,要求分散颗粒有大的折射率、有高的体积分散性,以及颗粒尺寸和波长相近。为了达到这一目的,通常要在釉中加入乳浊剂,乳浊剂必须具备两个条件:①在玻璃中有较低的溶解度;②相对玻璃有尽可能高或低的折射率。表 4.3 是一些适用于硅酸盐玻璃的乳浊剂的类型。

表 4.3　一些适用于硅酸盐玻璃($n=1.5$)用乳浊剂的类型

惰性添加物	折射率	熔制反应的惰性产物	折射率	玻璃中成核、结晶产物	折射率
SnO_2	$1.99\sim2.09$	气孔	1.0	NaF	1.32
$ZrSiO_4$	1.94	As_2O_5	2.2	CaF_2	1.43
ZrO_2	$2.13\sim2.20$	$PbAs_2O_6$	2.2	ZrO_2	2.2
ZnS	2.4	$Ca_4Sb_4O_{13}F_2$	2.2	$CaTiO_3$	2.35
TiO_2	$2.50\sim2.90$			TiO_2(锐钛矿)	2.52
				TiO_2(金红石)	2.76

TiO_2 的折射率特别高,而且在冷却过程中,TiO_2 能析出细小的晶粒,很适于作为乳浊剂。但 TiO_2 在陶瓷釉和玻璃中都没有用为乳浊剂,这是由于在高温,特别是在还原气氛下,由于变价会使釉着色,从而使釉发灰。但在搪瓷工业中,由于熔釉温度仅在 $700\sim800\,^\circ\text{C}$ 的低温范围,变色情形不会出现,因而 TiO_2 在搪瓷工业中是有良好遮盖能力的乳浊剂。

SnO_2 是广泛使用的有最好乳浊效果的乳浊剂之一,只要 SnO_2 含量适当,一般都具有良好的乳浊效果。其缺点是在还原气氛下,SnO_2 会溶于釉中,而使乳浊效果消失。

ZnS 在高温时易溶于玻璃,降温时从玻璃中析出微小的 ZnS 晶体,因而具有浮浊效果,可以用作乳浮浊剂。

目前 Zr 化合物被广泛用作乳浊剂,它具有乳浊效果稳定、不受气氛影响等优点。为降低成本,通常使用天然锆英石($ZrSiO_4$)而不用它的加工制品 ZrO_2。

乳白玻璃(也称蛋白玻璃)的一个重要光学性质是半透明性(translucency)。半透明性和乳白性的要求不同,为了达到半透明性,不要求最大的散射,但要求内部散射光产生的漫透射要最大,吸收要最小,这就要求分散颗粒和介质有相近的折射率。乳白玻璃中的分散相是通过在均一玻璃或熔体中析晶引入的,因而在玻璃中出现半透明性比在釉中实现乳浊性困难。乳白玻璃的最主要的乳浊剂是折射率与基质玻璃相近的氟化物,如 NaF 和 CaF_2。氟化物的作用不是乳浊剂本身的析出而是起矿化作用,促使其他晶体从熔体中或玻璃中析出。例如,含氟乳白玻璃中析出的主要晶相是方石英,有时也会有失透石($Na_2O \cdot 3CaO \cdot 6SiO_2$)和硅灰石,这些颗粒细小的析晶起着乳浊作用。有时在使用氟化物乳浊剂的同时,另外还会增加 Al_2O_3 的含量,以提高熔体的高温黏度,促使晶核形成过程中形成大量晶核,而得到数量庞大的细晶,从而获得良好的半透明性。

　　半透明性也是单相氧化物陶瓷的质量指标。在这类陶瓷中存在的气孔往往具有固定的尺寸,因而半透明性几乎只取决于气孔的含量。例如,氧化铝陶瓷的折射率比较高($n=1.8$),而气相的折射率接近 1,两者相差较大。气孔的尺寸通常和原料的原始颗粒尺寸相当,一般是 $0.5\sim2.0~\mu m$,与入射光波长相当,所以散射很大。当气孔率为 0.3% 时,其透射比只有完全致密试样的 10%。可见,对于含有小气孔率的高密度单相陶瓷,半透明性是衡量残留气孔率的一个敏感的标尺,因而也是陶瓷制品的一种良好的质量标志。

4.4　吸收与颜色

4.4.1　光的吸收

　　当平行光束通过均质单相材料薄层时,由于光被吸收,其强度减少量 dI 和薄层厚度 dx 及光束强度 I 成正比:

$$- dI = aI dx \tag{4.36}$$

式中:a 为比例系数,也称线性吸收系数(linear absorption coefficient),是材料的特征参数。若光射入的初始强度为 I_0,经过试样的厚度或介质中光程长度 l 后,出射光强度为 I,可以从下式:

$$\int_{I_0}^{I} \frac{dI}{I} = -a \int_0^l dx \tag{4.37}$$

求出透过率(以分数计):

$$T = \frac{I}{I_0} = \exp(-al) \tag{4.38}$$

　　从式(4.38)可知,线性吸收系数的单位是长度的倒数。如果考虑界面的反射损失,则对垂直入射光的透过率是:

$$\frac{I}{I_0} = (1-\rho)^2 \exp(-al) \tag{4.39}$$

　　线性吸收系数可按不同光谱区进行测定。$500\sim2500$ Å 范围用真空紫外单色光度计测定,一般使用 CaF_2 和 LiF 棱镜的光学系统或采用光栅;$220\sim1100$ nm 范围用石英棱镜或光栅分光光度计测定;$1\sim50~\mu m$ 用红外分光光度计测定,一般用 NaCl 和 KBr 作为棱镜。

　　在光吸收的研究中,还常用光吸收[$A = 1-T = (I_0-I)/I_0$]、光密度或吸收度 $D = \lg(1/T) = \lg(I_0/I)$、消光系数 $\alpha = D/l = \lg(1/T)/l$、摩尔消光系数 $\varepsilon = D/cl = \lg(1/T)/cl$($c$ 为吸收物质的浓度,单位为 mol/L)、透过率百分数 $T = (I/I_0) \times 100$ 等表示光的吸收或透过性质。

　　也可以用能量的方式来表示光的吸收现象。介质净吸收的光波能量不仅与介质特性有关,还与光程有关。透射光的辐射能流率随光程 x 的增加而减少:

$$\varphi_T = \varphi_0' \exp(-\beta x) \tag{4.40}$$

式中：$\varphi_0' = \varphi_0 - \varphi_R$，$\varphi_0'$ 为入射光中的非反射辐射能流率，即净入射光能流率。

4.4.2 光的吸收与材料的透明性

金属对光有强烈的吸收作用，所以不透明，光亦无法在其中传播。在金属的电子能带结构中，费米能级以上存在着许多空能级，因此金属受到光线照射时，比较容易吸收入射光线的光子能量，将价带中的电子激发到费米能级以上的空能级。正是由于费米能级以上存在许多空能级，因而从紫外到长波的各种不同频率的光子都被强烈吸收。

非金属材料对可见光可能是透明的，也可能是不透明的。而透明材料中有些是无色的，有些则是带颜色的。原则上，非金属材料对可见光的吸收有三种机理，显然，这些机理同时也影响材料的透过特性：①由于电子极化而吸收光子，但只有当光的频率与电子极化时间的倒数处于同一数量级时，由此引起的吸收才变得比较重要；②电子受激吸收光子而越过禁带；③电子受激进入位于禁带中的杂质或缺陷能级上而吸收光子。

如果光子能量的吸收是把电子从填满的价带激发，越过禁带而进入导带的空能级上造成的，则将在导带中出现一个自由电子，而在价带中留下一个空穴，如图 4.16(a)所示。激发电子的能量与吸收的光子频率之间的关系满足下式：

$$\Delta E = h\nu \tag{4.41}$$

显然，只有当光子能量大于禁带能量 E_g 时，即有：

$$h\nu > E_g \quad \text{或} \quad \frac{hc}{\lambda} > E_g \tag{4.42}$$

才能以该机理引起吸收。已知可见光的最短波长约为 $0.4 \ \mu m$，$c = 3 \times 10^8 \ m/s$，$h = 4.13 \times 10^{-15} \ eV \cdot s$，所以吸收可见光光子后，电子所能越过的最大禁带宽度为 $E_{g,max} = hc/\lambda_{min} = 3.1 \ eV$。如果非金属材料的禁带宽度大于 $3.1 \ eV$，则不可能吸收可见光。这种材料如果纯度很高，将是无色透明的。

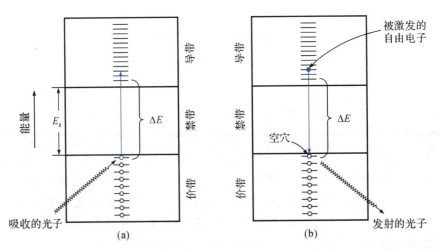

图 4.16 非金属材料吸收光子后电子能态的变化

与此同时,可见光的最大波长约为 $0.7~\mu m$,因此吸收光子后,电子能越过的最小禁带为 $E_{g,min}=hc/\lambda_{max}=1.8~\text{eV}$。该结果表明,对于禁带宽度小于 $1.8~\text{eV}$ 的半导体材料,所有可见光都可通过激发价带电子向导带转移而被吸收,因而是不透明的。而禁带宽度为 $1.8\sim3.1~\text{eV}$ 的非金属材料,则只有部分短波可见光被材料吸收,因此这类材料常常是带色透明的。

每一种非金属材料对特定波长以下的电磁波不透明,具体波长取决于 E_g。例如,金刚石的 $E_g=5.6~\text{eV}$,因而对波长小于 $0.22~\mu m$ 的电磁波是不透明的。

禁带较宽的介电材料也可能吸收光波,不过机理不是激发电子从价带进入导带,而是因为杂质或其他带电缺陷在禁带中引进了能级(如靠近导带底的施主能级或靠近价带顶的受主能级),使电子能够在吸收光子能量后,实现从价带到禁带或从禁带到导带的跃迁,如图 4.17(a)所示。受激后的电子处于较高的能态,是不稳定的,会产生弛豫过程,即电子受激时吸收的电磁波能量必定会以某种方式释放出来。释放的机理有多种。对于电子从价带到导带所吸收的能量,可能会通过电子与空穴的重新结合而释放出来,如图 4.16(b)所示。也可能通过禁带中的杂质能级而发生电子的多级弛豫,从而发射出两个光子,如图 4.17(b)所示。一个光子的能量等于电子从导带回到杂质能级所释放出来的能量;另一个光子的能量等于电子从杂质能级回到价带时释放出来的能量。此外,还可能在电子的多级弛豫中发射出一个声子和一个光子,如图 4.17(c)所示。

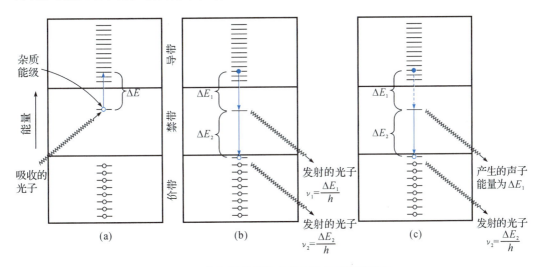

图 4.17　介电材料吸收光子后的电子跃迁形式

如果将光波范围扩展到红外区域,则对于电介质,在红外波段有一强烈的吸收峰(见图 4.9),是由于激发晶格振动长光学波引起的能量吸收。由电学部分内容可知,对于一维双原子链,其频率为 $\omega_0=[2\beta(1/m_1+1/m_2)]^{1/2}$,是介质对光波透明的频率下限。因此绝缘介质在 $\omega_0\sim\omega_{max}$ 之间对光是透明的($\omega_{max}=2\pi E_g/h$)。

对许多光学材料来说,要求能透过的波长范围越大越好,但是降低 ω_0 和提高 ω_{max} 总是矛盾的。因此,应视材料的使用情况合理选材。比如透红外材料,要求 ω_0 小,应选择结合力弱、原子质量大的材料,如 CsBr(透光范围为 $0.25\sim55~\mu m$)、CsI(透光范围为 0.25~70 μm)。

对于特殊用途,需要选用特殊的透光材料。由于军事、工业和科研的需要,发展了一系列透红外材料。用热压法制成了多晶红外窗口材料,强度高,耐腐蚀和热稳定性也好,如 MgF_2、MgO、ZnSe、CdTe 等。透红外材料有时还要考虑温度,因为温度的变化会引起材料的厚度和折射率的变化,产生光的畸变。对高压钠灯用灯管,要求能耐高温、高压、耐化学腐蚀,透光,一般用透明氧化铝陶瓷制成。

4.4.3　透射比与透明材料的颜色

光通过透明的均质固体时,其吸收、反射和透射的辐射能流率可用图 4.18 表示。设材料的厚度是 l,线性吸收系数为 a,当它的前表面受到辐射能流率为 φ_0 的入射光垂直照射时,则从其后表面投射出来的辐射能流率为:

$$\varphi_t = \varphi_0(1-\rho)^2 \exp(-al) \tag{4.43}$$

上式是式(4.39)的另一种表示法。

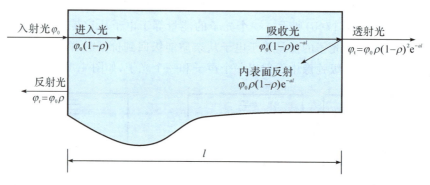

图 4.18　透明介质受入射光照射时的反射和透射

如式(4.4)所述,$\tau + \alpha + \rho = 1$,其中每一个参数都与波长有关。图 4.19 给出了光线照射到一块绿色玻璃上时,透射比 τ、吸收比 α 和反射比 ρ 与波长的关系。由图可见,对于波长为 0.4 μm 的光波,τ、α 和 ρ 分别为 0.9、0.05 和 0.05,而对于波长为 0.55 μm 的光波,对应的数值分别为 0.50、0.48 和 0.02。

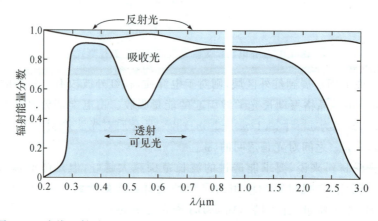

图 4.19　光线入射到透明绿色玻璃上时透射比、吸收比和反射比与波长的关系

有些透明材料之所以带颜色,是因为它选择性地吸收了特定波长范围的光波。所带的颜色取决于透射光中的光波分布。如果材料对整个可见光均匀吸收,则材料就不带颜色,如高纯无机玻璃、高纯的单晶金刚石和蓝宝石。

一般来说,可见光区的选择性吸收都是由于电子受激造成的。当电子从激发态回到低能态时,又会重新发射出光波。重新发射的光的波长往往大于吸收光的波长(见图 4.17)。因此透射光波的波长分布是非吸收光波和重新发射光波的混合波。透明材料的颜色就是由混合波的颜色决定的。

以 CdS 为例,它的禁带宽度为 2.4 eV,因此光子能量大于 2.4 eV 的均可被 CdS 吸收,被吸收的光子对应于可见光的蓝、紫波段。被吸收的能量还会以其他波长的光重新发射出来。因此,透过 CdS 的光波由未被吸收的光波(能量处于 1.8~2.4 eV)加上吸收后被重新发射出来的光波组成,结果使 CdS 显示橙黄色。

说明材料的透射光波与颜色的关系的另一个例子是蓝宝石与红宝石。蓝宝石是高纯度单晶氧化铝,呈无色。红宝石是在单晶氧化铝中加入了 $0.5\% \sim 2\%$ 的 Cr_2O_3。Cr^{3+} 取代 Al_2O_3 晶体中的 Al^{3+} 位置,在单晶氧化铝的禁带中引入了杂质能级,造成了不同于蓝宝石的选择性吸收,故呈红色。图 4.20 给出了蓝宝石和红宝石的透射光波长分布。由图可见,对于蓝宝石,在整个可见光范围内透射光的波长分布很均匀,因此是无色的。而对于红宝石,它对波长分别约为 $0.4~\mu m$ 的蓝紫光和波长约为 $0.6~\mu m$ 的黄绿光有强烈的选择性吸收作用,而非吸收光和重新发射光的混合光决定了其呈红色。

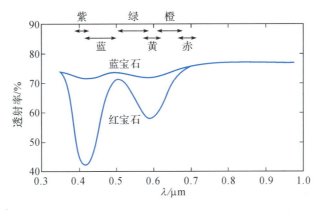

图 4.20　蓝宝石和红宝石透射光的波长分布

无机玻璃上色的方法就是在玻璃处于熔融状态时加入过渡金属离子或稀土离子。典型的着色离子有 Cu^{2+}(蓝绿)、Co^{2+}(蓝紫)、Cr^{3+}(绿色)、Mn^{2+}(黄色)、Mn^{3+}(紫色)。

对高分子材料而言,其颜色与本身的结构、表面特征及所含其他物质有关。高分子的玻璃态通常是无色透明的;配位高分子因金属离子配位键的电子跃迁能量恰好在可见光频率范围内,故对光波产生选择性吸收而呈现出颜色。部分结晶的高分子材料中既有晶区,又有非晶区,当光在其中传播时,若遇到不均匀结构产生的次级波与主波方向不一致,则会与主波合成产生干涉现象,使光线偏离原来的方向而引起散射现象,减弱投射光的强度,使材料透明性下降而呈现出乳白色。高分子材料的颜色可通过加入颜料、染料,或是引入某些杂质来实现。

4.5　其他光学现象

4.5.1　固体发光

固体材料吸收外界能量后发射出可见光或近可见光的现象称为发光(luminescence)。固体发射光有两种:热光和冷光。

1. 热辐射

热光也叫热辐射,是将物体加热到一定温度而发光,温度越高,光频带中短波成分越多。我们日常见到的处于较高温度的物体都会明显地发出可见光来。例如,在炉火中煅烧铁条,一开始它的温度不是很高,肉眼看不见它发射光,但可感受到它辐射的热量;当温度升到 500 ℃ 左右时,它开始呈现出暗红色,随着温度的进一步升高,它的光辐射逐渐增强,颜色逐渐变为橙红。这种现象是热辐射的共同特征,即随着温度的升高,辐射的总功率增大,辐射的光谱分布向短波方向移动。实际上,任何温度的物体都有热辐射,只不过在较低温度下辐射不强,而且辐射出来的主要是肉眼看不见的红外线。要靠热辐射有效地产生可见光,物体的温度应该足够高。

物体发射光能需要从外界吸收能量。在热辐射情形下,就要维持物体一定的温度,即要对物体加热。在上面所举的煅烧铁条的例子中,铁条的温度是靠炉膛中燃烧这样一种化学反应产生的热量来维持的。由于受这种燃烧过程的限制,温度不是很高,因而辐射的颜色偏红。由于热核反应产生巨大的能量,太阳表面的温度高达 5800 ℃,在这一温度附近,热辐射中的可见光部分较强,因而给人眼的感觉是白色。白炽灯也是靠通电加热钨丝实现热辐射的。由于灯丝材料的熔化问题,白炽灯灯丝的温度不能太高,通常只有 2000 ℃ 左右,因而发出的光与日光相比,颜色还是黄得多。

热辐射是一种热平衡辐射。宏观物体是由大量原子、分子、离子组成的,这些粒子都在不停地运动,这就是所谓的热运动。通常这种运动处在动态平衡中,而温度是一个用以描述这种平衡状态下内部运动的激烈程度的物理量。物体内部运动越剧烈,温度就越高。在一定温度下,物体中粒子或由它们构成的集团就有一定的处在不同激发态上的分布,温度升高了,这种分布移向较高能量状态,即处在较高能量状态的机会多了,或者说概率增大了。在一定温度下,处在较高能量状态的电子跃迁到较低的能量状态时就发射出光子。因此,随着温度升高,辐射光的强度增大,且短波长光的辐射增强尤为明显。由于体系在不同激发态上都有一定分布,辐射跃迁引起的热辐射就有很宽的光波长范围。除了肉眼能看见的可见光,还有肉眼看不见的红外线和紫外线。热辐射不仅取决于辐射体的温度,还取决于辐射体的发射本领。不同材料的热辐射可反映出材料固有的特征。

2. 冷光发射

冷光发射不需要提高物体的温度,而是通过吸收外界能量后使电子处于激发态。激发态电子弛豫回到低能态并发射出可见光或近可见光的现象称为冷光。冷光是物体在某种外界作用的激发下偏离热平衡态时产生的辐射,是一种非平衡辐射。固体的发光一般指的是冷光发射。我们讨论的也主要是这种发光现象。

由于光的辐射是物体中电子从高能态往低能态的跃迁产生的,物体要发光,首先就得使物体中的电子处于高能态。在热平衡时,电子在各能级上的分布服从玻尔兹曼分布定律(Boltzmann distribution law):

$$N_i = N\exp(-E_i kT) \tag{4.44}$$

式中:N_i 为处在能级 E_i 的电子数;N 为总电子数。如果温度不是很高,电子处于高能态的概率就很低,这时热辐射主要由红外线组成,可见光的成分很小。如果能使电子处在某些更高的能态,即使电子在不同能态上的分布偏离热平衡分布,那么,从这些高能态向低能态跃迁而产生的光就会比相应温度下同样波长的发射强很多。这种以某种方式把能量传给物体使电子跃迁到高能态的过程,称为激发过程。发光就是物体把吸收的激发能转化为光辐射的过程。发光只是在少数发光中心进行,不会影响物体的温度,也不需要加热物体,因此此类发光被看作"冷光"。显然用这种方式可以更有效地把外界提供的能量转化成可见光,不像热辐射的情形,即辐射跃迁引起的热辐射有很宽的光波长范围,在升高温度以得到所要的光辐射的同时,物体必定发射许多不需要的辐射。

由上面的分析可见,热辐射与发光的本质区别在于,前者需要加热物体,而且物体内所有的原子或分子的能量都得到提高;而后者在激发发光时,只是物体中的个别中心从外界得到能量,被激发到高能态,周围大量的中心仍处于未被激发的状态。

发光中心被激发后,电子要在激发态做些调整,从到达激发态到跃迁回基态时的这段时间里,除了发射出光子以外,还有其他过程参与竞争。因此,不同的材料,电子在激发态停留的时间不同,它是发光的一个重要特征。一般来说,激发停止后,发光强度 I 就正比于发光中心的数目,并随着时间 t 按指数规律衰减:

$$I = I_0 \exp(-t/\tau) \tag{4.45}$$

式中:I_0 为初始时的发光强度。经过时间 τ 后,发光强度下降到初始强度的 $1/e$,时间 τ 即称为发光衰减时间或发光寿命。

通常按发光衰减时间的长短将发光现象分成两类:发光体受激作用一停止发光随即停止的,称为荧光(fluorescence);激发作用停止后还有余晖的称为磷光(phosphorescence)。事实上,所有发光现象都有余晖,只不过不同的发光材料衰减的时间不同而已。因此一般以发光衰减时间 10^{-8} s 为分界,比它短的叫荧光,比它长的叫磷光。实际上,这种区别也没有什么特别意义,只是习惯上的沿用而已。

冷光的光发射过程基本上是相同的,但发光体吸收能量的来源可以截然不同。从吸收能量的来源来看,可以是物理能、机械能、化学能、生物能,相应的有物理发光、机械发光、化学发光及生物发光。机械发光是靠机械作用激发电子而发光,如摩擦发光;化学发光则是在化学反应过程中释放的能量激发的发光;生物发光是在生物体内发生的生物化学过程中产生的能量激发的发光;物理发光可以通过光辐照、阴极射线、电场、高能粒子及 X 射线等方式实现,相应的发光称为光致发光、阴极射线发光、电致发光等。

3. 光致发光现象

光致发光是用光激发材料引起的发光,是发光现象中研究得最多、应用也最广的一种现象。对材料的光致发光现象的研究,是了解其他所有发光现象的基础。早在古代,就有关于夜明珠的记载,如《后汉书》中记载有"夜光璧",在晚上能发光。在国外也有类似的传说,说红玉放在太阳光中能发出像烧红的炭一样的光芒。在 1600 年前后,有一个醉心于炼金术的鞋匠,从城外带回一些沉重的石头,他希望从中炼出黄金或者白银,结果却炼出了在阳光照射后能长时间发出红光的石头。到了 17 世纪,这种石头才被定名为"磷光体"。现在,我们知道这种石头的组成是 $BaSO_4$,其中可能含有痕量的 Bi 或 Mn,加热后变成了硫化物。一直到 19 世纪,才真正开始对光致发光进行科学研究。

光致发光是一种普遍存在的现象,不管是气体、液体还是固体,也不管是无机材料、有机材料还是生命物质都可以有光致发光。日常生活中常见的日光灯就是光致发光的。这种灯的灯管内充有水银蒸气,内管壁上涂有荧光粉,通电后,先使水银蒸气产生气体放电,发出紫外线,而后管壁上的荧光粉吸收紫外线,发出可见光,后一过程即为光致发光。

光致发光有两个过程。首先是激发过程。吸收激发光子使激活(发光)中心受激,即所谓激发过程。其方法有多种,视情况不同而异。如图 4.21(a)所示,或是由于发光中心直接吸收,使基态(G)上的电子跃迁到激发态(A)上;或是由于入射光作用在晶格中先形成电子-空穴对,电子和空穴分别在导带和满带中移动,遇到发光中心时,G 能级俘获空穴,A 能级俘获电子,结果相当于电子从能级 G 迁移到能级 A 上;还有其他一些激发途径,如通过基于库仑相互作用的共振交换能量转移等。

其次是光子发射过程。激活电子从激发态 A 回复到较低能态(一般为基态 G)而发射出光子,称为发射(或辐射)过程。发射过程也有多种方式,一般是受激态的电子自发回到基态的所谓自发辐射过程,发光强度按指数规律衰减。另一种是亚稳态发光过程,如图 4.21(b)所示,有一个亚稳态 M 存在,在受激后,从 G 跃迁到 A 的电子可以直接回到 G 而发射出光子,但也可能先落到亚稳态 M 上,然后等待热起伏才能使 M 态的电子跃迁到 A 上,再回到基态 G 而发光。显然这种过程持续时间比上一种过程长,而且还和温度有关。此外还有一种复合发光过程,是发光中心在受激时被电离成正离子和电子,被离化出来的电子在发光晶体中漂移,遇到其他已离化的发光中心,复合而发光。

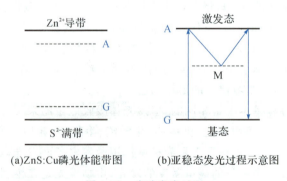

(a)ZnS:Cu磷光体能带图   (b)亚稳态发光过程示意图

图 4.21   光致发光过程

4. 发光材料

大多数材料吸收能量后,并不辐射光子,而是提高材料的温度,即电子从高能态跃迁回低能态,释放的能量主要以热的形式传递给介质,即以发射声子而并非以发射光子的形式显示出来。

对于金属,由于其对光有强烈的吸收和反射作用,不可能制成发光材料。而对于纯绝缘体,由于其禁带宽度很宽,即使电子从导带跃迁回价带,辐射光子,辐射的也是紫外线,所以对于纯材料只有半导体可能制成发光材料。对纯半导体,如硅、锗等能隙太窄,只能发射红外线。

蓝色发光二极管

宽禁带半导体材料是目前全球范围内致力于研究的一类重要的发光材料,如 GaN、CdS 等半导体材料,其禁带宽度均落在可见光范围内。由于实际材料能带结构非常复杂,大多为间接能隙,由于动量守恒定律的约束,即使能发光,效率也很低。但是可以通过掺杂的办法,在禁带中引入杂质吸收,则从杂质能级上的跃迁总能满足动量守恒,产生光发射,即需要在基质材料中掺入微量杂质——激活剂,才能获得高效率发光。

发光材料由基质和激活剂组成,为了得到更好的发光,对激活剂和基质有一定的要求。

①激活剂一般选择最外壳层 d 轨道或 f 轨道填满或半满的离子,如 $Mn^{2+}(3d^5)$、$Cu^+(3d^{10})$、$Zn^{2+}(3d^{10})$、$Ag^+(4d^{10})$、$Cd^{2+}(4d^{10})$、稀土离子等。

②基质一般主要用上述满 d 壳层的金属的硫化物、含氧酸盐等,这主要要求基质对激活剂干扰少,两者不会发生能量交换。另外,还要求基质透明、禁带宽度适宜,并与激活剂离子匹配,高纯以便于控制掺杂浓度。从这几个方面考虑,ZnS 是较好的基质材料(ZnS 的禁带宽度为 3.5 eV)。

彩色电视中,需用蓝、绿、红三种颜色的发光材料,即三基色。一般来说,蓝色用掺 Ag 的 ZnS 荧光粉(常表示成 ZnS:Ag);绿色用(Zn,Cd)S:Cu,Al 和 ZnS:Cu,Al;红色用 $YO_2S:Eu$ 或 $Y_2O_3:Eu$。

材料发光特性的重要应用是基于电致发光原理而用于发光显示器件。利用电致发光原理,可用 pn 结产生可见光。在 pn 结上施加正偏压时,电子与空穴在结区复合而放出能量。在某些情况下,该能量以可见光的形式释放。这种能发出可见光的二极管叫发光二极管(LED),可用于数字显示。发光二极管的特征颜色取决于所利用的半导体材料。

除了晶态半导体发光材料以外,另外还有两类重要的发光材料,因其品种多、发光波长的多样性而引起人们的广泛关注。一类是以非晶态材料为基质,掺入过渡金属离子和稀土离子的发光材料;另一类是含生色团(可以吸收光子而产生电子跃迁的原子基团)的有机发光材料。

5. 有机发光材料

有机发光材料主要包括芳香稠环化合物、分子内电荷转移化合物和某些特殊金属配合物三类,影响有机化合物发光过程的因素主要有以下几种。

①激发光的波长。激发光能量要高于价电子最小激发能量,这样分子才能吸收能量跃迁到第一激发态。

②分子结构。具有较好发光性能的有机化合物,其分子应该有生色团。生色团是确定发光颜色和效率的主要影响因素。其分子中连接有荧光助色团,可以提高荧光量子效率。例如,当化合物的结构中含有 =C=O、—N=O、—N=N、=C=N—、=C=S 等,

并且这些基团是分子的共轭体系的一部分时,该化合物可能会产生较明显的发光。一般来说,对于芳香性化合物,增加稠环的数量、增大分子共轭程度、提高分子的刚性,可以提高荧光量子效率。芳环上的邻、对位取代基可以使发光增强,间位取代基使发光减弱,硝基和偶氮基团对发光有淬灭作用。

③光敏剂的作用。在有机材料中加入光敏化剂也可以在不改变最大激发波长的前提下有效提高荧光量子效率。光敏剂是指分子在激发光波长处具有较高的摩尔消光系数,吸收光能使自身跃迁到激发态,处在激发态的光敏分子能够将能量传递给有机化合物,使其发光效率增强的化合物。光敏剂一般都含有较大的共轭体系、较高的摩尔消光系数和稳定的化学结构。

④外部环境的影响。在通常情况下,温度降低会使发光强度提高;反之,发光强度下降。如果发光过程发生在溶液中,溶液的极性和黏度对发光过程也有影响,一般有机化合物的发光强度随溶液的极性增强而增强。

4.5.2　光电效应

光照射到某些材料上,引起材料的电性质发生变化的现象,统称为光电效应(photoelectric effect)。光电效应一般分为外光电效应和内光电效应。

1. 材料的外光电效应

1887 年,德国物理学家赫兹(H. Hertz)在为证实麦克斯韦所预言的电磁波的存在的实验中,偶然发现了一个奇妙的现象:当用紫外线照射实验装置时,电极之间发生电火花变长,且更容易一些,但他没有继续探究其原因。一年以后,赫兹的学生、物理学家霍尔瓦克斯(W. Hallwachs)证明,这一现象的发生是由于光照下出现了带电粒子的缘故。后来,人们知道这种粒子就是电子。不仅紫外线可以从金属中"照出"电子,X 射线、可见光、红外线也有这种本领。人们把由于光照射固体而从表面逐出电子的现象称为外光电效应(或光电发射效应),发射的电子称为光电子。

外光电效应可用如图 4.22 所示的简单装置来观察。把两个金属电极 K 和 A 安装在抽成真空的玻璃泡中,两极之间串联上直流电源和灵敏电流计 G。当光未照射时,玻璃泡内 K、A 之间的空间无载流子,电阻为无穷大,没有电流流过 G;当有光照射阴极 K 时,便有光电子从阴极 K 飞出,在电压作用下飞向阳极 A,K、A 之间便有稳定的光电流流过。

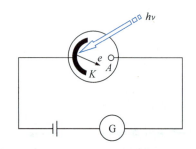

图 4.22　外光电效应实验装置

对光电效应的系统实验,发现了三条实验规律。

①当一定频率的光照射金属阴极 K 时,只要 K、A 之间有足够的加速电压,光电流正比于光强。

②每种金属各自存在一个足以发生外光电效应的最低频率 ν_0,称为红限频率。当照射光频率 $\nu < \nu_0$ 时,不管光多么强,都不会逸出光电子;当入射光频率 $\nu > \nu_0$ 时,不管光多

么弱,都会立刻发射光电子,不存在时间滞后。

③光电子从金属表面刚逸出时的最大初始动能$\frac{1}{2}mv_0^2$,与光的频率存在线性关系,与入射光的强度无关。

利用光子概念和能量守恒定律,对外光电效应可以写出下列式子:

$$h\nu=\frac{1}{2}mv_0^2+\varphi \tag{4.46}$$

式中:φ为金属逸出功或功函数(work function)。式(4.46)被称为爱因斯坦方程,它成功地解释了外光电效应的实验规律。

金属中的自由电子在金属内部可以自由游荡(电子气),但由于金属表面的金属正离子要拽住它们,自由电子不能随意地越过金属表面而逸出。可以用图 4.23(a)所示的能量"势阱"来说明金属表面对电子的这种约束作用。假设电子在金属之外的真空中势能为零,在金属中的势能为$-U$,加上电子在金属中具有的动能,它的总能量只能处于$-U\sim-E_F$。因此,金属中的电子如果不能从外界获得大于等于φ的能量,电子是绝对无法克服能垒外逃的。逃逸出金属表面所需的这个最小能量,或需要对电子所做的最小的功称为逸出功φ。这就是外光电效应存在红限频率ν_0的原因所在。不同金属的逸出功φ不同,红限频率ν_0也不相同。

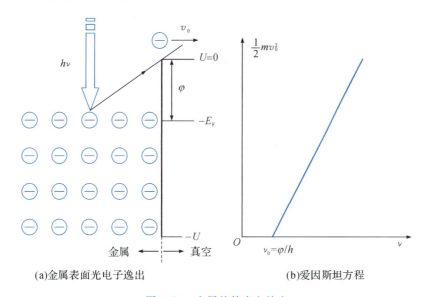

(a)金属表面光电子逸出　　　　　　　(b)爱因斯坦方程

图 4.23　金属的外光电效应

当光子与电子碰撞并为电子所吸收时,电子获得了光子的能量$h\nu$,一部分用于克服金属的束缚,抵消逸出功φ,余下的便成为逸出光电子的初动能$\frac{1}{2}mv_0^2$,如式(4.46)所示。

图 4.23(b)是爱因斯坦方程示意图,直观地表示了光电子的初动能与入射光频率的线性关系。直线与频率轴的交点是红限频率ν_0,直线的斜率是普朗克常量h。

除了金属的外光电效应外,半导体和其他固体也一样会发生外光电效应。

　　发现固体的外光电效应后,人们一直致力于其应用的研究。1930年,基于外光电效应的光电转换器件——光电管开始实用化,并不断改进与提高其灵敏度和扩展使用的光频范围,从而出现了继真空光电管之后的充气光电管。充气光电管尽管提高了灵敏度,但对弱光的探测,光电流仍然太弱,于是便出现了光电倍增管(photomultiplier)。光电倍增管是在原来光电管的阴极和阳极之间安装上一系列次阴极(也称倍增极),分别称为第一阴极、第二阴极……可达十多个。各电极之间保持上百伏的电压。当光照射在阴极上时,发射的光电子在电场作用下轰击第一阴极,一个入射光电子将从阴极轰击出多个次级光电子,称为二次光电子发射。次级光电子又经电场加速,轰击下一个阴极,产生更多的次级光电子。如此继续下去,最终可使电流放大10^6倍以上,最终到达阳极,即阴极上发射一个光电子,阳极上可以得到10^6个电子,达到了足以计数光子数目的水平。一个光子打在阳极上,足以产生一个光电流脉冲,计数这些光脉冲数就可得知光子数目,这就是光子计数器的工作原理。

　　利用外光电效应做的真空光电管和充气光电管曾在自动控制和检测中发挥了重要作用。现在,这两种光电管大多为小巧的半导体光电二极管和三极管所取代。但由真空光电管衍生出来的光电倍增管因具有将弱光信号转变成电信号的特点,成为不可缺少的弱光探测器,广泛应用于众多高新探测技术中,如各种光谱仪、光子计数仪、红外探测仪、表面分析仪等。

　　1963年,Ready等人用激光做光电子发射实验时,发现了偏离爱因斯坦方程的奇异光电子发射。1968年,Teich和Wolga用GaAs激光器发射的$h\nu=1.48$ eV的光子照射逸出功$\varphi=2.3$ eV的金属钠时,按爱因斯坦方程,光子的频率处于金属钠的红限频率以下,不会有光电子发射。但是,实验中却观察到了光电流,而且光电流不是与光强成正比,而是与光强的平方成正比。为此,人们设想光子进行了"合作",两个光子同时被电子吸收,得以越过表面能垒,称为双光子光电发射。后来,进一步的实验表明,可以有更多,甚至数十个光子同时被电子吸收而发射光电子,称为多光子光电发射。多光子光电发射在红外探测、光化学反应探测、受控热核反应等领域都有重要意义。

2. 材料的内光电效应

　　物体被光照射并不向外发射电子,但发生电导率的变化或产生电动势,这类光电现象称为内光电效应。内光电效应又分为光电导效应(photoconductive effect)和光生伏打效应(photovoltaic effect)。

　　绝大多数低电导率的半导体,当未受光照射时,价电子被束缚在原子的局部价键上,不能参与导电,只有少数热激发产生的自由载流子——电子和空穴可以参与导电。按照固体能带论,价电子处于价带中,参与导电的自由电子处于导带中,自由空穴处于价带顶,在导带和价带之间存在宽度为E_g的禁带。如果电子都束缚在全满的价带中,导带中无电子,那材料就成了绝缘体,电导率为零。

　　要打破电子在价带和导带中的分布格局,就必须给电子提供能量,打断原子间的价键,将电子从价带提升到导带。光电导效应就是利用光子提供能量来实现这一目标的。当能量大于禁带宽度E_g的光子与价电子碰撞时,价电子获得光子能量,从价带跃迁到导带,成为自由电子,同时在价带中留下一个空穴,形成自由电子-空穴对。价带中的空穴和导带中的自由电子都是可以参与导电的载流子,这一光电过程增加了材料的载流子浓度,改变了材料的电导率。

由前面的"材料的电学性能"一章可知,对于电子电导,电导率 σ 有:

$$\sigma = e(n\mu_e + p\mu_h) \tag{4.47}$$

式中:μ_e、μ_h 分别为自由电子、空穴的迁移率;n、p 分别表示自由电子、空穴的体密度。假设材料未受光照射时的自由电子和空穴的体密度分别为 n_0 和 p_0,受光照射时的自由电子和空穴的体密度增量分别为 $\Delta\mu_e$、$\Delta\mu_h$,则受光照射后的电导率为:

$$\begin{aligned}\sigma &= e(n_0 + \Delta n)\mu_e + e(p_0 + \Delta p)\mu_h\\ &= e(n_0\mu_e + p_0\mu_h) + e(\Delta n\mu_e + \Delta p\mu_h)\\ &= \sigma_0 + \Delta\sigma\end{aligned} \tag{4.48}$$

式中:σ_0 为无光照时的电导率,称为暗电导;电导率增量 $\Delta\sigma$ 称为光电导率;$\Delta\sigma/\sigma_0$ 称为光电导灵敏度。对于本征半导体,$\Delta n = \Delta p$,它与光强成正比。同样,对于本征半导体,也存在产生光电导的光频率下限,只有光频 ν(或波长 λ)满足

$$h\nu = \frac{hc}{\lambda} \geqslant E_g \tag{4.49}$$

的光子才可能产生光电导。除了本征半导体有光电导外,杂质半导体同样有光电导。

利用光电导效应可以制作光敏电阻、光开关、红外探测器和光电导摄像管等器件。光电导效应一个常见的应用是静电复印。静电复印过程与摄影过程大致相同,有曝光、显影、转印、定影等过程,所不同的是,静电复印用光导材料作为感光物质,而不是用感光胶片。在静电复印中,目前使用较多的光电导材料主要有硒及其合金、氧化锌、有机光电导体等。此类光电导体在无光照时是绝缘体,光照时变为导体。静电复印的简单原理步骤包括以下 5 个过程。

①充电。以硒光电导材料(p 型半导体)为例,当通过电晕放电在暗处对光电导层充电时,正离子沉积于光电导层表面,并在光电导层和导电基体界面处感生等量负电荷。由于未受光照,此时光电导层近于绝缘体,两边的正、负电荷互相吸引着,却不会复合。光电导层经过充电后,成了一个可以感光的"胶片"。

②曝光。曝光是指原稿的文字或图像由光线投影于光电导层表面的过程。曝光时,光电导层有光照射的部位由于产生光生载流子,成了导体,形成光电流,光电导层上、下的正负电荷复合,光电导层表面电位随之降低。没有受光照的部位,光电导层仍处于高阻状态。原稿不同部位的黑白浓度不同,相应地光电导层不同部位的电荷、电位分布也不同,也即原稿的文字和图像转变成了光电导层电荷、电位分布的静电潜像。

③显影。使有色墨粉带电,靠静电引力将墨粉吸引在光电导层的静电潜像上,使潜像成为可见文字和图像。

④转印。复印纸和已附有墨粉可见图像的光电导层表面接触,利用电晕放电对纸的背面充电,与墨粉带电极性相反,靠静电力将光电导层上的墨粉吸附于复印纸上。

⑤定影。墨粉像转印到纸上以后,将复印纸与光电导层分离,然后加热熔融,使之牢固粘在纸上。

完成复印后,清除光电导层上的残余墨粉,并对光电导层进行全面曝光,以消除剩余

电荷,便于光电导层重复使用。

半导体受光照射产生电动势的现象称为光生伏打效应。要在光照下产生电位差或电动势,材料除了要具有光电导的特性,使束缚电子成为自由电子,形成电子-空穴对,还需要一种将正、负载流子在空间上分离的机制。根据产生电位差时载流子分离机制的不同,光生伏打效应又可分为光磁电效应(利用磁场的洛仑兹力将定向扩散的光生正负载流子分离)、丹倍效应(基于光生非平衡载流子扩散速度的差异,即自由电子扩散比空穴快,实现正、负载流子分离)、pn 结光生伏打效应等。

pn 结光生伏打效应的简单原理是利用 pn 结的内建电场,将结区光生载流子(电子-空穴对)分离,分别累积到结的两边,使 p 型侧带正电,n 型侧带负电,建立了一个与原来内建电位差相反的电位差,称为光生电位差。对 pn 结来说,光生电位差相当于给结加了一个正向电压。将光照的 pn 结与外电路接通,就能在外电路驱动电流,起着电源的作用,这就是光电池(photoelectric cell)的工作原理。为了增加电压或输出功率,可以将许多光电池串、并联,组成光电池阵列。卫星、航天器上使用的硅光电池板就是这样的阵列,光电池阵列也可以用来驱动小汽车。

利用 pn 结的光敏特性,除了制作光电池外,还可以制成各种光敏二极管、三极管等,广泛用于自动控制和传感技术。

4.5.3　光致变色

物质在受到一定波长的光照射时,能够发生颜色(或光密度)的变化,而在另一波长的光或热的作用下,又会恢复原来的颜色(或光密度),这种现象称为光致变色(photochromism)。具有这种特性的物质称为光致变色物质。上述过程可以用以下通式简单表示:

光致变色

$$A \xrightarrow{h\nu_1} B, \quad A \xleftarrow[h\nu_2 \text{ 或 } \Delta T]{} B \tag{4.50}$$

目前已发现的光致变色材料可分为无机光致变色材料和有机光致变色材料两大类。无机光致变色材料有金属卤化物(如卤化银分散在玻璃中制成变色玻璃镜片、AgI 和 HgI_2 的混合晶体等)、金属羰化物[如 $Mo(CO)_6$、$W(CO)_6$、$Cr(CO)_6$ 等]等;有机光致变色材料有螺环烃类(如螺吡喃、吲哚啉螺吡喃、N-烷基-吲哚啉-硝基苯并螺吡喃等)、缩苯胺衍生物、芪衍生物(如 1,2-二苯乙烯等)、染料类(如芳香偶氮化合物、靛蓝染料、硫靛染料、三芳基甲烷染料等)、邻-硝基苄基衍生物(如 2,6-双-4′叠氮苄叉环己酮)等。

1. 无机光致变色材料的变色机理

光致变色玻璃(光色玻璃)是指在紫外线照射下产生色心而着色,光照停止后色心复合颜色也随之消失的一类玻璃。以含卤化银玻璃为例,其光致变色原理与摄影的曝光原理相似。摄影底片曝光过程中,溶解于底片的明胶中的感光剂 AgX(X 为卤素元素)在光的作用下,发生以下不可逆的光解反应,形成银胶粒而着色:

$$nAgX \xrightarrow{h\nu} nX^* + nAg^* \longrightarrow (Ag^*)_n (Ag \text{ 胶粒}) \tag{4.51}$$

光色玻璃中也含有光敏剂卤化银,在紫外线作用下,发生了同样的化学反应。但是,与摄影胶片不同的是,玻璃的黏度大,离子难以迁移,在反应前、后,反应物及产物基本上停留在原来的位置附近,因而反应是可逆的。

$$AgX \xrightarrow{h\nu_1} X^* + Ag^* \xrightarrow[h\nu_2 \text{ 或 } KT]{} AgX \tag{4.52}$$

式中:$h\nu_1$ 为紫外线的能量;$h\nu_2$ 和 KT 分别表示可见光和热辐射能量。在紫外线照射下,Ag^+ 获得电子变成 Ag^*,并进一步形成银胶粒而成为色心。在可见光照射或热辐射下,发生逆向反应,色心消失。

为了增加式(4.52)反应的灵敏性,还常在玻璃中加入增敏剂,如 Cu^+ 或其他一些过渡金属离子。加入 Cu^+ 后的光化学反应可用下式表示:

$$Ag^+ + Cu^+ \xrightarrow{h\nu_1} Ag^* + Cu^{2+} \xrightarrow[h\nu_2 \text{ 或 } KT]{} Ag^+ + Cu^+ \tag{4.53}$$

能够使玻璃产生色心的光波叫激活光波,一般为 $360\sim460$ nm。色心在产生的同时也在不断地复合,引起色心复合的光波叫漂白(或脱色)光波。光色玻璃的光敏性完全取决于色心的形成与复合的速率,其饱和变暗水平也取决于激活过程和脱色过程的竞争是哪个占优势。

分相是玻璃具备光色效应的前提,事实上,未经分相热处理的均匀玻璃不具备光色效应。在略高于玻璃转变温度 T_g 下进行热处理,使玻璃相结构重新调整,产生分相。分相的结果是一相富硅,一相富硼。卤化银富集在低黏度的富硼相中,易于银离子和卤素离子的聚集、分散。玻璃的分相不仅与热处理的历史过程有关,实际上主要取决于玻璃组成。选择恰当的玻璃组成是获得性能良好的光色玻璃的先决条件。

光色玻璃作为保护眼睛免遭紫外线辐射的变色眼镜片,已得到广泛应用。此外,光色玻璃还用于汽车挡风玻璃、大楼的自动调节光线的窗玻璃,也可作为信息存储和显示材料。

2. 有机光致变色材料的变色机理

如式(4.50)所示,在一定波长和强度的光作用下,有机材料发生化学反应,其分子结构会发生变化,从而导致其颜色或对光的吸收峰值改变(见图 4.24),实现有机材料在有色和无色两状态间的可逆变化,即产生光致变色现象。分子结构改变的方式有:价键异构化、键断裂、多聚或氧化-还原等。

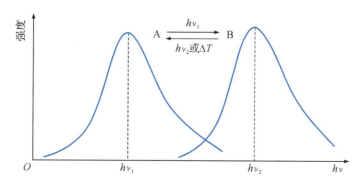

图 4.24　光致变色在两种状态下吸收光谱的变化

当材料在 $h\nu_1$ 光照下从无色态变成有色态时,若在一定温度下光致变色材料不需光照即可从有色态返回无色态,则称为 T(thermal)型光色材料;若从有色态返回无色态需在 $hν_2$ 光照下实现,则称为 P(photoactive)型光色材料。T 型光色材料受到激发后反应速度比较快,褪色速度也比较快,这类常温下光致变色的材料已用于航天、激光、防强光辐射等科技领域及调光镜头、变色织物等民用方面;P 型光色材料的消光过程是光化学过程,有较好的稳定性和变色选择性,可用于信息记录、保存和擦除。

小分子光致变色现象早已被人们发现,例如偶氮苯类化合物在光的作用下,会从反式变为顺式结构,吸收波长的变化改变了材料的外观颜色。如果把这种小分子光致变色材料高分子化,就会成为有用的功能高分子材料。

制造光致变色高分子的途径主要有:一是把光致变色体混在高分子内,使共混物具有光致变色功能;二是通过侧基或主链连接光致变色体的单体均聚或共聚制得光致变色高分子;三是通过大分子反应,即与光致变色体反应,得到侧基含有光致变色体的高分子。下面列举了几种光致变色高分子材料的作用机理。

(1)甲亚胺类　这类材料的光致变色机理如图 4.25 所示,顺式烯醇(Ⅰ)中甲亚胺基邻位的羟基氢通过分子内迁移形成反式酮(Ⅲ),反式酮(Ⅲ)热异构化为顺式酮(Ⅱ),顺式酮(Ⅱ)通过氢的热迁移又能返回顺式醇(Ⅰ)。

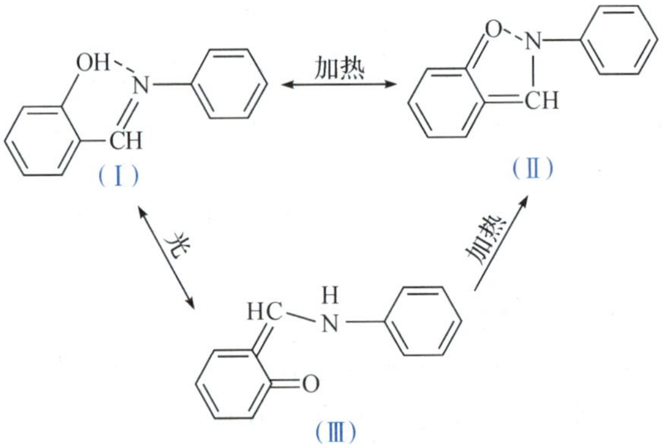

图 4.25　甲亚胺类的光致变色机理

(2)偶氮苯类　这类高分子的光致变色性能是偶氮苯结构受光激发后发生顺反异构变化,顺式构型与反式构型的最大吸收波长不同,从而引起颜色变化。分子吸收光后,稳定的反式偶氮苯变为顺式,最大吸收波长从约 350 nm 蓝移到 310 nm 左右,消光系数也在发生变化。如图 4.26 所示,对 2-乙酰胺基-2-顺-2-偶氮苯的吸收峰为 320 nm,反式异构体的极大吸收峰为 360 nm。虽然顺反异构体的吸收峰值仅差 40 nm,但是摩尔消光系数相差很大,反式异构体要比顺式异构体大 4 倍。

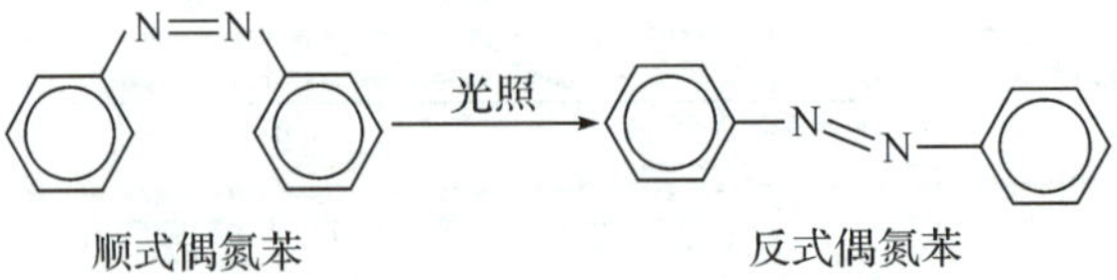

图 4.26　偶氮类的光致变色机理

(3)螺吡喃类　螺吡喃类是当前最令研究者感兴趣的一类光致变色化合物,变色明显是其主要的特点。含有螺苯并吡喃结构的化合物在紫外线的作用下吡喃环可以发生可逆开环异构化反应,分子中吡喃环的 C—O 键断裂,接着分子中一部分发生旋转,变成开环体结构,使整个分子接近共平面的状态,吸收光谱也因而发生红移。开环体既能吸收可见光,又能回复到闭环化合物。激发态吸收波长一般在 550 nm 左右,其结构变化如图 4.27 所示。

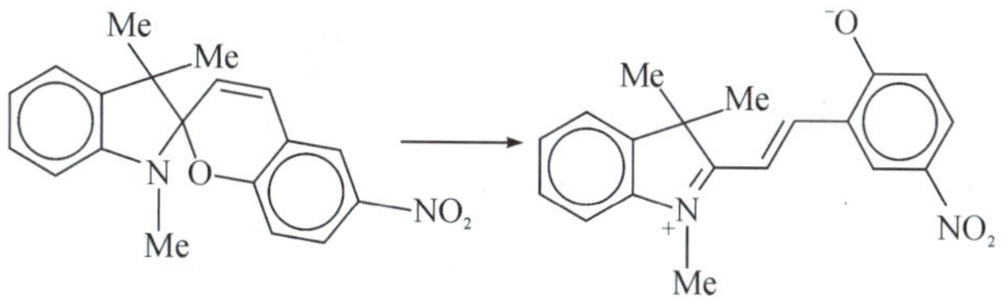

图 4.27　螺吡喃类的光致变色机理

除了以上几种光致变色高分子材料之外,还有俘精酸酐类、二芳杂环基乙烯类等材料。

用光致变色材料记录数字信息的基本原理是:首先要用 $h\nu_1$(或 $h\nu_2$)的光照射该材料,使其分子都处于有色态(或无色态),称作擦除,此光称作擦除光。然后用被二进制编码信息调制的光 $h\nu_2$(或 $h\nu_1$)照射介质,使部分介质由有色态返回到无色态(或反之),被调制的光称为写入光。于是,介质的某些部分处于无色态,其他部分处于有色态,它们就对应于二进制中的"0"和"1"。信息读出时,既可以读折射率的变化,也可以读透射比的变化。前者利用不在两状态(有色态和无色态)吸收峰所处波长的光照射,测量其折射率变化而读出信息;后者则利用其中一个状态吸收峰所处波长的光照射,测量其透射光强度而读出信息。

当然,要真正作为存储介质,光致变色特性还应满足一些基本条件。首先,需要有合适的光源,使其光波波长处于光致变色波长范围内;其次,要有适宜的读出光强度,读出光太强会破坏记录的数据,太弱又会降低读出灵敏度,甚至不能正确读出;最后,光色介质在室温时应有较好的稳定性,不会因为温度的变化或化学性质的不稳定或随时间的推移而丢失信息。

还有一些有机光致变色材料,发生光致变色时,需要两束光的共同作用才能实现。这两束光的波长可以相同,也可以不同。这类光致变色材料需要同时吸收两个光子(称双光子吸收),才能被激发。它们在立体存储方面有重要的应用前景。

有机光致(热致)变色物质可以用来制得变色油墨,将光致(热致)变色化合物加入透明树脂中,制成光致(热致)变色材料,可以应用于太阳眼镜片、服装、玩具等。

4.5.4　光致弹性

对材料施加机械力,引起材料折射率变化的现象,称为光弹效应(photoelastic effect)。在工程上常利用此效应分析复杂形状材料的应力分布。此外,光弹效应在声光器件、光开关、光调制器等方面也有重要应用。

机械应力对材料产生的应变导致晶格内部的改变,并同时改变了弱连接的电子轨道

形状的大小,因此引起材料极化率和折射率的改变。材料应变 ε 和折射率的关系如下:

$$\Delta\left(\frac{1}{n^2}\right)=\frac{1}{n^2}-\frac{1}{n_0^2}=P\varepsilon \tag{4.54}$$

式中: n_0、n 分别为加应力前、后材料的折射率;P 为光致弹性系数。

    光致弹性系数 P 依赖于材料所受的压力,因为压力增加,原子堆积更紧密,引起密度和折射率的增大。但是,材料被压缩时,电子结合得更紧密,其结果使得材料的极化率和折射率减小。可见,材料在受机械应力作用时,会对材料的折射率产生两个相互抵消的影响效果,而且两者处于同一数量级。因此,有些氧化物的折射率随压力增大而增大(如 Al_2O_3),而有一些氧化物的折射率随压力增大而减小,还有一些氧化物的折射率不随压力而改变(如 $Y_3Al_5O_2$)。

    在大部分材料中,要找出较大的光致弹性系数是困难的,只有那些含有孤立电子对的正离子的化合物才有可能。如 $Pb(NO_3)_2$ 中的 Pb^{2+} 含有孤立电子对,有非常大的极化率,因此光致弹性系数很大。此外,压电耦合系数大的材料也可能具有大的光致弹性系数,其原因是施加应力产生内部电场而加强了光致弹性系数。

    如果材料受单向的压缩和拉伸,则在材料内部发生轴向的各向异性,这样的材料在光学性质上就和单轴晶体相似,产生双折射现象。无机玻璃是各向同性材料,但是,如果玻璃在互相垂直方向作用着不相等的张应力 S_x、S_y,玻璃就变成了各向异性,即沿 x 方向光的传播速度 v_x 小于沿 y 方向的传播速度 v_y,产生光程差 Δ。光程差 Δ 和玻璃厚度 d 及 (v_y-v_x) 成正比,即 $\Delta=Kd(v_y-v_x)$,K 为比例系数。由于光传播速度和玻璃应力差成正比,即 $v_y-v_x=K'(S_y-S_x)$,因此有:

$$\Delta=KK'd(S_y-S_x)=Bd(S_y-S_x) \tag{4.55}$$

式中:B 为比例常数。$1/B$ 也称为光致弹性系数,但是与前述的光致弹性系数 P 形式不同,它反映光程差和应力造成光速差的关系,是有量纲的,故也称为应力光学常数。可以利用偏光仪来测定玻璃的光程差,从而求出内应力的大小。

4.5.5 声光效应

    利用压电效应产生的超声波通过晶体时,引起晶体折射率的变化,称为声光效应(acoustooptic effect)。由于声波是弹性波,当超声波通过晶体时,使晶体内质点产生随时间变化的压缩和伸长应变,其间距等于声波的波长。其结果与光弹效应相同,也使介质的折射率发生相应的变化。因此,当光束通过压缩-伸张应变层时,就会产生折射或衍射。当超声波频率低,即其波长比入射光的光束直径大得多时,产生光的折射现象;当超声波频率高,即入射光的光束直径远比超声波波长大时,折射率随位置的周期性变化就起着衍射光栅的作用,产生光的衍射,通常称它为超声光栅,光栅

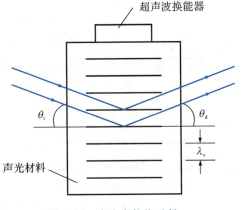

图 4.28 声光布拉格反射

常数即等于超声波波长 λ_s。超声光栅对光的衍射类似于晶体对 X 射线的衍射(见图 4.28),并可用布拉格方程来描述:

$$\lambda = 2\lambda_s \sin\theta \tag{4.56}$$

式中:$\theta = \theta_i = \theta_d$,$\theta_i$ 为入射角,θ_d 为衍射角;λ 为入射光波长。由此可见,衍射可使光束产生偏转,此类偏转称为声光偏转。声光偏转角度和超声波的频率有关,一般在 $1° \sim 4.5°$ 的范围内。此外,衍射光的频率和强度还与弹性应变成比例。零级衍射光束和入射光束频率 ν_0 相同,但是,正和负一级衍射频率是 $\nu_0 + \nu_m$ 和 $\nu_0 - \nu_m$。ν_m 与超声波的频率相关,因此调制超声波的频率就可以调制衍射光束的频率;也可以利用调制超声波的振幅,使衍射光束引起相应的强度调制。因此,可以将声光效应的原理用于光的偏转、调制、信息处理和滤光等。

研究表明,在一定超声波功率下,声光材料的光衍射效率与材料的性能指标 $M = P^2 n^2 / (\rho v^3)$ 成比例,此处的 n 是材料的折射率,P 是光致弹性系数,ρ 是材料密度,v 是声速。因此,光致弹性系数高、折射率高、声速低、密度小的晶体具有较高的光衍射效率。当然,在实际应用时,上述条件并不是都能同时满足的。例如,为了提高偏转速度,使声波的波面迅速随之变化,就要求声速大;而声速大,又不利于分辨率的提高和获得大的偏转角。一般来说,含有高极化离子(如 Pb^{2+}、Te^{4+}、I^{5+} 等)的晶体折射率高、密度大、声速小。

重要的声光晶体有 $LiNbO_3$、$LiTaO_3$、$PbNoO_4$ 和 $PbMoO_5$ 等,所有这些晶体的折射率都在 2.2 左右,而且在可见光区都是高度透明的。

4.5.6　电光效应

对材料施加电场引起折射率的变化称为电光效应(electro-optic effect)。电光效应是电场的函数:

$$\Delta\left(\frac{1}{n^2}\right) = \frac{1}{n^2} - \frac{1}{n_0^2} = rE + PE^2 \tag{4.57}$$

式中:n、n_0 分别为施加电场前后的折射率;E 为电场常数;r 为电光线性系数;P 为电光平方效应系数。若材料的 P 等于零或其值可以忽略,$\Delta(1/n^2)$ 与电场 E 成正比的效应称为一次电光效应;$\Delta(1/n^2)$ 与 E^2 成正比的效应称为二次电光效应或克尔效应(Kerr effect)。

几乎任何分子都具有极化率的各向异性,如果各向异性的分子排列得无规则或高对称,则构成的材料在光学上是各向同性的;反之,如果用某种方法使各向同性材料内的大量分子产生某种择优取向,则极化矢量(分子偶极矩的总和)将具有各向异性,即材料的介电常数将是各向异性的,因此该材料在光学上是各向异性的。

前面介绍的光弹效应就是用外加机械应力使分子产生某种择优取向,改变了折射率。如果用外加电场使材料的电偶极矩的取向存在某种择优取向,则也将必然改变材料的折射率,晶体的折射率将随光传播方向而异,即产生电光效应。利用电光效应可以实现对光的调制。如图 4.29 所示,两偏振器相互垂直,当未施加电压时,光不能通过检偏器;若对调制晶体施加电压,则由于折射率改变,光可以透过检偏器,透过光的强弱可随施加的电压而变,从而实现对光的调制。

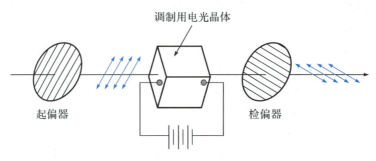

图 4.29　电光调制器

因一次电光效应是线性关系,在具有对称中心的晶体中是不会出现的,而克尔效应则在所有的晶体中都可以出现。重要的电光晶体有 $LiNbO_3$、$LiTaO_3$、$Ca_2Nb_2O_7$、$Sr_xBa_{1-x}Nb_2O_6$、KH_2PO_4、$K(Ta_xNb_{1-x})O_3$ 和 $BaNaNb_5O_{15}$ 等。在这些晶体中,其基本结构单元是铌离子或钽离子由氧离子八面体配位。由于折射率随电场而变,电光晶体可以应用于光学振荡器、频率倍增器、激光频振腔中的电压控制开关以及光通信用的调制器等。

4.6　光学材料及其应用

本节分别以光纤材料、非线性光学材料和激光材料作为光介质材料和光功能材料的代表,介绍其基本原理和应用。

4.6.1　光纤材料

高锟:光频介质
表面波导

从 1876 年发明电话到 20 世纪 60 年代末,通信线路都是铜制导线。到 20 世纪 70 年代,世界上干线通信使用的还是标准同轴管,每管质量达 200 kg/km。我国采用的 8 管同轴电缆加上金属护套,每千米质量达 4 吨多。有色金属和其他材料的消耗大,通信成本很高。因此,人们开始寻求和研究比同轴电缆更好的信息传输媒介。

20 世纪 60 年代激光的发明使光作为信息的载体成为可能。但是,要实现光通信,还必须有光元件、组件及信号加工技术和光信号的传输介质。1958 年,英国科学家提出了利用光纤作为光信号传输介质的设想。1966 年,在英国标准电讯研究所工作的英籍华人学者高锟(K. C. Kao)等人发表了"光频介质表面波导"一文,论证了把光纤的光学损耗降低到 20 dB/km 以下的可能性(当时光纤的传输损耗约为 1000 dB/km),并在英国伦敦水晶宫演示了利用光纤的通信,揭开了光纤通信新技术序幕。随着理论研究和制造技术的提高,降低光纤传输损耗的工作进展很快。1970 年,美国康宁玻璃公司拉制出世界第一根低损耗光纤,这是一根高二氧化硅玻璃光纤,长数百米,损耗低于 20 dB/km。到 20 世纪 80 年代初期,高二氧化硅玻璃光纤的损耗又降低了两个数量级,在 $\lambda=1.55\ \mu m$ 时约为 0.2 dB/km,几乎达到了材料的本征光学损耗。石英玻璃光纤不仅不需要消耗有色金属,而且质量极轻(每千米质量才 27 g,是同轴电缆的数 1/1000)、不受外界电磁干扰、保密性强。因此,从 20 世纪 80 年代中期起,全世界范围内光纤通信开始走向实用化,信息高速公路的主体就是光纤通信网。目前,全世界的光纤年产量达到 6000 万千米以上,铺设的光纤总长已超过 2 亿千米,每根光纤的通信容量可达几千万甚至上亿条话路。

近年来,各种各样的光纤层出不穷,除了通信用多模、单模光纤外,又出现了各种结构不同的高双折射偏振保持光纤、单偏振光纤、光纤传感器用功能光纤、塑料光纤等。

1. 光纤的结构与分类

光纤是用高透明电介质材料制成的外径为 125~200 μm 的低损耗导光纤维,它不仅具有束缚和传输从红外到可见光区域的光的功能,而且也具有传感功能。光纤由纤芯和包层构成[见图 4.30(a)],纤芯是由高透明固体材料(如高二氧化硅玻璃、多组分玻璃、塑料等)制成的,纤芯的外面是包层,用折射率较纤芯材料低的有损耗(每千米几百 dB)的石英玻璃、多组分玻璃或塑料制成。光纤的导光能力取决于纤芯和包层的性质。这样制成的光纤是很脆的,还不能付诸实际应用。要使光纤具有实用性,还必须使它具有一定的强度和柔性,即采用图 4.30(b)所示的三层芯线结构。在光纤的外面是一次包覆层,主要目的是防止光纤表面受损伤,并保持光纤的强度。因此,在选用材料和制造技术上,必须防止光纤产生微弯或受损伤。通常采用连续挤压法把热可塑硅树脂包覆在光纤外而制成,此层的厚度为 100~150 μm。一次包覆层之外是缓冲层,外径约为 400 μm,目的在于防止光纤因一次包覆层不均匀或受侧压力作用而产生微弯,带来额外损耗。因此,必须用缓冲效果良好的低杨氏模量的材料作缓冲层。为了保护一次包覆层和缓冲层,在缓冲层之外加上二次包覆层。二次包覆层材料的弹性模量应比一次包覆层的大,而且要求具有小的温度系数,常采用尼龙,此层的外径常为 0.9 mm。

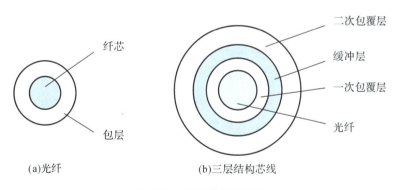

图 4.30　光纤横截面结构

光纤可按其结构、组成和功能进行分类。按光纤折射率分布不同,可分为阶跃型光纤和梯度型光纤两大类;按光纤传播光波的模数来分,则有多模光纤和单模光纤两大类(见图 4.31)。按材料组分不同,光纤可以分为高二氧化硅玻璃光纤、多组分玻璃光纤和塑料光纤等。目前通信用光纤都是高纯二氧化硅玻璃光纤。

阶跃型多模光纤和单模光纤的折射率分布都是突变的,纤芯折射率均匀分布,而且具有恒定值 n_1,而包层折射率则为 n_2($n_2 < n_1$)。阶跃型多模光纤和单模光纤的区别仅在

于后者的芯径和折射率差($\Delta n = n_1 - n_2$)都比前者小。设计时,适当地选取这两个参数,以使得光纤中只能传播最低模式的光,这就构成了单模光纤。

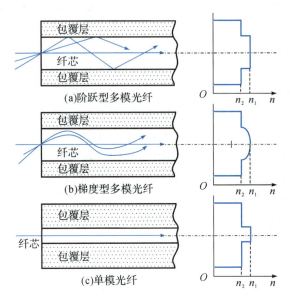

(a)阶跃型多模光纤

(b)梯度型多模光纤

(c)单模光纤

图 4.31　光纤的种类和光在光纤中的传播

在梯度光纤中,纤芯折射率的分布是径向坐标的递减函数,而包覆层折射率分布则是均匀的,可用下式表示:

$$n(r) = \begin{cases} n_1 & r=0 \\ n_1 \left[1 - 2 \left(\dfrac{r}{a} \right)^g \left(\dfrac{n_1^2 - n_2^2}{2n_1^2} \right) \right]^{1/2} & r < a \\ n_2 & r \geqslant a \end{cases} \tag{4.58}$$

式中:g 为幂指数,一般取 2。

2. 光在光纤中传输的基本原理

从光的折射现象知道,当光透过折射率为 n_1 的介质照射到折射率为 n_2($n_2 < n_1$)的介质的界面上时,入射光将产生折射。入射角 θ_1 与折射角 θ_2 之间服从光的折射定律:

$$\frac{\sin\theta_1}{\sin\theta_2} = \frac{n_2}{n_1} \tag{4.59}$$

由此可见,当入射角 θ_1 逐渐增大时,折射角 θ_2 也相应增大。当 $\theta_1 = \arcsin(n_2/n_1)$ 时,折射角 $\theta_2 = \pi/2$,此时入射光全部返回到折射率为 n_1 的介质中去,即产生光的全反射现象。入射角 $\theta_1 = \arcsin(n_2/n_1)$ 称为临界角。光在光纤中的传播就是利用光的全反射原理,当入射进纤芯的光与光纤轴线的交角小于一定值(或光照射纤芯与包覆层界面的入射角大于临界角)时,光线在纤芯与包覆层界面上发生全反射。这样,光在纤芯中沿锯齿状路径曲折前进(见图 4.27),但不会穿出包覆层,避免了光在传播过程中的折射损耗。

传输模式是光纤最基本的传输特性之一。 光学上把具有一定频率、偏振状态和传播方向的光波称为光波的一种模式。若光纤只允许传输一个模式的光波,称这种光纤为单模光纤(single-mode optical fiber);如果光纤允许同时传输多个模式的光波,则称它为多模光纤(multi-mode optical fiber)。多模光纤的直径为几十至上百微米,与光波长相比大得多。因此,许多模式的光波进入光纤后都能满足全反射条件,在光纤中得到正常的传输。在多模光纤的输出端,可以看到光强度分布的不同花样,即在输出端出现多个亮斑,一个亮斑代表多模光纤所传输的一种模式的光波。单模光纤的直径非常细,只有 $3\sim10~\mu m$,同光波的波长相近。在这样细的光纤中,只有沿着光纤轴线方向传播的一种模式的光波满足全反射条件,在光纤中得到正常的传播,其余模式的光波由于难以满足全反射条件,在光纤中传播一段距离后就消失了。

多模光纤的传输光波频率主要受到模间色散(因光线走不同的模式而导致的时延差)的限制,所以传输的信息量不可能很大。单模光纤不存在模式色散,所以传输频带比多模光纤宽,传输的信息容量大。但是,单模光纤直径太细,制造工艺要求高,因此目前大多用于在大容量、长距离光纤通信中。多模光纤由于直径较粗,制造工艺比单模光纤简单,使用中光纤的连接与耦合也比单模光纤容易。因此,多模光纤在短距离通信中还有重要的应用。

3. 光纤材料及制造

(1)石英玻璃光纤　　目前,国内外制造和使用的光纤绝大部分是石英玻璃光纤。为降低石英玻璃光纤的内部损耗,纤芯的主要成分是高纯度的二氧化硅,纯度要达到 99.9999%,其余成分为少量掺杂材料,如二氧化锗(GeO_2),其作用是提高纤芯的折射率。

生产石英玻璃光纤的原料是液态卤化物,有四氯化硅($SiCl_4$)、四氯化锗($GeCl_4$)和氟利昂(CF_2Cl_2)等。它们在常温下是无色的透明液体,易水解,在潮湿空气中强烈发烟,有一定的毒性和腐蚀性。氧化反应和载运气体有氧气和氩气等。为保证光纤质量,并降低损耗,要求原材料中含有的过渡金属离子、羟基等杂质浓度不应高于 10^{-9} 量级。制造石英玻璃光纤主要包括两个过程,即预制棒的制备和拉丝。为了获得低损耗的光纤,制棒和拉丝均要在超净环境中进行。预制棒的制备工艺很多,主要有改进的化学气相沉积法(modified chemical vapor deposition, MCVD)、等离子体化学气相沉积法(plasma chemical vapor deposition, PCVD)、管外化学气相沉积法(outside vapor deposition, OVD)和轴向气相沉积法(vapor axial deposition, VAD)。化学气相沉积法中发生的反应主要有:

$$GeCl_4 + O_2 \xrightarrow{\text{高温}} GeO_2 + 2Cl_2 \uparrow$$

$$2CF_2Cl_2 + SiCl_4 + 2O_2 \xrightarrow{\text{高温}} SiF_4 + 4Cl_2 \uparrow + 2CO_2 \uparrow \qquad (4.60)$$

$$SiCl_4 + O_2 \xrightarrow{\text{高温}} SiO_2 + 2Cl_2 \uparrow$$

式中:反应生成的 GeO_2 和 SiF_4 分别可以提高和降低纤芯的折射率,实现对纤芯折射率的调控。继续升温加热,反应生成的混合粉料熔融成玻璃,制成超纯玻璃预制棒。

将预制棒放入近 2000 ℃高温的石墨拉丝炉中加热软化,拉制成又长又细的玻璃纤维,纤维的外径由牵引机自动调节控制。拉出的光纤要马上进行包覆处理。

为追求高的性能价格比,对石英光纤的生产技术进行了一系列的改进。例如,美国康宁公司的 OVD 法已进入第五代工艺,用这种工艺生产的单模石英光纤的平均损耗在 $\lambda = 1.31~\mu m$ 处已达到 $0.33~dB/km$,在 $\lambda = 1.55~\mu m$ 处达到 $0.189~dB/km$。

(2)多组分玻璃光纤　多组分玻璃光纤的成分除二氧化硅外,还有氧化钠(Na_2O)、氧化钾(K_2O)、氧化钙(CaO)、三氧化二硼(B_2O_3)等其他氧化物。其制造采用双坩埚法,坩埚是尾部带漏管的内、外两层铂金坩埚同轴套在一起所组成。多组分玻璃料经过仔细提纯,芯料玻璃放在内层坩埚里,包覆层玻璃放在外层坩埚里,玻璃料经加热熔化后从漏管中流出。在坩埚下方有一个高速旋转的鼓轮,将熔融态材料拉成一定直径的玻璃细丝。纤芯的直径与包覆层的厚度的比值由漏孔的直径大小和漏管的长度决定。如果把漏管加长,使纤芯与包覆层材料在高温下接触,通过离子交换,可以获得折射率呈梯度分布的结构。光纤的总直径可以通过调节加热炉炉温和拉丝速度来控制。

(3)红外光纤　超长距离的海底通信需要超低损耗光纤。理论上,红外光纤的损耗极限可达 $10^{-4} \sim 10^{-2}~dB/km$,但目前红外光纤的制作水平还远未达到理论预计的损耗极限。除超长距离通信外,红外光纤在医学、军事、工业和科研等方面均有重要应用,如激光手术刀、能量传输、红外遥感和探测等。应用场合的不同,对红外光纤的性能要求也不一样,需要采用不同的材料和制备方法。作为光通信介质的红外光纤,超低损耗和色散是必不可少的指标;而用于传输光能的光纤(如外科手术器械),则非常重视力学性质。

为了获得低损耗的红外光纤,在材料选择上必须满足如下要求:本征吸收位于短波长区,即材料能隙较宽;晶格吸收位于红外区域以外;散射损耗和杂质吸收损耗要小;材料能形成稳定的玻璃态。目前研究的红外光纤材料主要有重金属氧化物玻璃、卤化物玻璃、硫化物玻璃和卤化物晶体等,其中,氟化物光纤和硫化物光纤是红外光纤的两大主流研究方向。

氟化物光纤具有低损耗特点,目前氟化物玻璃光纤的损耗一般在 $1~dB/km$ 左右,而在太空中制造的 ZBLAN(锆 Zr、钡 Ba、镧 La、铝 Al 和镎 Np 的氟化物玻璃)光纤,损耗已降到 $0.001~dB/km$。现在 $1.3~\mu m$ 通信窗口比较有希望的光放大器就是由掺镨(Pr)的氟化物光纤制成的。

硫系光纤是目前唯一具备声子能量低、非辐射衰减速率低、红外透过谱区宽、具有大的非线性系数和负色散值的光纤材料,是最有前途的功能型光纤材料,在将来的全光纤红外系统应用中极富竞争力。

(4)聚合物光纤　聚合物光纤也称塑料光纤(polymer optical fiber,POF)。POF 一般为多模光纤,有可能在光纤接入网中得到应用,但目前还只是被应用于 100 m 范围内的计算机网络中。聚合物光纤是由包覆着聚氨酯外护套的塑料纤维构成,也分成纤芯和包覆层两部分。纤芯的主要材料是聚甲基丙烯酸甲酯(PMMA)和聚苯乙烯。如果纤芯采用折射率为 1.49 的 PMMA,包覆层材料则采用折射率为 1.40 左右的含氟聚合物;如果纤芯采用折射率为 1.58 的聚苯乙烯,包覆层材料就采用 PMMA。POF 的纤芯直径一般在 $150 \sim 2000~\mu m$ 范围内,典型的数值孔径为 0.5。POF 的损耗包括瑞利散射损耗、杂质吸收损耗以及由波导结构缺陷引起的损耗,一般为 200 dB/km 左右。

POF 的优点在于质量轻、韧性好、自由弯曲范围较大、有良好的电气绝缘性、生产成本低、工艺简单、连接容易。其缺点是损耗大、带宽小、耐热性差、抗化学腐蚀和表面磨损性能比玻璃光纤差。POF 非常适合作为短距离数据通信媒介使用。

4.6.2　激光材料

上一节介绍的材料发光现象所涉及的光子发射都是自发性的,也就是说光子是在无外界微扰下,由高能态电子自发地弛豫到低能态时发射出来的。光子的发射是独立而随机地发生的,两次发射之间没有关系,产生的光波为不相干光波。而激光则是在外来光子的微扰下,诱发电子能态的转变,从而发射出的与外来光子的频率、相位、传输方向和偏振态等均相同的相干光波。

激光是 laser 的中译名,是 light amplification by stimulated emission of radiation(受激辐射光放大)的首字母缩写,其中译名是 1964 年 12 月根据钱学森教授的建议而采用的。1960 年,世界上第一台以红宝石($Al_2O_3:Cr^{3+}$)为工作物质的固体激光器研制成功,自此光学发展史翻开了崭新的一页。激光是 20 世纪最重大的发明之一,它的出现大大促进了光电子学、信息技术的发展。

激光的应用十分广泛。激光通过聚焦而引起局部发热,已用于外科手术和金属的切削加工中;激光也用来作为光学通信系统中的光源;由于激光是同步相干光,可用来精确地测量距离;此外,激光在科学研究中也得到了广泛的应用。

1. 激光的特性

激光和普通光的根本不同在于激光是一种有很高光子简并度的光。光子简并度可以理解为具有相同模式(或波型)的光子数目,即具有相同状态的光子数目。激光器主要由激光材料(又称增益介质)和谐振腔组成,谐振腔选模,增益介质通过受激辐射向确定的模提供能量,从而形成具有很高光子简并度的激光。高光子简并度表现出很好的单色性、方向性、相干性及高亮度。激光可被压缩成极短的超短脉冲,脉宽已达飞秒(fs)量级,能产生短至 4.6 fs 的超短激光脉冲,高达 10^{20} W/cm^2 的光功率密度。

(1)单色性　光的单色性通常用光的频谱分布来描述,线宽是衡量一条谱线单色性好坏的物理量。光波衰减是线宽的决定因素,衰减快,会引起线宽加宽,单色性差。

激光的好单色性是由激光器的工作原理和结构决定的。由于谐振腔内的增益介质可以向一个模提供足够的能量,所以从整体来看,可以认为光在腔内没有损耗,因而由该谐振腔输出的激光可以理解为是没有衰减的,具有无限窄的线宽。但是,实验发现,激光的谱线不可能无限窄,因为自发辐射在激光的输出中不可避免地存在,从而造成激光发射中一种不可避免的衰减。因此,激光谱线仍有一定的线宽。通常把激光器中自发辐射引起的线宽称为线宽极限,它正比于该模式中每秒自发辐射的能量。

实际上,任何一台激光器都会受到外界条件的影响,还没有实现以线宽极限激光输出的激光器。温度变化、振动、泵浦电源的波动等都会造成谐振腔腔长的变化和谱线频率的变化,所以实际的激光器输出线宽总是比极限线宽大得多。采用各种稳频技术之后,可把上述影响减小到最低程度,获得远比普通光源好得多的单色性。

(2)方向性　光源发出光束的方向性通常用发散角 2θ(单位:rad)来描述,亦可用光束所占的空间立体角 $\Delta\Omega=\pi\theta^2$(单位:sr)来描述。普通光源辐射的光束来自于自发辐射,自发辐射总是任意的,向各个方向辐射的,方向性很差。激光具有很好的方向性,如一台单模运转的 He-Ne 激光器所发射的光束,其发散角 2θ 可以小到 $10^{-3}\sim10^{-6}$ rad,是普通光源中方向性很好的弧光的 $10^{-7}\sim10^{-5}$,是当前最好的探照灯系统的 1/1000。

激光优良的方向性是由激光器的工作原理和结构决定的。由于激光器的增益介质只向特定模式提供能量,受激辐射提供的光子总是与激发光完全一样:同频率、同相位和同方向。因此,如果谐振腔选出的模不受衍射的影响,激光束的发散角可以无限小。一般地,激光器的发散角都接近于该激光器出射孔径所决定的衍射极限,即

$$2\theta\approx\frac{\lambda}{d} \tag{4.61}$$

式中:λ 为激光波长;d 为出射孔径。若 $\lambda=0.63\ \mu m$,$d=3$ mm,则 $2\theta\approx2\times10^{-4}$ rad。

不同类型激光器所发射的激光的方向性差别很大,这与增益介质的类型及均匀性、光腔的类型及腔长、激励方式和激光器的工作状态有关。气体激光器的增益介质有良好的均匀性,且腔长大,方向性好,2θ 为 $10^{-6}\sim10^{-3}$ rad;固体激光器所发射的激光的方向性差,一般在 10^{-2} rad 量级,这与固体增益介质的光学均匀性差、腔长较短和激励的非均匀等因素有关;半导体激光器的方向性最差,一般为 $(5\sim10)\times10^{-2}$ rad,且两个方向的发散角不一样。

(3)相干性　相干性可理解为来自不同时刻或不同空间位置的光场之间的相关性。当把同一光源发出的光分成两束,然后在空间某一点叠加,如果可以形成干涉条纹,则这两束光是相干的;反之,是不相干的。如果将同一光源发出的一束光分成的时刻不同的两束光叠加并形成干涉条纹,这是时间相干性的反映;而同一光源中两个不同位置的光分成两束叠加并形成干涉条纹,这是空间相干性的反映。

激光具有极好的相干性。激光的相干性和激光的单色性、方向性和高亮度都有密切的联系,是激光最基本的属性。激光的单色性决定了激光的时间相干性,激光的空间相干性和激光的方向性是紧密联系的,激光的高亮度是激光的相干光强极高之故。

(4)高亮度　激光的亮度是指单色定向亮度 B_b,定义为:

$$B_b=\frac{P}{\Delta S\Delta\Omega\Delta\nu} \tag{4.62}$$

式中:P 为光源的辐射功率;ΔS 为辐射面积;$\Delta\Omega$ 为辐射所占的立体角;$\Delta\nu$ 为辐射的线宽。B_b 表示单位光束截面在单位频率间隔内,向单位立体角所辐射的功率,其大小是由辐射的光子简并度所决定的。

提高辐射功率和效率是发展激光器的重要课题。气体激光器能产生最大的连续功率;固体激光器可产生最高的脉冲功率,采用调 Q 技术可以输出很高的激光脉冲功率,而采用锁模技术和其他压缩脉冲宽度的方法,可把激光脉冲宽度压缩到 fs 量级。

2. 激光的产生

激光增益介质的种类很多,大体上可分为气体增益介质、液体增益介质和固体增益介质三大类。下面我们以固体激光增益介质为例,讨论其激光的产生。

同一般的发光材料一样,固体激光材料也是由激活离子和基质构成的,也包括激发和发射过程,所不同的是激光材料的激活离子至少需有三个能级,其中一个能级是亚稳的,平均弛豫时间较长,受到外来光子的引发才会跃迁,因而发出的光子频率、相位、偏振和传输方向都一样。受激发射的光子又会引发新的辐射,由于相干光叠加加强,产生高亮度的激光。实际上,在受激发射的同时也存在自发跃迁,要产生激光必须使受激跃迁大大多于自发跃迁,即要求所谓的粒子数反转(激发态的电子数多于基态的)。下面以红宝石激光器为例,阐明激光产生的过程。

红宝石是在蓝宝石单晶(α-Al_2O_3)中加入 0.05% 的 Cr^{3+} 后得到的产物。Cr^{3+} 使红宝石呈红色,更重要的是提供了产生激光所必要的电子能态。通常将红宝石制成柱状,两端为高度抛光互相平行的平面,端面镀银(见图 4.32)。其中一个端面是部分镀银,能部分透光;另一个端面充分镀银,使之对光波有全反射作用。在激光管内,用氙气闪光灯辐照红宝石。

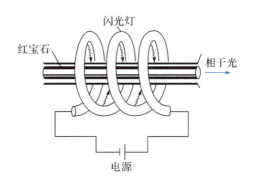

图 4.32　红宝石激光柱和氙气闪光灯

红宝石的激活离子 Cr^{3+} 的能级结构见图 4.33,在被照射之前,所有的 Cr^{3+} 都处于基态,即其中的电子都占据最低的能级。但在氙灯光(波长 560 nm)照射下,Cr^{3+} 中的电子受激跃迁到高能态。受激高能态电子可通过如下两个途径返回基态:①直接从受激高能态返回基态,同时发出光子(自发辐射),由此产生的光不是激光;②受激高能电子首先弛豫到介稳定的中间状态 M,停留 3 ms 后再返回基态,同时发出光子。在电子运动过程中,3 ms 是一段很长的时间,这意味着在介稳定状态中可同时存在许多电子[见图 4.34(b)]。当几个电子自发地从介稳定状态返回基态并发出光子时[见图 4.34(c)],在这几个光子的诱导下,介稳定态的其他电子以"雪崩"的形式越来越多地返回基态,发射出愈来愈多的同频率光子[见图 4.34(d)]。那些基本平行于红宝石柱轴向运动的光子,一部分穿过部分镀银的端面,一部分被镀银的端面反射回来。光波沿红宝石轴向来回传播,强度越来越强。从部分镀银的端面反射出来的光束就是高度准直的高强度相干波——激光[见图 4.34(e)]。这种单色激光的波长为 0.6943 μm。

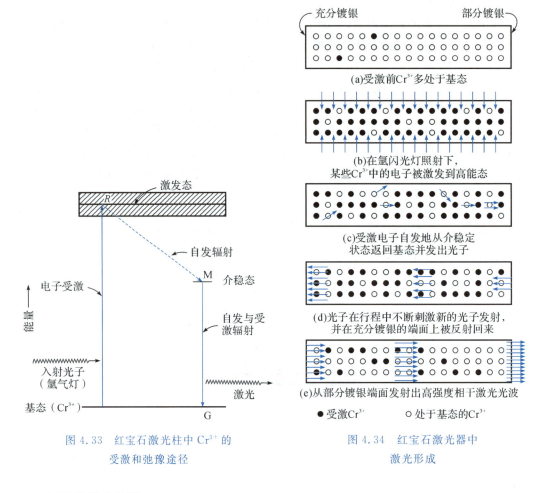

图 4.33 红宝石激光柱中 Cr^{3+} 的
受激和弛豫途径

图 4.34 红宝石激光器中
激光形成

3. 固体激光材料

在固体材料中,能产生激光的工作物质有半导体、激光晶体和激光玻璃三大类。激光晶体是在某些透明的晶体中掺入一些金属离子制成的,其中晶体是基质,金属离子是发光中心——激活离子。基质有氟化物、复合氟化物、氧化物、复合氧化物、阴离子络合物等。掺杂的离子有过渡族金属离子(Cr^{3+} 等)、三价稀土离子(Nd^{3+}、U^{3+} 等)和二价稀土离子(Sm^{2+}、Pr^{2+} 等)。激光晶体发出的激光波长取决于掺杂离子,例如,红宝石发出的激光波长为 $0.6943\ \mu m$,掺钕钇铝石榴石(YAG:Nd)发出的激光波长为 $1.06\ \mu m$。

玻璃也被广泛用作激光物质的基质材料。和晶体相比,玻璃的形状可以改变,尺寸可以增大,而且又是各向同性的,光学质量也较高。但是激活离子在玻璃中的配位场有变化,因此影响激活离子发射光的频率,使之变宽,即单色性较差。目前使用的硅酸盐玻璃有 $K_2O\text{-}BaO\text{-}SiO_2$ 系统钡冕玻璃,$R_2O\text{-}CaO\text{-}SiO_2$ 系统的钙冕玻璃和以 $Li_2O\text{-}CaO(MgO)\text{-}Al_2O_3\text{-}SiO_2$ 系统的高弹性玻璃,组成范围大致是 $65\%\sim80\%\ SiO_2$,$0\sim5\%\ R_2O_3$,$5\%\sim10\%\ RO$,$10\%\sim20\%\ R_2O$。此外,硼酸盐玻璃、磷酸盐玻璃、锗酸盐玻璃及氟化物玻璃都会产生受激发射。掺入的激活离子主要是 Nd^{3+},此外 Gd^{3+}、Ho^{3+}、Er^{3+}、Tm^{3+} 和 Yb^{3+}

等在玻璃中也可以获得激光振荡。由于 Fe^{2+}、Cu^{2+}、Sm^{3+}、Dy^{3+} 等在钕玻璃发出的激光波长 $1.06~\mu m$ 时都有强的吸收,因此必须减少这些杂质离子。为了提高激光玻璃的能量转换效率,常用敏化发光来增加对光泵的有效吸收。例如,玻璃中的 UO_2^{2+}、Mn^{2+}、Cr^{3+}、Tb^{3+}、Eu^{3+} 等能将光泵的能量通过辐射和共振跃迁的形式传递给 Nd^{3+}。此外,通过 $Nd^{3+} \rightarrow Yb^{3+}$ 双激活玻璃的敏化使 Yb^{3+} 在 $1.06~\mu m$ 处产生激光。同理,也可以在 $Yb^{3+} \rightarrow Er^{3+}$ 和 $Yb^{3+} \rightarrow Tm^{3+}$ 双激活玻璃中通过敏化发光获得 Er^{3+} 和 Tm^{3+} 的激光。

半导体激光器是固体激光器中重要的一类,其特点是体积小、效率高、运行简单、便宜。半导体激光器的结构非常简单(见图 4.35),它是半导体器件 pn 结二极管,在加正向偏压时引起激光振荡。引起激光振荡需要一定的条件。第一个条件是利用电流注入的少数载流子复合时放出的能量必须高效转换为光子,因此,少数载流子复合区域(在 pn 结附近,称此区域为活性区)一般必须是具有直接带隙的材料。而 Si 和 Ge 是间接带隙半导体材料,无法成为激光材料;以 GaAs 为代表的许多ⅢA-ⅤA族化合物具有直接带隙结构,可作为激光材料;大部分ⅡA-ⅥA族半导体也有可能作为激光材料。半导体激光器产生激光振荡的第二个条件是在引起粒子数反转时要注入足够浓度的载流子。激光阈值以下的电流在普通的发光二极管中会引起载流子注入发光,但不会引起激光振荡。第三个条件是要有谐振腔。半导体激光器由于增益极高,不一定要求具有高反射率的反射镜,可利用垂直于结面而且平行的二极管的两个侧面作为反射镜。

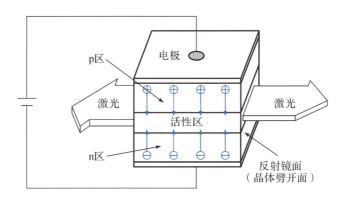

图 4.35　半导体激光器基本结构

目前大部分半导体激光器具有双异质结结构,该结构可减小阈值电流密度,可在室温下连续工作。双异质结激光器的 pn 结是用带隙和折射率不同的两种材料在适当的基片上外延生长形成的。不同种类的材料所形成的结(异质结),由于晶格常数不同而易于产生晶格缺陷。结面的晶格缺陷作为注入载流子的非发光中心而使发光效率下降,器件寿命缩短。因此,作为双异质结激光器材料,要求采用晶格常数大致相同的两种材料来组合。如用 GaAs 和 AlAs 来形成异质结,它们的晶格常数分别为 0.5653 nm 和 0.5661 nm,两者仅差 0.14%。

4.6.3　非线性光学材料

如果将带红色($0.6943~\mu m$)的红宝石激光束通过石英晶体,并且用滤光片滤去

0.6943 μm 的激光,发现在出射方向还留有另外光波透过,其波长是入射光束波长的一半,即 0.3472 μm。这一现象的发生是由石英晶体的非线性光学效应(nonlinear optical effect)引起的。

从前面光的折射一节中知道,折射率和相对介电常数有关,$n^2 = \varepsilon_r$[见式(4.9)]。而相对介电常数又和电介质的极化有关,当电磁场不大时,极化强度和电场呈线性关系,即 $P = \alpha E$(α 为极化率)。前述的反射、折射等经典光传播现象,都是以此为前提得出的一系列规律。然而,当电磁场足够强时($>10^5$ V/cm),则较高次非线性关系就变得重要了。

$$P = \alpha_0 E + \alpha_1 E^2 + \alpha_2 E^3 + \cdots \tag{4.63}$$

式(4.63)高次方就是导致光的非线性效应出现的原因。$\alpha_i (i \leqslant 1)$ 是高次项系数,一般都很小,故要在电场强时才能显示出来。因激光是一种强光,它和物质相互作用时,就不得不考虑此高次项。由于入射光波的振荡电场是 $E = E_0 \sin\omega t$,则极化强度:

$$P = \alpha_0 E_0 \sin\omega t + \alpha_1 E_0^2 \sin^2\omega t + \cdots = \alpha_0 E_0 \sin\omega t + \frac{\alpha_1}{2} E_0^2 (1 - \cos2\omega t) + \cdots \tag{4.64}$$

式(4.64)中第一项就是经典光学中的线性极化强度 $P^{(\omega)}$;第二项就是倍频项 $P^{(2\omega)}$,含有 $\cos2\omega t$,其频率比原来增加一倍,即产生了二次谐波(second-harmonic generation,SHG),如图 4.36 所示。也就是说,可以利用这种高次谐波的非线性材料进行倍频。

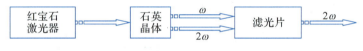

图 4.36　二次谐波产生

从理论上可估计出 $P^{(2\omega)}/P^{(\omega)} \approx |E|/|E_{at}|$,其中 E_{at} 是原子内束缚电子的电场,其值相当于 3×10^8 V/cm。而对于一个光功率密度为 2.5 W/cm^2 的光源,光频电场约为 30 V/cm。因此,对于一个瓦级的光频电场而言,$P^{(2\omega)}/P^{(\omega)} \approx 10^{-7}$,这是一个非常小的量。这就是为什么在激光出现之前很难观察到非线性光学效应的原因。由于各级非线性光学效应是逐级减小的,因此从应用的角度出发,在固态介质中只有第二项(即二阶非线性光学效应)才具备实用价值。

前面仅仅考虑一个圆频率为 ω 的入射光,但在实际的应用中,同样应考虑两个不同频率 ω_1、ω_2 的激光通过晶体后产生的效应。当两束频率不同的激光束入射到一个非线性光学晶体后,总体来说可以产生倍频效应(2ω)、和频效应($\omega_1 + \omega_2$)、差频效应($\omega_1 - \omega_2$)等。假如接连使用两块或多块非线性光学晶体来实现连续的倍频与和频,就可以产生 3 倍频($\omega_3 = 2\omega + \omega$)、4 倍频($\omega_4 = 2\omega + 2\omega$)、5 倍频($\omega_5 = 2\omega + 3\omega$),甚至 6 倍频($\omega_6 = 3\omega + 3\omega$)。显然,倍频、和频效应是一种激光的频率上转换过程,而差频效应则是激光频率的下转换过程。在非线性光学相互作用过程中,还有一种所谓的光参量振荡过程,它是和频的逆过程,即一个泵浦光光子 ω_p 可通过激光与非线性光学晶体的相互作用,产生一对低频光子 ω_i、ω_s,即 $\omega_p = \omega_s + \omega_i$,其中 ω_s 称为信号波,ω_i 称为惰波。

随着激光技术的发展和优秀非线性光学晶体的发现,上述所有非线性光学过程均已被观察到,并且均已得到了有效的功率输出。

现用一维极性链来说明产生二次效应的来源,如图 4.37 所示。当所施加电场 E 的方向指向左,两离子紧密接触,由于排斥作用增加很快,故位移很小。若外加电场 E 方向指向右,排斥作用随距离增大而减小,并很快失去作用,因此位移大,也即沿这个方向极化也大。显然,一个有对称中心的链就没有此效应了。所以各向同性或具有对称中心的晶体是不会产生二次谐波的。现进一步从闪锌矿晶体结构中分析二次谐波的产生。如图 4.38 所示,在立方 ZnS 中,每个 Zn^{2+} 配位 4 个 S^{2-},四面体的棱平行<110>方向。现有频率为 ω 的电磁波沿[110]方向通过晶体,并轮流在[110]和[$\bar{1}\bar{1}$0]方向偏振,位于四面体中心的 Zn^{2+} 则随电场力的方向而运动。然而当它们离开平衡位置到[110]或[$\bar{1}\bar{1}$0]方向时,它被带负电的离子吸去并随距离缩短而向上,因此呈曲线运动,这样就可以把该曲线运动分成两个组分。一个组分是和电场 E 相平行的<110>方向运动,它和电场以相同频率 ω 进行振动。另一个组分是小的,平行于<001>方向,振动频率则是 2ω。在 $E(\omega)$ 每一个周期中,Zn^{2+} 沿[001]方向有两次达到最大偏离。因此沿[$\bar{1}\bar{1}$0]方向传播和平行<110>方向偏振的光产生了二次谐振波,而且是沿[001]方向偏振的。

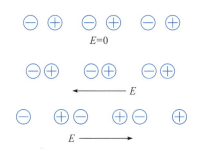

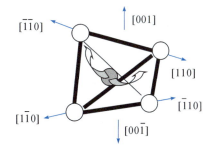

图 4.37　一维极性链在电场左、右方向　　　　图 4.38　在交变电场作用下,一个四面体
作用下的位移情况不同,是非线　　　　　配位的阳离子位移的情况,其移动途径由于
性光学效应的来源　　　　　　　阴离子吸引力而向上弯曲,因而产生光学非线性

石英是无对称中心的,但不是最好的二次谐波发生的材料。据研究,二次谐振系数 α_1 是和 $(n^2-1)^3$ 成比例的。如果折射率 n 从 1.5 增加到 2.5,能使系数 α_1 增加两个数量级。因此钛酸盐和铌酸盐是最好的非线性光学材料,如 $KTiOPO_4$(KTP)、KH_2PO_4(KDP)、$LiNbO_3$、$Ba_2NaNb_5O_{15}$ 等。窄禁带半导体也是这方面突出的材料,因为 n^2 和禁带宽度 E_g 是反比关系[见式(4.25)]。InSb 的折射率在 1.06 μm 波长时是 3.6,这样它的二次谐波信号比石英大 1000 倍。

近年来,有机非线性光学材料作为电光器件的新材料得到迅速发展,这不仅是因为它们具有良好的电光特性、优良的器件制备性质、低廉的价格,而且因为品种类别众多,易于发展新的器件和产品。

作为优良的二阶非线性光学材料,其分子应具有大的不对称以及大的基态和激发态间的偶极矩差。据此,人们就可以从分子的电子给体与受体基团的强度、共轭的长度及其间的联结基团等判断分子是否适用于作非线性光学材料。作为电子给体的基团通常为甲氧基、氨基及二甲氨基等,电子受体基团则为硝基和氰基等。表 4.4 中列出了可用作非线性光学材料的化合物的 $\beta\mu$ 值($\beta\mu$ 值为二次谐波的量度,β 为一阶分子超极化率,μ 为分子的永久偶极矩)。

表 4.4 某些非线性光学化合物的 $\beta\mu$ 值

化合物	$\beta\mu/(\times 10^{-48}\ \text{esu}①)$
对硝基苯胺	69
N,N-二甲氨基-对-二氰乙烯基苯	300
N,N-二甲氨基-对-三氰乙烯基苯	710
N,N-二甲氨基-对硝基芪	580
N,N-二甲氨基-对二氰乙烯基芪	1100
2-(N,N-二甲氨基苯乙烯基)-5-硝基噻吩	600
2-(四氢吡咯)-5-对硝基苯乙烯基噻吩	660
2-(N,N-二甲氨基苯乙烯基)-5-二氰乙烯基噻吩	1300

① 1 m/V = 2.387×10^3 esu。

从表 4.4 可看到,当化合物分子增大共轭长度及加大电子推拉能力时,均可导致 $\beta\mu$ 值增大。表左侧四种化合物因结构变化引起的 $\beta\mu$ 值的明显变化;而在表右侧可看到化合物分子内噻吩基的引入对化合物 $\beta\mu$ 值的增大颇有好处,其原因是噻吩基与苯基相比,具有较低的共振能(噻吩基的共振能为 117 kJ/mol,而苯基则为 151 kJ/mol),它的引入可大大提高分子的超极化率。

从分子结构角度看,具有非线性光学特性的化合物分子中都存在双键,它们在高温下就可能发生反-顺异构化反应。此外,在双键处电子易于密集,容易发生亲电反应。上述反应的发生均不利于形成电光材料。改善的方法是在分子中消除双键,或采用更强的电子给体基团,使电子云密度从双键处移向分子两端以及在分子中引入稠环结构等办法。

从材料研究的角度出发,不仅要注意分子的非线性能力大小,还需关注化合物的热稳定性和化学稳定性等。从材料学的角度看,要得到一种能实际应用的电光材料,可有两种途径。一是通过高分子化的办法,将上述具有电子推-拉结构的化合物引入到聚合物基体内,或通过化学反应,将小分子偶极化合物作为侧基联结到高分子主链之上,从而构成聚合物电光材料。二是通过小分子结晶化的办法获得能作为器件的晶体。为使处于聚合物基体内的偶极分子取向一致,使得到的材料具有整体的非中心对称,就必须用外场(如外电场、光场等)取向极化的方法。但在外场撤销后,经外场取向极化并冻结的体系,其基体内取向的分子会因弛豫而回复原状,丧失整体非中心对称的特征。因此,如何控制和保持偶极分子在聚合物基体内的取向程度及稳定性就成为重要问题。为此,科学家们主要开展了两方面的工作:一是研究改进带有偶极分子的聚合物取向极化后的材料稳定性;二是研究高质量薄膜单晶的生长技术。单晶方法可制得能独立应用的非线性光学器件,但它难于在同一芯片上制备既有光波导线路又有集成电子线路的复杂器件。具有高玻璃化温度 T_g 的高分子材料所构成的非线性光学器件将有较高的取向稳定性,因此,人们采用聚酰亚胺为主体制作非线性光学材料得到了较好的效果。

另一个值得注意的问题是聚合物有着较大的体膨胀系数,在一般高分子材料中,折射率随温度而变化,而且,大膨胀系数的聚合物也难以与低膨胀系数的无机材料相匹配,会引起器件的弯曲或其他几何变形。因此,需要寻找具有低膨胀系数的聚合物作为基体材料,而聚酰亚胺也恰好具备这种特性,因此是有机非线性光学基体材料的最佳候选者之一。

　　光学非线性聚合物已在许多实验室成功用于制作聚合物电光器件,如相位调制器、Mach-Zehder 干涉仪及方向耦合器等。某些初步设计形成的器件已在电视信号的传播和发射方面获得了很好的效果,并在原则上解决了以波导形态传输微波电磁波的问题。

拓展阅读

习题与思考题

1. 简单讨论光子与声子的相似性与主要差别。

2. 电磁辐射可以用经典理论或量子力学理论来处理,试简单比较说明这两种观点。

3. 波长为 600 nm 的可见光是橙色的,试计算该可见光的频率和光子能量。

4. 简单描述电磁辐射引起电子极化的现象,在透明材料中,电子极化会产生什么结果?

5. 简单解释为什么金属对可见光范围的电磁辐射是不透明的,而对 X 射线和 γ 射线则是透明的。

6. 是否存在折射率小于 1 的材料? 为什么?

7. 试简单解释"海市蜃楼"现象产生的原因。

8. 金刚石的相对介电常数 ε_r 为 5.5,磁化率 χ 为 -2.17×10^{-5}。试计算光在金刚石中的传播速度。

9. 希望垂直入射到透明介质表面的光的反射率小于 4.5%,请从表 4.2 中选择出合适的材料。

10. 简单解释为什么透明材料经表面镀膜后可减少光的反射损失。

11. 简单描述在非金属材料中光吸收的三种机制。

12. 碲化锌的禁带宽度为 2.26 eV,试计算其对可见光透明的波长范围。

13. 简单解释为什么吸收系数 a 的大小依赖于光波长。

14. 如果将红、橙、黄、绿、蓝和紫等 6 种不同颜色的油漆以等比例混合,则混合油漆的颜色是黑的,而将红、橙、黄、绿、蓝和紫等 6 种不同颜色的光以等强度照射到同一点,结果获得白色的光斑。试解释为什么会产生上述两个截然不同的结果。

15. 光透过一厚度为 10 mm 的透明材料时,透射比为 0.90,若厚度增到 20 mm,则对同样光的透射比是多大?

16. 折射率为 1.6、厚度为 20 mm 的透明材料对垂直入射光的透射比为 0.85,若使透射比降到 0.75,则材料的厚度应为多少(计算时应考虑所有的反射损失)?

17. 简单解释决定金属材料和透明非金属材料颜色的因素。

18. 石英晶体的折射率是各向异性的,假设一束可见光从一个晶粒垂直穿过晶粒边界进入另一颗晶体取向不同的晶粒,两晶粒的折射率分别为 1.544 和 1.553,试计算在晶粒边界的反射率。

19. 从外层空间观察天空是什么颜色? 为什么会与从地球观察天空的颜色不同?

20. 洗发香波有各种颜色,但其泡沫总是白的,为什么?

21. GaAs 和 GaP 是化合物半导体,室温禁带宽度分别为 1.42 eV 和 2.25 eV。两种半导体可以按任何比例形成固溶体合金,且合金的禁带宽度随 GaP 含量(摩尔分数)近似呈线性关系。该合金常用以制备发光二极管,发光由电子从导带到价带跃迁产生。若希望 GaAs-GaP 合金发射 680 nm 的红光,试确定该合金的组成。

22. 硫化锌半导体的禁带宽度为 3.6 eV,试问该半导体材料在可见光照射下是否可表现出光电导现象。

第 5 章

材料的变形

材料总是处在一定的环境中使用的。材料的使用环境有气、液、固等物质态环境,也有力、温度等能量态环境。材料在环境中力的作用下将发生变形,当变形达到一定程度时材料发生断裂。材料在高温、腐蚀等环境下受力的作用,其变形和断裂行为会发生变化。本书第 5~7 章的内容就是材料在力的作用下所表现出来的行为,即材料的力学性能,它与以下几个问题有关:①材料有哪些力学性能? 它们的含义是什么? 如何进行测定? ②这些性能与什么因素有关? ③如何获得所需的力学性能? ④什么情况下需要什么样的力学性能?

材料在环境中所受的力除重力外,还有拉力、压力、扭力、交变力等,材料的力学性能通常指材料的弹性、塑性、强度、断裂韧度、硬度、抗疲劳性能和耐磨性能。不同材料由于各自的组织结构不同,在力的作用下将表现出不同的力学行为,例如,橡皮筋受拉力作用可拉得很长,撤去外力则恢复原状,也就是说弹性很好;而玻璃很脆,稍一用力就容易碎裂;金属容易弯折,高温下可通过锻打得到各种复杂的形状。

本章首先介绍材料在力的作用下所表现出来的变形行为,以及材料抗变形能力的指标。变形是指材料在力的作用下发生尺寸或形状的变化。材料在外力作用下产生的变形,有些可恢复原状,这是弹性变形;而有些变形无法恢复,这是塑性变形。弹性与塑性变形的不同,与材料内部组织结构在力的作用下发生的变化不同有关。利用材料的弹性变形能力可以做成弹簧;利用塑性变形能力可以对材料进行加工,尤其当材料具有超塑性时。然而很多时候不希望发生塑性变形,因为这将使材料的尺寸发生永久变化而导致部件失去作用,这时需对材料进行强化。材料的硬度是人们所熟悉也是在日常生活中常用的一个力学性能指标,它实际上是对材料表面抗塑性变形能力的衡量。很多零部件都对材料的硬度有明确要求,从硬度的大小可大致判定材料的脆性、耐磨等实用性能。

本章将围绕材料在应力作用下是如何变形的,为什么会产生不同的变形形式,衡量变形大小、变形难易的指标有哪些,不同材料的变形有哪些特点等问题展开。

5.1 材料的拉伸试验

5.1.1 单向静拉伸试验

拉伸试验

材料的单向静拉伸试验是最简单,也是最重要、应用最广泛的力学性能试验方法。

通过拉伸试验可以测定材料的弹性、强度、塑性和韧性等许多重要的力学性能指标。它们统称为材料的拉伸性能，也是材料的基本力学性能。通过这些性能还可预测材料的其他力学性能，如抗疲劳、断裂等。

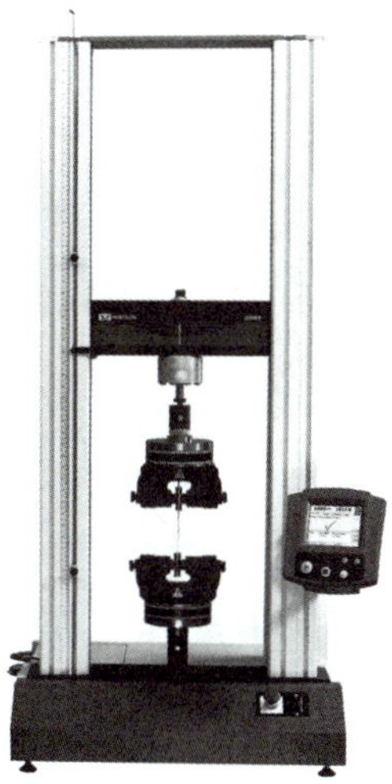

拉伸试验一般在多功能材料试验机上进行（见图 5.1）。试验机通过夹头，以一定的速度施加拉力于规定尺寸和形状的试样上，并记录材料的伸长量 Δl 和所受力 F 的大小。由此可以得到力-伸长量曲线（F-Δl 曲线）。将力 F 除以试样原始面积 A_0 得到应力 σ［见式（5.1）］。将伸长量 Δl 除以试样原始长度 l_0 得到应变 ε［见式（5.2）］。从而获得应力-应变曲线（σ-ε 曲线）。此即拉伸试验，所记录的曲线即为拉伸曲线。

$$\sigma = F/A_0 \tag{5.1}$$
$$\varepsilon = \Delta l/l_0 \tag{5.2}$$

图 5.1 多功能材料试验机

由于试样在拉伸过程中长度会增加，面积会缩小，因此真实的应力大小 σ_T 应该是力除以瞬时的面积 A，$\sigma_T = F/A$；而真实的应变大小 ε_T 是伸长量除以此时标距的长度 l，$\varepsilon_T = \Delta l/l$，由此可得到真实的应力-应变曲线。

真实应力 σ_T、真实应变 ε_T 与应力 σ、应变 ε 之间有如下关系：

$$\sigma_T = \sigma(1+\varepsilon) \tag{5.3}$$
$$\varepsilon_T = \ln(1+\varepsilon) \tag{5.4}$$

拉伸试验所用的试样一般采用如图 5.2 所示的标准圆柱形或板状拉伸试样，有关试样尺寸及拉伸速度等具体要求见国标 GB/T 228.1—2021。

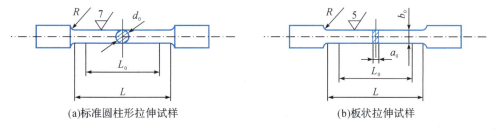

(a)标准圆柱形拉伸试样　　　　　　　　(b)板状拉伸试样

图 5.2 常用的拉伸试样

5.1.2 拉伸曲线

图 5.3 中曲线 1 为低碳钢材料的拉伸曲线，下面将以此为例，对拉伸曲线中的各特征线段及特征点进行详细说明。

曲线 1 的 OE 段为一直线，即在外力的作用下试样应变与应力成正比，在 OE 段任一点撤除外力，试样将恢复原状，此为弹性变形段。E 点对应的应力和应变分别称为弹性极限 σ_e 和最大弹性应变 ε_e。超过 E 点撤除外力，则试样无法恢复原状而残留变形，即发生了永久的变形，称此为塑性变形。进一步加载到 A 点时，载荷突然下降至 C 点，同时在

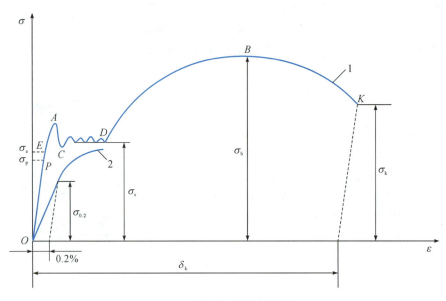

图 5.3　低碳钢的拉伸曲线

(GB/T 228.1—2021 规定了拉伸试验所得力学性能参数的新符号,例如应力、延伸率、断面收缩率分别用符号 R、A、Z 表示。但为了前后统一,仍沿用老的符号 σ、δ、ψ)

圆柱形拉伸试样的过渡圆角处出现与拉力呈 45°的变形带,随后在应力做微小波动的情况下,试样从 C 点开始伸长至 D 点,且变形带扩展到整个标距长度。CD 段称为"屈服平台"或不连续塑性变形,对应的应力称为屈服强度 σ_s。大多数材料并不出现屈服平台,如曲线 2 所示,这时屈服强度定义为发生明显塑性变形(应变量为 0.2%)时的应力,记为 $\sigma_{0.2}$。当应变超过 D 点时,试样发生均匀的变形,应力逐渐增大至 B 点。DB 段的应力随应变的增加而增加,故称"形变强化"段,B 点的应力是试样所能承受的最大应力,称为抗拉强度 σ_b。此后试样中某处突然变小,发生所谓的"颈缩"现象。由于此处受力面积减小,外加应力集中,结果试样在缩颈处快速被拉长直至 K 点发生断裂。K 点的应力称为断裂强度 σ_k。

不同材料的单向静拉伸曲线形状与特征是不同的。玻璃、陶瓷等硬脆的材料只发生弹性变形,并在很小的弹性应变时就发生断裂;冷拔钢丝不发生颈缩就断裂;高锰钢材料具有很强的形变硬化能力,因此拉伸曲线随应变增加应力不断上升直至断裂;而聚苯乙烯等晶态高分子材料在发生缩颈后有很长的屈服平台。表 5.1列出了每种曲线的特征以及相应的材料。

表 5.1　几种典型的应力-应变曲线及材料

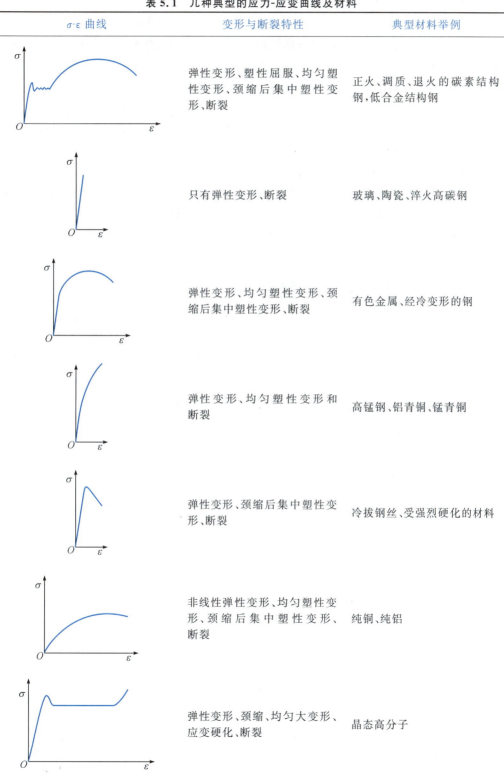

σ-ε 曲线	变形与断裂特性	典型材料举例
	弹性变形、塑性屈服、均匀塑性变形、颈缩后集中塑性变形、断裂	正火、调质、退火的碳素结构钢,低合金结构钢
	只有弹性变形、断裂	玻璃、陶瓷、淬火高碳钢
	弹性变形、均匀塑性变形、颈缩后集中塑性变形、断裂	有色金属、经冷变形的钢
	弹性变形、均匀塑性变形和断裂	高锰钢、铝青铜、锰青铜
	弹性变形、颈缩后集中塑性变形、断裂	冷拔钢丝、受强烈硬化的材料
	非线性弹性变形、均匀塑性变形、颈缩后集中塑性变形、断裂	纯铜、纯铝
	弹性变形、颈缩、均匀大变形、应变硬化、断裂	晶态高分子

5.1.3 拉伸性能

根据拉伸试验,可定义材料在力的作用下表现出来的力学行为。例如,脆性是指材料在断裂前不产生塑性变形的性质;而塑性则表示材料在断裂前产生永久变形的性质。

通过拉伸试验,可以得到材料的强度、塑性和韧性等力学性能指标。

材料的强度是指材料对塑性变形和断裂的抗力,如屈服强度、抗拉强度和断裂强度。

材料的塑性大小表示材料断裂前发生塑性变形的能力,如后所述,可用试样断裂前的伸长量和断面面积的大小(延伸率和断面收缩率)来衡量。材料的脆性大小可用材料的弹性模量(直线的斜率)和脆性断裂强度来表征。

材料的韧性是指断裂前单位体积材料所吸收的变形和断裂能,即外力所做的功。材料的韧性可能包含三部分能量,即弹性变形能、塑性变形能和断裂能。对于脆性材料,韧性等于弹性变形能;对于塑性较高的材料如金属,韧性主要由塑性变形功和断裂功所组成。

5.1.4 高分子材料的拉伸曲线

高分子材料由于特殊的分子链结构,其力学性能与金属、陶瓷有很大的不同。高分子具有玻璃态、高弹态和黏流态等力学性能三态,受应力作用时间(速度)和环境温度的强烈影响。图 5.4 表明了恒定应力作用下不同温度时高分子的应变行为,在玻璃化温度 T_g 以下 T_b 附近时,高分子呈现脆性材料性质,在玻璃化温度 T_g 以上,高分子具有高弹态,而在黏流温度 T_f 以上则表现出与流体相似的变形特点。

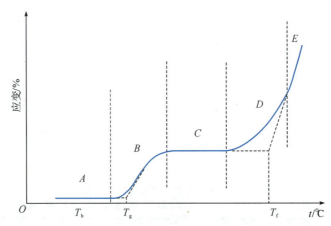

T_b—脆化温度;T_g—玻璃化温度;T_f—黏流温度;A—玻璃态;C—高弹态;E—黏流态。

图 5.4 高分子的应变与温度曲线

典型的玻璃态高分子材料的单向静拉伸曲线如图 5.5 所示。当温度远低于玻璃化温度 T_g 时,应力随应变成正比增加直至断裂(曲线 1);当温度稍高但仍低于 T_g 时,拉伸曲线上出现屈服点(曲线 2),其后应力降低,与金属的形变强化相反;在温度低于 T_g 几十度范围时,如曲线 3 所示,屈服点后试样不增加外力或外力增加不大的情况下能发生很大的应变,随后曲线出现上升直至断裂;当温度上升至 T_g 以上时,试样进入高弹态,曲线上不出现屈服点,在不明显增加应力时,应变有很大的变化,直到试样断裂前应力才急剧上升,如曲线 4 所示。

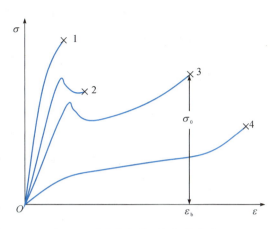

晶态高分子材料的拉伸曲线如表 5.1 所示(T_g 温度以上),它比玻璃态高分子的曲线有更明显的转折,试样出现与金属相似的颈缩。但不同的是,此后晶态高分子试样细颈部分不断增加,非细颈部分逐渐缩短,直至整个试样完全变细,在此过程中应力几乎不变。之后试样重新被均匀拉伸,应力随应变的增加而增加直到断裂。拉伸后的材料如加热到熔点附近,变形能回复到原始状态。

图 5.5　玻璃态高分子的拉伸曲线

5.2　材料的其他力学试验

5.2.1　弯曲试验

弯曲试验

弯曲试验时采用矩形或圆柱形试样。试验时将试样放在有一定跨度的支座上,施加一个集中载荷(三点弯曲)或两个等值载荷(等弯矩加载,四点弯曲),如图 5.6 所示。

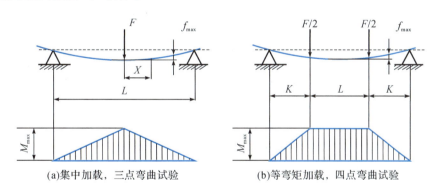

(a)集中加载,三点弯曲试验　　　　　　(b)等弯矩加载,四点弯曲试验

图 5.6　弯曲试验加载方式

三点弯曲试验时,试样总是在最大弯矩附近处断裂,该方法较简单,因此常用。采用四点弯曲试验时,在两加载点之间试样受到等弯矩的作用,因此,试样通常在该长度内的组织缺陷处发生断裂,因此能较好地反映材料的性质,实验结果也较精确。

用弯曲试样的最大挠度 f_{max} 表征材料的变形性能。试验时,在试样跨距的中心测定挠度,得到 F-f_{max} 关系曲线,即弯曲图。图 5.7 表示三种不同材料的弯曲图。

对于高塑性材料,弯曲试验不能使试样发生断裂,其曲线的最后部分可延伸很长,难以获得塑性材料的强度,因此塑性材料的力学性能不用弯曲试验,而由前述的拉伸试验来测定。对于脆性材料,可根据弯曲图,用式(5.5)求得抗弯强度:

$$\sigma_b = M_b/W \qquad (5.5)$$

式中:M_b 为试件断裂时的弯矩(对于三点弯曲试样 $M_b = F_b L/4$,L 为跨距;对于四点弯曲试样,$M_b = F_b K/2$);W 为截面抗弯系数(对于

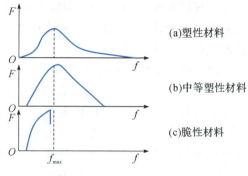

图 5.7　典型材料的弯曲图

直径为 d_0 的圆柱形试样,$W = \pi d_0^3/32$;对于宽为 b,高为 h 的矩形截面试样,$W = bh^2/6$)。

用弯曲试验测定陶瓷材料的力学性能时,所用试样通常为 5 mm×5 mm×30 mm 的矩形,跨距为 24 mm。需要注意的是,由于陶瓷材料的性能测定结果分散性很大,试样应从同一块或同质坯料上切出尽可能多的小试样,以便对实验结果进行统计分析。此外,试样的表面粗糙度对陶瓷材料的抗弯强度有显著的影响,表面越粗糙,抗弯强度越低;若磨削方向与试样表面的拉应力垂直,也会较大幅度地降低陶瓷材料的抗弯强度。

弯曲试验也用于测定灰铸铁及硬质合金的抗弯强度,硬质合金由于硬度高,难以加工成拉伸试样,因此常做弯曲试验以评价其性能和质量。关于弯曲试验方法的具体规定可参阅行业标准 YB/T 5349—2014。

5.2.2　压缩试验

压缩试验可获得在拉伸和弯曲试验中不能显示的力学行为,常用于测定脆性材料,如铸铁、水泥和砖石等的力学性能。由于压缩可看作是反向拉伸,因此拉伸试验时所定义的各个力学性能指标和相应的计算公式,都可用于压缩试验。其差别在于压缩时试样不是伸长而是缩短,横截面不是缩小而是胀大。此外,塑性材料压缩时只发生压缩变形而不断裂,压缩曲线一直上升,如图 5.8 中曲线 1 所示,因此塑性材料很少进行压缩试验。

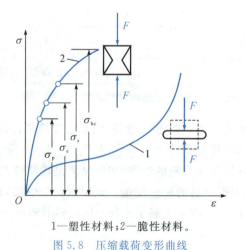

压缩试验

1—塑性材料;2—脆性材料。

图 5.8　压缩载荷变形曲线

　　压缩试样常用圆柱体,也可用立方体和棱柱体。为防止压缩时试样失稳,试样的高度和直径之比 h_0/d_0 应取 $1.5\sim2.0$。试样的高径比对试验结果有很大影响,h_0/d_0 越大,抗压强度越低。为使抗压强度的试验结果能相互比较,必须使试样的 h_0/d_0 值相等。此外,压缩试验时,在上下压头与试样端面之间存在很大的摩擦力,这不仅影响试验结果,而且会改变断裂形式。为减少摩擦阻力的影响,试样的两端面必须光滑平整、相互平行,并加润滑油或石墨粉进行润滑。

　　图 5.8 中的曲线 2 记录了脆性材料的压缩曲线。根据压缩曲线,可以得到压缩强度和塑性指标。对于低塑性和脆性材料,一般只测抗压强度 σ_{bc}、相对压缩 ε_{ck} 和相对断面扩胀率 ψ_{ck}。

$$\sigma_{bc} = F_{bc}/A_0 \tag{5.6}$$

$$\varepsilon_{ck} = \frac{h_0 - h_k}{h_k} \times 100\% \tag{5.7}$$

$$\psi_{ck} = \frac{A_k - A_0}{A_0} \times 100\% \tag{5.8}$$

式中:F_{bc} 为试样压缩断裂时的载荷;h_0 和 h_k 分别为试样的原始高度和断裂时的高度;A_0 和 A_k 分别为试样的原始截面积和断裂时的截面积。

　　在陶瓷材料工业中,管状制品很多,因此在研究、试制和质量检验中,常采用压环强度试验方法。在粉末冶金制品的质量检验中也常用这种试验方法。试验时用圆环作为试样,其形状与加载方式如图 5.9 所示。试验时将试样放在试验机上下压头之间,自上向下加压直至试样破断,根据破断时的压力求出压环强度。

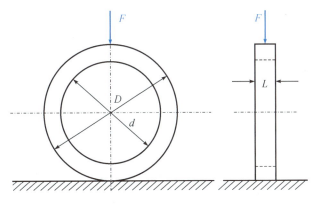

图 5.9　压环强度试验

5.2.3　扭转试验

扭转试验

　　扭转试验采用圆柱形(实心或空心)试样,在扭转试验机上进行。扭转试样如图 5.10(a)所示,有时也采用标距为 50 mm 的短试样。

　　随扭矩 M 的增大,试样标距两端截面不断地发生相对运动,使扭转

角 φ 增大,得到 $M\text{-}\varphi$ 关系曲线,称为扭转图,如图 5.11(b) 所示。从扭转图可得到材料的切变模量 G、扭转比例极限 τ_p、扭转屈服强度 $\tau_{0.3}$ 和抗扭强度 τ_b 等性能指标,分别如式(5.9)、式(5.10)、式(5.11)、式(5.12)所示。

$$G = 32Ml_0 / (\pi\varphi d_0^4) \tag{5.9}$$

$$\tau_p = M_p / W \tag{5.10}$$

$$\tau_{0.3} = M_{0.3} / W \tag{5.11}$$

$$\tau_b = M_b / W \tag{5.12}$$

式中: W 为截面系数,对于直径为 d_0 的实心圆杆, $W = \pi d_0^3 / 16$; M_p 为扭转曲线开始偏离直线时的扭矩; $\tau_{0.3}$ 为残余扭转切应变为 0.3% 时的扭矩; M_b 为试样扭断前的最大扭矩。

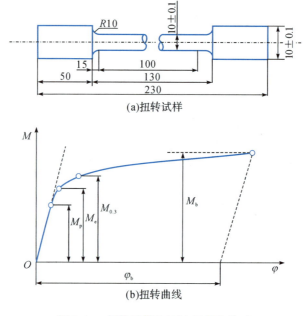

(a)扭转试样

(b)扭转曲线

图 5.10　扭转试样和扭矩-扭转角关系

关于扭转试验方法的具体规定可参阅国标 GB/T 10128—2007。

扭转试验是重要的力学性能试验方法之一,具有如下特点。

①可用于测定在拉伸时表现为脆性的材料,如淬火低温回火工具钢的塑性。

②扭转曲线不出现拉伸时的颈缩现象,因此可用扭转试验精确测定高塑性材料的变形抗力和变形能力。

③可明确区分材料的断裂方式,正断抑或切断。如图 5.11 所示,对于塑性材料,断口与试样的轴线垂直,断口平整并有回旋状塑性变形痕迹,这是由切应力造成的切断;对于脆性材料,断口约与试样轴线呈 $45°$,断口呈螺旋状;对于木材、带状偏析严重的合金板材,扭转断裂时可能出现层状或木片状断口。因此,可以根据扭转试样的端口特征,判断产生断裂的原因。

(a)切断　　　　　(b)正断　　　　　(c)层状断口

图 5.11　扭转断口形貌

　　但是,由于扭转试样中表面切应力大,越往心部切应力越小,当表层发生塑性变形时,心部仍处于弹性状态,因此,很难精确地测定表层开始塑性变形的时刻,这样,用扭转试验难以精确地测定材料的微量塑性变形抗力。

5.3　弹性变形

5.3.1　弹性变形

　　许多部件,如琴弦、钟表弹簧、剑、铜钟、橡皮筋等是利用材料的弹性制备的(见图 5.12)。如前所述,材料的弹性是指材料在外力的作用下发生变形,外力除去后变形消失的性质。这种可恢复原状的变形就称为弹性变形。

铜钟　　　　　　　　　小提琴琴弦

图 5.12　使用弹性材料的制品

　　弹性变形有两种类型:一种是应力与应变成正比,如图 5.3 的 OE 段,其关系可用式(5.13)即胡克定律表示,陶瓷、玻璃及大多数金属都属于此类;还有一种弹性变形,如橡胶等高分子材料,它们除了最初阶段符合胡克定律外,应力与应变是不成比例关系的。

$$\sigma = E\varepsilon \qquad\qquad (5.13)$$

式中：E 为弹性模量(也称杨氏模量)，它反映了材料内原子(或离子)的键合强度。

5.3.2　弹性变形本质

对于陶瓷、金属等材料，弹性变形的本质在于晶体点阵内的原子具有抵抗相互分开、接近或剪切移动的性质。以金属为例，其弹性变形可用双原子模型说明。

金属内两原子间的吸引力、排斥力以及这两种力之和随原子间距离的变化如图 5.13 所示，当吸引力与排斥力之和为零时，原子处于平衡位置，此时原子间的距离为 r_0。当金属受拉力作用时，相邻原子间的距离增大，于是两原子间的吸引力增大，原子力图恢复到原先的平衡位置。当外力与原子间的作用力建立起新的平衡时，原子便稳定在新的平衡位置上，结果，金属发生了宏观的伸长变形。当拉力除去后，由于原子间吸引力的作用，使原子回复到原先的平衡位置，宏观变形也因而消失，这就是弹性变形的物理本质。

由图 5.13 可见，当原子偏离其平衡位置较小时，原子间相互作用力与原子间距离的关系曲线可近似地看作是直线，符合胡克定律。但纯铁晶须的弹性变形很大，当弹性变形超过 2.5% 时，应变与应力偏离直线关系，胡克定律不再适用。

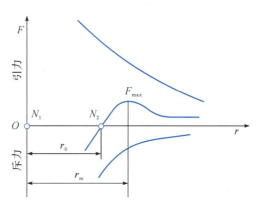

图 5.13　原子间的相互作用

5.3.3　高分子材料的高弹态

高分子材料在玻璃化温度 T_g 以上具有高弹态，这是高分子材料区别于其他材料的一个突出特性。高分子材料的弹性变形最高可达 1000%，而一般金属材料的弹性变形不超过 1%。高分子材料的弹性在小变形(<5%)时，应力与应变符合胡克定律，变形由分子链内部键长和键角发生变化产生，也称普弹形变；而高弹变形是分子链在外力作用下，原先卷曲的链沿受力方向逐渐伸展产生的，其伸展的长度与应力不成线性关系。此时，分子链的质量中心并未产生移动，因为无规则缠结在一起的大量分子链之间有许多结合点(分子间的作用和交联点)。在外力去除后，由于分子链之间力的作用，分子链又回复至卷曲状态，宏观变形消失。由于这种结构的调整，回复需要一定的时间，因此高弹变形行为与时间有显著的关系，需用变形速率而非变形量来表示变形的能力。

需要指出的是，高分子的高弹态是在玻璃化温度以上存在的，由于橡胶的玻璃化温度低于室温，因此橡胶在室温下具有极高的弹性。某些高分子在室温下处于玻璃态，外力作用下发生的大变形在外力撤除后并不能回复到原先的状态，只有加热到玻璃化温度附近时才能回复。因此从机理上说发生的是高弹变形，而不是黏流变形，将这种变形称为"强迫高弹形变"。分子链在外力作用下伸展后继续拉伸，此时由于分子链取向排列，使材料强度进一步提高，因而需要更大的力才能使弹性变形继续发生。这就是拉伸曲线上试样断裂前应力随应变增加的原因。对于结晶高分子，应力作用下发生屈服后的变形本质上也是高弹性的,但变形发生的温度在玻璃化温度和熔点之间,当加热到熔点附近时变形可回复到未拉伸状态。显然,讨论高分子的弹性变形时必须考虑温度的影响。

5.3.4　弹性指标

对应力-应变成比例关系的材料,描述其弹性大小的主要参数是弹性模量、弹性极限以及弹性比功。

1. 弹性模量

弹性模量越大,材料的弹性变形越难进行,在相同应力作用下,弹性变形量也越小。因此,弹性模量表明了材料对弹性变形的抗力,代表了材料的刚度。若干材料的弹性模量如表 5.2 所示,可见陶瓷材料的弹性模量最大,而高分子材料的则很小,其中橡胶的弹性模量比铁、铜等金属要小得多。弹性模量是材料最稳定的力学性能参数,对成分和组织的变化不敏感。

表 5.2　材料的弹性模量

材料	E/GPa	材料	E/GPa	材料	E/GPa
铝(Al)	70.3	铌(Nb)	104.9	铅玻璃	80.1
镉(Cd)	49.9	银(Ag)	82.7	水晶	73.1
铬(Cr)	279.1	钛(Ti)	115.7	聚苯乙烯	2.7~4.2
铜(Cu)	129.8	钨(W)	411.0	有机玻璃	2.4~3.4
金(Au)	78.0	金刚石	≈965	尼龙 66	1.2~2.9
铁(Fe)	211.4	碳化钨	534.4	聚乙烯	0.4~1.3
镁(Mg)	44.7	碳化硅	≈470	橡胶	0.02~0.8
镍(Ni)	199.5	氧化铝	≈415	气体	0.01

2. 弹性极限

弹性极限 σ_e 是材料发生最大弹性变形时的应力值,对应的应变 ε_e 则为最大弹性应变量。通过实验无法准确地测定弹性极限,因此规定以产生 0.005%、0.01%、0.05% 的残留变形时的应力作为条件弹性极限,分别以 $\sigma_{0.005}$、$\sigma_{0.01}$、$\sigma_{0.05}$ 表示。对仪表用元件等需严格保持应力-应变成比例关系工作的,则用比例极限作为选材的依据,采用如图 5.14 所示的方法,在拉伸曲线上的某点作切线,使切线与纵坐标夹角的正切值 $\tan\theta'$ 对直线段与纵坐标夹角的正切值 $\tan\theta$ 之比为 150%,该点所对应的应力就是比例极限,记为 σ_p 或 σ_{p50}。

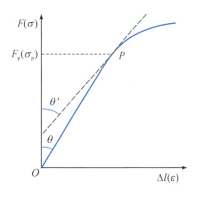

图 5.14　比例极限的测定方法

3. 弹性比功

材料弹性的大小用应力-应变曲线中符合弹性关系的面积大小来表征,称为弹性比功 W_e:

$$W_e = \frac{1}{2}\sigma_e\varepsilon_e = \frac{\sigma_e^2}{2E} \tag{5.14}$$

它是材料吸收变形功而又不发生永久变形的能力。由式(5.14)可知,提高 σ_e 或降低 E 均可提高材料的弹性。对于确定的材料, E 一般很稳定,因此通常通过提高 σ_e 来提高材料的弹性大小,例如 70♯ 、65Mn、62Si2Mn 等弹簧钢,通过"淬火＋回火"的热处理工艺得到回火屈氏体组织,可使钢具有高的弹性极限。注意,如果预先得到回火屈氏体,则材料无法进行必要的加工,因此首先需退火软化,加工成形后再热处理。此外,插座、仪表弹簧常由磷青铜、铍青铜制造,除导电性和无磁要求外,更重要的是它们的 σ_e 高而 E 较小,能保证在较大的形变量下仍处于弹性变形状态。螺旋弹簧除材料的弹性外,其螺旋结构使变形量均匀分布到材料上,因此弹簧能承受更大的弹性变形量。

5.3.5 弹性不完整性

完善的弹性性能是指受到应力作用时立刻发生相应的弹性变形,去除应力时应变也随即消失。然而在实际材料中,由于组织的不均匀性,使材料受应力作用时各晶粒的应变不均匀,或由于应变明显受时间的影响,都将导致材料整体应变滞后于应力。

1. 弹性后效与内耗

加载时应变落后于应力而和时间有关的现象,称为正弹性后效;反之,卸载时应变落后于应力的现象,称为反弹性后效。材料在弹性区内加载、卸载时,由于应变落后于应力,使加载线与卸载线不重合而形成一封闭回线,称为弹性滞后,封闭回线称为弹性滞后环(见图 5.15)。存在滞后环现象说明加载时消耗于材料的变形功大于卸载时材料放出的变形功,因而有部分变形功为材料所吸收。这部分消耗的功称为材料的"内耗",其大小用回线面积度量。材料的内耗与材料的消振能力相关,对用于制造要求音响效果好的元件,如音叉、琴弦、簧片等的材料,应具有很小的内耗,以使声音长时间共鸣而不衰减。相反,机器在运转过程中常伴有振动,因而希望材料有良好的消振性能,如灰口铸铁。

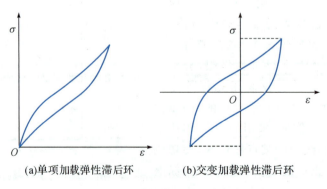

(a)单项加载弹性滞后环   (b)交变加载弹性滞后环

图 5.15 弹性滞后环及其类型

2. 包辛格效应

如果金属材料预先经少量塑性变形(通常小于 $1\%\sim4\%$)后再同向加载,弹性极限升高,若反向加载,则弹性极限降低,这一现象称为包辛格效应(Bauschinger effect)。对某些金属材料,预先加载后再反向加载可使弹性极限下降 $15\%\sim20\%$。包辛格效应是多晶体金属所具有的普遍现象,其机理与后述位错运动所受阻力变化有关。包辛格效应对于承受应变疲劳(见第 6 章)的机件是很重要的,在应变疲劳中,每一周期都产生塑性变形,在反向加载时,弹性极限下降,显示出循环软化现象。包辛格效应还有更直接的实际意义,例如,在加工过程中,可使板材通过轧辊时交替承受反向应力,以降低材料的变形抗力;又如,高速转动部件预先进行高速离心处理,有利于提高材料的抗变形能力。

5.4 材料的塑性

5.4.1 塑性变形方程

如同弹性变形段的应力-应变关系可用本构方程 $\sigma=E\varepsilon$ 描述一样,人们希望塑性变形的应力-应变关系也能用本构方程加以定量表达。然而,在塑性变形中,随材料的不同应力与应变之间的关系相当分散。可用经验关系式(5.15)来描述固体的塑性变形行为:

$$\sigma_T = K(\varepsilon_T)^n \tag{5.15}$$

式中:σ_T、ε_T 分别为真实应力、应变;K 称为强度系数;n 为形变强化系数。n 是材料的加工硬化性指标,可用来表征金属材料在均匀塑性变形阶段的形变。当 $n=1$ 时,表示材料为完全理想的弹性体;当 $n=0$ 时,表示材料没有形变强化能力,大多数金属的 n 值为 $0.1\sim0.5$。

另一方面,当材料所受的应力增加时,应变的速率通常也会相应增加,在高温条件下应变的增加更为明显。这就涉及材料的应变速率敏感性,这种应变随应力和温度变化的现象通常与塑性变形的微观机理有关。可用经验关系式(5.16)来描述应变速率敏感性:

$$\sigma_T = K'(\dot{\varepsilon}_T)^m \tag{5.16}$$

式中:$\dot{\varepsilon}_T$ 为真实应变速率;m 为应变速率敏感指数;K' 为常数,定义为单位真实应变速率时材料的流动应力。m 值的范围是 $0\sim1$,$m=1$ 的材料即黏性固体。m 值越大,则拉伸时抗缩颈的能力越强。$m=0$,代表材料无应变速率敏感性。

金属及合金在室温下应变速率不敏感,m 值为 $0.00\sim0.10$,随温度的升高,有些材料在一定的应力条件下,m 值可高达 0.8,并产生"超塑性"。

5.4.2 塑性指标

材料塑性的大小可用断裂时的最大相对塑性变形来表示。常用的塑性指标有拉伸时的延伸率 δ_k 和断面收缩率 ψ_k。

延伸率 δ_k:拉伸试验前试样标距为 l_0,拉伸断裂后测得标距为 l_k,然后按下式计算:

$$\delta_k = \frac{l_k - l_0}{l_0} \times 100\% = \frac{\Delta l_k}{l_0} \times 100\% \tag{5.17}$$

断面收缩率 ψ_k：拉伸试验前试样的截面积为 A_0，拉伸断裂后试样断面的截面积 A_k，则：

$$\psi_k = \frac{A_0 - A_k}{A_0} \times 100\% = \frac{\Delta A_k}{A_0} \times 100\% \tag{5.18}$$

对于圆柱形试样，试样原直径为 d_0，拉伸断裂后试样断面的直径为 d_k，则：

$$\psi_k = \frac{d_0^2 - d_k^2}{d_0^2} \times 100\% \tag{5.19}$$

若材料的延伸率大于或等于断面收缩率，则该材料只有均匀塑性变形而无颈缩现象，是低塑性材料；反之，则为高塑性材料。

5.4.3　塑性变形机理

金属材料中存在位错，金属塑性变形的本质是位错在外力的作用下发生滑移和孪生。滑移是指位错在切应力作用下沿滑移面和滑移方向进行的运动过程。图 5.16 为一个刃型位错在应力作用下运动，使材料产生变形的示意图。在应力作用下，A、B、C 之间的位错通过 C 点向 B 点移动，而滑向 D 点，并最终滑出晶体，结果产生柏氏矢量 $\boldsymbol{b}$ 大小的塑性变形。

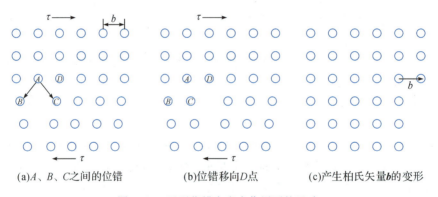

(a)A、B、C之间的位错　　　(b)位错移向D点　　　(c)产生柏氏矢量$\boldsymbol{b}$的变形

图 5.16　刃型位错在应力作用下的运动

通常，位错的滑移面是原子最密排的晶面，而滑移方向是原子最密排的方向，滑移面和滑移方向的组合称为滑移系。滑移系越多，金属的塑性越好，即越容易发生塑性变形。使位错产生滑移所需的分切应力，称为临界分切应力。不同类型滑移系上的分切应力是不同的，例如，镁要产生非底部滑移，需要大得多的临界分切应力。

孪生是发生在金属晶体内局部区域的一个均匀切变过程，切变区的宽度较小，切变后已变形区的晶体取向与未变形区的晶体取向成镜面对称关系。孪生变形也沿特定晶面和特定的晶向进行，密排六方金属由于滑移系少，塑性变形常以孪生方式进行。孪生的变形量一般很小，例如，镉的孪生变形仅提供 7.4% 的变形量，而滑移变形量可达300%。但是孪生可以改变晶体的取向，使晶体的滑移系由原先难滑动的取向转到易于滑动的取向，因此，孪生提供的直接塑性变形虽小，间接的贡献却很大。

高分子的塑性变形机理不是由于位错，而是由于分子链团的运动产生变形，即黏性流动。剪切带和银纹是玻璃态高分子局部塑性变形的两种形式，哪种形式占主要地位取决于温度和所加应力的状态。银纹垂直于应力方向，它是由高分子在塑性伸长时局部区域内产生大量的空穴引起的。因为空穴处折光指数低于高分子本体，导致银纹和高分子本体之间的界面上产生全反射现象(见图 5.17)。银纹与裂纹不同，裂纹是空的，而银纹中仅含有 40% 左右的空穴。

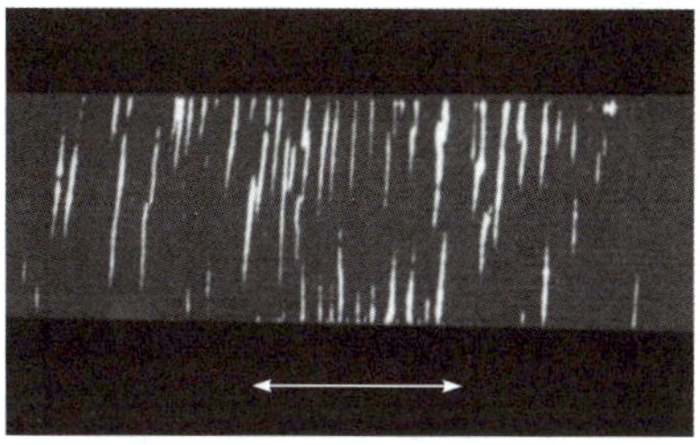

图 5.17 高分子中的银纹

5.4.4 屈服强度

低碳钢在拉伸应力作用下出现如图 5.3 中 ACD 段所示的特征，即载荷增加到一定大小时突然下降，随后在载荷不增加或在某一载荷附近波动的情况下，试样继续伸长变形，这便是屈服现象。对应于载荷突然下降的点 A 称为上屈服点，首次下降的最低载荷点 C 称为下屈服点，屈服伸长对应的曲折线段称为屈服平台，对应的应力即屈服强度 σ_s。

屈服现象的产生与下述三个因素有关：材料在变形前可动位错密度很小；随塑性变形发生，位错能快速增殖；位错运动速率与外加应力有强烈依存关系。具体解释如下。

金属材料塑性变形的应变速率 $\dot{\varepsilon}$ 与位错密度 ρ、位错运动平均速率 v 及柏氏矢量大小 b 成正比：

$$\dot{\varepsilon} = b\rho v \tag{5.20}$$

由于变形前可动位错很少，为了适应拉伸时试验机夹头移动速率的要求，根据式(5.20)必须增大位错运动速率。但位错运动速率取决于应力的大小，它们之间的关系式为：

$$v = (\tau/\tau_0)^m \tag{5.21}$$

式中：τ 为沿滑移面的切应力；τ_0 为产生单位位错滑移速度所需的应力；m 为位错运动速率应力敏感系数。

因此，要提高 v 就需要有较高应力，这就是在试验中观察到的上屈服点。一旦塑性变形产生，位错大量增殖，ρ 增加，根据式(5.20)，位错运动速率必然下降，相应的应力也就突然降低，形成了下屈服点。其后，大量位错中某些位错在切应力作用下滑移，产生变形，当它们的运动受阻时，另一些位错在力的作用下开动，继续产生变形，由此形成了锯齿状曲折线段。

屈服强度的大小反映了材料对起始塑性变形的抗力，是工程技术中最为重要的力学指标之一。表 5.3 列出了常用金属材料的塑性和强度指标。显然，Ag、Al、Cu 等金属的屈服和抗拉强度较低，因此容易产生塑性变形。而用 GCr15 材料制作的轴承、用 65Mn 材料制作的弹簧等经淬火回火后具有很高的屈服强度，变形极为困难。

表 5.3 几种材料的强度、塑性和韧性指标

材料	屈服强度 σ_s/MPa	抗拉强度 σ_b/MPa	伸长率 $\sigma/\%$	断面收缩率 $\psi/\%$	冲击韧度 $a_k/(\text{J/cm}^2)$
Ag	≥35	≥125	≥50	—	—
Al	≥15	≥40	≥50	—	—
Cu	≥33.3	≥209	≥60	—	—

续表

材料	屈服强度 σ_s/MPa	抗拉强度 σ_b/MPa	伸长率 σ/%	断面收缩率 ψ/%	冲击韧度 a_k/(J/cm²)
Q235	≥195	≥320	≥22	≥43	—
45 调质	≥350	≥650	≥17	≥38	≥45
20CrMnTi 渗碳淬火回火	≥784	≥980	≥10	≥50	≥78
65Mn 淬火回火	≥800	≥1000	≥8	≥30	≥44
GCr15 淬火回火	≥1667	≥2157	—	—	—
GCr15 退火	≥353	≥588	≥10	≥45	—
3Cr13 淬火回火	≥540	≥735	≥12	≥40	≥29
1Cr18Ni9Ti 固溶态	≥206	≥539	≥40	≥55	—

5.4.5　形变强化

在金属的整个变形过程中,当应力超过屈服强度后,塑性变形需要不断增加外力才能继续进行(见图5.3的 DB 线段)。这说明金属有一种阻止继续塑性变形的抗力,这种抗力就是金属的形变强化性能。其内在机理是金属在外力的作用下通过位错的滑移、孪生产生变形,当变形达 D 点时,由于大量位错之间发生交互作用,位错的滑移受阻,要让位错继续滑移使金属产生进一步的变形,就必须有更大的应力作用于材料。

如5.4.1节所述,可用形变强化指数 n 来表征金属材料在均匀塑性变形阶段的形变强化能力。部分金属材料的 n 值如表5.4所示。子弹壳采用的黄铜材料具有较高的 n 值,因此具有良好的冲压成形性,可获得优良的外形。

表5.4　几种金属材料在室温下的 n 值

材料	状态	n	材料	状态	n
碳钢(0.05% C)	退火	0.26	碳钢(0.6% C)	淬火+540 ℃回火	0.16
40CrNiMo	退火	0.15	碳钢(0.6% C)	淬火+704 ℃回火	0.19
铜	退火	0.3~0.35	70/30 黄铜	退火	0.35~0.4

形变强化现象在生产中具有十分重要的意义。例如,当金属构件的某些薄弱部位因偶然过载产生塑性变形时,形变强化会阻止塑性变形继续发展,从而保证构件的安全服役。形变强化和塑性变形适当配合,可使金属进行均匀塑性变形,保证冷变形工艺顺利实施。形变强化还是强化金属的重要手段之一,尤其对于那些不能进行热处理强化的材料,冷拉工艺可获得高强度钢丝,而喷丸和表面滚压可强化材料表面,有效提高强度和抗疲劳性能。

5.4.6　材料的强化

为使构件不致发生塑性变形而失效,常采取各种措施来提高屈服强度。金属塑性变形的本质是位错的运动。因此,金属的强化机理是如何使位错难以运动。位错运动所受的阻力有:点阵阻力、位错间交互作用产生的阻力、位错与其他晶体缺陷交互作用的阻力等。金属强化的方法除前述的形变强化外,还有以下几种方法。

1. 固溶强化

在金属中加入溶质元素,形成间隙型或置换型固溶体,其中,溶质原子与位错之间会产生弹性交互作用、电学作用、化学作用以及几何作用等,阻碍了位错的运动,使材料得到强化。

2. 第二相强化

由于第二相的成分和性质不同于基体,在质点周围形成应力场,而这些局部应力场对位错运动有阻碍作用。第二相强化与许多因素有关,如第二相的尺寸、形状、数量和分布,第二相与基体的强度、塑性和形变强化特性,以及两相之间的晶体学配合与界面能等。

3. 晶粒细化强化

当材料中存在晶界时,位错运动还必须克服界面阻力。因为界面两侧晶粒的取向不同,因而其中一个晶粒滑移并不能直接进入邻近的晶粒,于是位错在晶界附近塞积,造成应力集中,从而激发相邻晶粒中的位错源开动,引起宏观的屈服应变。根据该模型,可得到著名的 Hall-Petch 关系式,它反映了晶粒细化强化的效果:

$$\sigma_s = \sigma_0 + kd^{-\frac{1}{2}} \tag{5.22}$$

式中:σ_0 为位错在晶体中运动的总阻力,大致相当于单晶体的屈服强度;d 为多晶体中各晶粒的平均直径;k 为常数,表征了晶界对强度影响的程度,其大小与晶界结构有关。

由式(5.22)可见,细化晶粒是提高金属屈服强度的有效方法,而且细化晶粒还可以提高材料的韧性,采用超细晶粒处理来大幅改善钢的性能得到发展和实际应用。然而,在纳米材料研究中,发现了反 Hall-Petch 关系式的现象,具体在第 7 章中介绍。

4. 相变强化

在不同温度下,材料的相结构不同,可通过热处理技术获得具有高位错滑移阻力的组织结构,从而使材料强化。例如,低碳钢材料可通过加热使其成为面心立方的奥氏体组织,随后快速冷却获得具有体心立方的马氏体组织,后者是一种碳过饱和的铁素体,对位错滑移具有强烈的阻碍作用,使材料得到强化。

5. 其他强化方法

上述方法基于材料中不可避免地存在位错等缺陷,因此,如何阻碍位错的运动成为强化的依据。还有一种方法是制造出少缺陷或无缺陷的材料,例如,晶须等具有极高的强度,可称为“无缺陷强化”。

高分子材料由于强度较低,因此需要强化。由于高分子材料的强度取决于主链的化学键力和分子之间的作用力,因此可通过增加高分子材料的极性或产生氢键、增加结晶度等方法提高强度。将纤维、无机物颗粒等作为增强材料也可以强化高分子材料,得到的高分子复合材料具有和传统金属材料相当的强度与模量等力学性能指标,尤其是比强度、比模量特性更为突出。高分子材料的增强机理不是很明确,颗粒增强的机理一般认为是颗粒的活性表面可以和若干高分子链相结合形成一种交联结构。当其中一根分子链受到应力时,可以通过交联点将应力分散传递到其他分子链上,如果其中某一根链发生断裂,其他链可以照样起作用,而不致危害整体。纤维增强的机理则可用复合材料的增强作用加以说明,具体可参见第7章相关内容。

陶瓷材料由于强度极高,只有弹性变形而无塑性变形,因此更多的是对其进行增韧而非强化。

5.5 材料的蠕变

5.5.1 蠕变现象

蠕变是一种特殊的变形行为,高温下工作的金属在力的作用下会出现蠕变,非晶态高分子和非晶合金等材料也会发生蠕变。蠕变的特点是载荷作用时间对材料的变形行为有重要影响。

金属的蠕变是指金属在恒定应力作用下,即使应力低于弹性极限,也会发生缓慢塑性变形的现象,它是高温与应力对金属共同作用的结果。高温是指超过$(0.4\sim0.5)T_m$的温度,T_m为金属的熔点。在航空航天、能源、环保行业中,许多重要零部件在承受各种应力作用的同时,都处于这样的高温环境。在这样的高温下,金属的微观组织结构、形变和断裂机制都会发生变化,出现与室温不同的力学行为。

蠕变试验在蠕变试验机上进行,试验期间,保持试样的温度与应力不变,记录试样伸长和时间的关系,即得到蠕变曲线。典型的蠕变曲线如图5.18所示,大致可分为三个阶段。第一阶段ab是过渡蠕变段,是指瞬间应变以后随时间延长蠕变速率逐渐减小,到b点达最小值。第二阶段bc为稳态蠕变段,其特点是蠕变速率$\dot{\varepsilon}$几乎保持不变,形变硬化与高温产生的软化过程相平衡。蠕变速率是高温材料的一个重要力学性能指标。第三阶段cd是加速蠕变阶段,随时间延长,蠕变速率逐渐增大,至d点产生蠕变断裂。关于蠕变断裂将在第6章6.4.1节中讨论。

对于同一种材料,蠕变曲线的形状随外加应力和温度的变化而变化。图5.19表明,当温度很低或应力很小时,蠕变第二阶段很长,甚至不产生第三阶段;反之,蠕变第二阶段很短,甚至完全消失,试样在很短时间内断裂。

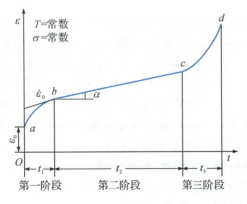

图 5.18 典型的蠕变曲线

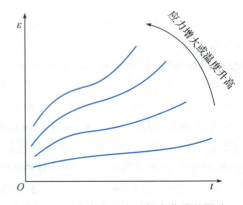

图 5.19 应力和温度对蠕变曲线的影响

蠕变曲线可用如下公式来描述：

$$\varepsilon = \varepsilon_0 + \beta t^n + \alpha t \tag{5.23}$$

式中：β、α 和 n 为常数；第二项反映减速蠕变应变；第三项反映恒速蠕变应变。对该式求导，可得：

$$\dot{\varepsilon} = \beta n t^{n-1} + \alpha \tag{5.24}$$

对许多材料来说，温度对第二阶段蠕变速率的影响可用式(5.25)表示：

$$\dot{\varepsilon} = K\sigma^n \tau^m \tag{5.25}$$

式中：$K = m'A'[t\exp(-Q_c/kT)]^{m'}$，$m = m' - 1$，$A'$、$n$、$m'$ 为与材料相关的常数，Q_c 为蠕变激活能，k 为玻尔兹曼常数，T 为热力学温度。

5.5.2　蠕变变形机理

金属在室温下的塑性变形是通过位错的滑移进行的。在高温下，金属的蠕变变形主要是通过位错滑移、晶界滑动及空位扩散等方式进行的。各种变形方式对蠕变变形的贡献随温度及应力的变化而有所不同。

在蠕变过程中，滑移仍然是一种重要的变形方式。在一般情况下，若滑移面上的位错运动受阻产生塞积，只有在更大的切应力下才能使位错继续运动，这就是形变强化。在高温下，位错可借助于热激活和空位扩散过程来克服某些短程障碍，使变形不断产生，即出现软化。在整个蠕变过程中，材料的强化和软化是同时发生的，当两者达到平衡时，蠕变速率保持稳定。

在高温条件下，晶界上的原子容易扩散，因此晶界受力后易产生滑动，从而促进蠕变的进行。温度越高，晶界滑动对蠕变的作用越大，在总蠕变量中晶界滑动的贡献约占 10%。

扩散蠕变是由高温下空位的移动造成的。在不受外力的情况下，空位移动无方向性。但晶体两端有拉应力 σ 作用时，如图 5.20 所示，空位沿实线箭头的方向向两侧流动，原子则朝虚线箭头方向流动，从而使晶体产生伸长的塑性变形。扩散蠕变在金属接近熔点温度、应力较低的情况下产生。

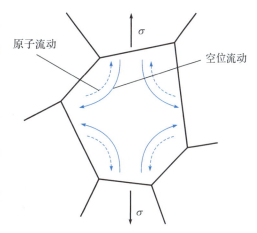

图 5.20　晶粒内部扩散蠕变

5.5.3　高温变形指标

金属的高温力学性能指标包括蠕变极限、松弛极限和持久强度。其中，持久强度和高温蠕变断裂有关，将在第 6 章中介绍。

1. 蠕变极限

蠕变极限是指在高温长期载荷作用下材料的塑性变形抗力。蠕变极限有两种表示方式：一种是在给定温度下，使试样产生规定蠕变速率的应力值，用 $\sigma_{\dot{\varepsilon}}^{T}$ 表示（单位：MPa，$\dot{\varepsilon}$ 为第二阶段蠕变速率，单位为％/h）。在电站锅炉制造中，对锅炉用材料的高温力学指标为 $\sigma_{1\times10^{-5}}^{600}=60$ MPa，表示温度在 600 ℃ 的条件下，蠕变速率为 1×10^{-5} ％/h 的蠕变极限为 60 MPa。另一种是在给定温度 T 和规定的时间 t 内，使试样产生一定蠕变伸长率 δ 的应力值，用 $\sigma_{\delta/t}^{T}$ 表示，单位也是 MPa。例如，$\sigma_{1/10^5}^{500}=100$ MPa 表示材料在 500 ℃ 温度下，10 万小时后伸长率为 1％ 的蠕变极限为 100 MPa。具体时间与伸长率根据对零件的具体要求确定。

2. 松弛极限 σ_r

材料在总应变保持不变的情况下，应力随时间自行降低的现象，叫应力松弛。在高温条件下，材料会出现明显的应力松弛。例如，高温下工作的紧固螺栓和弹簧都会发生应力松弛现象；高温管道上的接头螺栓需要定期拧紧，就是因为它们在高温下发生了应力松弛。

应力松弛的原因是随时间的增长，一部分弹性变形转变为塑性变形，导致应力相应地降低。应力松弛曲线是在给定温度和总应变条件下，测定的应力随时间的变化曲线，如图 5.21 所示。应力在开始阶段下降很快，之后下降变缓直至与时间轴平行，此时的应力称为松弛极限 σ_r。它表示在一定的初应力和温度下，不再继续发生松弛的剩余应力。剩余应力越高，材料松弛稳定性越好。一般认为，松弛初期是由于应力在各晶粒间分布不均匀，促使晶界扩散产生塑性；后期则发生亚晶的转动和移动，引起松弛。

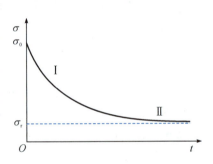

图 5.21　典型的应力松弛曲线

应力松弛曲线可用下式表示：

$$\sigma=\sigma_0[1-K'E(1-n)t^{m+1}\sigma_0^{1-n}]^{\frac{1}{1-n}} \tag{5.26}$$

式中：$K'=K/(m+1)$；K、m、n 为常数；E 为弹性模量；σ_0 为初始应力。

5.5.4　高分子材料的蠕变

前面已指出，高分子材料的力学性能根据其所处的温度不同，可表现出三种力学状态：玻璃态、高弹态和黏弹态。其中，黏弹态是指高分子既有黏性又有弹性的性质。黏性流动（变形）的内在原因是在高分子材料中，分子间没有化学交联的线性高分子产生分子间的相对滑移。

黏弹性可分为静态黏弹性和动态黏弹性两种。静态黏弹性是指在固定的应力（或应变）下形变（或应力）随时间的延长而发展的性质，其典型的表现就是蠕变和应力松弛。动态黏弹性是高分子材料在应力周期性变化下的力学行为，将导致 5.3.5 节所述的内耗。

高分子受到外力作用时，存在的三种变形量，分别为：

①普弹形变 ε_1，$\varepsilon_1=\sigma/E_1$；

②高弹形变 ε_2，$\varepsilon_2 = \sigma\left(\dfrac{1-e^{\frac{-t}{\tau}}}{E_2}\right)$（$\tau$ 是松弛时间，$\tau = \eta / E_2$，η 为链段运动的黏度）；

③黏性流动 ε_3，$\varepsilon_3 = \sigma t / \eta_3$。

因此材料的总变形为：

$$\varepsilon = \varepsilon_1 + \varepsilon_2 + \varepsilon_3 = \frac{\sigma}{E_1} + \frac{\sigma}{E_2}(1-e^{\frac{-t}{\tau}}) + \frac{\sigma t}{\eta_3} \tag{5.27}$$

其中，高弹形变和黏性流动都与蠕变和应力松弛有关。三种形变的相对大小依具体条件不同而不同。在 T_g 温度以下时，以 ε_1 为主；在 T_g 温度以上时，高温使 τ 变小，ε_2 增大，变形以 ε_1 和 ε_2 为主；在高于黏流温度 T_f 时，ε_1、ε_2 和 ε_3 都比较显著。黏性流动是不能恢复的，因此线性高分子出现永久变形。

聚砜、聚碳酸酯等高分子材料具有较好的抗蠕变性能，可代替金属零部件；硬聚氯乙烯抗蚀性好，但由于抗蠕变性差用作管道时须加支架；聚四氟乙烯自润滑性极好，但蠕变现象很严重，因此不能做结构件而可作为密封材料使用。

5.5.5　材料的超塑性

超塑性是多晶材料在断裂前各向同性地显示极高拉伸延伸率的能力。20 世纪 20 年代，科学家首次发现某些金属（如 Zn-Al-Cu 共晶合金）在一定应力状态下表现出像麦芽糖一样的性质，称之为超塑性合金。

超塑性的宏观力学特征主要体现在以下几个方面：①大的变形能力（延伸率 $\delta >$ 1000%）；②无通常的应变硬化；③应变速率敏感性高（应变速率敏感指数 m 为 0.3~0.8）。超塑性变形需要一定的条件，如温度 $T \geqslant 0.5 T_m$，应变速率为 $10^{-3} / s$，微观组织在超塑性中起关键作用，需要等轴细晶（<10 μm）组织，还需要有阻止高温下晶粒长大的结构，因此超塑性在两相合金中更容易观察到。应变速率敏感性是超塑性变形的重要特征，正是很高的应变速率敏感性有效地抑制了超塑性变形中的拉伸失稳，从而使超塑性变形具有很大的变形能力。所以在超塑性材料中，延伸率和应变速率敏感指数是评价材料超塑性的重要指标。

超塑性的应力-应变曲线与应变速率有很大的关系，若以不同的应变速率对超塑状态材料进行拉伸，则发现其流动应力随应变速率的增加而增加，且 $\lg\sigma$ 与 $\lg\dot{\varepsilon}$ 的关系呈 S 形。此曲线上每一点的斜率即为应变速率敏感指数 m。图 5.22 为典型的超塑性拉伸时的 σ-$\dot{\varepsilon}$ 曲线和 m-$\dot{\varepsilon}$ 曲线，可将曲线分为三个区：Ⅱ区的 m 值最大，Ⅰ区和Ⅲ区的 m 值较小。三个区分别对应金属超塑性变形的不同微观机理，在高应变速率的Ⅲ区，晶内位错滑移起主要作用，也存在少量的晶界滑动；在Ⅱ区和Ⅰ区，晶内位错极少，Ⅱ区以晶界滑动为主，伴有扩散蠕变和位错蠕变协调；Ⅰ区可能是以扩散蠕变为主要机制。

晶界滑动产生超塑性变形是根据以下观察结果认定的：材料经超塑性变形后晶粒仍保持等轴，未见整体变形，仅晶界三叉点及晶界直边变圆滑，这说明超塑性变形机理不是晶内位错滑移。表面刻有细线的试样经超塑性拉伸后，发现这些刻线在晶内仍为直线，在晶界处刻线出现断开、错位、弯折等现象，说明晶粒发生转动和相对滑动甚至换位。

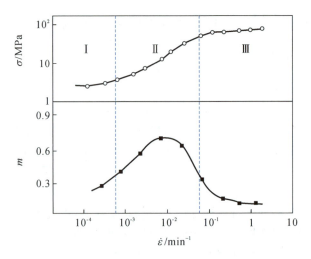

图 5.22　超塑性拉伸时的 σ-$\dot{\varepsilon}$ 曲线和 m-$\dot{\varepsilon}$ 曲线

根据扩散调节晶界滑动模型(见图 5.23),一组 4 个平面晶粒在拉应力作用下按图(a)→图(b)→图(c)顺序变形,其中晶粒形状变化由晶界扩散及少量体扩散完成;晶界滑动完成晶粒相对位置的变化,扩散中空穴进出晶界要克服晶界势垒,消耗能量,晶界面积增加[图(a)→图(b)]与减少[图(b)→图(c)]也消耗能量。忽略界面反应和晶界滑动消耗的功,得到:

$$\dot{\varepsilon} = \frac{100\Omega}{kTd^2}\left(\sigma - 0.72\frac{\gamma_0}{d}\right)\left(D_\gamma + 3.3\frac{\lambda D_b}{d}\right) \tag{5.28}$$

式中:Ω 为原子体积;k 为玻尔兹曼常数;T 为热力学温度;λ 为晶界宽度;γ_0 为界面能;d 为晶粒度;D_γ、D_b 分别为体扩散和晶界扩散系数;$0.72\gamma_0/d$ 由晶界面积增减消耗能量引起,相当于门槛应力。式(5.28)说明,应变速率与晶粒的直径密切相关,细化晶粒可得到较大的应变速率。

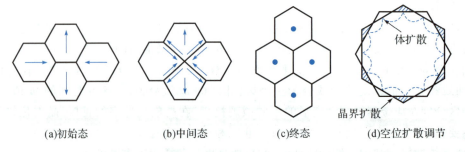

图 5.23　扩散调节晶界滑动模型(A-V 模型)

除金属材料外,脆性的金属间化合物 Ni_3Al 可通过两相组织,使延伸率最高达到 640%;典型的脆性材料——陶瓷中也发现了超塑性现象,代表性的有 Y_2O_3 稳定 ZrO_2 多晶体(3Y-TZP),高纯 TZP 最大拉伸形变量已达 800% 以上;Wakai 等的研究表明,细晶 Si_3N_4-SiC 复合材料具有良好的超塑性,在 1220 ℃下拉伸形变量大于 150%。关于陶瓷和金属间化合物材料,其超塑性变形机理也被认为是晶间滑动起主要作用。

5.6　材料的硬度

材料的硬度

硬度是衡量材料软硬程度的一种性能指标。硬度能敏感地反映出材料的化学成分、组织结构的差异,与强度之间也有对应关系,是一个综合性的力学性能指标。很多零部件都对材料的硬度有明确的要求,从硬度的大小大致可判定材料的脆性、耐磨等实用性能。硬度检测设备简单,操作迅速方便,因此硬度试验与拉伸试验一样,是最广泛应用的力学性能试验方法之一。

远古时代,人们就利用固体互相刻划来区分材料的软硬,并据此来选用材料。互相刻划法至今仍在利用,并发展成一种半定量的测定方法,如摩氏硬度、铅笔硬度、标准锉刀等,它们表征了材料表面对切断方式破坏的抗力。定量测定硬度的方法主要有压入法、回跳法两大类,其中压入法有布氏硬度、洛氏硬度和维氏硬度,它们表征了材料表面抵抗外物压入时引起塑性变形的能力;回跳法有肖氏和里氏硬度,它们表征了材料弹性变形功的大小。

5.6.1　摩氏硬度

摩氏硬度由奥地利矿物学家创立,是确定矿物间相对硬度的标准,现在的宝石也沿用摩氏硬度来表示。摩氏硬度共由 10 种矿物组成,如表 5.5 所示,最软的是滑石,硬度为 1,最硬的是金刚石,硬度为 10。对于日常物品,如指甲为 2.5,铜币为 3.5,铁钉为 4.5,玻璃为 5.5,锯片和美工刀为 6.5。碳化硅、碳化硼等的摩氏硬度大于 9。摩氏硬度的数字之间没有比例上的关系,如石英的摩氏硬度为 7,并不表示其硬度为滑石的 7 倍。

表 5.5　摩氏硬度表

硬度	1	2	3	4	5	6	7	8	9	10
材料	滑石	石膏	方解石	萤石	磷灰石	正长石	石英	黄玉	刚玉	金刚石
硬度高低	极软			→→→→→→→→→→→→→→→→→→→						极硬

与摩氏硬度相似的是铅笔硬度。这是利用标准铅笔的硬度,对所测试产品表面进行刮伤测试,依据标准铅笔硬度标示,来判别产品表面之硬度。该法适用于检测油漆表面的硬度,铅笔检测角度 45°,铅笔规格:6B-9H。

5.6.2　布氏硬度

用一定的压力将淬火钢球或硬质合金球压头压入试样表面,保持规定的时间后卸除压力,于是在试样表面留下压痕(见图 5.24),单位压痕表面积上所承受的平均压力即定义为布氏硬度值(单位:HB)。如压力 F(单位:N),压头直径 D(单位:mm),测出压痕直径 d(单位:mm),则布氏硬度值为:

$$HB = \frac{2F}{\pi D(D - \sqrt{D^2 - d^2})} \tag{5.29}$$

布氏硬度的单位为 MPa。式(5.29)表明,当压力和压头直径一定时,压痕直径越大,则布氏硬度越低,即材料的变形抗力越小。

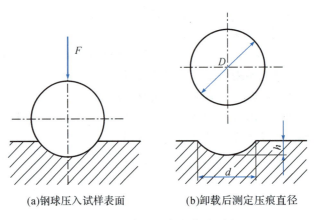

(a)钢球压入试样表面   (b)卸载后测定压痕直径

图 5.24 布氏硬度试验原理图

由于材料的硬度不同,试样的厚度不同,在测定布氏硬度时往往要选用不同直径的压头和压力。要使同一材料上测得的布氏硬度相同,或不同材料上测得的布氏硬度之间可以相互比较,F/D^2 应为常数,国标 GB/T 231.1—2018 根据材料的种类及布氏硬度范围,规定了 7 种 F/D^2 值,见表 5.6。测定布氏硬度时,首先要确定压头的直径,因此首先考虑试样的厚度,试样厚度足够时,应尽可能选用 10 mm 直径的压头。然后根据材料及其硬度范围,参照表 5.6 选择 F/D^2 值,从而算出试验所需压力 F 值。压痕直径 d 应在 $(0.25 \sim 0.60)D$ 范围内,所测硬度方为有效;若 d 值超出上述范围,则应另选 F/D^2 值,重做试验。布氏硬度测定在布氏硬度试验机上进行,所加压力与试样表面垂直,压力保持时间与材料硬度有关,软材料保持时间 60 s。卸除载荷后,测定压痕直径,代入式(5.29)计算或直接查表即可得到布氏硬度 HB 值。当压头为淬火钢球时,用 HBS 表示;当压头为硬质合金球时,用 HBW 表示。HBS 或 HBW 之前的数字表示硬度值,其后的数字表示试验条件,依次为压头直径、压力和保持时间。例如,150HBS10/300/30 表示用 10 mm 直径淬火钢球,加压 300 kgf(即 2942.1 N),保持 30 s,测得的布氏硬度为 150,工程中一般只记 150HB。

表 5.6 布氏硬度(HB)试验时的 F/D^2 值

材料	HB/MPa	(F/D^2)/MPa
钢及铸件	<140	10
	>140	30
铜及其合金	<35	5
	35~130	10
	>130	30

材料	HB/MPa	(F/D^2)/MPa
轻金属及其合金	<35	1.25 2.5
	35~80	5 10 15
	>80	10 15
铅、锡	—	1 1.25

　　由于布氏硬度测定时采用较大直径的压头和压力,因而压痕面积大,能反映出较大范围内材料各组成相的综合平均性能,而不受个别相和微区不均匀性的影响,因此布氏硬度测定值的分散性小,重复性好,特别适合测定灰铸铁和轴承合金这样的具有粗大晶粒或粗大组成相的材料硬度。但因其压痕大,故不宜做无损测定,也不能测定薄壁件或表面硬化层的硬度,压痕直径测定时间长、效率低。此外,使用淬火钢球作压头时,只能用于测定布氏硬度小于 450 的材料的硬度;使用硬质合金球作压头时,测定的硬度可达 650HB。

5.6.3　洛氏硬度

　　洛氏硬度是直接测量压痕深度,并以压痕深浅表示材料的硬度。常用的洛氏硬度压头有两类:顶角为 120° 的金刚石圆锥体和直径为 $\phi1.588$ mm 的钢球。测洛氏硬度时先加 98.07 N 预压力,然后再加主压力,采用不同压头并施加不同的压力,可以组成不同的洛氏硬度标尺。一般有 A、B 和 C 三种标尺,其中以 C 标尺应用最普遍,用这三种标尺测得的硬度分别记为 HRA、HRB 和 HRC。

　　测定 HRC 时,采用金刚石压头,先加 98.07 N 预载荷,压入材料表面的深度为 h_0,此时表盘上的指针指向零点[见图 5.25(a)]。然后加 1373.0 N 主载荷,压头压入表面的深度为 h_1,表盘上的指针按逆时针方向转到相应的刻度[见图 5.25(b)]。在主载荷的作用下,金属表面的变形包括弹性变形和塑性变形两部分。卸除主载荷以后,表面变形中的弹性部分将回复,压头将回升一段距离,即 (h_1-e),表盘上的指针将相应地回转[见图 5.25(c)]。最后,在试样表面留下深度为 e 的残余压痕。人为地规定:当 $e=0.2$ mm 时,HRC=0;当 $e=0$ 时,HRC=1000。也就是说,压痕深度每增加 0.002 mm,HRC 降低 1 个单位。于是有:

$$HRC=(0.2-e)/0.002=100-(e/0.002) \tag{5.30}$$

这样的定义与人们的思维习惯相符合,即材料越硬,压痕的深度越小;反之,压痕深度越大。将式(5.30)制成洛氏硬度读数表盘,在主载荷卸除后,就能从表盘上直接读出HRC之值。

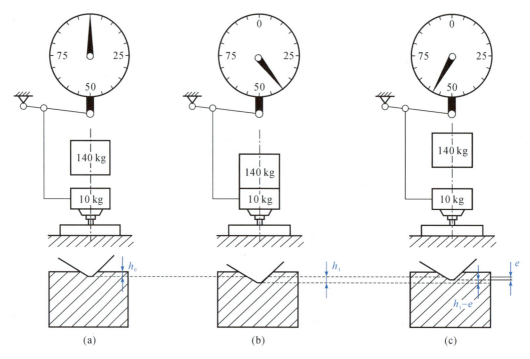

图 5.25　洛氏硬度试验过程

测定 HRB 时,采用 $\phi1.588$ mm 的钢球作压头,主载荷为 882.6 N,测定方法与 HRC 的相同,但 HRB 的定义略有不同,如下式所示:

$$HRB=(0.26-e)/0.002=130-(e/0.002)\qquad(5.31)$$

测定 HRA 时,压头为金刚石,所用总载荷为 490.3 N,其定义与 HRC 的相同。

洛氏硬度测定的优点是测定简便迅速,效率高;对试样表面损伤小,可用于成品的检验。此外,洛氏硬度测定可根据材料的软硬选用金刚石或钢球作压头,并施加不同的主载荷,因此洛氏硬度可用于测定各种不同材料的硬度。但由于压痕小,因此洛氏硬度对材料组织不均匀性很敏感,测试结果比较分散,重复性差。同时,洛氏硬度是人为定义的,这使得不同标尺的洛氏硬度值无法相互比较。

为了满足薄零件或渗碳、金属镀层等表面层硬度的测定,人们不断发展了表面洛氏硬度计。它与普通洛氏硬度不同之处在于:①预载荷为 29.42 N;②主载荷较小,分别为 117.68 N、264.78 N 和 411.88 N;③取 $e=0.1$ mm 时的洛氏硬度为零,深度每增大 0.001 mm,表面洛氏硬度降低 1 个单位。表面洛氏硬度的表示方法,是在 HR 后面加注标尺符号,硬度值标在 HR 之前,如 45HR30T,表示用 $\phi1.588$ mm 的钢球,总载荷为 294.2 N,测得的硬度为 45;80HR30N 表示用金刚石锥体,总载荷为 294.2 N,测得的硬度为 80。

5.6.4 维氏硬度

维氏硬度测定的原理与方法基本上与布氏硬度相同,也是根据单位压痕表面积上所承受的压力来定义硬度值。但测定维氏硬度所用的压头为金刚石制成的四方角锥体,两相对面间的夹角为 136°,所加的载荷较小。测定维氏硬度时,也是以一定的压力将压头压入试样表面,保持一定时间后卸除压力,留下如图 5.26 所示压痕。在载荷为 F 时,测得压痕两对角线长度后取平均值 d(单位:mm),代入式(5.32)求得维氏硬度(单位:HV),单位为 MPa,但一般不加标注。

$$HV = \frac{2F\sin 68°}{d^2} = \frac{0.1891F}{d^2} \qquad (5.32)$$

测定维氏硬度时,所加的载荷为 49.03 N、98.07 N、196.1 N、294.2 N、490.3 N 和 980.7 N 等六种。当载荷一定时,即可根据 d 值,算出维氏硬度表。测定时只要测量压痕两对角线长度的平均值,即可查表求得维氏硬度。维氏硬度的表示方法和布氏硬度相同,如 640HV30/20,HV 前面的数字为硬度值,后面的数字依次为所加载荷和保持时间。

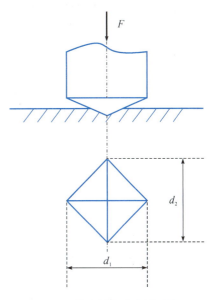

图 5.26 维氏硬度试验原理图

维氏硬度特别适用于表面硬化层和薄片材料的硬度测定。选择载荷时,应使硬化层或试样的厚度至少为 1.5d。若不知待测试样的硬化层厚度,则可在不同的载荷下按从小到大的顺序进行试验。若载荷增加,硬度明显降低,则必须采用较小的载荷,直至两相邻载荷得出相同结果为止。当待测试样较厚时,应尽可能选用较大的载荷,以减小对角线测量的相对误差和对试样表面层的影响,提高测定精度。对于大于 500HV 的材料,试验时不宜采用 490.3 N 以上的载荷,以免损坏金刚石压头。

由于维氏硬度测量采用四方锥体压头,在各种载荷作用下所得的压痕几何相似。因此载荷大小可任意选择,所得硬度值均相同。维氏硬度测量范围较宽,软硬材料都可测定,不存在洛氏硬度那种不同标尺硬度无法统一的问题,并且比洛氏硬度法能更好地测定薄件或膜层的硬度,因而常用来测定表面硬化层及仪表零件等的硬度。此外,由于维氏硬度的压痕为一轮廓清晰的正方形,其对角线长度易于精确测量,故精度较布氏硬度法的高。维氏硬度的另一特点是,当材料的硬度小于 450HV 时,维氏硬度值与布氏硬度值大致相同。

5.6.5 显微硬度

为了测定微小部件或极小区域内的物质,例如,某个晶粒、某个组成相或夹杂物的硬度,或研究扩散层组织、偏析相、硬化层深度时,布氏、洛氏、维氏硬度试验法均无法满足要求。此外,它们也不适合测定像陶瓷等脆性材料的硬度,因为陶瓷材料在大的测定载荷作用下容易破裂。这时,可采用显微硬度试验,这是一种测定载荷小于 1.0 kgf(9.807 N)的硬度试验,有显微维氏硬度和努氏硬度两种,其实验装置如图 5.27 所示。

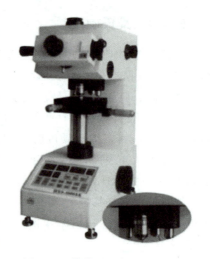

显微维氏硬度测定实质上就是小载荷的维氏硬度测定,其测定原理和维氏硬度相同,因此硬度值可用式(5.32)计算,并仍用符号 HV 表示。但由于测试载荷小,载荷与压痕之间的关系不一定符合几何相似原理,因此测定结果必须注明载荷大小,以便能进行有效的比较。如 340HV0.1,表示用 0.1 kgf(0.9807 N)的载荷测得的维氏硬度为 340,而 340HV0.05 则表示所用载荷为 0.05 kgf(0.4903 N)。

图 5.27   带维氏和努氏双压头的显微硬度计

努氏硬度(HK)是维氏硬度测定方法的发展。它采用金刚石长棱形压头,在试样上产生长对角线比短对角线长度大 7 倍的菱形压痕。努氏硬度测定由于压痕浅而细长(见图 5.28),与维氏硬度法相比,更适于测定极薄层或极薄零件,丝、带等细长件以及硬而脆的材料(如陶瓷、宝石等)的硬度,测量精度也高。努氏硬度值的定义与维氏硬度不同,它是用单位压痕投影面积上所承受的力来定义

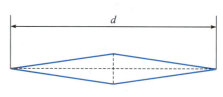

图 5.28   努氏硬度压痕

的(参见国标 GB/T 18449.1—2024)。已知载荷为 F,测出压痕长对角线长度 d 后,可按式(5.33)计算努氏硬度值(HK)。

$$HK = \frac{1.451F}{d^2} \tag{5.33}$$

640HK0.1 表示在 0.9807 N 下保持 10~15 s,测定的努氏硬度值为 640。

5.6.6   肖氏硬度与里氏硬度

肖氏硬度又称回跳硬度,其测定原理是将一定重量的具有金刚石圆头或钢球的标准冲头从一定高度 h_0 自由下落到试样表面,由于试样的弹性变形使其回跳到某一高度 h,用这两个高度的比值来计算肖氏硬度值:

$$HS = Kh/h_0 \tag{5.34}$$

式中:HS 为肖氏硬度;K 为肖氏硬度系数。

由式(5.34)可知,冲头回跳高度越高,则试样的硬度越高。也就是说,冲头从一定高度落下,以一定的能量冲击试样表面,使其产生弹性和塑性变形。冲头的冲击能一部分消耗于试样的塑性变形上,另一部分则转变为弹性变形功储存在试样中,当弹性变形回复时,能量释放,冲头回跳到一定的高度。消耗于试样的塑性变形功越小,则储存于试样的弹性能就越大,冲头回跳高度就越高。这也表明,硬度值的大小取决于材料的弹性性

质。因此,弹性模数不同的材料,其结果不能相互比较,如钢和橡胶的肖氏硬度值就不能比较。肖氏硬度法具有操作简便、测量迅速、压痕小等优点,其测量仪器[见图 5.29(a)]携带方便,可用于现场检测以及大件的硬度测定。其缺点是测定结果精度低,重复性差。

(a)肖氏硬度计　　　　　　　(b)里氏硬度计

图 5.29　肖氏和里氏硬度计

与肖氏硬度测定原理相同的里氏硬度计[见图 5.29(b)]在大件和现场的硬度测定中得到广泛应用。里氏硬度是用规定质量的冲击体在弹力作用下以一定速度冲击试样表面,用冲头在距试样表面 1 mm 处的回弹速度与冲击速度的比值计算硬度值(参见国标 GB/T 17394.1—2014)。计算公式如下:

$$HL = 1000 v_R / v_A \qquad (5.35)$$

式中:HL 为里氏硬度;v_R 为冲击体回弹速度;v_A 为冲击体冲击速度。

根据试样表面粗糙度、厚度等不同,有 D、DC、G、C 型里氏硬度计。700HLD 表示用 D 型冲击装置测定的里氏硬度值为 700。

5.6.7　邵氏硬度

橡胶、塑料等高分子材料的硬度除半定量的铅笔硬度外,还可以用肖氏硬度计和邵氏硬度计进行定量的测定。

邵氏硬度是将一定形状的钢制压针,在试验力作用下压入试样表面,当压足平面与试样表面紧密贴合时,测量压针相对压足平面的伸出长度。通过公式计算或通过仪表得到邵氏硬度值,符号为 HA。

习题与思考题

1.以低碳钢的拉伸曲线为例,说明各特征线段的含义及对应的微观组织变化。

2.假设试样长度方向的变形是均匀的,根据真实应力和应变的定义,导出工程应变与真实应变之间的关系式(5.4)。

3.如何测定板材的断面收缩率?

4.列表比较单向拉伸、扭转、弯曲和压缩试验适合检测的材料及其力学性能指标。

5. 韧性好的材料是否具有高的塑性？为什么？

6. 有一飞轮壳体，材料为灰铸铁，要求抗弯强度应大于 400 MPa。用此材料制成 $\phi30$ mm×340 mm 的试样，进行三点弯曲试验，结果如下：

第一组，$d=30.2$ mm，$L=300$ mm，$F_b=14.2$ kN；

第二组，$d=32.2$ mm，$L=300$ mm，$F_b=18.3$ kN。

问：是否能满足性能要求？

7. 下表中的数据为铜压缩时的真实应力、应变值，将铜盘锻造（类似压缩试验），使其高度下降到 50％。锻造压力 F 定义为压缩力除以材料原始面积，假设铜盘和压模之间没有摩擦，请画出 F 与高度下降量的曲线。

应力/MPa	0	141	202	252	290	319	343	360	373	390
应变	0	0.087	0.272	0.259	0.339	0.413	0.482	0.547	0.608	0.77

8. 采用什么办法可以提高铜合金材料的弹性？为什么金属的弹性模量是一个组织不敏感的力学性能指标？

9. 简述金属强化的原理，并分别举例说明。

10. 通过"空穴"可以强化金属吗？请解释原因。如果可以，什么因素会使强化的效果减弱？

11. 某碳钢和铝合金有下列数据：

碳钢	晶粒直径/μm	406	106	75	43	30	16
	屈服强度/MPa	93	129	145	158	189	233
铝合金	晶粒直径/μm	42	16	11	8.5	5	3.1
	屈服强度/MPa	223	225	225	226	231	238

(1) 请说明该钢和铝合金的屈服强度符合 Hall-Petch 关系，并确定各材料的 σ_0 和 k 值。

(2) 某些微合金钢添加微量的 V 或 Nb 可使晶粒降至 2 μm，同样先进的铝合金材料也可使其晶粒降至 2 μm。假设钢和铝合金的晶粒由 150 μm 降至 2 μm，这些材料的强度可增加到多少？

12. 比较高分子材料和金属弹性变形及塑性变形的差异。

13. 比较蠕变变形和应力松弛的异同点。

14. 分析晶粒大小对金属高温蠕变的影响。

15. 硬度的定义是什么？若要知道以下物品的硬度，选用何种硬度计进行检测为宜？说明原因。

(1) 手提电脑 Mg 合金面板的硬度；　　(2) 铁轨；　　(3) 硬质合金刀具；

(4) 汽车轮胎；　　(5) 厚纯铜板；　　(6) 老虎钳钳口。

第6章

材料的断裂与磨损

材料在变形达到一定程度后会发生断裂,有些材料在弹性变形区就断裂,有些材料则是在塑性变形区断裂。有些材料在交变应力或在力、腐蚀、高温等使用环境因素的共同作用下,发生低于材料强度的断裂。例如,疲劳断裂、蠕变断裂、应力腐蚀开裂、氢脆和腐蚀疲劳等。与材料的变形相比,断裂通常是突发性的,它不但导致材料失去使用功能,并将造成巨大的经济损失。桥梁、轮船、飞机等结构中的主要承力部件如发生断裂,就会发生灾难性事故。泰坦尼克号(见图 6.1)的冰海沉船就是其中一个典型事例。

泰坦尼克号
船体断裂

(a)建造中的泰坦尼克号

(b)已沉没在大洋底的泰坦尼克号

图 6.1 材料断裂破坏是泰坦尼克号沉没的主要原因

在工程应用中,常根据断裂前是否发生宏观的塑性变形,把断裂分为韧性断裂(ductile fracture)和脆性断裂(brittle fracture)两大类。两者的断口也有明显的不同,可以根据断口的形貌特征对断裂的性质进行经验性的判断。韧性断裂因断裂前外形有较明显的变化,因此容易预防,脆性断裂的危害性更大。

实践证明,大多数材料的断裂都经过裂纹的形成与裂纹扩展两个阶段。针对这两个阶段的特点,断裂有各种称呼方法,如解理断裂、沿晶断裂和延性断裂,这是指断裂形成的微观机制;而穿晶和沿晶断裂,是指裂纹扩展的路径。分析材料的断裂,可以从裂纹在何处形成,为什么会形成,如何形成,以及裂纹如何扩展、扩展速度、路径等入手。脆性的陶瓷材料采用各种方法抑制裂纹的扩展,如使裂纹尖端钝化、增加裂纹扩展路径等都能提高其韧性。

当材料中存在裂纹时,在裂纹尖端会出现应力集中的现象,即便外加应力低于材料的断裂强度,裂纹尖端的应力集中也可能超过材料的强度而发生断裂,因此实际材料的断裂强度远低于材料的理论断裂强度。裂纹尖端的应力分布可由应力强度因子K_I来定量地描述,这样就引入了一个新的力学性能指标:断裂韧度K_{Ic},它可用来衡量材料中存在裂纹时断裂的难易程度。材料中不考虑裂纹时,其断裂的难易程度是由断裂强度的大小来确定的。但如果材料中存在裂纹,由于不同材料对裂纹的敏感性不同即K_{Ic}不同,断裂强度高的材料可能反而容易发生断裂。疲劳断裂、蠕变断裂、应力腐蚀开裂等现象都可以用不同应力性质及环境因素对K_{Ic}的影响来进行分析和讨论。

容易断裂的材料通常被认为是脆性材料,而不易断裂的材料被认为韧性好。韧性的材料在一定条件下会向脆性转变,可以用缺口冲击试验对材料的韧脆转变进行判断。

材料因断裂失效约占损失材料的$1/3$,另外有$1/3$是腐蚀,它涉及材料的化学及电化学性质,其余则是由材料的磨损所致。磨损是指材料在外力和环境共同作用下发生质量的损失并导致部件的失效,它和材料的力学性能,尤其是材料表面的微观断裂及疲劳密切相关,因此放在本章讨论。

6.1 材料的断裂

6.1.1 脆性断裂

脆性断裂的宏观特征是断裂前不发生塑性变形,而且裂纹的扩展速度很快,在无明显的征兆下断裂突然发生,因此往往引起严重的后果,脆性断裂一直是材料科学的重点研究课题。

脆性断裂的断裂面一般与正应力垂直,断口平齐而光亮,常呈放射状或结晶状(见图6.2)。

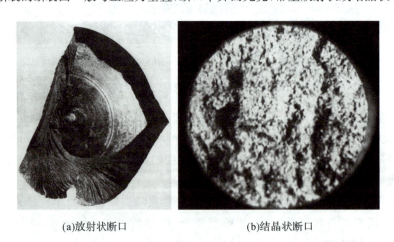

(a)放射状断口   (b)结晶状断口

图 6.2 脆性断口的放射状和结晶状形貌

脆性断裂的微观机制有解理断裂和沿晶断裂。解理断裂是材料在拉应力的作用下,由于原子间结合键遭到破坏,严格地沿一定的结晶学平面,即所谓“解理面”劈开而造成的,解理面一般是表面能最小的晶面。解理断裂有两种特征形貌:“河流状花样”和“舌形花样"。用扫描电子显微镜(SEM)观察脆性断口表面,可看到如图 6.3 所示的形貌。一族相互平行的解理面,在不同高度上的平行解理面之间形成所谓的解理台阶,解理台阶的侧面类似小河汇合,从而构成河流状花样。"河流"的流向与裂纹扩展方向一致(见图 6.4),因此可以从"河流"的反方向去寻找断裂源。解理断裂的另一微观特征舌状花样,如图 6.5 所示。它类似于伸出来的小舌头,使解理裂纹沿孪晶界扩展而留下的舌状凸台或凹坑。其形成机理示于图 6.6,在体心立方金属中,解理面是(001),孪晶面是(112),孪晶方向是[111]。

图 6.3　解理断口的河流状花样

当解理裂纹沿(001)面扩展遇到孪晶面时,即沿孪晶面扩展,越过孪晶后再在(001)解理面扩展,于是形成舌状凸台。

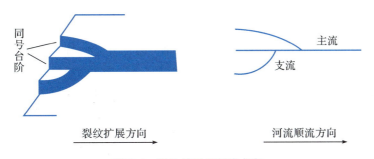

图 6.4　裂纹扩展和河流方向

图 6.5　解理断口的舌状花样

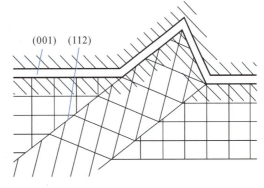

图 6.6　解理舌形成

　　沿晶断裂是指断裂过程中裂纹沿晶界扩展。如图 6.7(a)所示。当晶界上存在一薄层连续或不连续的脆性第二相、夹杂物时,晶界的连续性被破坏;某些杂质元素在晶界偏聚也会使晶界弱化。这样,裂纹沿晶界快速扩展,导致脆性断裂。应力腐蚀、回火脆性、淬火裂纹等都是沿晶断裂。沿晶断裂的宏观断口一般呈冰糖状,如晶粒很细小,断口一般呈晶粒状。图 6.7(b)是陶瓷材料的沿晶断口。

(a)金属材料的沿晶断口   (b)陶瓷材料的沿晶断口

图 6.7 沿晶断裂的断口电镜形貌

6.1.2 韧性断裂

韧性断裂是指材料断裂前产生明显宏观塑性变形的断裂,这种断裂有一个缓慢的撕裂过程,裂纹扩展过程中需要不断消耗能量。断裂面一般平行于最大切应力,并与主应力成 45°。用肉眼或放大镜观察时,断口呈纤维状,灰暗色。

中低强度钢的光滑圆柱试样在室温下的拉伸断裂是典型的韧性断裂,其宏观断口呈杯锥状,一般由纤维区、放射区和剪切唇三个区域组成[见图 6.8(a)]。其放射区是裂纹快速低能量撕裂形成的,有平行于裂纹扩展方向并逆指向裂纹源的放射线花样特征;剪切唇是在平面应力条件下的快速不稳定断裂;而中间纤维区的形成可用"微孔聚集断裂"的机理解释,它包括微孔成核、长大、聚合直至断裂。图 6.8(b)是拉伸试样断口实物形貌,可看出剪切唇和纤维区。由于韧性高,因此放射区不明显。

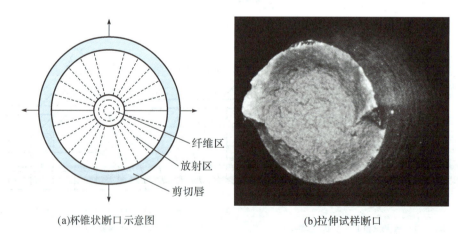

(a)杯锥状断口示意图   (b)拉伸试样断口

图 6.8 杯锥状断口体视形貌

杯锥状断口的形成过程如图 6.9 所示。拉伸试样局部区域产生颈缩后,试样的应力状态由单向变为三向,且中心轴向应力最大。在中心三向拉应力作用下,塑性变形难以进行,致使中心部分的夹杂物或第二相质点本身破碎,或使夹杂物质点与基体界面脱离而形成微孔,微孔不断长大和聚集就形成微裂纹。早期形成的微裂纹端部会产生较大的塑性变形,且集中于极窄的高变形带内,从宏观上看这些变形带与横向大致呈 50°~60°。新的微孔就在变形带内成核、长大和聚合,当其与裂纹连接时,裂纹便向前扩展一段距离。这样的过程重复进行就形成锯齿形的纤维区,纤维区所在平面(即裂纹扩展的宏观平面)垂直于拉伸应力方向。

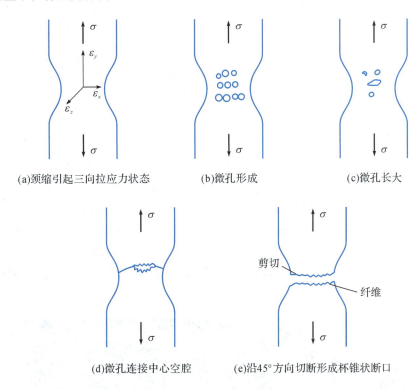

(a)颈缩引起三向拉应力状态　　　(b)微孔形成　　　(c)微孔长大

(d)微孔连接中心空腔　　　(e)沿45°方向切断形成杯锥状断口

图 6.9　杯锥状断口形成

微孔形成的位错模型如图 6.10 所示。当位错线运动遇到第二相质点时往往按绕过机制在其周围形成位错环[见图 6.10(a)],这些位错环在外加应力作用下于第二相质点处堆积[见图 6.10(b)]。当位错环移向质点与基体界面时,界面立即沿滑移面分离而形成微孔[见图 6.10(c)]。由于微孔形成,后面的位错所受排斥力大大下降而被迅速推向微孔,并使位错源重新被激活而不断放出新位错。新的位错连续进入微孔,遂使微孔长大[见图 6.10(d)、(e)]。如果考虑到位错可以在不同滑移面上运动和堆积,则微孔可因一个或几个滑移面上的位错运动而形成,并借其他滑移面上的位错向该微孔运动而使其长大[见图 6.10(f)]。显然,细小、圆形的第二相质点有助于防止裂纹的产生。

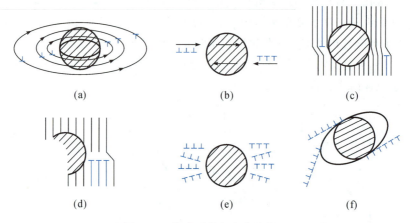

图 6.10   微孔形核长大位错模型

韧性断裂的微观特征是在电子显微镜下可观察到大小不等的圆形或椭圆形韧窝。韧窝是韧性断裂的基本特征,正像河流状花样是解理断裂的基本特征一样。韧窝形状视应力状态不同而异,如果正应力垂直于微孔的平面,使微孔在垂直于正应力的平面上各方向的长大倾向相同,便形成等轴韧窝[见图 6.11(a)];在扭转载荷或受双向不等拉伸条件下,因切应力作用形成拉长韧窝[见图 6.11(b)]。如在微孔周围的应力状态为拉、弯联合作用,则微孔在拉长、长大的同时还要被弯曲,形成在两个相配断口上方向相同的撕裂韧窝。

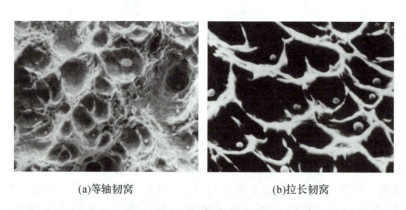

(a)等轴韧窝   (b)拉长韧窝

图 6.11   韧窝形貌

必须指出,微观形态上出现韧窝,其宏观上不一定就是韧性断裂,因为宏观上为脆性的断裂,在局部区域内也可能有塑性变形,从而显示出韧窝形态。

6.1.3 断裂强度

1.理论断裂强度

在外加正应力作用下,将晶体的两个原子面沿垂直于外力方向拉断所需的应力,即理论断裂强度。假设一完整晶体受拉应力作用后,原子间结合力与原子间位移的关系曲线如图 6.12 所示。曲线上的最高点代表晶体的最大结合力,即理论断裂强度。

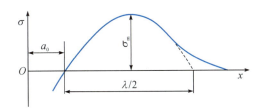

图 6.12　原子间作用力与位移关系曲线

该曲线可近似用正弦曲线表示：

$$\sigma = \sigma_m \sin \frac{2\pi x}{\lambda} \tag{6.1}$$

式中：x 为原子间位移；λ 为正弦曲线的波长。如位移很小，则 $\sin(2\pi x/\lambda) \approx 2\pi x/\lambda$，于是：

$$\sigma = \sigma_m \frac{2\pi x}{\lambda} \tag{6.2}$$

根据胡克定律，在弹性状态下，有：

$$\sigma_m = E\varepsilon = E \frac{x}{a_0} \tag{6.3}$$

式中：E、ε 分别为弹性模量和弹性应变；a_0 为原子间的平衡距离。合并式(6.2)和式(6.3)，消去 x，得：

$$\sigma_m = \frac{\lambda E}{2\pi a_0} \tag{6.4}$$

与此同时，晶体脆性断裂时，形成两个新的表面，需要表面形成功 2γ，其值等于释放出的弹性应变能，即图 6.12 中曲线下所包围的面积 $\lambda\sigma_m/\pi$：

$$2\gamma = \lambda\sigma_m/\pi \tag{6.5}$$

代入式(6.4)，消去 λ，得理想晶体解理断裂的理论断裂强度：

$$\sigma_m = \sqrt{\frac{E\gamma}{a_0}} \tag{6.6}$$

可见，在 E、a_0 一定时，σ_m 与表面能 γ 有关，解理面往往是表面能最小的面，可由此式得到理解。

将实际晶体的 E、a_0、γ 值代入式(6.6)计算，例如铁，$E = 2 \times 10^5$ MPa，$a_0 = 2.5 \times 10^{-10}$ m，$\gamma = 2$ J/m²，则 $\sigma_m = 4 \times 10^4$ MPa。这是一个很高的强度值，在实际材料中，除极细无缺陷的晶须接近这一强度外，其他的都相差很远。以高强度钢而言，其强度不高于 2×10^3 MPa，与前者相差 20 倍。显然，在实际晶体中必有某种缺陷，使其断裂强度降低。

2. Griffith 理论

为了解释玻璃、陶瓷等脆性材料的实际断裂强度与理论断裂强度之间的差异，Griffith 在 1921 年提出了裂纹理论。假定在实际材料中存在裂纹，即使外加应力低于材料理论断裂强度，由于裂纹尖端的应力集中作用，使裂纹尖端附近的应力超过材料的理论强度，结果导致裂纹快速扩展，引起脆性断裂。

Griffith 根据弹性理论与能量观点,导出了含半长为 a 裂纹的板材中,裂纹失稳扩展的临界应力 σ_c 和临界裂纹半长 a_c:

$$\sigma_c = \sqrt{\frac{2E\gamma}{\pi a}} \tag{6.7}$$

$$a_c = \frac{2E\gamma}{\pi\sigma^2} \tag{6.8}$$

式(6.7)就是著名的 Griffith 公式。

σ_c 是含裂纹板材的实际断裂强度,它与裂纹半长的平方根成反比;对于一定半裂纹长度 a,当外加应力达到 σ_c 时,裂纹即失稳扩展。承受某一拉伸应力 σ 时,板材中半裂纹长度也有一个临界值 a_c,当半裂纹长度达到或超过这个临界值时,就会自动扩展。而当 $a < a_c$ 时,要使裂纹扩展须由外界提供能量,即增大外力。

仍以铁为例,假设铁中有一半长为 100 nm 的裂纹,则由式(6.7)可得 $\sigma_c \approx 1000$ MPa,与实际情况相近。

Griffith 公式适用于脆性材料,对于塑性材料,在裂纹尖端处会发生塑性变形,需要塑性变形功 W_p,W_p 的数值往往比表面能大几个数量级,是裂纹扩展需要克服的主要阻力。因而式(6.7)需要修正为:

$$\sigma_c = \sqrt{\frac{E(2\gamma + W_p)}{\pi a}} \tag{6.9}$$

这就是 Griffith-Orowan-Irwin 公式。塑性变形功的大小与材料内位错的运动能力有关。

需要指出的是,Griffith 理论的前提是材料中已存在着裂纹,它不涉及裂纹的来源。

6.1.4 断裂韧度

虽然 Griffith 很早就提出了材料中含裂纹时的脆断强度理论,但由于当时金属结构材料的强度较低,塑性和韧性很好,因此脆断失效情况发生不多。随着高强度金属材料的广泛应用,金属的脆断事故时有发生,例如采用 $\sigma_{0.2} = 1400$ MPa 的超高强度钢制造导弹发动机壳体,韧性指标检验合格,却在点火后发生脆断。研究表明,很多脆断事故与金属构件中存在裂纹或缺陷有关,而且断裂应力低于屈服强度,即低应力脆断。为防止这种低应力脆断,形成了断裂力学这门学科,以存在裂纹的材料(裂纹体)为对象,研究裂纹尖端的应力和应变,建立了材料的力学性能新指标:断裂韧度 K_{Ic}。

1. 应力强度因子 K_I

依据外力与裂纹面的取向关系,裂纹扩展有三种基本形式,即张开型(Ⅰ型)、滑开型(Ⅱ型)、撕开型(Ⅲ型),如图 6.13 所示。其中以Ⅰ型裂纹扩展最危险,容易引起脆性断裂。故研究裂纹体的脆性断裂问题时,一般以这种裂纹作为对象。

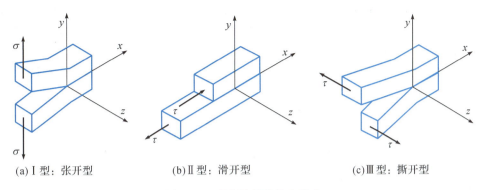

(a) I 型:张开型　　　　　(b) II 型:滑开型　　　　　(c) III 型:撕开型

图 6.13　裂纹扩展的基本形式

欧文(G. R. Irwin)等人对 I 型裂纹尖端附近的应力应变进行了分析,发现裂纹尖端任一点 $P(r,\theta)$ 的应力和位移分量取决于该点的位置 (r,θ)、材料的弹性常数以及参量 K_I。对于一无限大板,含有一长为 $2a$ 的中心穿透裂纹,在无限远处作用有均布的双向拉应力 σ(见图 6.14),则:

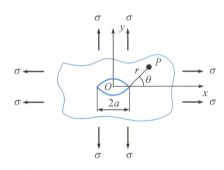

图 6.14　裂纹体及受力

$$K_I = \sigma\sqrt{\pi a} \qquad (6.10)$$

若裂纹体的材料一定,且裂纹尖端附近某一点的位置给定时,则该点各应力分量唯一地取决于 K_I 值;K_I 值越大,该点各应力、位移分量值越高。

因此,K_I 反映了裂纹尖端区域应力场的强度,故称为应力强度因子。它综合反映了外加应力、裂纹长度对裂纹尖端应力场强度的影响。

试样和裂纹的几何形状、加载方式不同,K_I 的表达式也不同,可查相关的手册获得。综合而言,I 型裂纹应力场强度因子的一般表达式为:

$$K_I = Y\sigma\sqrt{a} \qquad (6.11)$$

式中:Y 为裂纹形状系数,是一个无量纲系数。一般情况下,$Y=1\sim2$。

K_I 是一个取决于 σ 和 a 的复合力学参量。不同的 σ 和 a 的组合,可以获得相同的 K_I。a 不变时,σ 增大可使 K_I 增大;σ 不变时,a 增大也可使 K_I 增大。K_I 的单位为 MPa·m$^{1/2}$。

2. 断裂韧度 K_{Ic}

既然 K_I 是决定裂纹尖端附近应力场强弱的一个力学参量,就可将它看作推动裂纹扩展的动力,以建立裂纹失稳扩展的力学判据。

当 σ 和 a 单独或共同增大时,K_I 以及裂纹尖端各应力分量也随之增大。一旦 K_I 达到某一临界值,在裂纹尖端足够大的范围内,应力便会达到材料的断裂强度,裂纹便失稳扩展,从而使材料断裂。这个临界 K_I 值记作 K_{Ic},K_{Ic} 称为断裂韧度,它是具有 I 型裂纹材料的断裂韧度指标。在临界状态下所对应的平均应力,称为断裂应力或裂纹体断裂强度,记作 σ_c;对应的裂纹尺寸称为临界裂纹尺寸,记作 a_c。三者之间的关系为:

$$K_{Ic} = Y\sigma_c\sqrt{a_c} \qquad (6.12)$$

可见,材料的K_{Ic}越高,则裂纹体的断裂应力或临界裂纹尺寸就越大,表明难以断裂。因此,K_{Ic}是表示材料内部存在裂纹时抵抗断裂的能力,是材料所具有的性能,与材料成分、组织结构有关,K_{Ic}的单位与K_I相同,为 MPa·m$^{1/2}$。

表 6.1 给出了几种材料的断裂韧度K_{Ic}值,由表可以看出,陶瓷材料的断裂韧度与金属材料相比,低 1～2 个数量级。

表 6.1　几种材料的断裂韧度

材料	断裂韧度/(MPa·m$^{1/2}$)	材料	断裂韧度/(MPa·m$^{1/2}$)
碳素钢	＞200	Al_2O_3	3.5～5
马氏体时效钢	93	$ZrO_2\text{-}Y_2O_3$	8～15
Si_3N_4	5～6	硬质合金 YG8	9.5
SiC	4～6		

根据应力场强度因子K_I和断裂韧度K_{Ic}的相对大小,可以建立裂纹失稳扩展而脆断的判据:

$$K_I \geqslant K_{Ic} \tag{6.13}$$

或

$$Y\sigma\sqrt{a} \geqslant K_{Ic} \tag{6.14}$$

裂纹体在受力时,只要满足上述条件,就会发生脆性断裂。反之,即使存在裂纹,若$K_I < K_{Ic}$,也不会断裂,这种情况称为破损安全。

式(6.14)是一个很有用的定量关系式,它将材料断裂韧度与构件的工作应力及裂纹尺寸的关系定量地联系起来。用此关系式,可以由材料的断裂韧度K_{Ic}及构件的平均工作应力σ来估算其中所允许的最大裂纹尺寸a_c;也可由材料的K_{Ic}及构件中的裂纹尺寸a,来估算其最大承载能力σ_c;还可以根据工作应力σ及裂纹尺寸a,选择符合要求的材料。这就是断裂韧度的实用意义。

3. 断裂韧度K_{Ic}的测定

关于K_{Ic}的测试方法,可参照 GB/T 4161—2007 进行。常用紧凑拉伸试样和三点弯曲试样,其形状及各尺寸之间的关系如图 6.15 所示。在确定试样尺寸时,应预先测试所试材料的屈服强度,并估计K_{Ic}值,定出试样的最小厚度B。然后按图中试样各尺寸的比例关系,确定试样宽度W和长度L。试样毛坯经粗加工、磨削后,用钼丝线切割机在试样上开缺口,再在疲劳试验机上预制裂纹。疲劳裂纹的长度应不小于 2.5%W,且不小于 1.5 mm。裂纹总长a与宽度W之比(即a/W)应控制在 0.45～0.55。

试样用专用夹具安装在万能试验机上进行弯曲试验,得到载荷F与裂纹嘴张开位移V之间的关系图(见图 6.16)。根据$F\text{-}V$曲线,可求出裂纹失稳扩展时的临界载荷F_Q。求F_Q的方法如下:从$F\text{-}V$曲线的坐标原点画OF_5直线,其斜率较$F\text{-}V$曲线的直线部分斜率小 5%,与$F\text{-}V$曲线相交的点前面如无比该点更大的载荷,则取$F_Q = F_5$,否则取较F_5大的载荷为F_Q。试样压断后,用显微镜测量裂纹长度a。由于裂纹前线呈弧形,故规定在断口上$B/4$、$B/2$、$3B/4$处测 3 点,取中间三点平均值作为a值。

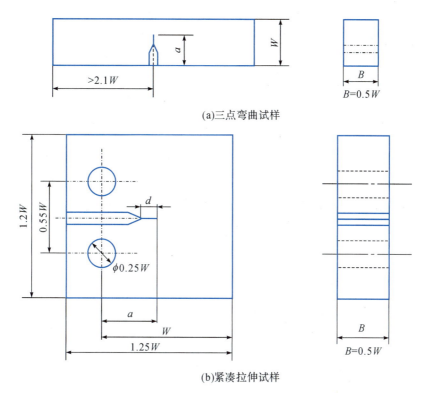

(a)三点弯曲试样

(b)紧凑拉伸试样

图 6.15　测定K_{Ic}用的标准试样

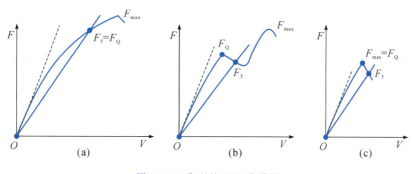

图 6.16　典型的 F-V 曲线图

　　求得 F_Q 和 a 值后,即可代入相应的K_I 表达式,计算出 K_Q。最后按文献进行有效性检验,其中主要的是:①$F_{max}/F_Q < 1.10$;②$B > 2.5(K_{Ic}/\sigma_{0.2})^2$。若满足有效性规定,则$K_Q$ 即为K_{Ic};否则,将原试样尺寸加大 50%,重新测定K_{Ic}值。

6.2 材料的脆性与韧性

6.2.1 材料的脆性

玻璃、陶瓷等材料在外加应力低于材料弹性极限前就发生断裂,也就是说,材料在拉伸断裂前不产生塑性变形。从拉伸曲线上可以看出,表征脆性材料的力学性能参数有两个:弹性模量 E 和断裂强度 σ_k。断裂前外力做的功 $W = \sigma_k^2/2E$,陶瓷材料的 E 很大,小的做功就可以使材料断裂,因此材料很脆。

脆性材料的抗拉断裂强度低,但抗压断裂强度高,理论上抗压强度可达抗拉强度的 8 倍。所以脆性材料在工程结构中多应用于承受压缩载荷的构件。材料的脆性本质除内部位错滑移困难之外,通常与其对裂纹的敏感性高有关。

6.2.2 材料的韧性

如前所述,材料的韧性表示断裂前单位体积材料所吸收的变形和断裂能,其大小就是拉伸曲线中应变开始到断裂前的面积,又称为材料的韧度。

材料的韧度可能包含三部分能量,即弹性变形能、塑性变形能和断裂能。对于脆性材料,韧度等于弹性变形能。对于塑性较高的材料如金属,其弹性变形能很低,韧度主要由塑性变形能和断裂能所组成。金属的韧度是与强度和塑性相关的综合性的力学性能指标,其中更大程度上取决于塑性。要提高金属材料的韧性,应使材料的强度和塑性达到最佳的配合,即提高强度的同时不降低或不过分降低材料的塑性。

6.2.3 脆性-韧性转变

脆性断裂是作为构件材料所希望避免的,但是,根据材料本身的组织结构、所受应力状态、温度和加载速率等不同,材料的韧性和脆性两者之间可以互相转化,导致一定条件下韧性材料会发生脆性断裂。

1. 应力状态

由材料力学可知,任何应力状态都可以用切应力和正应力表示,这两种应力对变形和断裂起的作用不同。一方面,只有切应力才能引起材料的塑性变形,因为切应力是位错运动的驱动力,位错运动除产生塑性变形外,它们在障碍物前的塞积可以引起裂纹的萌生和发展,所以切应力对材料的变形和开裂都起作用;另一方面,拉应力只促进材料的断裂。粗略地讲,切应力促进塑性变形,对塑性和韧性有利;拉应力促进断裂,不利于塑性和韧性。

2. 温度和加载速度

温度对断裂强度影响不大,但对屈服强度影响显著。其原因是温度提高有助于激活位错源,有利于位错运动,使滑移容易进行。因此普通碳钢在室温或高温下,断裂前有较大的塑性变形,是韧性断裂;但低于某一温度时,位错源激活受阻,难以产生塑性变形,断

裂有可能变为脆性。该现象可用图 6.17 解释。随温
度升高,屈服强度降低,断裂强度变化不大,两者的交
点就是韧-脆转变温度,低于此温度时,材料未屈服就
发生断裂,即脆断。对于在低温环境下使用的金属材
料,如储放液氮的容器,需考察其韧-脆转变温度。

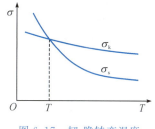

图 6.17　韧-脆转变温度

　　提高加载速率,则相对形变速率增加,当其超过某
一限度时会限制塑性变形的发展,使塑性变形极不均
匀,结果塑性变形抗力提高(屈服强度提高多,抗拉强
度提高较少),并使局部高应力区形成裂纹,因而增加金属材料的变脆倾向。压力容器采
用塑性材料制造,但发生爆炸时,断口易呈脆性断裂特征。

3. 材料的微观组织

　　面心立方晶格的金属如铜、铝、奥氏体钢基本上无韧-脆转变现象,其韧性可维持到
低温,因此液氮储放容器采用奥氏体不锈钢制造。晶粒细化可降低材料的韧-脆转变温
度,由图 6.18 可知,晶粒细时,屈服应力低于断裂抗力,是先屈服后断裂,断裂前有较
大的塑性变形,是韧性断裂;当晶粒尺寸 d 大于某值时,断裂前没有屈服,是脆性断裂。

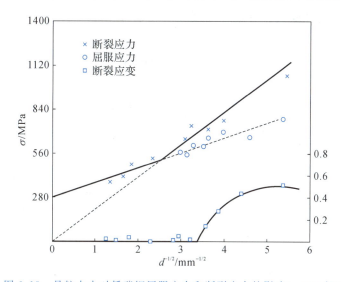

图 6.18　晶粒大小对低碳钢屈服应力和断裂应力的影响(−195 ℃)

　　晶粒细化既提高了材料的强度,又提高了它的塑性和韧性。这是形变强化、固溶强
化与弥散强化等方法所不及的。因为这些方法在提高材料强度的同时,总要降低一些材
料的塑性和韧性。

6.2.4　缺口冲击试验

　　缺口冲击试验是用规定高度的摆锤对处于简支梁状态的缺口试样进行一次性打击,
测量试样折断时的冲击吸收功,如图 6.19(a)所示。试验时,将具有一定质量 m 的摆锤举
至一定的高度 H_1,使之具有一定的势能 mgH_1;将试样置于支座上,然后将摆锤释放,在

摆锤下落到最低位置时将试样冲断。试样为 10 mm×10 mm×55 mm 的长条形，其中一面开有 V 形或 U 形缺口[分别称为夏氏和梅氏缺口，见图 6.19(b)]，对试样的具体要求可参阅国标 GB/T 229—2020。

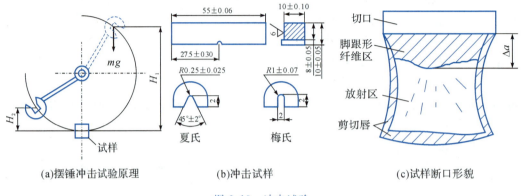

(a)摆锤冲击试验原理   (b)冲击试样   (c)试样断口形貌

图 6.19 冲击试验

摆锤冲断试样后回升到高度 H_2。就是说，摆锤在冲断试样过程中消耗了一部分势能，这部分能量就是冲断试样所做的功，称为冲击功，以 A_k 表示：

$$A_k = mg(H_1 - H_2) \tag{6.15}$$

A_k 的单位为 J。将冲击功 A_k 除以缺口的净断面积 A_N，即可得缺口冲击韧度值，记为 a_{kU} 或 a_{kV}，单位为 J/mm^2。

缺口试样的断裂经过三个阶段：裂纹在缺口根部形成、裂纹的扩展和最终断裂。因此缺口试样的冲击断裂要吸收三部分能量：裂纹形成、扩展和断裂能[见图 6.19(c)]。这三部分能量在总能量中所占比例和绝对值不仅取决于材料的性质，也取决于试样的尺寸。对相同尺寸的试样，若材料的塑性和韧性很低，则在低于屈服强度的应力下裂纹即可在缺口根部形成并随即发生断裂，冲击功由裂纹形成和断裂功组成，其数值也小。若材料具有高的塑性和断裂韧度，则裂纹形成时试样已发生大范围屈服，这样，裂纹形成功包含试样的弹性变形功和一部分塑性变形功，因而冲击韧度值大大提高。此外，裂纹扩展要求进一步增大载荷，即需要做功，最后发生塑性撕裂需要撕裂功，因此其冲击功很大。

缺口冲击韧度是一个经验性的力学性能参数，它不反映缺口试样在冲击载荷下的失效具体过程和实质。但脆性、低塑性材料断裂时所需的能量少，而高塑性材料所需的能量多，因此由冲击韧度值可定性地对材料的韧性和脆性进行判断。此外，缺口冲击韧度对材料内部组织的变化十分敏感，而且实验测定又很简便，因此在生产和研究工作中，缺口冲击韧度被用于评价材料的韧-脆程度，表 5.3 中列出了几种金属材料的缺口冲击韧度。

缺口冲击韧度还可用于测定韧-脆转变温度，方法是将试样冷却到不同的温度测定冲击功。V 形缺口试样测定的冲击功 $A_k = 20.35$ J 对应的温度作为韧-脆转变温度，这是根据实践经验总结而提出的方法。钢的成分、组织和冶金质量对冲击韧度和韧-脆转变温度有很大的影响，降低钢中的碳、磷含量，细化晶粒，低碳马氏体和回火索氏体组织，以及增加钢中镍、铜含量等，均有利于提高冲击韧度，降低韧-脆转变温度。

6.2.5　陶瓷材料增韧

陶瓷为共价键晶体结构,有较高的阻碍位错运动的能力,实际可动的滑移系也较少。陶瓷的断裂韧度要比金属低 1～2 个数量级,因为陶瓷材料的断裂韧度主要与断裂形成新表面所需的表面能有关,而金属材料断裂要吸收大量的塑性变形能,它要比表面能大几个数量级。提高陶瓷韧性的主要机理是阻碍裂纹的扩展。方法有以下几种。

1. 陶瓷与金属复合的增韧

金属作为韧性相,通过其自身的塑性变形,起着使裂纹尖端区域高度集中的应力得以部分松弛以及吸收能量的作用。因此,裂纹扩展所需的能量,将超过为形成新裂纹面所需的表面能,从而提高了材料对裂纹扩展的抗力,改善了材料的韧性。

2. 相变增韧

裂纹扩展时,处于裂纹尖端区域的某种物质发生相变和体积膨胀,相变要吸收能量,而体积膨胀可松弛裂纹尖端的拉应力,甚至产生压应力,从而提高材料对裂纹扩展的抗力,改善材料的断裂韧度。

3. 微裂纹增韧

在陶瓷基体相和弥散相之间,由于温度变化引起的热膨胀差或相变引起的体积差,会产生弥散均布的微裂纹。若微裂纹是弯曲的并有一定的曲率,当它和主裂纹联结时,将使裂纹尖端钝化,增大裂纹尖端钝化半径,从而提高断裂韧度。同时,这些均布的微裂纹和主裂纹联结,会促使主裂纹分叉,改变主裂纹尖端的应力场,并使主裂纹扩展路径曲折,增加了扩展过程中的表面能,从而使裂纹快速扩展受到阻碍,增加了材料的断裂韧度。

4. 其他

添加增强纤维或晶须,改变裂纹扩展的路径或使裂纹尖端钝化。

6.3　材料的疲劳

飞机疲劳失效案例

6.3.1　疲劳现象

材料在循环应力的作用下,即使所受的应力低于屈服强度或断裂强度,也会在经过一定时间后发生断裂,这种现象称为疲劳。疲劳断裂,尤其是高强度材料的疲劳断裂,一般不发生明显的塑性变形,因此疲劳断裂会造成很大的损失。飞机各主要构件、汽车驱动轴、钢铁桥梁等都可能发生疲劳断裂。

循环应力是指应力随时间呈周期性的变化,如图 6.20 所示。这种应力的循环特征可用下列参数表示:应力辐 σ_a 和平均应力 σ_m 或应力比 R,$\sigma_a = (\sigma_{max} - \sigma_{min})/2$,$\sigma_m = (\sigma_{max} + \sigma_{min})/2$,$R = \sigma_{min}/\sigma_{max}$,$\sigma_{max}$ 和 σ_{min} 分别为循环最大应力和最小应力。图 6.20(a)为交变对称循环,$\sigma_m = 0$,$R = -1$,如轴类零件;对应图 6.20(b),$0 < \sigma_m < \sigma_a$,$-1 < R < 0$,如构件中的支撑件;在图 6.20(c)中,$\sigma_m = \sigma_a$,$R = 0$,如齿轮的齿根和压力容器;而对于图 6.20(d),$\sigma_m > \sigma_a$,$0 < R < 1$,如飞机机翼下翼面、预紧螺栓等。此外,滚珠轴承受脉动压缩循环应力,发动机连

杆受大压力小拉力循环应力的作用,而汽车在不平坦路面上行驶,其构件则受随机变动应力的作用。

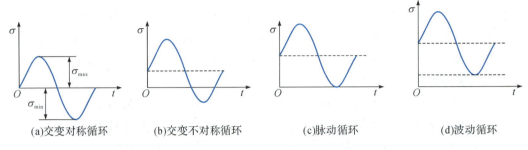

(a)交变对称循环   (b)交变不对称循环   (c)脉动循环   (d)波动循环

图 6.20   应力随时间变化

疲劳断裂后,断口上会保留独有的特征,如图 6.21 所示。断口通常分为三个区:疲劳源、疲劳裂纹扩展区和瞬时断裂区。疲劳源一般在零件表面,源区较光滑;疲劳裂纹扩展区具有"贝壳"花样,称贝纹线或疲劳线,它是以疲劳源为中心的近于平行的一簇向外凸的同心圆,是疲劳裂纹扩展时前沿线的痕迹;瞬时断裂区是疲劳裂纹快速扩展直至断裂的区域,靠近中心为平断口,边缘处为剪切唇。疲劳断口的宏观形貌取决于材料、应力大小、变化频率等,例如,双向反复弯曲时会出现两个疲劳源,机器中途停机和启动也会改变贝纹线的疏密分布。

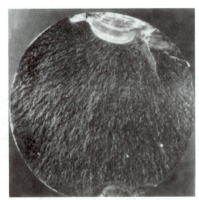 

(a)高周疲劳,黑色区为快速断裂   (b)低周疲劳,疲劳裂纹扩展区占比很大

图 6.21   典型的疲劳断口形貌

6.3.2   疲劳断裂机理

疲劳裂纹形成包括三个阶段:微裂纹的形成、长大与联结。疲劳微裂纹的形成可能有三种方式:表面滑移带开裂、夹杂物与基体相界面分离或夹杂物本身断裂、晶界或亚晶界开裂,图 6.22 示意了疲劳微裂纹形成的三种方式。在循环载荷作用下,即使循环应力不超过宏观屈服强度,也会在试样表面形成滑移带,称为循环滑移带。拉伸时形成的滑移带分布较均匀,而循环滑移带则集中于某些局部区域。而且在循环滑移带中会出现挤

出与挤入,从而在试样表面形成微观裂纹。

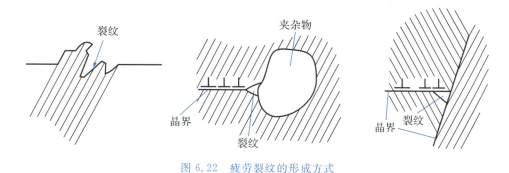

图 6.22　疲劳裂纹的形成方式

疲劳裂纹的扩展可分为两个阶段。第一阶段,裂纹沿最大切应力方向(和主应力成
45°)的晶面向内发展;由于各晶粒的位向不同及晶界的阻碍作用,裂纹扩展方向逐渐转向
与最大拉应力垂直。第一阶段扩展速率很慢,每一个应力循环大约只有 0.1 μm 数量级,
扩展深度为 2~3 个晶粒。第二阶段,裂纹扩展方向与拉应力垂直,扩展途径是穿晶的。
第二阶段扩展速率较快,每一应力循环大约扩展 μm 数量级。在电子显微镜下,该处可观
察到疲劳条带(见图 6.23)。一个加载循环形成一个疲劳条带,这与树的年轮十分相似。

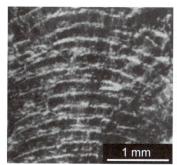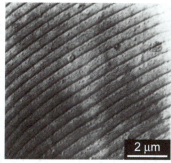

(a)高交变应力作用下的铜　　(b)中低应力作用下的铝合金　　(c)树的年轮

图 6.23　疲劳条带形貌与树的年轮

疲劳条带的形成可用塑性钝化模型加以说明。如图 6.24 所示,左侧曲线的实线段表示
交变应力的变化,右侧为疲劳裂纹扩展第二阶段中裂纹的剖面图。图(a)表示交变应力为零
时,裂纹呈闭合状态;图(b)表示受拉应力时,裂纹张开,裂纹尖端处由于应力集中,而沿 45°
方向发生滑移;图(c)表示拉应力达到最大值时,滑移区扩大,裂纹尖端变为半圆形,发生钝
化,裂纹停止扩展,即所谓“塑性钝化”[图(c)中两个同向箭头表示滑移方向,两箭头之间的
距离表示滑移进行的宽度];图(d)表示交变应力为压应力时,滑移沿相反方向进行,原裂纹
和新扩展的裂纹表面被压近,裂纹尖端被弯折成一对耳状切口,这一对耳状切口又为下一
周期应力循环时,沿 45°方向滑移准备了应力集中条件;图(e)表示压应力达到最大值时,
裂纹表面被压合,裂纹尖端又由钝变锐,形成一对锐角。由此可见,应力循环一周期,在
断口上便留下一条疲劳条带,裂纹向前扩展一个条带的距离。如此反复进行,不断形成

新的条带,疲劳裂纹不断向前扩展。因此,疲劳裂纹扩展的第二阶段就是在应力循环时裂纹尖端钝锐变化的过程。在电镜下看到的疲劳断口上的条带就是每一周期交变应力下裂纹扩展留下的痕迹。条带间距表示裂纹扩展速率,间距越宽,则裂纹扩展速率越大。

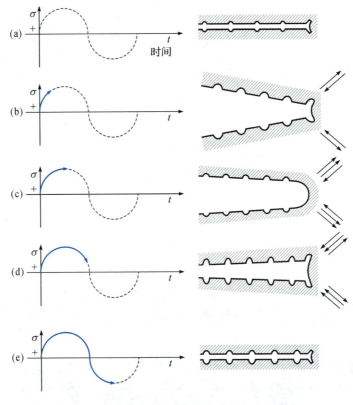

图 6.24 疲劳条带形成过程

需要指出的是,在疲劳断口上肉眼看到的贝纹线和在电镜下看到的条带,并不是一回事。相邻贝纹线之间可能有成千上万条条带。贝纹线是由于交变应力振幅变化或载荷大小改变等原因,在宏观断口上遗留的裂纹前沿线痕迹,是疲劳断口的宏观特征。疲劳条带则是其微观特征,是用来判断断裂是否由疲劳所引起的主要依据之一。

6.3.3 疲劳性能指标

用疲劳试验对材料的疲劳性能进行检测,常用旋转弯曲疲劳试验,所用试验装置及试样要求参见 GB/T 4337—2015《金属材料 疲劳试验 旋转弯曲方法》。试验时试样旋转一周,其表面受到交变对称循环应力一次。从加载开始到试样断裂所经历的应力循环数,定义为该试样的"疲劳寿命",符号 N_f。在不同的应力幅 σ_a 下试验一组试样,得到如图 6.25 所示的 $\lg\sigma_a$-$\lg N_f$ 曲线,这就是疲劳寿命曲线,习惯上称 σ-N 曲线。

疲劳寿命曲线可分为三个区:

①低循环疲劳区(短寿命区)。高循环应力时,在很少的循环次数后,试样即发生断裂,并有较明显的塑性变形。一般认为,低循环疲劳发生在循环应力超出弹性极限,疲劳

寿命在 $1/4 \sim 10^4$（或 10^5）周次。

②高循环疲劳区（长寿命区）。循环应力低于弹性极限,疲劳寿命长,$N_f > 10^5$ 周次,且随循环应力降低而大大延长。试样断裂前无明显的塑性变形,表现为脆性断裂。

③无限寿命区（安全区）。试样在低于某一临界应力幅 σ_{ac} 的应力下,可以经受无数次应力循环而不断裂,疲劳寿命趋于无限。将 σ_{ac} 称为材料的理论疲劳极限或耐久限。

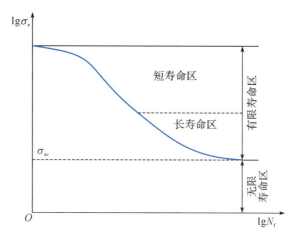

图 6.25　典型的疲劳寿命曲线

直接用实验测定理论疲劳极限是不可能的。因此,工程上将"疲劳极限"定义为:在给定的疲劳寿命下,试样所能承受的上限应力幅值。对于结构钢,给定寿命常取 $N_f = 10^7$ 周次,在应力比 $R = -1$ 时测定的疲劳极限记为 σ_{-1}。

$$\sigma_{-1} = \frac{1}{2}(\sigma_{a,i} + \sigma_{a,i+1}) \tag{6.16}$$

其中,$\sigma_{a,i}$ 时疲劳寿命小于 10^7 周次、$\sigma_{a,i+1}$ 时疲劳寿命大于 10^7 周次,并且 $\sigma_{a,i} - \sigma_{a,i+1} \leqslant 5\% \ \sigma_{a,i}$。

在高循环疲劳区,当 $R = -1$ 时,疲劳寿命与应力幅值之间的关系可用式(6.17)表述:

$$N_f = A'(\sigma_a - \sigma_{ac})^{-2} \tag{6.17}$$

即　　　　　　$$\lg N_f = \lg A' - 2\lg(\sigma_a - \sigma_{ac}) \tag{6.18}$$

式中:A' 为与材料拉伸性能有关的常数。根据式(6.18),可以对实验结果进行回归分析,间接地求出 σ_{ac} 值。

6.3.4　疲劳裂纹扩展速率

材料疲劳性能的研究有两个目的:①精确估算零件的疲劳寿命,即定寿;②延长疲劳寿命,即延寿。疲劳寿命 N_f 由"裂纹形成寿命 N_0"和"裂纹扩展寿命 N_p"决定。疲劳裂纹经过 N_0 周次循环形成后逐渐扩展,当裂纹扩展到临界尺寸时,零件发生断裂。裂纹由初始尺寸扩展到临界尺寸所经历的加载循环次数,即为"裂纹扩展寿命 N_p"。一般疲劳裂纹扩展寿命占总寿命的绝大部分,因此研究主要集中在裂纹扩展寿命,也就是裂纹扩展速率上。

疲劳裂纹在亚临界扩展阶段内,每一个应力循环裂纹沿垂直于拉应力方向扩展的距离,称为疲劳裂纹扩展速率,以 $\dfrac{\mathrm{d}a}{\mathrm{d}N}$ 表示。每隔一定的加载循环数,测定裂纹长度 a,做出 a-N 关系曲线,如图 6.26 所示。对 a-N 曲线求导,即得裂纹扩展速率,单位为 m/周次。再将相应的裂纹长度代入应力强度因子表达式计算出 ΔK,绘制出 $\dfrac{\mathrm{d}a}{\mathrm{d}N}$-$\Delta K$ 关系曲线,就得到疲劳裂纹扩展速率曲线,如图 6.27 所示。

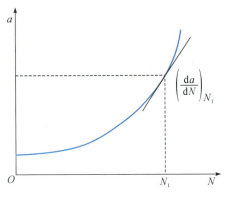

图 6.26   裂纹长度与加载循环数关系曲线   图 6.27   典型的疲劳裂纹扩展速率曲线

疲劳裂纹扩展速率曲线可分为三个区:Ⅰ区、Ⅱ区和Ⅲ区。在Ⅰ区,裂纹扩展速率随着 ΔK 的降低而迅速降低,以至 $\dfrac{\mathrm{d}a}{\mathrm{d}N}\to 0$,此处的 ΔK 值称为疲劳裂纹扩展门槛值,记为 ΔK_{th}。当 $\Delta K \leqslant \Delta K_{\mathrm{th}}$ 时, $\dfrac{\mathrm{d}a}{\mathrm{d}N}=0$。Ⅱ区为稳态扩展区, $\lg\left(\dfrac{\mathrm{d}a}{\mathrm{d}N}\right)$-$\lg\Delta K$ 呈直线关系,对应于 $\dfrac{\mathrm{d}a}{\mathrm{d}N}=10^{-6}\sim10^{-4}$ mm/周次。Ⅲ区为裂纹快速扩展区, $\dfrac{\mathrm{d}a}{\mathrm{d}N}>10^{-4}\sim10^{-3}$ mm/周次,并随 ΔK 的增大而迅速升高,直至断裂。

Paris 提出了裂纹扩展速率公式:

$$\frac{\mathrm{d}a}{\mathrm{d}N}=C\Delta K^{m} \tag{6.19}$$

式中: C、m 为实验测定的常数。该式描述了Ⅱ区的裂纹扩展速率,可作为材料的抗疲劳性能指标,能直接用于构件的设计与选择。

6.3.5   影响疲劳的因素

1.影响疲劳极限的因素

频率对疲劳极限有影响。载荷交变频率高于 170 周次/s 时,随频率增加疲劳极限提高;频率在 50~170 周次/s 范围内,对疲劳极限没有明显影响;频率低于 1 周次/s 时,疲劳极限有所降低。

金属在低于或者接近于疲劳极限的应力下运转一定循环次数后,会使其疲劳极限提高,这种现象称为"次载锻炼"。其原因可能是由于"次载锻炼"和轻度加工相似,提高了材料的强度。

当试样表面存在缺口时,会引起缺口处应力集中,从而使疲劳寿命缩短,疲劳极限降低。表面粗糙度越高,材料的疲劳极限越低。表面的微观几何形状、刀具和研磨产生的擦痕、表面打记号等都可能引起应力集中,使疲劳极限降低。

表面强化处理,如表面淬火、渗碳、氮化等都是提高疲劳极限的重要手段;喷丸、滚压等表面冷塑性变形加工,也对提高疲劳极限十分有效,特别是在表面热处理后,再进行表面冷塑性变形加工,效果更为显著。

2. 影响疲劳寿命的因素

对疲劳寿命的影响因素可从疲劳裂纹的产生与扩展两方面考虑。夹杂物、脆性相、基体组织及表面强化处理等会影响疲劳裂纹扩展的速率。当裂纹尖端存在粗大的夹杂物或脆性相时,疲劳裂纹扩展不以韧性条带,而是以韧窝形成或脆性解理的机理进行,结果疲劳裂纹扩展速率增大;具有强度、韧性和塑性合理配合的基体组织是减小扩展速率的重要条件。

细化晶粒可以延长疲劳寿命,这是由于晶界两侧晶粒位向不同,当疲劳裂纹扩展到晶界时,被迫改变扩展方向,并使疲劳条带间距改变,可见晶界是疲劳裂纹扩展的一种障碍。因此细化晶粒可以延长疲劳寿命。

在实际工程中,构件几乎都是非连续、间歇地运行的。而绝大多数疲劳性能数据都是经连续试验取得的,两者之间存在显著的差别。间歇对疲劳寿命的影响是产生这种差别的主要原因之一。试验表明,当在应力接近或低于疲劳极限的低应力下不加间歇,可显著提高间歇疲劳寿命。因为在“次载条件”下,疲劳强化占主要地位,间歇产生时效强化,因而提高寿命。而在一定过载范围内,间歇对寿命无明显影响,甚至使其降低。

6.3.6　不同材料的疲劳性能

1. 高分子材料的疲劳性能

高分子被广泛用作替代金属的材料,在应用中也较多地承受交变应力,因此必须考虑其疲劳性能。

大多数高分子材料的疲劳极限仅仅是其静抗拉强度的 $20\% \sim 40\%$。能够使高分子强度增大的因素,一般也能使疲劳寿命增加。因此,相对分子质量增加到某一临界相对分子质量以前,疲劳寿命也随着增加。平行于外加应力的分子取向等可以减少裂纹,也可以增加疲劳寿命。高分子材料的疲劳与温度有关,因为高分子材料的强度一般都随温度的上升而下降,同时撕裂也变得容易发展。高分子材料疲劳破坏不是由于裂纹扩展,就是由于材料太软造成刚性低。疲劳寿命可用下式表示:

$$\lg N_f = A + B/T \tag{6.20}$$

式中:N_f 为疲劳寿命;A 和 B 为常数;T 为绝对温度。当温度从 -35 ℃上升到 27 ℃时,聚甲基丙烯酸甲酯的疲劳寿命下降 58%。

2. 陶瓷的疲劳性能

陶瓷的疲劳寿命试验同其他力学性能一样,其结果非常分散,相差可达 $5 \sim 6$ 个数量级。此外,陶瓷材料的 $\Delta K_{th}/K_{Ic}$ 的比值很低,只有金属的十分之一至几十分之一。因此陶瓷材料的裂纹扩展曲线非常陡峭,也就是说,裂纹一旦开始扩展则速度极快,比金属要快几个数量级。降低陶瓷材料裂纹扩展速率的主要措施是提高断裂韧度K_{Ic}。

6.4　材料的环境脆性

　　材料在高温和腐蚀性环境中工作时,环境因素与应力协同作用,会引起材料力学性能下降,导致早期脆性断裂,这就是环境脆性。

　　随着宇航、海洋、原子能、石油、化工等工业的迅速发展,材料所接触的环境介质条件更加苛刻,因环境介质因素导致的脆性断裂逐年增多,因此日益受到研究设计人员的重视。

6.4.1　高温蠕变断裂

1. 蠕变断裂现象

　　金属在高温下将发生蠕变变形(见5.5节),最后导致材料的断裂,这种现象称为"蠕变断裂"。金属蠕变断裂的宏观断口特征为断口附近有塑性变形,变形区附近有许多裂纹,表面呈现龟裂现象,此外,断口表面被氧化膜所覆盖;而微观特征是以沿晶断裂为主。

2. 蠕变断裂机理

　　金属在高温长期应力作用下发生沿晶断裂,是由晶界上空洞的形成和长大及其相互连接成裂纹后所引起的。在不同的应力与温度下,有在三叉晶界处形成的楔形裂纹和晶界上由空洞形成的晶界裂纹两种方式。

　　楔形裂纹是在高应力和较低温度下,由于晶界滑动在三晶粒交会处受阻,造成应力集中而形成空洞,空洞相互连接进而形成裂纹,如图6.28所示。晶界裂纹是在较低应力和较高温度下,晶界上突起部位或细小的第二相质点附近因晶界滑动而产生微孔,微孔连接形成裂纹(见图6.29)。

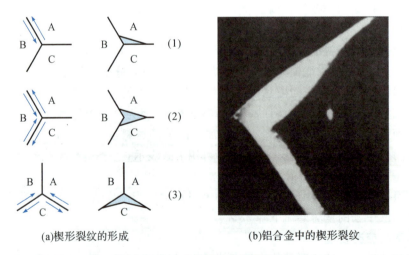

(a)楔形裂纹的形成　　　　　　　　(b)铝合金中的楔形裂纹

图6.28　三叉晶界处的楔形裂纹

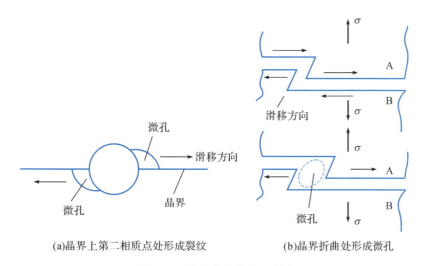

(a)晶界上第二相质点处形成裂纹　　　　　(b)晶界折曲处形成微孔

图 6.29　晶界微孔形成示意图

3.蠕变断裂指标

持久强度是衡量高温蠕变断裂的力学性能指标,它代表了材料在高温长时间载荷作用下抵抗"断裂"的能力。定义为在给定温度 T 下,恰好使材料经过规定时间(寿命)t 发生断裂的应力值,以 σ_t^T(MPa)表示。锅炉的寿命 t 一般为数万至数十万小时,喷气发动机为 1000 h 等。若某材料在 700 ℃、30 MPa 应力作用下,经 1000 h 后断裂,则称这种材料在 700 ℃、1000 h 下的持久强度为 30 MPa,写成 $\sigma_{1\times10^3}^{700} = 30$ MPa。

对于在高温运转过程中不考虑变形量的大小,而只考虑在给定应力下使用寿命的零部件来说,持久强度是极其重要的性能指标。

6.4.2　应力腐蚀开裂

金属在拉应力和特定的环境介质作用下,经过一段时间,会出现低应力脆断现象,称为应力腐蚀断裂(stress corrosion cracking,SCC)。应力腐蚀断裂不是应力对金属的机械性破坏和腐蚀介质作用下的化学性破坏的简单叠加,而是在拉应力和腐蚀介质的联合作用下,金属按特有的机理产生断裂。

1.应力腐蚀断裂的基本特征

应力腐蚀断裂有两个基本特征。首先必须有应力,包括工作应力以及材料加工、装配过程中产生的残余应力。对应力腐蚀断裂起作用的主要是拉应力,产生断裂的应力低于材料的屈服强度。其次是金属与环境介质的特定配合性。某种金属,只有在特定的腐蚀介质中才会产生应力腐蚀,表 6.2 列举了常用金属材料易引起应力腐蚀断裂的敏感介质。β-黄铜在水介质中就会发生应力腐蚀断裂,而 α-黄铜只有在氨水溶液中才会发生,奥氏体不锈钢在氯化物溶液中具有很高的应力腐蚀断裂倾向。

表 6.2　常用金属材料易引起应力腐蚀断裂的敏感介质

材料	介质	材料	介质
低碳钢和低合金钢	NaOH 溶液,沸腾硝酸盐溶液,海水,海洋性和工业性气氛	铝合金	氯化物溶液,海水及海洋性、工业性气氛
奥氏体不锈钢	酸性和中性氯化物溶液,熔融氯化物,海水	铜合金	氨蒸气,含氮气体,含胺离子的水溶液
镍基合金	热浓 NaOH 溶液,HF 蒸气和溶液	钛合金	发烟硝酸,300 ℃ 以上的氯化物,潮湿空气及海水

　　应力腐蚀断裂一般属于脆性断裂,断口的宏观形貌与疲劳断口相似,也有亚稳扩展区和最后瞬断区。在亚稳扩展区可见到腐蚀产物和氧化现象,因此常呈黑色或灰黑色(见图 6.30)。显微裂纹有主裂纹,其上有树枝状分叉,如图 6.31 所示。根据这一特征可以将应力腐蚀断裂与腐蚀疲劳、晶间腐蚀以及其他形式的断裂区分开来。应力腐蚀裂纹可能沿晶界扩展,也可能穿晶扩展(见图 6.32),断面上还有腐蚀坑、界面滑移等形貌。宏观断口表面有腐蚀痕迹,断口粗糙,裂纹位于外表面,内表面为瞬断区。

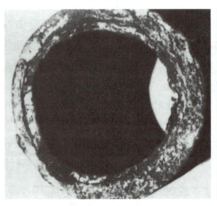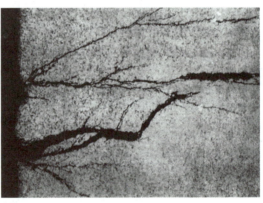

图 6.30　脚手架钢管宏观断口　　　　　图 6.31　应力腐蚀裂纹微观形貌

(a)穿晶断口　　　　　　　　　　(b)沿晶断口及腐蚀坑

图 6.32　应力腐蚀断口的微观电镜形貌

2. 应力腐蚀断裂机理

同其他断裂一样,应力腐蚀断裂过程也包括裂纹的形成和扩展。关于在应力和介质共同作用下裂纹的形成和扩展机理,有多种理论,以下重点介绍以阳极溶解为基础的保护膜破坏理论。

如图 6.33 所示,对应力腐蚀敏感的金属在特定的弱腐蚀介质中,首先在表面形成一层钝化膜,阻止金属发生均匀腐蚀。当材料受到拉应力作用时,局部区域的保护膜破裂,显露出新鲜表面。此外,在特定介质(氯离子)的溶液中,金属原有的表面钝化膜容易被破坏,在拉应力的作用下,也可能形成初期的裂纹源。这样,保护膜破裂处在电解质溶液中成为阳极,而其余具有保护膜的金属表面就成为阴极,

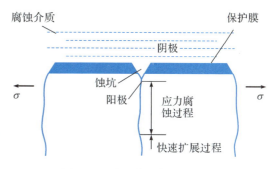

图 6.33　应力腐蚀断裂机理

两者组成小阳极、大阴极的腐蚀原电池,使金属腐蚀加速,产生点蚀坑。拉应力除促使局部地区保护膜破坏外,更主要的是在蚀坑或裂纹的尖端形成应力集中,使阳极电位降低,从而加速阳极金属的溶解。如果裂纹尖端的应力集中始终存在,则腐蚀不断进行,裂纹快速向纵深扩展。如果表面没有钝化膜,金属在介质中发生均匀全面的腐蚀,即使附加拉应力,也不会产生应力腐蚀。

关于应力腐蚀断裂的另一种解释是氢脆机理。这种观点认为,蚀坑或裂纹内形成闭塞电池,使裂尖或蚀坑底的介质具有低的 pH 值,满足了阴极析氢的条件,吸附的氢原子进入金属并引起氢脆,由此产生断裂。有关金属的氢脆机制,将在下一节介绍。

3. 应力腐蚀力学性能指标

金属材料的抗应力腐蚀性能,通常用光滑试样在应力和介质共同作用下,依据发生断裂的持续时间进行评价。不同应力作用下的持续时间不同,将两者之间的关系 σ-t_f 作曲线,得到图 6.34,由此可求出材料不发生应力腐蚀断裂的临界应力 σ_{scc}。采用这种方法测定的断裂时间包括裂纹形成与裂纹扩展的时间,前者约占断裂总时间的 90%。

由于实际材料中不可避免地存在裂纹或类似裂纹的缺陷,因此可以引用应力场强度因子 K_I 的概念来研究应力腐蚀,得出材料抵抗应力腐蚀断裂的两个重要指标:应力腐蚀临界应力场强度因子 K_{Iscc} 和应力腐蚀裂纹扩展速率 da/dt。对于某种材料在一定的介质下,K_{Iscc} 为一常数,它表示含有宏观裂纹的材料在应力腐蚀条件下的断裂韧度。当作用在构件上的初始应力场强度因子 $K_I \leqslant K_{Iscc}$ 时,构件中的原始裂纹在介质中不会扩展,可以安全服役。对于应力腐蚀裂纹扩展速率 da/dt,它与 K_I 有关,其关系如图 6.35 所示。当 K_I 刚超过 K_{Iscc} 时,裂纹突然加速扩展,之后出现水平段,此时裂纹尖端发生分叉现象,当裂纹进一步扩展时,其长度接近临界尺寸,da/dt 又随 K_I 增大而急剧增大,直至 K_I 达到 K_{Ic},裂纹失稳扩展,材料发生断裂。因此,如得知材料在水平段对应的 da/dt 值,便可结合材料的 K_{Ic} 值估算构件在应力腐蚀条件下的剩余寿命。

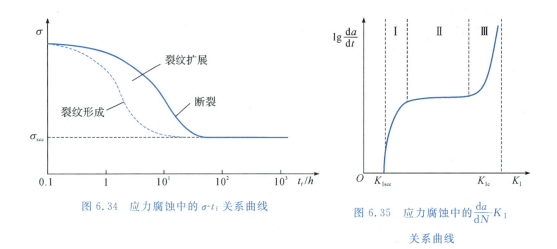

图 6.34 应力腐蚀中的 σ-t_{f} 关系曲线

图 6.35 应力腐蚀中的 $\dfrac{\mathrm{d}a}{\mathrm{d}N}$-$K_{\mathrm{I}}$
关系曲线

4. 防止应力腐蚀断裂的方法

从产生应力腐蚀的条件可知,通过合理的选材、减少或消除构件中的残余拉应力以及改变介质条件可以防止应力腐蚀断裂。例如,接触氨的构件避免使用铜合金;在高浓度氯化物介质中,选用铁素体不锈钢;采用退火等方法消除内应力;设备设计安装时采用不易产生应力的结构;在腐蚀介质中添加缓蚀剂等。

6.4.3 氢脆

氢脆现象

氢脆是指环境中氢和应力的共同作用而导致金属材料产生脆性断裂的现象。除在熔炼、酸洗、电镀等加工过程中会吸氢外,金属构件在服役时,在高氢气氛、H_2S、潮湿大气、酸性溶液等环境介质中也会吸氢。

氢在金属中一般以间隙原子状态固溶在金属中,也可以通过扩散以氢分子状态聚集在较大的缺陷处(如孔洞、气泡、裂纹等),还可能与一些过渡族元素、稀土或碱土金属元素作用形成氢化物,或与金属中的第二相作用生成气体。

氢可以通过不同机制使金属脆化,说明如下。

1. 氢蚀

这是由于氢与金属中的第二相作用生成高压气体,使基体金属晶界结合力减弱而导致脆化。例如,碳钢在 $300\sim500\ ℃$ 的高压氢气氛中工作时,氢与钢中碳化物作用形成高压甲烷气泡,当气泡在晶界上达到一定密度后,就使碳钢塑性大幅度降低。

2. 白点

这是由于钢中含有过量的氢,随温度降低,氢的溶解度减小,但过饱和的氢因未能逸出而在某些缺陷处聚集成氢分子。此处应力把材料撕裂而使钢中形成白点,这种白点实质上就是微裂纹。

3. 氢化物致脆

在镍、钛、钒、锆、铌及其合金中,氢易与基体元素形成氢化物,使塑性、韧性降低,产生脆化。氢含量较高时自发形成氢化物;氢含量较低时则受外力作用,而使氢聚集到裂

纹前沿或微孔附近等应力集中处,在此产
生氢化物。图 6.36 为镍基合金沿晶氢脆
断裂的电镜形貌。

图 6.36　镍基合金沿晶氢脆断口的电镜形貌

4. 氢致延滞断裂

含氢的高强度钢,在低于屈服强度的
应力持续作用下因氢的聚集而形成裂纹,
裂纹扩展直至材料脆断。氢脆与应力腐
蚀都是由于环境效应而产生的延滞断裂
现象,两者关系十分密切。产生应力腐蚀
时总是伴随有氢脆现象。两者的区别在
于应力腐蚀为阳极溶解过程,而氢脆为阴
极吸氢过程;在断口宏观特征上,氢脆断
口较平整光亮,而应力腐蚀断口颜色较暗;在微观特征上,氢脆裂纹极少出现裂纹的分叉。

氢脆可以从环境介质、应力场强度和材质几个方面加以预防。例如,在 100% 干燥
H_2 中加入少量 O_2,由于氧原子优先吸附于裂纹尖端阻止氢原子向金属内部扩散,可有效
抑制裂纹的扩展。又如,弹簧电镀后需采取长时间去氢处理;钢的强度越高对氢脆越敏
感,因此可考虑适当降低钢的强度;钢的显微组织对氢脆敏感性也有影响,一般按下列顺
序递增:下贝氏体、回火马氏体或贝氏体、球化或正火组织。

6.4.4　腐蚀疲劳

腐蚀疲劳是构件在腐蚀介质中承受交变载荷所产生的一种破坏现象。由于腐蚀加
速疲劳裂纹的形成和扩展,因此它比单一作用要严重得多。压缩机、燃气轮机叶片等常
出现腐蚀疲劳破坏。

与应力腐蚀断裂不同,对于腐蚀疲劳而言,腐蚀环境不是特定的,只要环境介质对
金属有腐蚀作用,再加上交变应力的作用都可产生腐蚀疲劳。此外,腐蚀疲劳不像一
般疲劳那样,在 $\sigma\text{-}N$ 图上出现无限寿命的疲劳极限,因此需用"条件疲劳极限",即以规
定循环周次(如 10^7 次)下的应力值作为腐蚀疲劳极限(见图 6.37)。腐蚀疲劳断口上

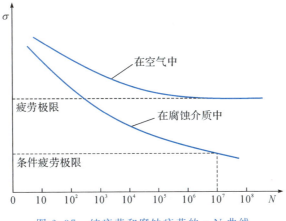

图 6.37　纯疲劳和腐蚀疲劳的 $\sigma\text{-}N$ 曲线

常有多个裂纹源,裂纹的扩展很少有分叉的情况,这与应力腐蚀的裂纹扩展不同。除可观察到疲劳断口形貌特征外,还具有腐蚀或氧化的形貌及颜色,图 6.38(a)为汽轮发电机叶片的腐蚀疲劳断裂断口宏观形貌,图 6.38(b)为叶片断口上疲劳裂纹及腐蚀微坑的电镜形貌。

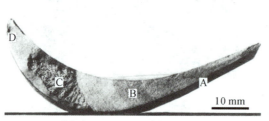

A—裂纹源;　　　　B—疲劳裂纹扩展区;
C—瞬间断裂区;　　D—剪切唇区。

(a)宏观断口形貌

(b)裂纹源区扫描电镜形貌

图 6.38　汽轮发电机叶片的腐蚀疲劳

　　关于腐蚀疲劳的机理有多种模型,较为流行的观点有"点腐蚀形成裂纹"和"保护膜破裂形成裂纹"模型。前者认为,金属在腐蚀介质作用下在表面形成点蚀坑,点蚀坑成为疲劳裂纹源。如图 6.39 所示,在点蚀坑由于应力集中,受力后易产生滑移;滑移产生台阶 BC、DE;台阶在腐蚀介质作用下溶解,形成新表面 $B'C'C$;随后在反向加载时,沿滑移线生成 $BC'B'$ 裂纹。对于保护膜破裂模型,其机理与应力腐蚀的保护膜破坏理论相似,但不涉及特定介质对保护膜的钝化及破坏。由于保护膜与金属基体比容不同,因此膜与

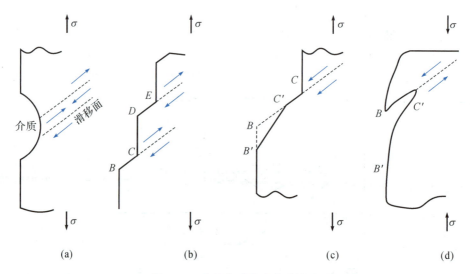

(a)　　　　　　　　(b)　　　　　　　　(c)　　　　　　　　(d)

图 6.39　点蚀坑形成疲劳裂纹源

金属表面存在附加应力,外加应力与之叠加,使表面产生滑移,滑移处保护膜破损,底部
金属被腐蚀,在交变应力作用下形成裂纹(见图 6.40)。

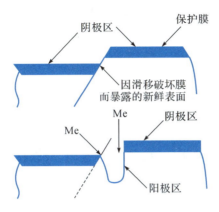

图 6.40　保护膜破裂形成疲劳裂纹

交变应力的频率对腐蚀疲劳裂纹扩展速率的影响很大。频率越低,腐蚀介质在裂纹
尖端所进行的反应、吸收及电化学作用都比较充分,因此,裂纹扩展速率快,疲劳寿命低。

6.4.5　其他环境脆性

除应力腐蚀断裂、氢脆、腐蚀疲劳外,工程上还有低熔点液体金属(如锌、镉、钠和锂
等)引起的环境脆性。热浸镀锌时用的锌锅,铝合金零部件生产时熔铝的坩埚,核电站用
液态钠作为冷却介质时的容器等都与液态的金属相互接触。由于渗透作用,低熔点金属
会向材料内部沿晶界扩散,使晶界弱化,导致材料发生早期沿晶的脆性断裂。

中子辐照会使材料脆化。因为高能中子通过弹性碰撞,将能量传递给原子,原子获
得足够的能量,离开晶格位置,产生空位间隙。在中子连续撞击和辐照温度下,材料内部
产生单空位、双空位、位错和不同尺寸的空位团(或空洞)等缺陷,导致钢的韧脆转变温度
提高,断裂韧度降低。中子剂量、辐照温度影响空位数量、空洞尺寸等参数,从而影响材
料的力学性能。中子辐照引起的脆性断裂在核工业选材时是必须考虑的。

6.5　材料的磨损

6.5.1　磨损现象

磨损类型

相互接触的固体在力的作用下相对运动,由此造成的材料损失称
为磨损。产生磨损的要素有三个:力、相对运动、相互接触。因此,磨损
实质上是材料使用环境与力共同作用的结果,材料表面在力的作用下
会引起塑性变形、形变强化以及微区的断裂。

磨损现象大量存在于日常生活和工业中,磁卡插入读卡机会产生磨损,行走时鞋底
与地面也会产生磨损。磨损是材料的三大失效形式(断裂、磨损、腐蚀)之一,它不仅降低

机器和工具的效率和精确度,严重时甚至使其报废。

根据磨损现象与机理,磨损可分为四类:黏着磨损、磨料磨损、腐蚀磨损和疲劳磨损。与蠕变、疲劳等性能一样,磨损也是一个与时间相关的力学性能。

6.5.2　磨损机理

1. 黏着磨损

黏着磨损又称为咬合磨损,是指摩擦面相对运动时,由于黏着作用,使两表面材料由一个表面转移到另一个表面而引起的机械磨损。当表面微凸体相互接触时,接触点发生黏着,在切向力的作用下,黏着结合被剪断,摩擦过程就是黏着与剪断的交替过程,其间形成磨屑。当黏着点强度比其中一种材料强度高时,较软材料本体内产生剪切,转移到较硬材料的表面上,如图 6.41 所示。当黏着点的强度比两种材料都低时,断开面出现在分界面上,此时磨损量较小,摩擦面也较平滑。

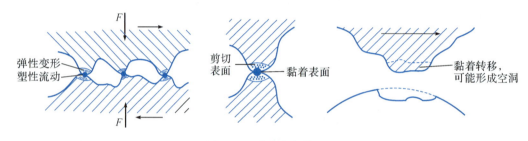

图 6.41　黏着磨损模型

黏着产生的磨损量 ω 可用下式表示:

$$\omega = KFL/3H \tag{6.21}$$

式中:K 为系数,反映了配对材料黏着力的大小,称为黏着磨损系数;F 为两表面接触压力;L 为两表面相对滑移距离;H 为材料的布氏硬度。

上式表明,黏着磨损量与接触压力、滑移距离成正比,与材料布氏硬度成反比。

良好的润滑状态能显著降低黏着磨损量。但对于真空下工作的零件,液态润滑油会很快蒸发,磨损后与新鲜的金属表面之间直接接触,将产生强烈的黏着作用,加剧磨损。因此宇航设备的零件需要特殊的固体润滑剂。

2. 磨粒磨损

硬颗粒或凸出物在材料表面的摩擦过程中,使表面材料发生损耗的现象,称为磨粒磨损。例如,砂粒进入轴承内就会产生磨粒磨损,挖掘机斗齿、破碎机颚板在工作中也会产生磨粒磨损。

磨粒磨损模型如图 6.42 所示,法向外力将磨粒压入软材料,磨粒在水平外力作用下滑动,结果软材料被切削(犁削),在表面形成沟槽,如图 6.43 所示。

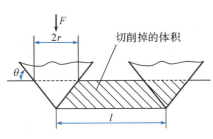

图 6.42　磨粒磨损模型　　　　　　　图 6.43　磨粒磨损表面形貌

假设磨粒为圆锥体,在外力 F 作用下压入深度 $r\tan\theta$,材料的压缩屈服强度为 σ_{sc},则:

$$F = 3\sigma_{sc}\pi r^2 \tag{6.22}$$

当磨粒相对滑动距离为 l 时,磨粒切削下来的软材料体积(见图 6.42 中的阴影面积),即磨损量 ω 为:

$$\omega = r^2 l\tan\theta = \frac{Fl\tan\theta}{3\pi\sigma_{sc}} \tag{6.23}$$

因金属材料的屈服强度与硬度成正比,所以式(6.23)又可写成:

$$\omega = KFl\tan\theta/H \tag{6.24}$$

式中:K 为与磨粒尺寸有关的系数;H 为材料的硬度。可见,磨粒磨损量与法向载荷、摩擦距离成正比,与材料硬度成反比,同时还与硬材料凸出部分或磨粒的形状有关。

一般来说,材料硬度越高,抗磨粒磨损性能越好。由于磨粒磨损时伴随塑性变形,因此具有较高加工硬化能力的材料,其耐磨粒磨损性能也较好。还有一种高锰钢材料,淬火后为软而韧的奥氏体组织,当它受到高应力冲击发生塑性变形时,在受力区域会引起强烈的加工硬化并诱发马氏体转变获得高的硬度,从而具有高的耐磨粒磨损性能。

3. 腐蚀磨损

在磨损过程中,磨损表面与环境介质会发生化学或电化学反应形成腐蚀产物,腐蚀产物脱落就引起腐蚀磨损。有时即使不形成腐蚀产物,也会导致材料表面组织结构的恶化。如高铬铸铁等,受腐蚀后表面产生严重的晶间腐蚀,导致碳化物与基体结合弱化,在磨料的作用下产生加速磨损。

氧化磨损是最常见的腐蚀磨损,其磨损速率取决于氧化膜的性质和它与基体的结合强度,同时也与表面抗塑性变形能力有关。如氧化膜脆性低且与基体结合强度高,则氧化不易磨损。

4. 疲劳磨损

疲劳磨损是两接触表面在交变压应力长期作用下产生的磨损,也称接触疲劳。常发生在滚动轴承、齿轮等零件上,其形貌特征是在接触表面上出现许多因金属剥落形成的麻点或凹坑。根据剥落的形态,疲劳磨损分为麻点剥落、浅层剥落和深层剥落。剥落深度分别在 $0.1\sim0.2$ mm、$0.2\sim0.4$ mm、>0.4 mm。

疲劳磨损的产生与接触应力在表面的分布有关。当两圆柱体相互滚动线接触时,由弹性力学分析可知,在法向载荷的作用下,其最大切应力出现在材料的表面层以下(亚表层),表面处的切应力则为零。不同接触运动形式的应力分布如图 6.44 所示。

由于切应力的作用,在亚表层内将产生位错运动,位错在非金属夹杂物或晶界等障碍处形成堆集。在滚动过程中,切应力方向反复发生变化,因此位错相互切割,产生空穴,空穴的集中形成空洞,最后发展成裂纹(见图 6.45)。这种裂纹一般沿着平行于表面的方向扩展,而后折向表面,形成薄而长的剥落片,造成浅层剥落。

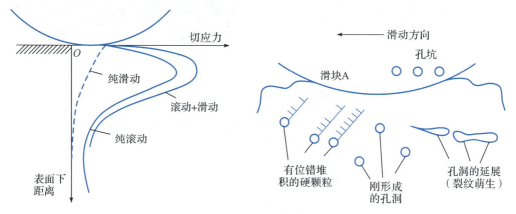

图 6.44　不同运动形式的切应力分布　　　　图 6.45　不同运动形式的切应力分布

深层剥落一般发生在经过强化处理的表面,因为裂纹源常位于硬化层与心部的过渡区。过渡区切应力虽然不是最大,但因此处较薄弱,切应力可能高于材料强度而产生开裂。麻点的产生是滚动与滑动共同作用的结果,此时裂纹起源于表面。如图 6.46 所示,当表面相互运动时,表面间的润滑油因接触压力产生高压挤入裂纹,裂纹两侧受张开的应力作用向纵深扩展。当裂纹发展到一定深度后,产生与初始裂纹方向相反的二次裂纹,并向表面扩展,最终材料脱落形成小麻点或凹坑。

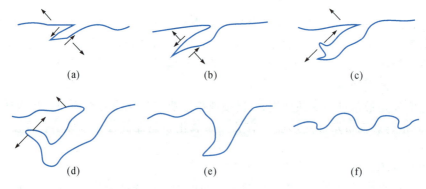

图 6.46　麻点剥落形成过程

5. 冲蚀磨损

这是一种特殊的磨粒磨损形式。它是指材料受到小而松散的流动粒子冲击时表面出现材料的损耗。造成冲蚀的粒子通常比较硬,如输送水泥的管道、在含沙粒河流中运转的螺旋桨等都受冲蚀磨损。

粒子冲击材料时,材料表面发生弹性或塑性变形,也可能使材料产生犁削,粒子的动能被部分吸收或转化成热能(见图 6.47)。只要粒子的入射速度达到某一临界值,就会造成冲蚀;当粒子入射速度低于临界值时,材料表面只出现弹性变形而无材料损耗。脆性材料的最大冲蚀率出现在正面冲击表面时;而塑性材料在入射角与表面成 20°~30°时,冲蚀率最大。

对于冲蚀的机理,犁削模型较好地说明了塑性材料在低入射角时的结果;对于脆性材料,由于受粒子冲击时不发生塑性变形就出现裂纹并很快脆断,因此可建立裂纹萌生及扩展与粒子入射速度、材料性能之间的关系。

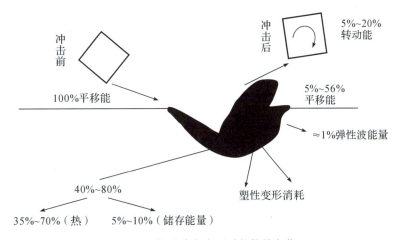

图 6.47　粒子冲击表面时的能量变化

6. 微动磨损

两接触表面间小幅度的相对切向运动称为微动(fretting),由此产生的磨损称为微动磨损。微动磨损常出现在两紧配合或螺栓紧固的表面,并伴有氧化的磨屑以及因接触疲劳破坏而形成的麻点或凹坑。图 6.48 示意了微动磨损的产生。

微动磨损是一种兼有黏着、氧化、磨粒和疲劳磨损的过程。首先接触面微凸体因微动出现塑性变形并形成黏着;随后黏着点脱落形成磨屑,磨屑被氧化,形成氧化物;硬质氧化物被限制在两表面间成为磨粒,从而造成磨粒磨损。

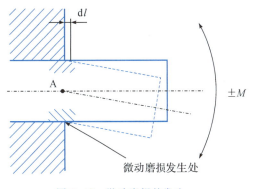

图 6.48　微动磨损的发生

6.5.3　磨损试验及性能指标

耐磨性是材料抵抗磨损的性能指标,可用磨损量表示。磨损量愈小,则耐磨性愈高。磨损量既可用试样磨损表面法线方向的尺寸减小来表示,也可用试样体积或重量损失来表示。前者称为线磨损,后者称为体积磨损或重量磨损。此外,还广泛使用相对耐磨性 ε

的概念,用式(6.25)表示:

$$\varepsilon = \frac{\text{标准试样的磨损量}}{\text{被测试样的磨损量}} \tag{6.25}$$

磨损过程如图 6.49 所示,一般分为三个阶段。

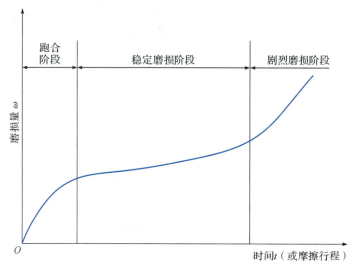

图 6.49 典型的磨损过程曲线

①跑合阶段(磨合阶段)。固体表面具有一定的粗糙度,真实接触面积较小,因此磨损速率较大。随着表面逐渐被磨平,真实接触面积增大,磨损速率减慢。

②稳定磨损阶段。线段的斜率就是磨损速率。通常根据这一阶段的磨损量或磨损速率来评定材料的耐磨性。

③剧烈磨损阶段。随着时间或摩擦行程的增加,接触表面之间的间隙逐渐扩大,磨损速率急剧增加,精度丧失,最后导致失效。

磨损试验机根据不同的磨损种类有多种形式,如图 6.50 所示。图(a)为销盘式磨损

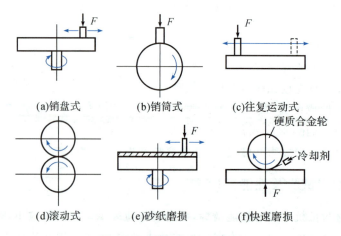

图 6.50 磨损试验机原理图

试验机,是将试样加上载荷,压紧在旋转的圆盘上,可进行黏着磨损试验;图(b)为销筒式磨损试验机;图(c)为往复运动式磨损试验机,试样在静止平面上做往复运动,适用于测量导轨、缸套、活塞环等一类往复运动零件的耐磨性;图(d)为滚动式磨损试验机,它可用来测定材料在滑动、滚动及滚动-滑动复合条件下的耐磨性,常用的 MM200 型磨损试验机就是滚动式磨损试验机;图(e)为砂纸磨损试验机;图(f)为快速磨损试验机,用于进行快速磨损试验。

除此之外,还有橡胶轮磨粒磨损试验机、动载磨损试验机、接触疲劳试验机、冲蚀磨损试验机等,分别模拟材料的不同磨损工作状况,以研究材料的耐磨性能。值得指出的是,在材料磨损的研究中,磨屑的形状、成分及其形成等与磨损机理密切相关,因此,对磨屑进行观察分析是磨损研究的重要内容。

6.5.4 高分子材料的磨损

高分子材料在摩擦与磨损性能方面表现优异,因此成为现代摩擦学(tribology)的重要研究对象。与金属材料相比,既有相同的原理和特性,又有其独特性。用高分子材料制造的耐磨零部件得到了广泛应用,酚醛塑料、聚酰胺塑料、氟塑料、聚甲醛、超高相对分子质量聚乙烯和聚酰亚胺已成为众所周知的抗磨材料,而橡胶制造的轮胎用量极大。

大多数塑料对金属、塑料对塑料的摩擦系数在 0.2～0.4,聚酰胺、聚甲醛、超高相对分子质量聚乙烯有很低的摩擦系数。高分子材料硬度低,因此抗磨粒磨损性能差;高分子材料具有高弹性和塑性变形能力,使其能吸收大量的冲击能量,因此具有良好的抗冲蚀磨损性能。

高分子材料熔点低、导热性差(仅为铜的 0.05%),摩擦产生的热量会导致高分子材料软化和熔融。因此,在黏着磨损中,高分子材料的转移会形成膜层,称为转移膜。转移膜能起润滑作用,因此初始滑动阶段,磨损速率较高,转移膜建立后,磨损速率就趋于稳定。转移膜的产生取决于滑动速度、温度和滑动距离,而与负载关系不大。随着滑动速度和温度提高,转移膜增厚,但存在最大的临界值。

聚四氟乙烯(PTFE)具有极低的摩擦系数,但磨损速率却是一般高分子材料的 100 倍。其原因在于其特殊的结构。如图 6.51 所示,分子结构呈细丝条带状,表面致密光滑。PTFE 既具有容易打滑的低摩擦系数,又具有容易剪切分离的高磨损速率,因此,PTFE 用作耐磨和密封零件时,必须增强其力学性能、耐磨性和导热性。

表面疲劳被认为是高分子材料磨损失效的主要原因。高分子材料表面在交变应力作用下产生大量的微小弹性压痕,它们在各个方向的应变相互作用,造成不规则的塑性应变。

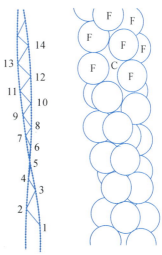

图 6.51 PTFE 的结构

习题与思考题

1. 宏观脆性断口的主要特征是什么？如何寻找断裂源？

2. 临界断裂应力 σ_c 与抗拉强度 σ_b 有何区别？

3. 有一材料，$E=2\times10^5$ MPa，$\gamma=8$ N/m，试计算在 70 MPa 的拉应力作用下，该材料中能扩展的裂纹最小长度。

4. 两块合金钢板，屈服强度 σ_s 为 415 MPa，断裂韧度 K_{Ic} 为 132 MPa·m$^{1/2}$，厚度分别为 100 mm 和 260 mm。板内有长 46 mm 的中心穿透裂纹，如板受 300 MPa 的拉应力作用，问两板内的裂纹是否扩展？

5. 比较韧性、冲击韧度和断裂韧度的异同及各自的意义。

6. 韧性材料在什么情况下会转变为脆性材料？为什么？举实例说明。

7. 疲劳失效过程可分成哪几个阶段？简述各阶段的机理。

8. 分析疲劳条带的特征及形成原因。

9. 疲劳裂纹扩展速率可用 Paris 公式表示，有何优缺点？

10. 什么是裂纹扩展门槛值？有何实用价值？

11. 金属高温蠕变断裂时，其裂纹的形成机理与常温时有何不同？

12. 试述金属应力腐蚀断裂的特点及机理。

13. 举出各种磨损的具体实例，并解释其磨损的机理。

14. 接触疲劳裂纹总是起源于接触表面吗？为什么？

15. 材料的硬度越高，耐磨性是否一定越好？为什么？

第7章

先进材料的力学性能

随着人们对生活水平要求的提高和科学技术的发展,在对材料提出越来越高要求的同时,材料科学和技术的水平也越来越高,新材料不断地涌现,其中既有新的结构材料,也有新的功能材料。有的结构材料综合发挥了金属、陶瓷和高分子材料的力学性能特点,如复合材料;有的结构材料本身具有特殊的力学性能,如多孔材料;有些新的功能材料在使用中必须考虑其力学性能,如生物材料;有些新材料除了巨大的应用前景外,还对材料力学性能理论本身的发展具有重要的意义,如非晶态合金和纳米材料。本章针对这一现状,选择了部分有代表性的新材料,介绍它们的力学性能特点。

关于复合材料的力学性能研究已有相当长的历史,形成了许多成熟的理论。复合材料力学性能的研究方法与第5章、第6章有一定的不同之处,对于变形行为,如屈服强度等指标,可以从宏观的角度,也就是认为复合材料是均质的来考虑;但对于断裂行为,则需从微观的组织结构来分析,因为裂纹的形成及扩展机制是微观的,复合材料的微观复合结构及其界面状态对此有显著的影响。多孔材料是一种特殊的"结构"材料,因为多孔本身是一种结构。可以将多孔材料当作一种特殊的复合材料来分析,从宏观上对多孔材料的变形行为进行研究。

非晶态合金的力学性能部分与非晶态的高分子材料相似,它们内部都没有位错,变形不是由位错的运动所致,因此非晶态合金的强度与一般金属相比要高得多。纳米材料的力学性能之所以特别受研究人员的注意,一方面是因为根据传统的力学性能理论,纳米材料可获得很高的强度、硬度、韧性等性能;而另一方面,部分研究结果表明,纳米材料的力学性能并不符合传统理论的预测。这里,无缺陷的真正的纳米结构材料的制备成为关键,因为只有这样,通过各种力学性能测试获得的数据才能真正反映纳米结构材料的性能。

在生物材料中,生物医用材料也就是人工制造的材料,其力学性能基本上可以通过现有的理论加以研究或预测。从材料与环境相互作用的角度分析,生物医用材料所处的环境是非常特殊的。值得一提的是,天然生物材料如蜘蛛丝(见图7.1)、贝壳等,它们具有复杂而又精密的微观结构,这使天然生物材料具有特殊的力学性能。从某种意义上说,生物材料是最先进的材料。

图 7.1 蜘蛛丝具有非常高的抗拉强度

7.1 复合材料的力学性能

7.1.1 复合材料概述

复合材料是由两种或两种以上物理和化学性质不同的物质组合而成的一种多相固体材料。通常有一相为连续相,称为基体;另一相为分散相,称为增强材料。基体有金属、陶瓷、高分子,而分散相可以是纤维、颗粒等,分散相与基体之间存在相界面。复合材料重量轻、比强度与比刚度大,耐疲劳性能好,尤其是复合材料性能的可设计性,使其在航空航天、汽车及运动器械等领域得到广泛的应用。

复合材料根据基体材料的不同,有高分子基复合材料(PMCs)、金属基复合材料(MMCs)和陶瓷基复合材料(CMCs)。增强相成分根据基体不同,有玻璃、有机物、碳和金属、陶瓷,增强相形状可以是长纤维、短纤维、颗粒和晶须。表 7.1、表 7.2 列出了部分用作增强的纤维和晶须的力学性能(纤维性能受直径、成分及表面状态影响很大,因此文献发表的数据之间有较大的差异)。碳纤维是最常用的增强纤维之一,它的高温力学性能好,1500 ℃下仍能保持其性能不变,但必须进行有效的保护以防止氧化。晶须是具有一定长径比(长 30～100 μm,直径 0.3～1 μm)的小单晶体,其特点是没有微裂纹、位错、空洞和表面损伤等缺陷,强度接近理想晶体的理论值(参见 6.1.3 理论断裂强度)。第 5 章中所介绍的陶瓷颗粒增强金属以及金属增韧陶瓷,就是典型的 MMCs 和 CMCs 复合材料。

表 7.1 几种增强纤维的力学性能

材料	密度/(g/cm³)	弹性模量/GPa	抗拉强度/GPa
碳纤维	2.1	500	2.8
硼纤维	2.6	392	3.4
玻璃纤维	2.5	70	2.8
芳纶纤维	1.44	137	2.8
SiC 纤维	2.55	196	2.9
Al_2O_3 纤维	3.95	250	2.4
不锈钢丝	7.8	200	1.8
钨丝	19.2	400	2.7

表 7.2 几种增强晶须的力学性能

增强晶须	密度/(g/cm³)	弹性模量/GPa	抗拉强度/GPa
Al_2O_3 晶须	3.9	700～2400	14～28
SiC 晶须	3.15	490	7～35
Si_3N_4 晶须	3.2	390	3.5～11

复合材料的力学性能一般具有方向性,结构复杂,需采用如图 7.2 所示的细观力学和宏观力学观点进行力学分析。前者忽略细观结构,用均质各向异性模型来描述复合材料的断裂、疲劳、蠕变、磨损与冲击等力学问题;后者研究复合材料的宏观性能同其组分性能及细观结构之间的关系。对复合材料的变形,用宏观力学模型可得到满意结果,但对其断裂,则需考虑微观的结构特性。

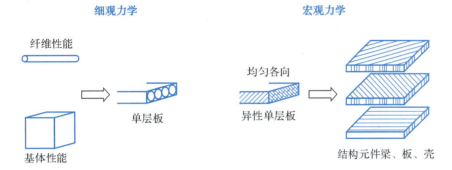

图 7.2　复合材料宏观与细观力学模型

界面是复合材料的"心脏",界面行为对复合材料性能,尤其是断裂、损伤以及疲劳性能等至关重要。通过对纤维的表面改性,选择最佳的复合工艺,以达到预期的界面设计,制取具有优异综合性能的复合材料,就是所谓的"界面工程"。这里有大量的化学、力学问题,例如界面热力学、界面层性能的表征、界面应力、应变状态,以及界面裂纹问题等。

7.1.2　复合材料的强度

1. 层合板的强度

层状板的拉伸性能可通过图 7.3 示意说明。图中 N 为 α、β 交错排列的层数,l_α、l_β 为层的厚度。α、β 相的体积分数分别为:

$$V_\alpha = \frac{l_\alpha}{l_\alpha + l_\beta}, \quad V_\beta = \frac{l_\beta}{l_\alpha + l_\beta} \tag{7.1}$$

对于图 7.3(a) 的情况,水平方向力 F 的作用,则总伸长量 Δl_c 和总应变 ε_c 分别为:

$$\Delta l_c = \Delta l_\alpha + \Delta l_\beta \tag{7.2}$$

$$\varepsilon_c = V_\alpha \varepsilon_\alpha + V_\beta \varepsilon_\beta \tag{7.3}$$

假设两相都发生塑性变形,则上式可写成:

$$\varepsilon_c = \sigma \left(\frac{V_\alpha}{E_\alpha} + \frac{V_\beta}{E_\beta} \right) \tag{7.4}$$

因此,复合材料的弹性模量 $E_c (= \sigma / E)$ 为:

$$\frac{1}{E_c} = \frac{V_\alpha}{E_\alpha} + \frac{V_\beta}{E_\beta} \tag{7.5}$$

或　　　　$$E_c = \frac{E_\alpha E_\beta}{(V_\alpha E_\beta + V_\beta E_\alpha)} \tag{7.6}$$

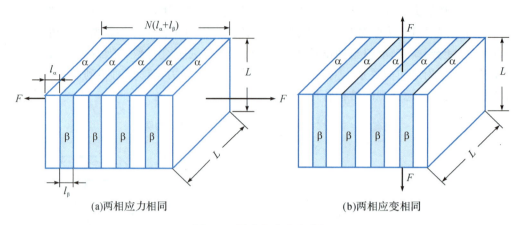

(a)两相应力相同　　　　　　　　(b)两相应变相同

图 7.3　层合板的强度分析

对于图 7.3(b)的情况,则:

$$F = NL(\sigma_\alpha l_\alpha + \sigma_\beta l_\beta) \tag{7.7}$$

截面积为 $NL(l_\alpha + l_\beta)$,因此:

$$\sigma_c = \frac{\sigma_\alpha l_\alpha}{l_\alpha + l_\beta} + \frac{\sigma_\beta l_\beta}{l_\alpha + l_\beta} = \sigma_\alpha V_\alpha + \sigma_\beta V_\beta \tag{7.8}$$

因此,复合材料的弹性模量为:

$$E_c = V_\alpha E_\alpha + V_\beta E_\beta \tag{7.9}$$

任何两相材料的弹性模量介于式(7.6)和式(7.9)之间,前者是下限,后者是上限。显然,等应变条件与等应力情况相比提供了更有效的增强。此外,上式表明:两相对复合材料力学性能的贡献与它们的体积分数成正比,这种关系称为混合定则。

2. 颗粒增强材料的强度

对于颗粒增强复合材料,上式可写成:

$$E_c = V_m E_m + K_c V_p E_p \tag{7.10}$$

式中:E_m、E_p 和 V_m、V_p 分别为颗粒和基体的弹性模量与体积分数;K_c 为实验确定的常数,小于 1,反映了颗粒增强复合材料不是等应变条件。与该式相似的,还可得到等应变条件下复合材料的抗拉强度:

$$\sigma_{bc} = V_m \sigma_{bm} + K_s V_p \sigma_{bp} \tag{7.11}$$

式中:σ_{bm}、σ_{bp} 分别代表颗粒和基体的抗拉强度;K_s 为实验确定的常数。

3. 连续纤维增强材料的强度

对于连续纤维增强复合材料,将纤维(f)对应"硬"的 α 相,基体(m)对应"软"的 β 相,则对于拉力平行长度方向的纤维增强材料(见图 7.4),式(7.8)可写成:

$$\sigma_c = V_f \sigma_f + V_m \sigma_m \tag{7.12}$$

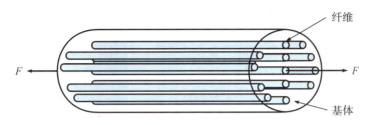

图 7.4　纤维增强材料结构

纤维复合材料的单轴应力-应变曲线可分为几个阶段(见图 7.5)。

阶段Ⅰ:应变小,纤维和基体弹性变形:

$$\sigma_c = E_c \varepsilon_c = \varepsilon_c [V_f E_f + V_m E_m] \tag{7.13}$$

阶段Ⅱ:基体塑性变形,纤维弹性变形:

$$\sigma_c = V_f E_f \varepsilon_c + V_m \sigma_m (\varepsilon_c) \tag{7.14}$$

式中:$\sigma_m(\varepsilon_c)$ 表示基体在应变为 ε_c 时的应力,由基体拉伸试验确定。

阶段Ⅱ的"模量"E_c'定义为复合材料应力-应变曲线的瞬时斜率,则:

$$E_c' = \frac{d\sigma_c}{d\varepsilon_c} = V_f E_f + V_m \frac{d\sigma_m}{d\varepsilon_c} \tag{7.15}$$

在许多情况下,第二项远小于第一项,故:

$$E_c' \approx V_f E_f \tag{7.16}$$

当纤维拉断时,复合材料的强度突然下降,并可观察到二级抗拉强度 σ_{bc}:

$$\sigma_{bc} = V_f \sigma_{bf} + V_m \sigma_m (\varepsilon_f) \tag{7.17}$$

式中:σ_{bf} 为纤维抗拉强度;$\sigma_m(\varepsilon_f)$ 为纤维断裂应变为 ε_f 时基体的应力。

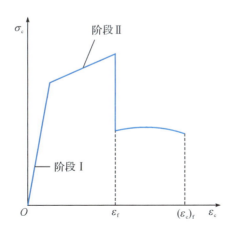

图 7.5　纤维增强材料的应力-应变曲线

需要指出的是,由于复合材料主要由纤维承载,当纤维体积分数较低时,纤维在低应力下就发生断裂,而由基体承受载荷。由式(7.17)可知,由于纤维占去部分体积,结果复合材料的抗拉强度反而下降。因此存在一个临界体积分数,纤维的体积分数大于该临界值时,复合材料的强度才能提高。但是,当体积分数过高时,基体难以润湿和渗透纤维,导致基体与纤维结合不佳使复合材料的强度降低。尤其是金属基复合材料,增强纤维的体积分数不能太高。

大多数纤维在复合材料断裂前不会塑性变形。但对于金属纤维,则会产生塑性变形,这时应力-应变曲线产生阶段Ⅲ:

$$\sigma_c(\varepsilon_c) = V_f\sigma_f(\varepsilon_c) + V_m\sigma_m(\varepsilon_c) \tag{7.18}$$

式中:$\sigma_f(\varepsilon_c)$和$\sigma_m(\varepsilon_c)$分别为纤维和基体在应变为ε_c时的应力。

4. 短纤维增强材料的强度

短纤维增强复合材料的强度与连续纤维的作用机理不同,复合材料所受的应力是通过纤维与基体界面之间的剪切应力从基体传递给纤维的,如图7.6所示。当基体受力要产生变形时,通过界面拉动纤维同时变形,而纤维具有很高的抗变形能力,因此承受了这部分力,使变形难以发生。当纤维与基体处于弹性变形时,短纤维两端受剪切力最大,中间趋于零;而拉应力在纤维中点最大,两端为零。弹性力学分析表明,极小的应变就会在纤维端头产生很大的剪切应力,从而导致纤维与基体的分离,或使基体产生塑性变形。

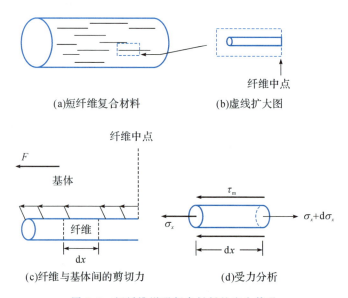

(a)短纤维复合材料   (b)虚线扩大图

(c)纤维与基体间的剪切力   (d)受力分析

图7.6 短纤维增强复合材料的应力传递

纤维所受的应力大小除与载荷有关外,还与纤维的长度有关,对于某一载荷,纤维应力不能超过某一极限值。这个极限值就是在同样的作用应力下,连续纤维复合材料中的纤维所承受的应力。能达到该最大应力的最小纤维长度称为载荷传递长度,记为l_c:

$$l_c = \frac{d_f\sigma_{f,\varepsilon_c}}{2\tau_m} \tag{7.19}$$

式中:d_f为纤维直径;σ_{f,ε_c}为纤维产生应变ε_c时的强度;τ_m为基体剪切屈服强度。l_c/d_f称为"临界宽高比"。

l_c与载荷大小有关。由于纤维最大能承受的应力大小为σ_{bf},因此存在一个L_c,它是能够达到纤维抗拉强度的最小纤维长度:

$$L_c = \frac{d_f \sigma_{bf}}{2\tau_m} \qquad (7.20)$$

L_c 与载荷大小无关,它是短纤维增强复合材料的一个重要参数。

短纤维增强材料的强度可用下式表示:

$$\sigma_{c,\varepsilon_c} = V_f \sigma_{f,\varepsilon_c}\left[1 - \frac{l_c}{2l}\right] + V_m \sigma_{m,\varepsilon_c} \qquad l \geqslant l_c \qquad (7.21)$$

$$\sigma_{c,\varepsilon_c} = V_f \sigma_{f,\varepsilon_c}\frac{l_c}{2l} + V_m \sigma_{m,\varepsilon_c} \qquad l \leqslant l_c \qquad (7.22)$$

式中:l 及 l_c 分别为纤维的长度和对应于 σ_{f,ε_c} 的临界纤维长度。

当纤维长度小于临界长度时,不管施加多大的应力,纤维不会断裂,复合材料的破坏只能从基体或界面处开始。

7.1.3 复合材料的其他力学性能

1. 断裂性能

复合材料的断裂与复合材料中裂纹形成与扩展的特点有关。一方面,在纤维增强复合材料中,有缺陷的纤维、基体与纤维界面不良结合等都可能引发裂纹。另一方面,如图 7.7 所示,在裂纹扩展过程中,裂纹遇到纤维时扩展将受阻;施加更大的外力才能使裂纹进一步扩展,这时,由于基体与纤维间界面的离解,同时又由于纤维的强度高于基体,从而使纤维从基体中拔出。当拔出的长度达到某临界值时,会使纤维发生断裂。因此裂纹的扩展必须克服由于纤维的加入而产生的拔出功和纤维断裂功,这使

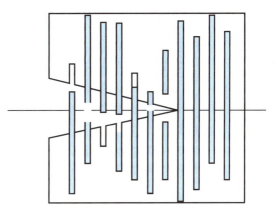

图 7.7 裂纹尖端对复合材料的
几种破坏模式

得材料的断裂更为困难。在实际材料断裂过程中,纤维的断裂并非发生在同一裂纹平面,这样主裂纹还将沿纤维断裂位置的不同而发生裂纹转向,这也同样会使裂纹的扩展阻力增加。

对于层合板结构的复合材料,裂纹垂直于层合板的方向扩展时,其裂纹扩展可能受到抑制。因为裂纹扩展时层间界面要开裂为分层裂纹,需消耗大量能量。对颗粒增强复合材料,片状增强相能较大地提高材料的断裂韧度。

2. 冲击性能

复合材料中纤维与外力的取向是影响复合材料抗冲击性能的重要因素,纤维方向与外力垂直时,冲击性能最高。纤维端头附近应力集中的现象,易导致裂纹产生和扩展,使冲击性能下降。增强相与基体界面之间的结合状态强烈地影响复合材料的破坏模式。

3. 疲劳性能

复合材料有多种疲劳损伤形式,如界面脱黏、分层、纤维断裂等,一般没有明显的疲劳极限。复合材料的疲劳寿命数据有很大的分散性,这与增强相及基体材料性能的分散性有关。例如,在纤维增强环氧树脂材料中,碳纤维与玻璃纤维的强度离散系数分别为8%～11%与8%～17%,环氧树脂基体的强度离散系数亦达10%,因此复合材料疲劳性能的分散性很大。

缺口对金属材料的疲劳性能影响很大,但复合材料却表现出对缺口的不敏感性。这主要是由于在缺口根部形成损伤区,缓和了应力集中。在疲劳过程中,损伤区继续扩展并同时松弛了缺口根部的应力集中。因此,难以用疲劳裂纹扩展速率来预估寿命,而需用累积损伤理论。

较大的应变将使纤维与基体变形不一致,引起纤维与基体界面的破坏,形成疲劳源,压缩应变会使复合材料纵向开裂,所以复合材料对应变,特别是对压缩应变很敏感。只有当纤维和基体变形一致时,复合材料才能表现出较好的抗疲劳性能。

7.1.4　各种复合材料的力学性能

1. 高分子基复合材料

在高分子基复合材料中,应用较广泛的基体材料有聚酯、环氧树脂和酚醛树脂等,常用的强化相是各种纤维,如玻璃纤维、有机纤维(kevlar,也称芳纶)、碳纤维等。也有少量采用无机颗粒如碳酸钙等增强的高分子复合材料,用以提高其强度和耐磨等性能,并降低成本。

高分子复合材料应用最广泛,如"玻璃钢"就是玻璃纤维增强的热固性塑料。与金属相比,高分子复合材料具有较高的比强度(见表7.3),并且耐化学腐蚀性能好,缺点是刚性和耐热性差。

表 7.3　纤维增强高分子基复合材料的力学性能

材料	密度/(g/cm³)	抗拉强度/GPa	弹性模量/GPa	比强度/(×10⁷ cm)	比模量/(×10⁹ cm)
玻璃钢	2.0	1.06	40	0.53	0.21
碳纤维/环氧	1.45	1.5	140	1.03	0.21
芳纶/环氧	1.4	1.4	80	1.0	0.57
硼纤维/环氧	2.1	1.38	210	0.66	1.0
钢	7.6	1.03	210	0.13	0.27
铝	2.8	0.47	75	0.17	0.26
钛	4.5	0.96	114	0.21	0.25

高分子基复合材料的抗疲劳性能较好,当疲劳裂纹产生时,因纤维与基体的界面能阻止裂纹的扩展,并且疲劳裂纹总是从纤维的薄弱环节开始逐渐扩展到结合面上,因此

破坏前有明显的预兆。在高分子复合材料中,界面对力学性能有重要的影响。因此,需针对不同的基体材料,对纤维进行相应的表面处理。

2. 金属基复合材料

金属材料复合的目的在于提高强度、硬度、耐磨和高温力学性能。需要强化的金属基体有铝、铜、镍、钛;常用颗粒和长纤维、短纤维及晶须作为强化相,如 Al_2O_3、SiC 颗粒和碳纤维、硼纤维、SiC 纤维及晶须等。颗粒增强效果虽不如纤维,但原料易得、价格低,是金属基复合材料中研究和应用最广泛的增强材料。

在颗粒状增强相金属基复合材料中,根据颗粒的直径和体积分数,又可分为弥散强化复合材料和颗粒增强复合材料。弥散强化复合材料的颗粒直径范围为 $0.01 \sim 0.1 \ \mu m$,体积分数为 $1\% \sim 15\%$。增强的机理是颗粒阻碍位错的运动,使基体得到强化。较低的颗粒体积分数,有利于保持基体材料的主要性能,如塑性、冲击强度等。由于弥散颗粒是氧化物、碳化物或硼化物,它们的高温性能好,因此可以在高达基体金属熔点 80% 以上的宽广温度范围内保持复合材料的强度。

颗粒增强复合材料的颗粒直径范围为 $1 \sim 50 \ \mu m$,体积分数为 $25\% \sim 90\%$。这种复合材料由基体和颗粒共同承担载荷,当颗粒比基体硬时,颗粒通过界面用机械约束的方式限制基体变形,从而产生强化。常用于提高材料的耐磨、耐高温性能。由于大直径颗粒容易成为应力集中源,因此强度可能反而降低。

纤维增强的金属基复合材料具有优异的力学性能,表 7.4 列出了采用不同增强相时铝基复合材料的力学性能。可见,纤维增强铝基复合材料的弹性模量及抗拉强度得到成倍的提高。

表 7.4　铝和铝基复合材料的力学性能对比

增强相＋基体	增强体含量/%	密度/(g/cm³)	弹性模量/GPa	抗拉强度/MPa
Al	0	1.7	68	7.5
6061(铝合金)	0	—	70	136
碳纤维＋Al	35	2.3	120	800
SiC 纤维＋6061	35	2.7	180	800
Al_2O_3 纤维＋Al	50	2.9	130	750
硼纤维＋6061	50	2.6	220	1520

硼纤维增强铝基复合材料的断裂分析表明,存在三种类型的断口:①全为基体破裂;②同时含有基体破裂和纵向纤维破裂;③基体破裂和纤维-基体界面破裂。硼纤维具有特殊的抗蠕变性能,在 650 ℃下测不到蠕变,815 ℃蠕变率仍大大低于冷拉钨丝,单向增强硼-铝复合材料的轴向蠕变和持久强度在 500 ℃以下超过目前所有的合金。

当采用 Al_2O_3 增强镍合金时,在高温使用温度下,增强相与基体之间会发生一定程度的反应,导致纤维强度降低,为此必须在纤维上涂覆钨等保护层,以阻止反应的发生。

3.陶瓷基复合材料

研究最多的是氧化铝、碳化硅和氮化硅基体,增强相(增韧相)有纤维(长、短纤维)、晶须和颗粒三种,在陶瓷基复合材料中使用较普遍的是 SiC、Al_2O_3 和 Si_3N_4 晶须,颗粒增韧效果不如纤维和晶须。

晶须增韧效果如图 7.8 所示,可见 SiC 晶须对 Al_2O_3 具有同时增强与增韧的效果。但当晶须含量较高时,因其具有桥架效应而使致密化困难,导致复合材料致密度降低,性能下降。颗粒可克服该问题,图 7.9 给出了 SiC 颗粒增强 Al_2O_3 复合材料的性能,在添加 5% SiC 颗粒时提高了强度及韧性。但增强效果不如晶须,因此有人开展了晶须与颗粒复合增韧的研究。

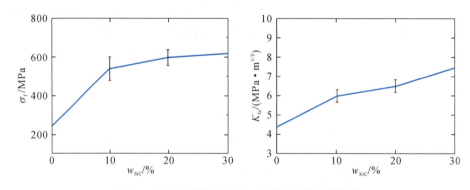

图 7.8　SiC 晶须增强 Al_2O_3 复合材料的力学性能

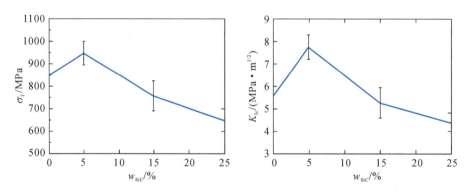

图 7.9　SiC 颗粒增强 Al_2O_3 复合材料的力学性能

纤维增韧机理如 7.1.2 所述,裂纹扩展必须克服由于纤维的加入而产生的拔出功和纤维断裂功,从而起到增韧的作用;裂纹转向使裂纹的扩展阻力增加,使韧性进一步提高。晶须增韧陶瓷的机理与纤维相似,主要靠晶须的拔出桥连与裂纹转向机制起作用。界面结合强度直接影响陶瓷基复合材料的韧化机制与效果。一方面,界面强度过高,晶须与基体一起断裂,限制了晶须的拔出,因而减小晶须拔出机制对韧性的贡献;另一方面,界面强度的提高有利于载荷转移,因而提高了强化效果。界面强度过低,则晶须的拔出功减小,这对韧化和强化都不利。

7.2　多孔材料的力学性能

多孔材料

7.2.1　多孔材料概述

多孔材料广泛存在于自然界中,鸟的翅膀是空心结构,动物体内的骨也是多孔结构。植物体中也有很多类似的多孔结构,如木材、树叶等。人类自古就利用工字梁、夹芯板等结构来支撑重物,因为这是材料利用率最高的一种结构。

泡沫塑料是现代人造的多孔材料,它相对密度低,比模量、比强度高,已广泛用于包装和衬垫材料。同时泡沫材料具有良好的减震和能量吸收能力,高分子、金属和陶瓷中都有多孔结构。泡沫金属可用于超轻结构、冲击缓冲和热交换器等。

多孔材料从结构上可分为闭孔和通孔两种(见图 7.10)。前者的形貌如同蜂窝,可看作是一种晶体结构:晶粒和晶界,晶粒是空的,而晶界则是蜂窝的固体部分。后者是连续贯通的三维多孔结构,也称泡沫结构,其典型的代表就是海绵。描述多孔材料结构的参数有孔隙率(密度)、孔径、通孔度、密度及比表面积等。多孔材料的力学性能受这些结构参数及基体材料性能的影响。

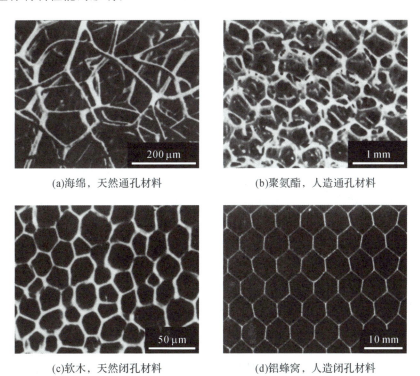

(a)海绵,天然通孔材料　　　　(b)聚氨酯,人造通孔材料

(c)软木,天然闭孔材料　　　　(d)铝蜂窝,人造闭孔材料

图 7.10　几种人工和天然的多孔材料

通常采用一些理想模型来研究多孔材料,例如图 7.11(a)、(b)分别代表蜂窝结构与泡沫结构。这两种模型的密度分别为:

$$\frac{\rho^*}{\rho_s} = \frac{2}{\sqrt{3}} \frac{t}{l} \qquad \text{闭孔} \tag{7.23}$$

$$\frac{\rho^*}{\rho_s} = 3 \frac{t^2}{l^2} \qquad \text{通孔} \tag{7.24}$$

式中：ρ^* 为多孔材料的密度；ρ_s 为构成多孔材料的固体成分密度；l、t 分别为长和宽。

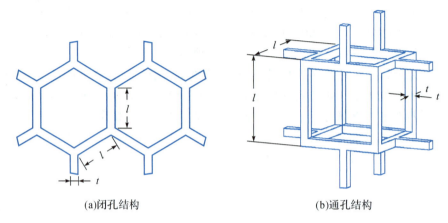

(a)闭孔结构   (b)通孔结构

图 7.11　多孔材料的结构

7.2.2　多孔材料的压缩曲线

多孔材料的压缩应力-应变曲线如图 7.12 所示。曲线可分为以下三个区：①线弹性区。在临界应力作用下，多孔材料产生变形，变形的形式取决于多孔材料固体组分的性质。例如，泡沫支撑梁或胞壁的弯曲（弹性材料），塑性变形（金属及热塑性高分子）或断裂（陶瓷或其他脆性材料）。②应力平台区（屈服平台）。多孔材料中发生弯曲、塑性变形或破裂的固体组分数量增多，在该应力下持续产生较大的变形。这就是为什么多孔材料具有高能量吸收能力的原因，单位体积材料吸收的能量为应力-应变曲线的面积。③致密化区。当材料达到某一应变量时，应力随应变急剧增大，多孔材料发生致密化。此时支撑梁或胞壁完全损坏，它们在应力的作用下同时发生变形。

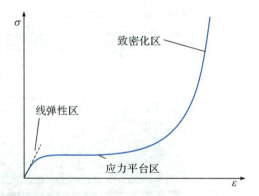

图 7.12　多孔材料的压缩应力-应变曲线

图 7.12 的压缩曲线受多孔材料的密度、梁及壁材料的性质等影响。压缩模量及屈服应力随密度增加而增加，而应变则随之减小。

7.2.3　多孔材料的力学性能指标

1. 压缩模量

对于具有如图 7.11 所示闭孔和通孔结构的多孔材料,其压缩模量 E^* 分别为:

$$\frac{E^*}{E_s} = C_h \left(\frac{\rho^*}{\rho_s} \right)^3 \qquad 闭孔 \tag{7.25}$$

$$\frac{E^*}{E_s} = C_f \left(\frac{\rho^*}{\rho_s} \right)^2 \qquad 通孔 \tag{7.26}$$

式中:E_s 为多孔材料固体成分的压缩模量;C_h 和 C_f 分别为比例系数,其中 C_h 值接近 1.5,而 C_f 值接近 1。

2. 屈服应力值

图 7.13 给出了产生应力平台的三种情况:支撑梁/壁弹性变形、塑性变形和开裂。

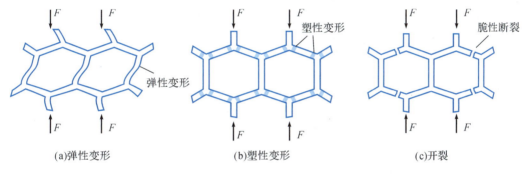

(a)弹性变形　　　　　　　(b)塑性变形　　　　　　　(c)开裂

图 7.13　多孔材料的压缩失效类型

表 7.5 给出了相应的临界应力值,可见对于闭孔和通孔结构,临界应力与多孔材料的密度关系是不同的。此外,多孔材料弹性变形时,临界应力对于多孔材料的弹性应变量只与结构有关,而与材料无关。例如通孔结构的 $\sigma_{el}^* = 0.05 E_s (\rho^*/\rho_s)^2$(见表 7.5),对比式(7.26)可知:弹性应变极限为 0.05,与材料无关。同样对于闭孔结构,弹性应变极限为 0.10,远高于实心材料的弹性应变极限。

多孔材料中固体组分的性质不同,压缩应力-应变曲线的形状也有所不同,如图 7.14 所示。弹性材料时应力平台变化平缓,塑性材料伴随出现应力的下降,陶瓷多孔材料则显示出锯齿状的应力波动,对应各个梁或壁的断裂。

表 7.5　多孔材料压缩屈服应力

失效类型	临界应力	闭孔	通孔
弹性弯曲	σ_{el}^*/E_s	$0.15 \times (\rho^*/\rho_s)^3$	$0.05 \times (\rho^*/\rho_s)^2$
塑性变形	σ_{pl}^*/σ_s	$0.5 \times (\rho^*/\rho_s)^2$	$0.3 \times (\rho^*/\rho_s)^{3/2}$
开裂	σ_f^*/σ_f	$0.33 \times (\rho^*/\rho_s)^2$	$0.65 \times (\rho^*/\rho_s)^{3/2}$

注:E_s、σ_s、σ_f 分别为多孔材料固体组分的模量、屈服强度和断裂强度。

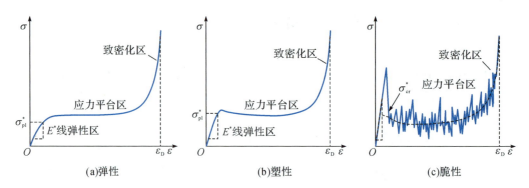

图 7.14　多孔材料固体组分性质对压缩曲线的影响

　　继续压缩时,多孔材料的梁/壁逐渐靠近并相互接触,此时对应压缩曲线上致密化区的开始。在某一临界应变(ε_D)值时,应力快速增加,压缩曲线几乎成直线上升。该直线的斜率就是固体组分的模量 E_s(E_s 远远高于多孔材料的 E^*),临界应变值与多孔材料的密度之间存在如下关系:

$$\varepsilon_D \approx 1 - 1.4(\rho^*/\rho_s) \tag{7.27}$$

3. 多孔材料的能量吸收

　　多孔材料作为减振和缓冲材料具有很大的发展潜力,如包装箱、汽车防震等,这是因为多孔材料具有优异的能量吸收性质。

　　图 7.15 给出了实心和多孔材料的压缩应力-应变曲线,虚线部分为每单位体积吸收的能量。在相同的峰值应力 σ_p(σ_p 是包装防护设计时的一个重要参数)下,多孔材料所吸收的能量远大于实心材料。

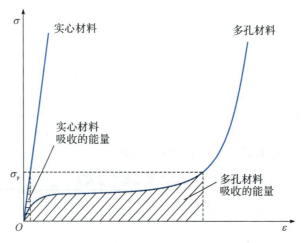

图 7.15　实心和多孔材料的能量吸收

　　显然,在吸收相同能量时,多孔材料的密度越高,峰值应力越大;如密度过低,多孔材料有可能已进入致密化区,也会达到很高的应力。因此,对于给定的峰值应力,多孔材料存在最佳的密度。

7.3　生物材料的力学性能

7.3.1　生物材料概述

生物材料

所谓生物材料(biomaterials),是指天然生物材料(如蚕丝、骨、牙等)和生物医用材料。生物医用材料种类繁多,包含多种金属、陶瓷、高分子等材料,如表 7.6 所示。

表 7.6　部分生物医用材料

应用	材料种类	
骨骼	人工关节(髋关节、膝关节) 金属骨固定板 骨填充 人工肌腱和韧带 牙齿修复	钛铝钒合金、不锈钢、聚乙烯 不锈钢、钴铬合金 磷酸钙 特氟隆、涤纶 钛、氧化铝、磷酸钙
心血管系统	血管 心脏瓣膜 导管	特氟隆、涤纶、聚氨酯 不锈钢、碳材料、钛合金 硅胶、特氟隆、聚氨酯
器官	人工心脏 人工皮肤 人工肾	聚氨酯 硅胶-胶原复合物 聚丙烯腈
感官	耳蜗 人工晶状体 隐形眼镜 角膜	铂电极 聚甲基丙烯酸甲酯、硅胶、水凝胶 硅胶-丙烯酸酯、水凝胶 胶原、水凝胶

图 7.16 为生物医用材料的几个实例。人工髋关节的金属柄下方(钛合金或钛铬合金)插入股骨髓腔,上方球头与超高相对分子质量聚乙烯髋杯活动配合,髋杯固定在金属衬内,金属衬嵌在骨盆上。起支撑作用的金属柄要求具有较高的强度和韧性,同时球头

(a)人工髋关节　　　(b)齿科植入材料　　　(c)心脏瓣膜

图 7.16　部分生物医用材料

与超高相对分子质量聚乙烯之间形成摩擦副,两者的耐磨性都要高。齿科植入材料为钛合金,为了美观及提高耐磨性,表面沉积 TiN 涂层;某心脏瓣膜产品中,外壳和轴套使用钛金属,连接固定轴套使用碳纤维布,后者具有良好的惰性、抗血栓、能快速与组织产生共生的特点,人工心脏瓣膜上使用的则是聚醚材料。

作为生物医用材料,尤其是植入人体的材料,最重要的是材料与周围活组织的相互作用,即材料的生物性能。这包括材料在生物环境中的腐蚀、吸收、降解、磨损和失效。

7.3.2　生物材料的力学性能要求

1. 骨的分析

骨是生物体承重的主要材料,骨骼系统构成生物体坚硬的骨架结构。表 7.7 给出了皮质骨的力学性能,其性能存在明显的各向异性,沿骨干的轴向强度较高。骨有一定的蠕变和应力松弛性能,也就是具有黏弹性,在低应变速率下有足够的时间发生塑性松弛。在更高的应变状态下,骨会发生屈服以支撑负载。韧脆转变发生在应变速率约为 $2.5×10^{-3}/s$(即需要 4 s 达到 0.01)时。

表 7.7　皮质骨的力学性能

性能指标	加载方向与骨干	
	平行	垂直
拉伸强度/MPa	124~174	49~51
压缩强度/MPa	170~193	133
弯曲强度/MPa	160	—
剪切强度/MPa	54~68	—
弹性模量/GPa	17.0~18.9	11.5
剪切模量/GPa	3.3	—
断裂功/(J/m²)	6000(高 $\dot{\varepsilon}$),98(低 $\dot{\varepsilon}$)	—
断裂韧度/(MPa·m^{1/2})	2~12	—
拉伸极限应变	0.014~0.031	0.007
压缩极限应变	0.019~0.026	0.028
拉伸屈服应变	0.007	0.004
压缩屈服应变	0.010	0.011

2. 牙的分析

牙平均每天要承受 20 MPa、3000 次的负载,牙受力时的应力分布如图 7.17 所示。完整牙齿的断裂非常少见,这是由于牙表面的牙釉质具有很高的硬度和刚性,而牙本质具有韧性和柔顺性(见表 7.8)。

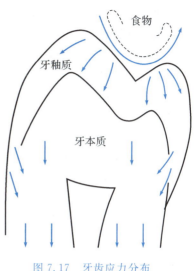

图 7.17 牙齿应力分布
（有限元分析）

表 7.8 牙齿的力学性能

性能指标	牙本质	牙釉质
抗压强度/MPa	300	330
刚度/GPa	12	74～84
硬度/HV	70	＞300

3. 生物材料的力学性能要求

关于生物材料的力学性能目前只有定性而无统一的量化要求。在选用生物材料时,首先必须考虑的是机械强度,也就是材料的力学性能。例如,人造髋关节必须坚固并具有刚性;肌腱要求强度高,韧性好;心脏瓣膜必须易弯曲,强度高;透析膜必须坚固,不能有弹性;人造软骨必须柔软和富有弹性。其次要考虑机械耐久性。人造导管在人体血管内工作至少要 3 天;金属骨钉完成其功能需 6 个月甚至更长时间;心脏瓣膜则必须每分钟弹跳约 60 次并至少 10 年不失效;髋关节则需负载工作 10 年以上。

7.3.3 生物医用材料及其力学性能

1. 生物医用金属材料

生物医用金属材料具有高的机械强度和抗疲劳性能,是临床应用最广泛的承力植入材料。常用的有不锈钢、钴基合金和钛基合金,它们的力学性能如表 7.9 所示。此外还有形状记忆合金、金等,主要用于骨和牙等硬组织修复和替换、心血管和软组织修复以及人工器官制造中的结构元件。手术刀是 3Cr13 等马氏体不锈钢经淬火、回火处理制成的。

表 7.9 几种生物医用金属材料的力学性能

材料		密度/(g/cm³)	弹性模量/GPa	硬度/HV	压缩强度/MPa	抗拉强度/MPa	延伸率/%
不锈钢	F55 退火态	7.9	200	183	170	465	40
	F55 冷加工	7.9	200	320	690	850	12
钴基合金	铸 CoCrMo 退火态	7.8	200	300	455	665	10
	锻 CoCrMo 退火态	9.15	230	240	390	880	30
	锻 CoCrMo 冷加工	9.15	230	450	1000	1500	9
钛基合金	Ti 退火态	4.5	127	260	443	563	15
	Ti6Al4V 退火态	4.4	127	330	830	900	8

由表 7.9 可以看出,材料的弹性模量主要与成分有关,与组织关系不大;经冷加工的材料因形变强化效应,硬度和强度都较高。

2. 生物医用高分子材料

相对金属材料来说,生物医用高分子材料更多地强调其与生物硬组织、软组织和血液之间的相容性以及生物吸收等性能。在力学性能方面,针对不同的用途,对高分子材料的强度、弹性、尺寸稳定性、耐屈挠疲劳性以及耐磨性等有一定的要求。

用作生物材料的高分子有:①聚乙烯、聚丙烯酸酯、聚氧硅烷等非降解型高分子,要求良好的机械性能,用于人体软、硬组织修复,人工器官、人造血管等;②胶原、线形脂肪族聚酯等可生物降解型高分子,用于修复及非永久性植入装置等。表 7.10 给出了几种高分子材料的力学性能。

表 7.10　生物医用高分子材料的力学性能

材料		密度 /(g/cm³)	弹性模量 /GPa	硬度 /HS	压缩强度 /MPa	抗拉强度 /MPa
硅橡胶(高温硫化)		1.12～1.23	<1.4	25～75	—	—
有机玻璃(压铸)		1.186	2.6～3.2	—	—	80～125
超高相对分子质量聚乙烯	挤压成型	0.93～0.944	1.24	—	21～28	—
	压铸	0.93～0.944	1.36	62	19～29	—
	高温结晶	—	/2.17	66		
聚砜(注塑)		1.23～1.25	2.3～2.48	—	65～96	

3. 生物医用陶瓷材料

生物医用陶瓷材料具有在生理环境中存在的离子(Ca、P、K、Na 等)或对人体组织仅有极小毒性的离子(Al、Ti 等),因此具有良好的生物相容性。Al_2O_3、ZrO_2 等生物医用陶瓷材料惰性强;羟基磷灰石在生理环境中可通过其表面发生的生物化学反应与组织形成化学键结合,被称为"生物活性陶瓷"。生物医用陶瓷材料主要用于肌肉-骨骼系统的修复和替换,也用于心血管系统的修复。

生物医用陶瓷材料在体温下韧性差、极脆,羟基磷灰石等陶瓷材料一般作为表面涂层使用。表 7.11 给出了生物陶瓷的力学性能,其中碳材料主要用于心脏瓣膜材料。

表 7.11　生物医用陶瓷材料的力学性能

材料		密度 /(g/cm³)	弹性模量 /GPa	硬度 /HV	压缩强度 /MPa	抗拉强度 /MPa
Al_2O_3 高纯态		3.93	380	23000	550	4500
C	低温各向同性态	1.6～2.2	18～28	150～250	280～560	—
	玻璃态	1.4～1.6	24～31	150～250	70～210	—
	超低温各向同性态	1.5～2.2	14～21	150～250	350～700	—
ZrO_2 热等静压烧结态		6.1	200	1300	1200	—

4. 生物医用复合材料

生物医用复合材料是前述生物金属、高分子和陶瓷材料的复合,以实现生物材料物理、化学、生物及机械性能的优化。人和动物体中的绝大多数组织均可视为复合材料。表 7.12 给出了几种有代表性的生物医用复合材料的力学性能。

表 7.12　几种生物医用复合材料的力学性能

材料	密度 /(g/cm³)	弹性模量 /GPa	压缩强度 /MPa	抗弯强度 /MPa	最小延伸率 /%
聚甲基丙烯酸甲酯	—	5.52	—	38①	0.7
C60SiC	2.6	100	1000	220	<1
C60SiC(5%孔隙率)	2.4	80~90	250~370	220~360	—
碳纤维增强碳	1.7	140	800	800	>4
碳纤维增强碳(7%孔隙率)	1.78	40~58	230~320	350~600①	—
环氧树脂 12.5 碳	—	14	—	200	—
连续碳纤维增强聚砜	—	110	—	1600	1.3
超高分子聚乙烯	0.98	1.94②	14.2	22①	150

注:①抗拉强度;②估计值。

7.3.4　天然生物材料的力学性能

1. 蜘蛛丝的力学性能

蜘蛛丝是由不同功能的几种丝构成的,"桥架丝"是蜘蛛编网时产生的第一根丝,是整张网的构建骨架;"粘丝"用来粘住落网猎物;"框丝"是蛛网最外层的丝,它通过有黏性的附着丝与周围的树木等物体相连;"牵引丝"用于遇险时将自己吊到空中以逃避威胁。由于功能不同,各种蜘蛛丝具有不同的力学性能。

图 7.18 和图 7.19 分别是牵引丝和粘丝典型的应力-应变曲线。可见,牵引丝表现出了较高的强度、模量和韧性,断裂强度高于 0.8 GPa;而粘丝的力学性能则类似于橡胶,属

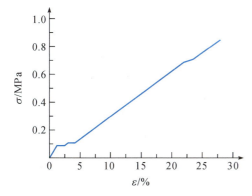

图 7.18　牵引丝的应力-应变曲线

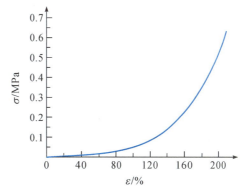

图 7.19　粘丝的应力-应变曲线

于低模量高延伸材料。与其他纤维相比(见表7.1),蜘蛛牵引丝的强度和模量远低于纺纶等纤维,但延伸率很高,具有很强的能量吸收能力。

在对蜘蛛丝的一个"加载-卸载"周期中(见图7.20),由于蜘蛛丝所具有的黏弹性应力-应变机理,在蜘蛛丝因被拉伸而承受的机械能中,70%将以热量的形式散失。这样,当猎物撞击到蛛网后,由于蜘蛛丝具有较大的滞变性,猎物不会立刻反弹出网,从而有足够的时间使粘丝上的黏液发挥黏附作用。同时,大量的冲击能在蜘蛛丝滞变过程中被消耗,剩余的能量可以有较长扩散时间,能将能量分散到尽可能大的面积上,使蜘蛛丝不会发生断裂。因此,蜘蛛丝的重要力学特性之一就是其较高的力学滞变性,这一特性同时也是蜘蛛丝具有优异能量吸收性能的主要因素。

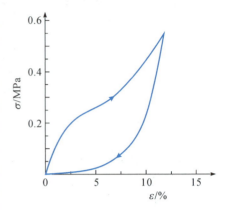

图 7.20　蜘蛛丝的滞变性能

此外,蜘蛛丝还具有"超收缩"现象,也就是说,牵引丝在发生强烈收缩的同时,强度急剧下降,其初始模量由约 10 GPa 降至约 10 MPa,而延伸性能则大幅上升,表现出类似于橡胶的特征。蜘蛛丝的上述特性与其特殊的半结晶超分子结构有关。

2. 贝壳与珍珠的力学性能

贝壳与珍珠这种天然生物材料具有极其特殊的微观组织结构,该结构使贝壳、珍珠具有优异的力学性能。这种被称为"叠层复合"的结构如图7.21所示,一层层超薄 $CaCO_3$ (占 95%)像砌墙的"砖"一样整齐排列,其间由纳米尺寸厚度的有机物连接,"砖"有片形、棱形等形状。

拉伸试验发现,这种结构在断裂前能经受较大的塑性变形。在陶瓷相占95%以上的复合材料中存在如此高的塑性变形,是由于片层之间可以相互滑移,片层之间的有机物发生了很大的塑性变形。

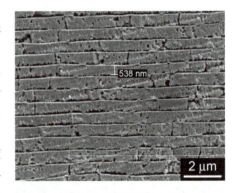

图 7.21　珍珠叠层复合结构的电镜形貌

此外,这种结构使得贝壳受到外力产生裂纹时,裂纹能沿层片间的有机层扩展。裂纹在片层间的有机层内频繁发生偏转,这既阻止了裂纹的穿透扩展,又使裂纹的扩展路径大大增加,所吸收外力的功也显著增加,从而使贝壳具有高的韧性。同时,裂纹穿过有机物层后,上、下片层仍保持紧密接触,这样有机物与片层的结合与摩擦力将阻止片层的拔出,从而提高了材料的韧性。表7.13给出了自然界中存在的五种主要类型贝壳材料的组成、结构和力学性能。

表 7.13　贝壳材料的组成、结构和力学性能

类型	形状	晶体	蛋白质基体（质量分数）/%	强度/MPa			刚度/GPa	硬度/MPa
				拉伸	压缩	弯曲		
棱柱	多边形柱状	方解石文石	1~4	60	250	140	30	162
珍珠层	平面层状	文石	1~4	130	380	220	60	168
交叉叠层	胶合板型层片	文石	0.01~4	40	250	100	60	250
簇叶	长薄晶体叠加	方解石	0.1~0.3	30	150	100	40	110
均匀分布	精细毛石	文石	—	30	250	80	60	—

7.4　非晶态合金的力学性能

7.4.1　非晶态材料概述

非晶材料

非晶材料是一种原子长程无序排列的固体材料，包括玻璃、部分高分子材料和非晶态合金（也称为金属玻璃）。其中，玻璃呈脆性材料的特征，高分子材料有玻璃态、高弹态和黏流态这三种力学形态，非晶态合金由于材料内部不存在位错和晶界，其力学性能一直受到研究人员的关注。

然而，通常非晶态合金需急冷才能制备（冷却速度在 10^6 K/s 以上），采用的双辊液相激冷等方法只能获得厚度在 100 μm 以下的薄带、细丝等，无法作为结构材料使用，关于非晶态合金力学性能方面的研究也很少。20 世纪 90 年代后，随着深冷技术和合金化体系的发展，制备出了直径达数十毫米的大块非晶态合金，这促进了非晶态合金力学性能的研究。

7.4.2　非晶态合金的弹性

表 7.14 给出了非晶态合金的弹性模量。同晶态合金相比，非晶态合金的弹性模量值要低 30% 左右，这与非晶态合金中较大的原子体积有关。

非晶态合金的弹性应变量可以很大，最高可达 2.2%。而一般金属小于 0.2%，即使用作弹簧的钢也只有 0.46%。此外，非晶态合金的弹性极限很高，接近屈服强度，因此具有极高的弹性比功。如 Zr 基非晶态合金的弹性比功为 19.0 MJ/m^2，比性能最好的弹簧钢高出 8 倍以上。

表 7.14 非晶态合金的弹性模量

材料	抗拉强度/MPa	弹性模量/GPa	材料	抗拉强度/MPa	弹性模量/GPa
$Pd_{80}Si_{20}$	1330	67	$Fe_{80}P_{13}C_7$	3040	122
$Pd_{77}Cu_6Si_{17}$	1530	96	$Fe_{80}P_{16}C_3B_1$	2440	135
$Pd_{64}Ni_{16}P_{20}$	1560	93	$Fe_{78}B_{10}Si_{12}$	3330	118
$Pd_{16}Ni_{64}P_{20}$	1760	106	$Ni_{78}Si_{10}B_{12}$	2450	64
$Pt_{64}Ni_{16}P_{20}$	1860	96	$Co_{78}Si_{10}B_{12}$	3000	88
$Fe_{80}B_{20}$	3530	166			

7.4.3 非晶态合金的塑性与强度

非晶态合金具有很高的抗拉强度,一般比对应的晶体合金要高得多。例如,$Mg_{80}Y_{15}Cu_{10}$ 非晶态合金的室温抗拉强度超过 600 MPa,比 Mg 基合金强度高出近 3 倍;又如,铁基非晶态合金的强度达到了 2440~3530 MPa(见表 7.14),远高于相近铁含量的不锈钢和超高强度钢,并接近工程陶瓷(见图 7.22)。

非晶态合金在力的作用下,会出现如图 7.23 所示的小剪切带,它们造成了非晶态合金的永久变形。这些剪切带厚度为 10~20 nm,剪切带内部的剪切应变很大。拉伸时,剪切带在应力最大的方向形成。拉伸曲线上也存在屈服点,也就是说,穿过剪切带的应力要比产生剪切带的应力小。

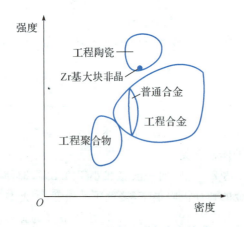

图 7.22 工程材料强度与密度关系

图 7.23 非晶态合金冷轧表面形貌

在较高温度下,由于自由体积较大,许多相距较远的原子可以同时发生移动,使非晶态合金均匀变形。此外,由于非晶态合金中不存在晶体中的滑移,在高温下具有很大的黏滞流动,可发生超塑性应变。如 $La_{55}Al_{25}Ni_{20}$ 在过冷液相区延伸率达 15000%,可像玻璃一样吹成表面非常光滑的非晶态合金球,此时一般发生均匀的变形。

7.4.4　非晶态合金的断裂

非晶态合金的拉伸断裂行为非常特殊,剪切断裂沿活性高的剪切带发生。断口表面呈现由细纹构成的"河流"花样,类似于拉开两块中间涂有一薄层凡士林的玻璃而产生的形貌。

非晶态合金的断裂韧度 K_{Ic} 值介于金属与陶瓷之间,例如,非晶态合金 $Zr_{41.25}Ti_{13.75}$ $Cu_{12.5}Ni_{10}B_{22.5}$ 的 K_{Ic} 值为 (57.2 ± 2.3) MPa,$Zr_{41.2}Ti_{13.8}Cu_{12.5}Ni_{10}B_{22.5}$ 的 K_{Ic} 值为 (55.0 ± 5.0) MPa。

摆锤冲击试验测得 Zr 基非晶态合金的最大冲击断裂能为 63 kJ/m²,Pd 基非晶态合金为 70 kJ/m²,与一般的金属材料相当。冲击试样的断口形貌表明,断面既无贝壳状形貌,也没有类解理等典型脆性断裂形貌。

7.5　纳米结构材料的力学性能

纳米材料

7.5.1　纳米材料概述

纳米材料是指其特征长度范围为 1~100 nm 的材料,它具有一系列特殊的物理和化学性质,如导体金属的尺寸减小到几纳米时会变成绝缘体,原先呈铁磁性的粒子会转变成超顺磁性等。纳米材料同时也具有特殊的力学性能,如碳纳米管具有超强的弹性模量。

纳米结构材料是指那些晶粒尺寸为纳米级的三维材料。在纳米科学领域中,纳米结构材料的力学性能一直是研究的热点之一,尤其是纳米尺寸的晶粒对材料力学性能的影响。因为由 Hall-Patch 关系[即式(5.13)]可知,如果晶粒大小达到纳米尺寸,材料的强度将成倍增加。经过大量实验测试、计算模拟和理论分析,人们认识到纳米结构材料确实具有一些特殊的力学性能,结构与性能之间存在一定的关系,并且观察到了一些新的现象和规律。

需要指出的是,当晶粒或颗粒大小为纳米尺度时,单位体积材料的表面或界面的面积将大幅增加,其界面所占的体积百分数可由一般材料的 0.1% 增加到 50% 以上。而表面与界面的特性对材料力学性能会产生重要影响。由于力学性能检测的试样受其制备条件、后续热处理等影响,在材料内部的界面上可能存在杂质和孔隙(材料的相对密度低)。因此,一些研究中所获得的数据反映的可能不是纳米材料本质,而是缺陷状态下的力学性能。

本节介绍部分关于纳米金属和陶瓷结构材料力学性能的研究结果,在加深对材料力学性能认识的同时,了解新材料研究中所涉及的力学性能,以及影响力学性能的诸多因素。

7.5.2　纳米结构材料的弹性模量

早期实验结果显示纳米材料的弹性模量比多晶材料低 15%~50%,后来查明是样品中微孔隙造成的。研究结果表明,弹性模量随样品中的微孔隙增多而线性下降。无微孔隙纳米铁、铜和镍等样品的弹性模量比普通多晶材料略小(<5%),并且随晶粒减小,弹

性模量降低。这可能是因为其中有大量的晶界和三叉晶界等缺陷。根据纳米材料弹性模量测定结果,推算出其中晶界和三叉晶界的弹性模量为多晶材料的 $70\%\sim80\%$,与同成分非晶态固体的弹性模量相当。这说明晶界的原子键合状态可能与非晶态原子的键合状态相近。

7.5.3　纳米结构材料的变形与超塑性

在普通金属材料中,当晶粒尺寸减小时,不仅材料的强度会提高,而且塑性也会提高。然而许多试验表明,纳米材料的塑性都比较低,并且随晶粒减小,伸长率明显下降。当晶粒尺寸小于 30 nm 时,大多数材料的伸长率均小于 3%。

进一步研究发现,纳米材料塑性的降低与试样中的孔隙、杂质等有关。轧制制备的纳米铜(晶粒尺寸小于 25 nm)的伸长率低于 10%,而界面洁净、高致密纳米铜(晶粒尺寸为 30 nm)的伸长率大于 30%。这充分说明缺陷、致密度等对纳米材料的室温塑性有很大的影响。

通常,在恒定温度下细化晶粒可以使超塑性在更高的应变速率下出现,同样在恒定应变速率下可以在更低的温度下出现超塑性。对细晶材料,晶界滑动是超塑性的主要变形机制。根据晶粒尺寸与超塑性变形的关系,可以期望纳米材料具有低温超塑性或强化的超塑性。研究结果表明,与相同合金的微晶相相比,纳米晶相出现超塑性的温度大幅降低:对钛合金,降低了 200 ℃;对纯镍,降低了 400 ℃;对铝合金,降低了 200 ℃。利用电解沉积技术制备的晶粒尺寸为 30 nm 的无空隙铜块试样,在室温下轧制,获得高达 5100% 的伸长率;且在超塑拉伸过程中,试样未表现出明显的加工硬化现象(见图 7.24),这意味着变形过程由晶界行为主导。

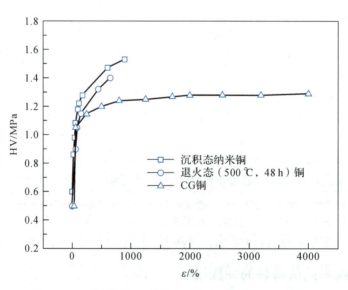

图 7.24　不同粒度 Cu 样品的冷轧变形量与硬度的关系

7.5.4　纳米结构材料的强度与变形机制

如 5.4.4 节所述,在以位错为塑性变形机制的材料中,细化晶粒是材料强化的有效方法之一。材料的强度与晶粒尺寸的平方根成反比,即满足 Hall-Petch 关系。当晶粒减小至纳米尺寸时,是否能显著地提高材料的强度呢?当纳米晶粒的尺寸接近点阵中位错间的平衡距离时,晶粒内部只可能容纳极少量甚至没有位错。这时,纳米材料的塑性变形是否由位错运动的机制主导?

有研究表明,当晶粒尺寸降低至纳米尺度时,材料的强度比同成分大晶粒材料的强度确实高很多。例如,纳米晶体铝(平均晶粒尺寸约为 53 nm)的屈服强度和抗拉强度分别为同质粗晶的 12~16 倍和 5~6 倍。试验表明,当纳米结构材料的晶粒尺寸大于某个临界值时,纳米结构材料都符合 Hall-Petch 关系,对于很多纳米晶材料,这个临界值约为20 nm。当晶粒尺寸小于 20 nm 时,不同材料的 Hall-Petch 曲线随晶粒减小呈现出不同的变化趋势。有些材料随晶粒尺寸继续减小,强度反而降低,即为反 Hall-Petch 关系,这表明变形机制发生了转变。

随着晶粒尺寸减小,位错运动对变形机制的影响下降,晶粒转动和晶界滑动的影响增加,随着晶粒尺寸减小到纳米范围,晶粒转动和晶界滑动将成为主要机制。拉伸和蠕变试验表明,晶界滑动和扩散蠕变是电沉积纳米晶镍的重要变形机制。

分子动力学计算模拟结果表明,晶粒尺寸在 6~13 nm 的铜在 0 K 及 300 K 时,其屈服强度和流变强度均出现反 Hall-Petch 关系。这表明理想纳米材料的性能可能与常规多晶材料完全不同。但理想纳米材料在实验中难以获得,因此纳米材料强度与晶粒尺寸的内在关系有待进行更深入的实验研究和理论探索。

7.5.5　纳米颗粒增韧陶瓷材料

在 Al_2O_3 基体中加入 5%(体积分数)的纳米尺寸 SiC 颗粒,可使室温下的抗弯强度从单相 Al_2O_3 陶瓷的 350 MPa 提高到约 1.0 GPa。随着对纳米材料研究的深入,又出现了纳米 Si_3N_4 改性 Al_2O_3、纳米 SiC 改性 Si_3N_4 等纳米复合材料。纳米颗粒的加入,使得陶瓷材料的强度和韧性有显著的提高,复合材料的其他性能如硬度、抗蠕变能力、耐磨性等也有改善。

一般认为,影响纳米颗粒复合陶瓷力学性能的因素有以下几个:

①晶粒细化。在微米级陶瓷基体中加入纳米颗粒,既可抑制基体晶粒的长大,又可抑制基体晶粒的异常长大,使组织结构均匀化,从而改善材料的力学性能。

②在微米-微米复合材料中,添加相分布于基体晶界处。而在微米-纳米复合材料中,大部分纳米颗粒由于其尺寸很小,基体颗粒会以纳米颗粒为核形成晶粒,将纳米颗粒包裹在基体晶粒内部,形成"内晶型"结构(见图 7.25)。这使复合材料中除基体晶粒间的主晶界外,在纳米相和基体间还存在着大量的次晶界。这些次晶界处存在较大的应力,即残余应力,它们会对晶界形成压应力,从而强化晶界。同时,这种残余应力还使"内晶型"结构中的基体晶粒内产生大量位错,纳米相使位错钉扎或堆积,起到分散、阻碍裂纹的作用,达到强化效果。

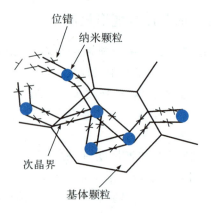

图 7.25　内晶型结构增韧机理

此外,断口 SEM 形貌分析表明,纳米复合材料大多具有典型的穿晶断裂形貌,由于穿晶断裂具有较大的断裂功,所以可增加材料的韧性。

习题与思考题

1. 何谓复合材料中的混合定律?

2. 试导出层合板在弹性变形段,α 相和 β 相所受的力之比为 $F_\alpha/F_\beta = V_\alpha E_\beta/V_\alpha E_\beta$。

3. 假设铝基体的剪切屈服强度为 80 MPa,用表 7.1 所列纤维对其进行短纤维增强,计算纤维的临界长宽比。

4. 比较颗粒强化和弥散强化金属基复合材料的差异。

5. 导出蜂窝和泡沫材料密度与其固相组分密度比的关系。

6. 试述多孔材料压缩时微观结构的变化规律。

7. 假设蜂窝结构由等边三角形和正方形组成,导出三角形蜂窝的 $\rho^*/\rho_s = 2\sqrt{3}\,t/l$,正方形蜂窝的 $\rho^*/\rho_s = 2t/l$[忽略 $(t/l)^2$ 和高度的影响]。

8. 从微观结构分析贝壳具有较高塑性与韧性的机理。

9. 实际了解一种人体植入医疗器械,确定其中使用的材料和性质,并分析评价其设计思路。

10. 解释非晶态合金的抗拉强度高于其相应晶态材料的原因。

11. 比较非晶态合金和非晶玻璃、非晶态高分子的力学性能差异。

12. 分析纳米材料中强度与晶粒尺寸之间存在反 Hall-Patch 关系的原因。

第8章

材料的高温氧化性能

本章主要介绍材料在高温环境下的氧化性质。金属或合金与氧化性物质接触时会发生氧化,尤其是在高温条件下,氧化性气体包括 O_2、SO_2、H_2S、H_2O、CO_2,最常见的是 O_2。狭义的氧化通常指材料与氧发生的反应,广义的氧化包括了材料与硫、碳等发生的价态升高的反应。在很多应用中,高温氧化都非常重要,例如在燃气轮机、飞机引擎、石油化工和发电站等方面。高温氧化常涉及几百摄氏度甚至 1000 摄氏度以上的高温。高温氧化反应中形成的氧化膜比普通钝化形成的膜厚得多,通常情况下,此氧化膜是指氧化层或氧化皮。

高温合金案例

8.1 高温氧化热力学

氧化热力学反映了氧化的可能性,可以用反应自由能来判断反应是否发生。以金属铜在空气中被氧气氧化,发生了化学反应为例,其反应式为:

$$2Cu(s) + \frac{1}{2}O_2(g) \longrightarrow Cu_2O(s) \tag{8.1}$$

由于上述反应式中生成了 1 mol Cu_2O,所以上述反应前后标准自由能的变化可由形成 Cu_2O 的标准自由能表示,即 $\Delta G_f^{\ominus}$。图 8.1 中列出了各种氧化物生成时的 $\Delta G_f^{\ominus}$ 值,此值随温度而变化。例如,1000 K 时,Cu_2O 的生成自由能是 -95.52 kJ/mol Cu_2O,由于自由能变化是负值,所以 1000 K 时方程式(8.1)中的氧化反应是自发进行的。要比较各种氧化物的热力学性能,可先计算相应氧化反应中消耗 1 mol 氧气时的自由能变化。因此,方程式(8.1)可改写为:

$$4Cu(s) + O_2(g) \longrightarrow 2Cu_2O(s) \tag{8.2}$$

1000 K 时,方程式(8.2)的自由能变化是 2 倍的 -95.52 kJ/mol Cu_2O,即 -191.04 kJ/mol O_2。

图 8.1 显示了方程式(8.2)中 Cu_2O 的自由能变化,此值随温度而变化。由于自由能变化是负值,所以图中的氧化反应在图中温度下均是自发进行的。从 $\Delta G^{\ominus}$-T 曲线的斜率可得到标准熵变化 $\Delta S^{\ominus}$,即有:

$$\Delta G^{\ominus} = \Delta H^{\ominus} - T\Delta S^{\ominus} \tag{8.3}$$

所以 $\qquad d\Delta G^{\ominus}/dT = -\Delta S^{\ominus}$

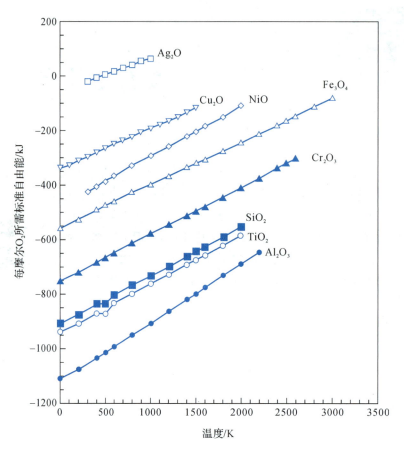

图 8.1 各种类型氧化物的自由能与温度关系图

图 8.1 中 $\Delta G^{\ominus}\text{-}T$ 曲线的斜率为正,因此氧化反应的 $\Delta S^{\ominus}$ 为负,即由于金属和氧气生成固态氧化物,所以反应后比反应前熵值减小,金属/氧化体系的有序度增大。

8.1.1 氧化物的自由能与温度关系图

图 8.1 也显示了其他氧化物的标准自由能变化,每个都是以 1 mol 氧气计算的。例如,将铁氧化为 Fe_3O_4 的反应,可写作:

$$\frac{3}{2}Fe(s) + O_2(g) \longrightarrow \frac{1}{2}Fe_3O_4(s) \tag{8.4}$$

我们能看到,在任意温度下,图 8.1 中 Al_2O_3 的自由能降低程度最大,所以它是最稳定的;Ag_2O 最不稳定,这是因为它自由能降低的程度最小。事实上,温度大于 450 K 时,银氧化为 Ag_2O 的氧化反应中,$\Delta G^{\ominus}$ 值为正,所以此氧化反应并不是自发进行的。

图 8.1 也表明 Fe 和 Ni(这两种元素是工程合金的主要成分)的氧化物不如 Cr、Al、Si 的氧化物稳定,所以 Cr、Al、Si 常用于耐高温氧化合金。

图 8.1 也称作 Ellingham 图,Ellingham 图不仅用于表示氧化反应,也可用于表示高温下生成硫化物或碳化物的反应情况。需要指出的是,虽然从图上可以判断反应是否发

生,但图上并没有反映出反应的动力学。

8.1.2　氧气的平衡压

当氧化达到平衡时,氧气的压力可从式(8.5)计算得到:

$$\Delta G^{\ominus} = -RT\ln K \tag{8.5}$$

例如,对于反应式(8.2),有:

$$K = \frac{a^2(\mathrm{Cu_2O})}{a^4(\mathrm{Cu})\, p(\mathrm{O_2})} \tag{8.6}$$

式中:$a(\mathrm{Cu_2O})$ 和 $a(\mathrm{Cu})$ 分别表示 $\mathrm{Cu_2O}$ 和 Cu 的活度;$p(\mathrm{O_2})$ 为氧气的压力。由于固体活度为 1,所以式(8.6)改为:

$$K = \frac{1}{p(\mathrm{O_2})} \tag{8.7}$$

根据式(8.7),上述式(8.5)变为:

$$\Delta G^{\ominus} = RT\ln p(\mathrm{O_2}) \tag{8.8}$$

用式(8.8)中的 $\Delta G^{\ominus} = -191.04\ \mathrm{kJ/mol}$,可得到 1000 K 时 $p(\mathrm{O_2}) = 1.1 \times 10^{-10}$ atm。即 1000 K 时,氧气压力低于此值时,就不能氧化 Cu,氧气压力大于此值时,氧化反应能进行。

表 8.1 给出了不同温度下各种金属发生氧化反应时的氧气平衡压。对于每一种金属,其发生氧化反应所需的平衡压随温度升高而增大。除了银,其他金属的平衡压均较低。400 K 时银发生氧化反应所需氧气的压力为 0.10 atm,由于此数值小于氧气在空气中的分压,所以 400 K 时,从热动力学角度上来说,银在空气中的氧化反应较易进行。而 500 K 时,银发生氧化反应所需氧气的压力为 3.3 atm,所以 500 K(或更高温度)时,从热力学角度上来说,银在空气中的氧化反应不易进行。对于表 8.1 中所有其他金属,由于它们所需氧气压力较低,所以从热力学角度看,它们在空气中都能发生氧化反应。

表 8.1　不同温度下,各种金属氧化反应所需的氧气平衡压　　　　单位:atm

氧化反应	氧分压				
	400 K	500 K	1000 K	1500 K	2000 K
$2\mathrm{Ag} + \frac{1}{2}\mathrm{O_2} \longrightarrow \mathrm{Ag_2O}$	0.10	2.3	2.320	—[1]	—[1]
$2\mathrm{Cu} + \frac{1}{2}\mathrm{O_2} \longrightarrow \mathrm{Cu_2O}$	2.6×10^{-37}	2.1×10^{-28}	1.1×10^{-10}	1.0×10^{-4}	—[1]
$\mathrm{Ni} + \frac{1}{2}\mathrm{O_2} \longrightarrow \mathrm{NiO}$	—[2]	4.6×10^{-41}	4.6×10^{-16}	8.5×10^{-8}	1.4×10^{-3}
$3\mathrm{Fe} + 2\mathrm{O_2} \longrightarrow \mathrm{Fe_3O_4}$	—[2]	—[2]	2.0×10^{-21}	6.8×10^{-12}	4.3×10^{-11}
$2\mathrm{Cr} + \frac{3}{2}\mathrm{O_2} \longrightarrow \mathrm{Cr_2O_3}$	—[2]	—[2]	5.4×10^{-31}	5.8×10^{-18}	1.9×10^{-11}
$\mathrm{Si} + \mathrm{O_2} \longrightarrow \mathrm{SiO_2}$	—[2]	—[2]	7.2×10^{-39}	3.9×10^{-23}	4.5×10^{-15}

续表

氧化反应	氧分压				
	400 K	500 K	1000 K	1500 K	2000 K
$Ti+O_2 \longrightarrow TiO_2$	—②	—②	1.5×10^{-40}	3.4×10^{-24}	5.1×10^{-16}
$2Al+\dfrac{3}{2}O_2 \longrightarrow Al_2O_3$	—②	—②	—②	1.7×10^{-28}	9.9×10^{-19}

注:①氧化物在此温度下是熔融态;②氧气的压力很小,低于表中右面列出的值。

8.1.3 高温氧化的机理

高温氧化的机理

氧化反应的初期阶段,氧气发生化学吸附,以 O^{2-} 的形式吸附在干净的金属表面,从而在表面产生电场。此电场促使已被氧化了的金属原子(阳离子)进入到吸附了氧离子的平面,产生一个二维结构,此二维结构继而生长为氧化膜。已有人详细研究了这些过程在低温下的情况,但在高温条件下,氧化反应的初始阶段进行得非常快,因而氧化膜的后期生长非常重要。

Wagner 的氧化反应理论描述了氧化层增厚的生长过程。根据此模型,氧化层的生长是双向的:一是从金属基质向外生长,二是从外部的氧化层向内生长。在金属基质上,金属原子氧化为金属阳离子,生成的阳离子又通过氧化膜向外移动,同时,氧化反应产生的电子向外迁移。氧化膜最

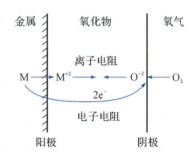

图 8.2 高温氧化的 Wagner 机理,氧化层中存在离子和电子双重电阻

外层的表面上,O_2 还原为 O^{2-},此离子再通过氧化膜向内扩散。此情况如图 8.2 所示。

对于组成为 MO 的氧化物,其生成反应表示如下:

$$M \longrightarrow M^{2+}+2e^- \quad (在金属/氧化物界面上)$$

$$\frac{1}{2}O_2+2e^- \longrightarrow O^{2-} \quad (在金属/氧化物界面上)$$

$$M+\frac{1}{2}O_2 \longrightarrow MO \quad (总反应式)$$

因此,对于氧化膜的生长,氧化层必须具备一种性质:离子和电子均可穿过它进行扩散。氧化层的作用包括:①作为离子导体;②作为电子导体;③作为氧气发生还原反应的电极;④作为仅允许金属阳离子和氧阴离子通过的壁垒。

电子在氧化膜中的电阻通常小于离子电阻,所以离子的扩散路程是控制因素。阳离子和阴离子扩散的难易度不同,其中一个或另一个的扩散是总反应速度的控制环节。对于普通金属 Fe、Ni、Cu、Cr、Co,其阳离子向外扩散的过程是总反应速度的控制环节,但对于难熔金属 Ta、Nb、Hf、Ti、Zr,其总反应速度的控制环节是阴离子 O^{2-} 向内扩散的过程。

8.2　高温氧化动力学

8.2.1　氧化速率定律

氧化速率反映的是氧化的动力学,动力学一般包括两部分:速率方程式和动力学模型。由于金属样品表面生成氧化物,所以在研究高温氧化动力学的实验中,人们常通过测定金属样品增加的质量来评价氧化速率。质量的增加与生成氧化膜的厚度成正比。这些质量测试的实验常使用微量天平,将样品置于一个炉内,此炉配置了热电偶和控制温度的装置,对样品进行程序升温并不断称量样品质量的变化。

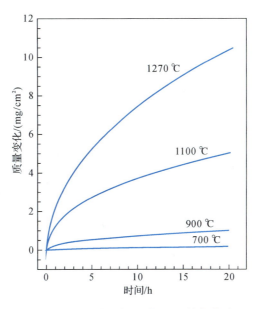

图 8.3　在不同温度下,高纯 Ni 的氧化图

图 8.3 是高纯 Ni 在不同温度下在氧气中进行氧化反应的动力学数据。同一时间点上,质量的增加随温度升高而增大。而且,在同一时间点上,从曲线斜率测得的瞬时反应速率随温度而增大。

用于描述高温氧化反应动力学的常用定律有三个,分别是:线性、抛物线和对数速率定律。

1. 线性速率定律

在线性速率定律中,氧化反应的速率是不变的:

$$\frac{\mathrm{d}y}{\mathrm{d}t} = k \tag{8.9}$$

式中:y 为氧化膜的厚度。此式适用于金属/氧化物界面上的反应,其反应速率为常数。例如,气体反应物穿过金属/氧化物界面到达金属基质,或者进入氧化膜缝隙的过程,其反应速率符合线性定律。

式(8.9)可改写为 $dy=kdt$，积分得到：

$$y=kt+const \tag{8.10}$$

式中："const"为积分的常数项，可在初始条件下测得。如果在研究速率的过程中使用的是表面干净的金属，那么 $t=0$ 时 $y=0$，则 const＝0。否则，const 就是高温氧化开始之前氧化膜的厚度。

遵循线性速率定律的金属不能生成保护性氧化物。最典型的是金属铌，600～1200 ℃下，1 atm 的空气中铌发生氧化时氧化膜厚度与时间呈线性关系。

2. 抛物线速率定律

如图 8.2 所示，离子或电子扩散穿过氧化物的过程是速率控制环节。氧化反应的速率与氧化物的厚度成反比：

$$\frac{dy}{dt}=\frac{k'}{y} \tag{8.11}$$

将式(8.11)改写为 $ydy=k'dt$，积分后得：

$$y^2=2k't+const=k_pt+const \tag{8.12}$$

式中：k_p 为抛物线速率常数。此定律适用于保护性氧化物，可用于解释许多金属的高温氧化反应，其中包括 Cu、Ni、Fe、Cr、Co。图 8.3 中的数据符合抛物线速率定律。

3. 对数速率定律

在低温条件下，对于厚度不大于 1000 Å 的氧化膜，氧化反应的速率常遵循对数定律：

$$y=k''\lg(ct+1) \tag{8.13}$$

式中：c 为一常数，需通过实验数据测得。此速率定律虽然是半经验主义的，但如果氧化反应的速率是受电子穿过氧化膜的迁移速率控制的，那么就遵循此速率定律。很多金属氧化反应的初期也遵循对数速率定律，如 Cu、Fe、Zn、Ni 等。

表 8.2 和图 8.4 对三种主要的氧化反应速率定律进行了比较。图 8.4 中令 $k=k'=$

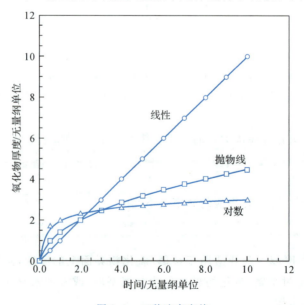

图 8.4　三种速率定律

$k''=1,c=100$,且积分常数取为 0。图 8.4 显示线性速率定律生成非保护性氧化物膜,而抛物线和对数速率定律适合保护性氧化物,保护性氧化物生长的速率随时间而减小。在对数速率定律中,氧化膜的厚度随时间达到极值。

表 8.2　高温氧化反应的三种速率定律

速率定律	公式	拟合结果
线性	$y=kt+\text{const}$	y 与 t 成直线关系
抛物线	$y^2=k't+\text{const}$	y^2 与 t 成直线关系
对数	$y=k''t\lg(ct+1)$	y 与 $\lg t$ 成直线有关系

8.2.2　Wagner 机理与抛物线速率定律

图 8.2 中表示了氧化反应的 Wagner 机理,由此产生了抛物线速率定律。此速率定律源自这样的前提假设:氧化膜的生长与流经氧化膜的电流 I 成正比:

$$\frac{\mathrm{d}y}{\mathrm{d}t}=BI \tag{8.14}$$

式中:B 为比例常数,其计算公式为:

$$B=\frac{M}{Ad_{\text{oxide}}F} \tag{8.15}$$

式中:M 为氧化物的摩尔质量;A 为氧化物的面积;d_{oxide} 为氧化物的密度;F 为法拉第常数。腐蚀电流由下式得到:

$$I=\frac{E}{R} \tag{8.16}$$

式中:E 为氧化物电解质两侧的电动势;R 为氧化物的电阻。可从氧化反应自由能的变化 ΔE 与关系式 $\Delta G=-nFE$,测得电动势。氧化层上的离子电阻和电子电阻是串联的,这是因为二者必须串联,氧化反应才能发生。因此,氧化物的总电阻 R 可由下式得到:

$$R=\left(\frac{1}{\kappa_{\text{ionic}}}+\frac{1}{\kappa_{\text{electronic}}}\right)\frac{y}{A} \tag{8.17}$$

式中:κ_{ionic} 和 $\kappa_{\text{electronic}}$ 分别为离子和电子在氧化膜中的传导率。式(8.17)可改写为:

$$R=\left(\frac{\tau_{\text{a}}+\tau_{\text{c}}+\tau_{\text{e}}}{\tau_{\text{a}}+\tau_{\text{c}}}\cdot\frac{1}{\kappa}+\frac{\tau_{\text{a}}+\tau_{\text{c}}+\tau_{\text{e}}}{\tau_{\text{e}}}\cdot\frac{1}{\kappa}\right)\frac{y}{A} \tag{8.18}$$

式中:κ 为氧化物的电导率;τ_{a}、τ_{c}、τ_{e} 分别为阴离子、阳离子、电子的迁移率。由于 $\tau_{\text{a}}+\tau_{\text{c}}+\tau_{\text{e}}=1$,所以式(8.18)可改写为:

$$R=\left[\frac{1}{(\tau_{\text{a}}+\tau_{\text{c}})\tau_{\text{e}}}\right]\frac{y}{\kappa A} \tag{8.19}$$

将式(8.14)、式(8.15)、式(8.16)、式(8.19)结合起来得到:

$$\frac{\mathrm{d}y}{\mathrm{d}t}=\frac{M}{d_{\text{oxide}}F}[(\tau_{\text{a}}+\tau_{\text{c}})\tau_{\text{e}}\kappa E]\frac{1}{y} \tag{8.20}$$

或　　　　$$y\mathrm{d}y=\frac{M}{d_{\text{oxide}}F}[(\tau_{\text{a}}+\tau_{\text{c}})\tau_{\text{e}}\kappa E]\mathrm{d}t \tag{8.21}$$

积分后,得到:

$$y^2 = \frac{2M}{d_{oxide}F}[(\tau_a + \tau_c)\tau_e \kappa E]t + const \tag{8.22}$$

它具有抛物线的表达式:

$$y^2 = k_p t + const \tag{8.23}$$

其中,

$$k_p = \frac{2M}{d_{oxide}F}[(\tau_a + \tau_c)\tau_e \kappa E] \tag{8.24}$$

若将 y^2 除以 $2M/d_{oxide}$,就可将抛物线速率常数表示为标准化速率常数。式(8.22)改为:

$$\frac{y^2}{\frac{2M}{d_{oxide}}} = \frac{1}{F}[(\tau_a + \tau_c)\tau_e \kappa E]t + const' \tag{8.25}$$

或

$$\frac{y^2}{\frac{2M}{d_{oxide}}} = k_{rational}t + const' \tag{8.26}$$

其中,$k_{rational}$ 称为归一化速率常数,由下式得到:

$$k_{rational} = \frac{1}{F}[(\tau_a + \tau_c)\tau_e \kappa E] \tag{8.27}$$

归一化速率常数的单位相当于 $cm^{-1} \cdot s^{-1}$。

式(8.24)或式(8.27)给出一种方法,可由氧化物参数计算得到抛物线速率常数。表 8.3 列出了由 Kubachewski 和 Hopkins 编辑的一些计算值。归一化速率常数的计算值和实验值如此接近,进一步证明了 Wagner 机理对氧化反应的适用性。

表 8.3 高温氧化反应中归一化速率常数的计算值和测定值

金属	氧化剂	温度/℃	归一化速率常数/$(cm^{-1} \cdot s^{-1})$	
			计算值	测试值
Cu	$I_2(g)$	195	3.8×10^{-10}	3.4×10^{-10}
Ag	$Br_2(g)$	200	2.7×10^{-11}	3.8×11^{-11}
Cu	$p(O_2) = 8.3 \times 10^{-2}$ atm	1000	6.6×10^{-19}	6.2×10^{-9}
Cu	$p(O_2) = 3.0 \times 10^{-4}$ atm	1000	2.1×10^{-9}	2.2×10^{-9}
Co	$p(O_2) = 1$ atm	1000	1.25×10^{-9}	1.05×10^{-9}
Co	$p(O_2) = 1$ atm	1350	3.15×10^{-8}	3.65×10^{-8}

根据 Arrhenius 方程,氧化反应的速率随温度升高而增大:

$$k = A'\exp\left(-\frac{\Delta E_{act}}{RT}\right) \tag{8.28}$$

式中:k 为速率常数;R 为摩尔气体常数;T 为温度;A' 为常数;ΔE_{act} 的数量为活化能,反应发生必须克服的能量势垒。使用对数和微分,得到:

$$\frac{dlgk}{d\left(\frac{1}{T}\right)} = -\frac{\Delta E_{act}}{2.303R} \tag{8.29}$$

活化能 ΔE_{act} 的值可从曲线 $\lg k\text{-}(1/T)$ 的斜率得到。式(8.29)的积分形式为:

$$\lg \frac{k_2}{k_1} = \frac{\Delta E_{act}}{2.303R}\left(\frac{1}{T_1} - \frac{1}{T_2}\right) \tag{8.30}$$

8.3　氧化物的性质和缺陷

实际存在的氧化物不是理想的晶体状态,常表现出一些缺陷。与氧化反应相关的两个最重要的缺陷是空位和间隙造成的点缺陷。在氧化物中,空位是指失去离子,间隙是指晶格中存在过多的离子。主要存在阳离子空位、阴离子空位、阳离子间隙三类点缺陷。图 8.5 显示的是间隙阳离子和阴离子空位。间隙与相同成分的空位结合起来,称作 Frenkel 缺陷。阳离子空位和阴离子空位结合起来,称作 Schottky 缺陷。

正如 Wagner 的氧化反应机理所述,由于空位方便了阳离子或阴离子扩散穿过氧化膜,所以空位对于高温氧化反应来说非常重要。如果普通晶格位的离子占领邻近的空位,那么扩散是以空位机理进行的。图 8.6(a)的图形显示了这点。此运动反过来使此离子原来的位置变成空位,所以该过程是不断进行的。如果是间隙离子发生点缺陷,那么扩散的机理有些不同,正如图 8.6(b)所示,在此种情况下,间隙离子从一个间隙位迁移到邻近的间隙位上。

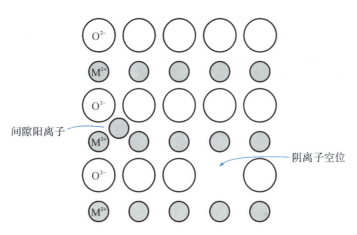

图 8.5　间隙阳离子和阴离子空位

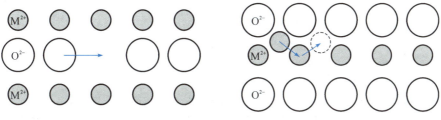

(a)阴离子以空位的方式进行扩散　　　(b)阳离子以间隙阳离子的运动实现扩散

图 8.6　阴、阳离子的扩散方式

8.3.1　氧化物的半导体性质

氧化物存在点缺陷,所以才具有半导体的性质,如图 8.7 所示,ZnO 含有间隙 Zn^{2+}。由于氧化物整体呈电中性,所以每个间隙 Zn^{2+} 必须向氧化物结构提供两个电子。因此,氧化物中的电流是由电子产生的,因而 ZnO 是 n 型半导体。离子的运输以间隙扩散的方式进行。

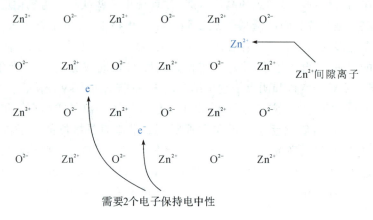

图 8.7　含间隙阳离子的 n 型氧化物半导体

如果点缺陷是阳离子空位,如图 8.8 所示的 NiO,那么此氧化物的正电荷不足(因为损失了 Ni^{2+})。要达到电中性,氧化物结构中每个 Ni^{2+} 的空位必须加上两个电子空位。因此,氧化膜中的电流是由电子空位形成的,NiO 是 p 型半导体,离子的运输以空位的扩散方式进行。

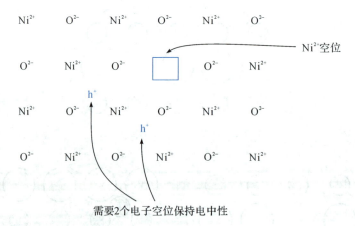

图 8.8　含阳离子空位的 p 型氧化物半导体

同样地,O^{2-} 空位会导致负电荷不足,必须加入电子才能实现电中性,因此,得到 n 型半导体。如图 8.9 所示,高温下氧化物失去的离子进入气相,从而形成氧的空位。

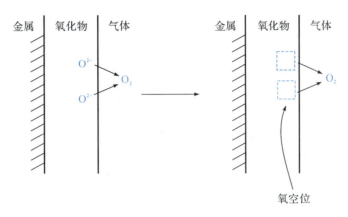

图 8.9　失去的两个氧离子(O^{2-})进入气相,在氧化物中形成两个氧空位

　　最后的一种可能性,即为间隙阴离子,它能产生多余的负电荷,这些负电荷由电子空穴抵消,因而得到 p 型半导体。然而,由于阴离子的体积较大,所以间隙阴离子(如 O^{2-})的情况较少。表 8.4 对这些概念做了总结归纳。

表 8.4　各类半导体氧化物

氧化物 半导体类型	缺陷	电中性所需 电荷类型	载流子	传输 方式	示例
n 型	阳离子间隙	电子	电子	间隙	ZnO、CdO
n 型	阴离子空位	电子	电子	空位	Al_2O_3、TiO_2、Fe_2O_3
p 型	阳离子空位	空穴	空穴	空位	NiO、FeO
p 型	阴离子间隙	空穴	空穴	间隙	UO_2

8.3.2　氧化反应的 Hauffe 定律

　　各种杂质离子会影响高温氧化反应速率,此影响是由氧化层的半导体性质决定的。各种溶质离子对高温氧化反应速率的影响被称为氧化反应的 Hauffe 定律。

　　现在来讨论一种含间隙阳离子的 n 型氧化膜,如之前已描述过的含间隙离子 Zn^{2+} 的 ZnO。ZnO 及其间隙阳离子之间的平衡反应如下:

$$Zn_i^{2+} + 2e^- + \frac{1}{2}O_2 \longrightarrow ZnO \qquad (8.31)$$

式中:Zn_i^{2+} 代表间隙离子 Zn^{2+}。由质量作用定律可知:

$$\frac{[ZnO]}{[Zn_i^{2+}][e^-]^2 p(O_2)^{\frac{1}{2}}} = K \qquad (8.32)$$

式中:$[Zn_i^{2+}]$ 为间隙离子 Zn^{2+} 的浓度;$[e^-]$ 为电子的浓度;$[ZnO]$ 为 ZnO 的浓度;$p(O_2)$ 为氧气的分压;K 为平衡常数。

　　固态 ZnO 的活性为 1,所以式(8.32)改写为:

$$\frac{1}{[Zn_i^{2+}][e^-]^2 p(O_2)^{\frac{1}{2}}} = K \tag{8.33}$$

当氧气分压不变时,由式(8.33)得到:

$$[Zn_i^{2+}][e^-]^2 = \frac{1}{K p(O_2)^{\frac{1}{2}}} = K' \tag{8.34}$$

如图 8.10 所示,假设正常晶格中的 Zn^{2+} 被 Li^+ 代替,那么,要实现电中性,必须失去一个电子。由于电子的浓度降低,根据式(8.34),Zn^{2+} 间隙离子的浓度必须增大。菲克第一定律规定扩散的速率与浓度差成正比,所以间隙阳离子浓度增大也就意味着间隙扩散的速率也增大。根据氧化反应的 Wagner 理论,扩散速率增大,反过来就会加快氧化反应的速率。

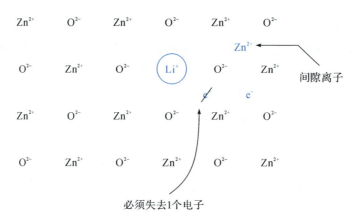

图 8.10 含有 Zn^{2+} 间隙离子以及常规 Zn^{2+} 点阵离子被 Li^+ 取代的 n 型 ZnO 半导体

ZnO 膜中所含溶质离子中,如果有氧化后电荷数大于 +2 的离子(如图 8.11 所示的 Al^{3+}),那么,每个 Al^{3+} 溶质离子上都必须加入一个电子,才能实现电中性。根据式(8.34),随电子浓度的增大,Zn^{2+} 间隙离子的浓度就会降低。这就意味着,离子扩散速率的降低,氧化反应的速率也会降低。

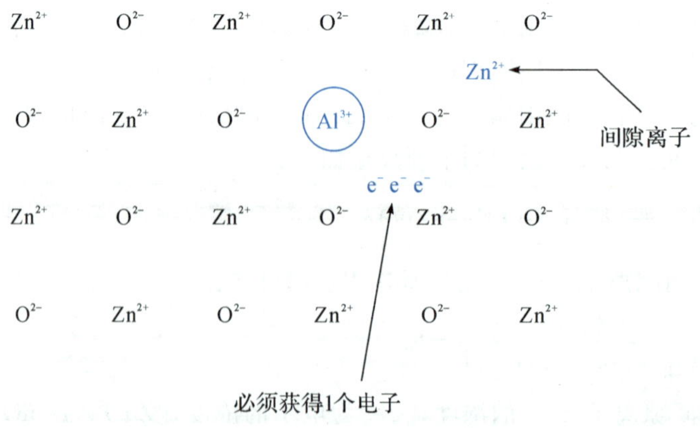

图 8.11 含有 Zn^{2+} 间隙离子以及常规 Zn^{2+} 点阵离子被 Al^{3+} 取代的 n 型 ZnO 半导体

　　如果不是上述 n 型半导体中的间隙阳离子,而是 p 型氧化物半导体(如 NiO),其点缺陷是阳离子空位,那么镍离子空位和 NiO 晶格之间的平衡可由下式表示:

$$NiO + V_{Ni''} + 2h^+ \longrightarrow \frac{1}{2}O_2 \qquad (8.35)$$

式中:$V_{Ni''}$ 代表有效电荷为 -2 的镍离子空位;h^+ 是指电子空穴。当氧气分压不变时,由质量作用定律得:

$$\frac{p(O_2)^{\frac{1}{2}}}{[NiO][V_{Ni''}][h^+]^2} = K \qquad (8.36)$$

或　　　　　　　$$[V_{Ni''}][h^+]^2 = \frac{p(O_2)^{\frac{1}{2}}}{K} = K' \qquad (8.37)$$

　　如图 8.12 所示,如果正常晶格中的一个 Ni^{2+} 由一个 Li^+ 替代,那么,必须失去一个电子或加上一个电子空穴,才能保持电中性。根据式(8.37),电子空穴浓度增大,则金属离子空位的浓度要降低,因而导致离子扩散速率降低,并从而降低了氧化反应的速率。

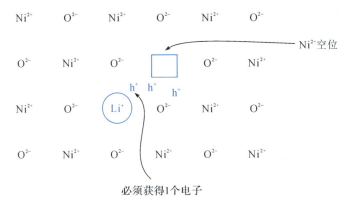

图 8.12　含有 Ni^{2+} 空位以及常规 Ni^{2+} 点阵离子被低价态的 Li^+ 取代的 p 型 NiO 半导体

　　如果 NiO 晶格中含有另一种溶质离子,此离子的电荷数高于 Ni^{2+},如 Cr^{3+},则与刚才的情况相似,对于每个替代了 Ni^{2+} 的 Cr^{3+},必须加入一个电子(或失去一个 h^+)。根据式(8.37),电子空穴浓度的降低导致金属离子空位浓度的增大,因而增大了离子扩散的速率,增大了氧化反应的速率。

　　Ni-Cr 合金的氧化反应符合上述情况。在此合金中,Cr 是添加到 Ni 中的。表 8.5 列出的抛物线速率常数是 Ni-Cr 合金的高温氧化计算得到的。对于低浓度合金,增大 Cr 的加入量,则氧化反应速率增大。这是因为合金中 Cr 的含量增大,导致氧化膜中 Cr^{3+} 的浓度增大;根据前述讨论,这会导致氧化反应速率的增大。对于 Cr 含量高的合金,当氧化物中 Cr_2O_3 的含量大于 NiO 时,氧化反应速率降低,因为如图 8.1 所示,Cr_2O_3 比 NiO 稳定。

表 8.5 不同 Cr 含量的 Ni-Cr 合金在 1000 ℃ 和 1 atm O_2 下的氧化速率

Cr 的质量分数/%	抛物线速率常数/$(g^2 \cdot cm^{-4} \cdot s^{-3})$
0	3.1×10^{-10}
0.3	14×10^{-10}
1.0	26×10^{-10}
3.0	31×10^{-10}
10.0	1.5×10^{-10}

对于氧化反应的 Hauffe 定律，至今我们只讨论了阳离子缺陷。下面我们讨论含阴离子空位的 n 型氧化物，如 ZrO_2。晶格中氧原子与氧空位之间的平衡用下式表示：

$$V_O'' + 2e^- + \frac{1}{2}O_2 \longrightarrow O_{lattice} \tag{8.38}$$

式中，V_O'' 代表有效电荷为 +2 的氧空位（V_O'' 中的点代表有效正电荷）。因此，当氧分压不变时，得下式：

$$\frac{[O_{lattice}]}{[V_O''][e^-]^2 p(O_2)^{\frac{1}{2}}} = K \tag{8.39}$$

或

$$[V_O''][e^-]^2 = \frac{1}{K p(O_2)^{\frac{1}{2}}} = K' \tag{8.40}$$

如图 8.13 所示，如果正常晶格中的 Zr^{4+} 被低氧化态的离子替代，如 Al^{3+}，那么必须失去一个电子，才能保持电中性。根据式（8.40），电子浓度的降低导致氧空位浓度的增大，反过来又引起扩散速率的增大，因而氧化反应速率增大。如果 Zr^{4+} 被高氧化态离子替代，会发生相反的情况。

最后一种情况是含有间隙阴离子的 p 型半导体，晶格中间隙阴离子与空穴的平衡用下式表示：

$$O_i^{2-} + 2h^+ \longrightarrow \frac{1}{2}O_2 \tag{8.41}$$

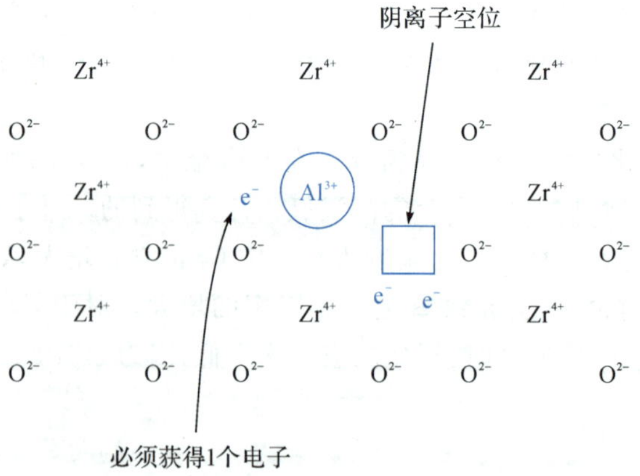

图 8.13 含有氧空位及常规 Zr^{4+} 点阵离子被低价 Al^{3+} 点阵离子取代的 n 型 ZrO 半导体

表 8.6 归纳了各种溶质离子对不同类型氧化物半导体的高温氧化反应速率的影响。

表 8.6　氧化反应的 Hauffe 定律

氧化物半导体类型	缺陷	示例	固溶离子相比于氧化物离子氧化态	缺陷浓度和离子扩散的变化	氧化速率变化
n 型	阳离子间隙	ZnO	较低 较高	增加 降低	增加 降低
	阴离子空位	ZrO₂	较低 较高	增加 降低	增加 降低
p 型	阳离子空位	NiO	较低 较高	降低 增加	降低 增加
	阴离子间隙	UO₂	较低 较高	降低 增加	降低 增加

8.3.3　氧气压力对抛物线速率常数的影响

抛物线氧化反应的速率是氧气分压的函数,其总的关系式为:

$$k_p = A p(O_2)^{\frac{1}{n}} \tag{8.42}$$

式中:k_p 为抛物线速率常数;A 为常数值;n 对于 n 型氧化物为负值,对于 p 型氧化物为正数。下面我们讨论含间隙阳离子的 n 型氧化物的情况。

对于含间隙阳离子的 n 型氧化物 MO,氧化物与它的间隙阳离子之间的平衡可表示为:

$$M_i^{2+} + 2e^- + \frac{1}{2}O_2 \longrightarrow MO \tag{8.43}$$

则

$$\frac{1}{[M_i^{2+}][e^-]^2 p(O_2)^{\frac{1}{2}}} = K \tag{8.44}$$

但是,由于 $[M_i^{2+}] = 2[e^-]$,所以替换式(8.44)中的 $[e^-]$ 可得到:

$$[M_i^{2+}] = K' p(O_2)^{-\frac{1}{6}} \tag{8.45}$$

对于含间隙阳离子的 n 型氧化物,离子扩散的速率与间隙阳离子的浓度成正比(见表 8.4)。反过来,氧化反应的速率与扩散的速率成正比,所以可得到:

$$k_p \propto p(O_2)^{-\frac{1}{6}} \tag{8.46}$$

如果电子与间隙阳离子结合,则式(8.43)可改写为:

$$M_i^+ + e^- + \frac{1}{2}O_2 \longrightarrow MO \tag{8.47}$$

因情况相似,所以氧化速率也可表示为:

$$k_p \propto p(O_2)^{-\frac{1}{4}} \tag{8.48}$$

进一步地,可用式(8.38)对含阴离子空位的 n 型氧化物,用式(8.35)对含阳离子空位的 p 型氧化物,用式(8.41)对含间隙阴离子的 p 型氧化物做类似的讨论。上述讨论归纳于表 8.7。

表 8.7   氧气压力对抛物线速率常数的影响

氧化物半导体类型	公式	扩散机制	抛物线速率常数与氧气分压的关系
含有阳离子间隙 n 型	(8.31)	阳离子间隙	$p(O_2)^{-1/6}$ 或 $p(O_2)^{-1/4}$
含有阴离子空位 n 型	(8.38)	阴离子空位	$p(O_2)^{-1/6}$
含有阳离子间隙 p 型	(8.35)	阳离子空位	$p(O_2)^{-1/6}$ 或 $p(O_2)^{1/4}$
含有阴离子空位 p 型	(8.41)	阴离子间隙	$p(O_2)^{1/6}$

8.3.4   氧化膜的不均匀性

高温下形成的氧化膜在成分或结构上通常是不均一的,如铁的氧化分多个氧化态。正如图 8.14 所示,氧化膜包括不同成分的三层:FeO、Fe_3O_4、Fe_2O_3。富铁相(FeO)最靠近金属表面,富氧相(Fe_2O_3)最靠近氧气。图 8.13 显示了氧化物中的各种空隙,这些空隙是阳离子空位发生崩塌的结果。在其他的例子中,氧化物内也会出现空隙,如铌的高温氧化过程。氧在扩散过程中穿过这些空隙,到达靠近金属表面的位置上,在此处氧会被还原,空隙导致了非保护性氧化物的生成。因此,存在空隙时,氧化膜的有效厚度减小。

1. 保护性与非保护性氧化物的对比

研究了对高温氧化反应有影响的各种因素及氧化物的性质,我们可以归纳得出氧化膜的保护性质与 Pilling-Bedworth 比值密切相关。

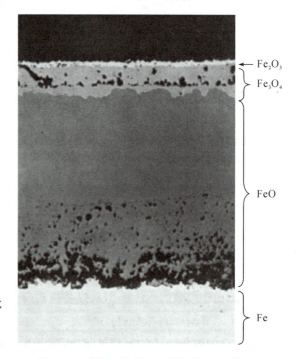

图 8.14   高温下铁表面的氧化物层剖面图

Pilling-Bedworth 比值(PBR)由下式得到:

$$PBR = 氧化物摩尔体积/金属摩尔体积 \tag{8.49}$$

PBR 决定了氧化物能否形成保护性膜。由于高温条件下氧化层的厚度远大于在常温下生成的氧化层厚度,所以这些讨论尤其适用于高温氧化。比起低温下较薄的钝化氧化膜,从大量氧化物样品中得到的 PBR 更适用于高温氧化层。

当 PBR<1 时,金属生成的氧化物不足以覆盖金属表面,氧化物是非保护性的。当 PBR≫1 时,氧化物要承受抗压强度,从而在氧化层上出现破裂或剥落。当 PBR=1 或略大于 1 时,最利于保护性氧化膜的生成。然而,正如下面所讨论的,PBR 只是决定高温下

金属抗氧化性能的因素之一。

2. 保护性高温氧化物的性质

要对高温氧化有防护性,氧化物还应具备下列性质:①其膨胀系数约等于金属基质的膨胀系数;②对金属基质的黏附性良好;③熔点高;④蒸气压低;⑤耐高温,防剥落;⑥对金属阳离子或氧阴离子的电导率小,或扩散系数低。

8.4　金属氧化性能的关键影响因素

8.4.1　温度的影响

温度升高会使金属氧化的速率显著增大。根据氧化膜的厚度及其保护性能的不同,氧化速率取决于界面反应速率或者反应物通过膜的扩散速率。它们与温度的关系分别为:

$$k = Z\exp(-Q_r/RT) \tag{8.50}$$
$$D = D_0\exp(-Q_d/RT) \tag{8.51}$$

式中:k 和 D 分别为界面反应速率常数和扩散系数;Z 和 D_0 为常数;Q_r 和 Q_d 分别为界面反应活化能和扩散激活能。由以上二式可见,k 和 D 都与温度 T 成指数关系,因此金属氧化速率 v 和温度 T 的关系可表示为:

$$v = \mathrm{d}y/\mathrm{d}t = A_1\exp(-Q/RT) \tag{8.52}$$

式中:A_1 为常数;Q 为金属氧化的活化能。对常见金属与合金而言,Q 值通常为 $2.1\times10^4\sim 2.1\times10^5$ J/mol。对式(8.52)取对数得:

$$\lg v = \lg A_1 - Q/2.303T \tag{8.53}$$

可见,金属氧化速率的对数与 $1/T$ 之间存在直线关系。此关系对绝大多数金属的氧化过程是成立的。例如,Cu 在 700～900 ℃的氧化,H70 黄铜在 600～900 ℃的氧化。

8.4.2　氧压的影响

由于氧化膜的类型不同,气体介质中的氧分压对金属氧化的影响也不一样。

1. 金属过剩型氧化物(n 型半导体)

对于金属过剩型氧化物(n 型半导体),如 Zn/ZnO 体系,氧化反应为:

$$\frac{1}{2}O_2 + Zn^{2+} + 2e \longleftrightarrow ZnO \tag{8.54}$$

氧化膜的生长速率由 Zn^{2+} 向外扩散的速率控制。当氧压增大时,间隙锌离子的浓度 $c_{Zn^{2+}}$ 应降低,因而使氧化速率降低。但由于在 ZnO/O_2 界面上的 $c_{Zn^{2+}}$ 相对于 Zn/ZnO 界面已相当低了,增加氧压对 ZnO/O_2 界面上的 $c_{Zn^{2+}}$ 的影响很小,可以忽略,因此 Zn 的氧化速率几乎与氧压无关[见图 8.15(a)]。

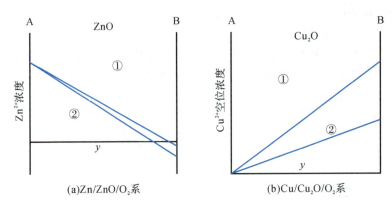

A—M/MO 界面；B—M/MO₂ 界面；①氧压为 10^4 Pa；②氧压为 10^3 Pa。

图 8.15　不同氧压下金属离子浓度沿氧化膜厚度的分布

2. 金属离子不足氧化膜(p 型半导体)

对于金属离子不足氧化膜(p 型半导体)，如 $Cu/Cu_2O/O_2$ 体系，其氧化反应为：

$$\frac{1}{2}O_2 + 2Cu^{2+} \longleftrightarrow Cu_2O + 2\square_{Cu^+} + 2\square_{e^-} \tag{8.55}$$

式中：$\square_{Cu^+}$ 为膜中 Cu^+ 空位；$\square_{e^-}$ 为电子空穴。根据质量作用定律，并考虑到 $c_{\square_{Cu^+}} = c_{\square_{e^-}}$，则：

$$k = (c_{\square_{Cu^+}} \cdot c_{\square_{e^-}})^2 / p(O_2)^{1/2} = (c_{\square_{Cu^+}})^4 / p(O_2)^{1/2} \tag{8.56}$$

$$c_{\square_{Cu^+}} = A_2 p(O_2)^{1/8} \tag{8.57}$$

式中：A_2 为常数。由于氧化膜增长速率受阳离子空位的迁移控制，因此，若氧压增加，$c_{\square_{Cu^+}}$ 增大，则可导致氧化速率增高[见图 8.15(b)]。但若达到了氧的溶解度极限，氧压再增大，对氧化速率的影响则很小。

8.4.3　气体介质的影响

混合气体中的高温腐蚀是个极重要的问题。表 8.8 列出了在 900 ℃下碳钢和 18-8 不锈钢在混合气氛中的氧化增重。由该表可见，大气中含有 SO_2、H_2O 和 CO_2 显著地加速了钢的氧化。在上述试验条件下，18-8 不锈钢比碳钢的抗氧化性能好。但是，在含 H_2O 和 SO_2 或 CO_2 的混合气氛中，碳钢的氧化量比在大气中增加了 2~3 倍，而 18-8 不锈钢则增加了 8~10 倍。气体介质对不同金属和合金氧化影响的差异，是不同氧化膜保护性能的差异所致。

表 8.8　混合气氛中碳钢和 18-8 不锈钢的氧化增重(900 ℃,24 h)

混合气氛	碳钢氧化增重 /(mg/cm²)	18-8 不锈钢氧化 增重/(mg/cm²)	碳钢与 18-8 钢的 氧化增重比值
纯空气	55.2	0.44	138
大气	57.2	0.46	124

续表

混合气氛	碳钢氧化增重 /(mg/cm²)	18-8 不锈钢氧化 增重/(mg/cm²)	碳钢与 18-8 钢的 氧化增重比值
纯空气+2% SO₂	65.2	0.86	76
大气+2% SO₂	65.2	1.13	58
大气+5% SO₂+5% H₂O	152.4	3.58	43
大气+5% CO₂+5% H₂O	100.4	4.58	22
纯空气+5% CO₂	76.9	1.17	65
纯空气+5% H₂O	74.2	3.24	23

习题与思考题

1. 举例说明高温氧化在科学技术发展中的重要性。

2. 热力学在研究高温氧化时有何作用? 如何应用各种热力学图?

3. 氧化物的晶体结构和缺陷与金属的抗高温氧化性能有什么关系?

4. 合金氧化有何特点? 如何提高合金的抗氧化性能? 指出其理论依据。

5. 金属高温氧化的基本过程和动力学规律是什么?

6. 试述金属高温氧化时薄氧化膜的生长机理。

7. 金属氧化膜完整性的条件是什么? 金属氧化膜具有良好保护性需要满足哪些基本要求?

8. 试用电化学理论模型推导金属高温氧化动力学的抛物线速率定律,说明该理论的指导意义。

9. 通过氧化物形成的标准自由能与温度的关系(见图 8.1),分别求出 1100 ℃时 Al_2O_3、SiO_2、Cr_2O_3、NiO 和 Fe_2O_3 的分解压近似值,并说明哪些元素可作为提高铁基合金和镍基合金抗选择性氧化性能的元素。

10. 试推导以氧分压和氧化物平衡分解压相对大小为判据的金属高温氧化倾向的热力学判断准则(设金属的高温氧化反应为 $M+O_2 \longleftrightarrow MO_2$)。

11. Zn 氧化生成 ZnO 的 PBR 为 1.62,Zn 的密度为 7.1 g/cm³,相对原子质量为 65.4,O 的相对原子质量为 16。Zn 试样在 400 ℃下氧化 120 h 的增重速率为 0.063 g/(m²·h)。试求出试样表面氧化膜的厚度。

12. Cu 在 1000 ℃、氧分压 $p(O_2)=30$ Pa 的条件下氧化成 Cu_2O。已知电导率 $\sigma=100$ S/m,迁移数 $n_e \approx 1$,$n_a = 6 \times 10^{-5}$,$n_c = 10^{-5}$,Cu_2O 的密度为 6.2 g/cm³,试计算反应的抛物线速率常数 k_p。

第 9 章

金属材料的电化学氧化性能

电化学腐蚀案例

金属材料与电解质溶液相接触时，在界面上将发生有自由电子参加的氧化和还原反应，从而破坏了金属材料的特性。这个过程称为电化学氧化，通常也称作电化学腐蚀。电化学腐蚀现象极为常见（见图9.1），例如在潮湿的大气中桥梁钢结构的腐蚀；海水中船体的腐蚀；土壤中输油输气管道的腐蚀；在含酸、碱、盐等工业介质中的腐蚀，一般均属于此类。本章主要介绍金属材料的电化学氧化性能。

图 9.1 腐蚀的化工储料罐壳（左）和轮船残骸（右）

9.1 电化学氧化热力学

比利时学者 Marcel Pourbaix 开创了一种独特且简洁的方法测定特定金属的电化学腐蚀热力学信息，并将其表示在电位-pH 图谱中。这些图谱标明了特定的电位值和 pH 值区域。我们可以从图谱中区分出金属腐蚀区域和免蚀区域。这种图谱通常称为 Pourbaix 图。由于这种图谱经常在金属和环境平衡的条件下使用，这种图谱也被称为平衡状态图。Pourbaix 图适用于超过 70 种不同金属。

图 9.2 为 Al 的 Pourbaix 图。其中，横坐标为在化学环境下测得的水溶液的 pH 值，纵坐标为在电化学环境下测得的电极电位 E。在 Pourbaix 图中可能会出现以下三种类型的直线：

①水平线，即反应过程中仅包含电极电位 E 变化（与 pH 值无关）；

②垂直线，即反应过程中仅包含 pH 值变化（与电位 E 无关）；

③斜线,即反应过程中电极电位 E 和 pH 值均变化。

在 Pourbaix 图中存在不同直线之间的区域,该区域内特定的化合物组成在热力学上稳定。从图 9.2 Al 的 Pourbaix 图中可以看出,在不同区域中,Al(固态)、Al_2O_3(固态)、Al^{3+} 和 AlO_2^- 各自保持稳定。当稳定物质是溶解的离子时,我们认为在 Pourbaix 图中这一区域为腐蚀区域。当稳定物质为固体氧化物或者固体氢氧化物时,我们认为 Pourbaix 图中的这一区域为钝化区域。在钝化区域中,表面氧化物或者氢氧化物膜保护金属。当稳定物质为未反应的金属本身时,我们认为这一区域为免腐蚀区域。

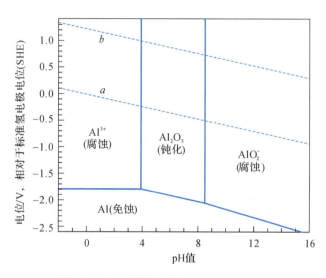

图 9.2　在 25 ℃条件下 Al 的 Pourbaix 图

9.1.1　Al 的 Pourbaix 图

Pourbaix 图可以根据热力学的第一性原理绘制,本节以 Al 的 Pourbaix 图为例说明 Pourbaix 图的绘制过程。首先,需要收集金属的相应化学信息。将 Al 溶解在酸性溶液中获得 Al^{3+},以及将 Al 溶解在碱性溶液中获得 AlO_2^-。在中性或者接近中性的溶液中,Al 表面包覆氧化物薄膜。该过程可能涉及的化学反应如下:

$$Al \longrightarrow Al^{3+} + 3e^- \tag{9.1}$$

$$2Al^{3+} + 3H_2O \longrightarrow Al_2O_3 + 6H^+ \tag{9.2}$$

$$2Al + 3H_2O \longrightarrow Al_2O_3 + 6H^+ + 6e^- \tag{9.3}$$

$$Al_2O_3 + H_2O \longrightarrow 2AlO_2^- + 2H^+ \tag{9.4}$$

$$Al + 2H_2O \longrightarrow AlO_2^- + 4H^+ + 3e^- \tag{9.5}$$

反应式(9.1)为将 Al 溶解为 Al^{3+}。这一反应中仅有电极电位 E 的变化,但是 pH 值不变。我们首先将反应式(9.1)改写为还原反应:

$$Al^{3+} + 3e^- \longrightarrow Al \tag{9.6}$$

其能斯特方程为:

$$E = E^{\ominus} - \frac{2.303RT}{nF} \lg \frac{1}{\left[Al^{3+} \right]} \tag{9.7}$$

由表 9.1 知,$E^{\ominus}=-1.663$ V(vs SHE),且 $2.303RT/F=0.0591$ V 及 $n=3$,故式(9.7)可以转化为:

$$E=-1.663+0.0197\lg[Al^{3+}] \tag{9.8}$$

表 9.1　Al 和水的不同电化学反应稳定(还原)电位　　　　　单位:V(vs SHE)

反应式号	反应(氧化)	E(相对于还原)
(a)	$Al \longrightarrow Al^{3+}+3e^-$	-1.662
(b)	$2Al+3H_2O \longrightarrow Al_2O_3+6H^++6e^-$	-1.550
(c)	$Al+2H_2O \longrightarrow AlO_2^-+4H^++3e^-$	-1.262
(d)	$2H_2O+2e^- \longrightarrow H_2+2OH^-$	-0.828

当 Al 溶解为 Al^{3+} 时,溶解离子的浓度决定电极电位 E 的数值。图 9.3 为针对两种不同电位值的[Al^{3+}]的电位图。随着 Al^{3+} 浓度增加,Al/Al^{3+} 反应的电极电位更正。因此,对于给定的 Al^{3+} 浓度(10^{-6} mol/L),当电位在浓度等于或者高于 10^{-6} mol/L 对应的直线之上时,氧化相(Al^{3+})稳定。在给定直线之下时,氧化相在给定浓度条件下不存在。即在该直线下方,还原相(Al 原子)稳定。

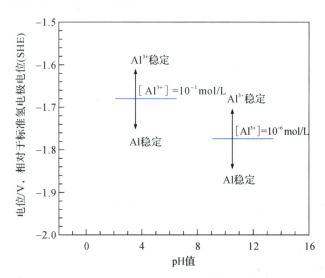

图 9.3　在 25 ℃ 条件下 Al 的局部 Pourbaix 图(1)

有一种更清晰的表示方法是考虑电极电位,其中电极电位低于[Al^{3+}]$=10^{-6}$ mol/L 对应的直线,如 $E=-2.5$ V(vs SHE)。将 E 的值代入式(9.8)可得 Al^{3+} 的浓度为 2.9×10^{-43} mol/L。这个值非常小,可以忽略,所以氧化相(Al^{3+})不稳定,还原相(固态 Al)稳定。一般来说,任意的电化学反应均可在 Pourbaix 图中表示。其中氧化相处在反应的能斯特方程直线上方时稳定,而在直线下方时还原相稳定。

按照惯例,通常在溶解离子的最小浓度为 1.0×10^{-6} mol/L,且认为腐蚀已经发生的情况下建立 Pourbaix 图。

反应式(9.2)为化学反应,而不是电化学反应,即反应中没有电子的转移。反应与pH 值有关,而与电极电位无关。因此:

$$\Delta G^{\ominus} = H_{Al_2O_3}^{\ominus}(s) + 6H_{H^+}^{\ominus}(aq) - [2H_{Al^{3+}}^{\ominus}(aq) + 3H_{H_2O}^{\ominus}(l)] \tag{9.9}$$

向式(9.2)中代入不同物质的焓值($H^{\ominus}$)获得 Al_2O_3 的 $\Delta G^{\ominus} = +65$ kJ/mol。

$$\Delta G^{\ominus} = -2.303RT\lg K \tag{9.10}$$

其中反应式(9.2)中的平衡常数 K 为:

$$K = \frac{[H^+]^6}{[Al^{3+}]} \tag{9.11}$$

则式(9.10)可以化为:

$$65 = -2.303 \times 8.28 \times 298 \times \lg K \tag{9.12}$$

或

$$\lg K = -11.436 \tag{9.13}$$

将式(9.11)和式(9.13)结合可得:

$$3pH + \lg[Al^{3+}] = 5.718 \tag{9.14}$$

当$[Al^{3+}] = 1.0 \times 10^{-6}$ mol/L 时,由式(9.14)可得 pH=3.91。这是以 1.0×10^{-6} mol/L 的浓度将 Al^{3+} 溶解在水中所得溶液的 pH 值。由此可知,当 pH 值在 3.91 对应的直线左侧时,Al^{3+} 稳定存在,而在这条直线右侧能稳定存在的是 Al_2O_3(见图 9.4)。例如,当 pH=7.0 时,由式(9.14)计算可得 Al^{3+} 的浓度为$[Al^{3+}] = 5.2 \times 10^{-16}$ mol/L。即当溶液的 pH>3.91 时,Al^{3+} 不能稳定存在,但是相对的 Al_2O_3 可以在这一区域稳定存在。

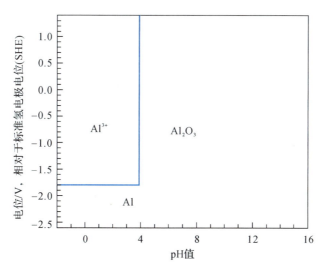

图 9.4　在 25 ℃的条件下 Al 的局部 Pourbaix 图(2)

我们继续使用反应式(9.3)建立 Al 的 Pourbaix 图。反应式(9.3)与电极电位和 pH 值均相关。首先将反应式(9.3)改写为还原反应方程式,其相应的能斯特方程为:

$$E = E^{\ominus} - \frac{2.303RT}{nF}\lg\frac{1}{[H^+]^6} \tag{9.15}$$

其中,$E^{\ominus}$ 的值为 -1.550 V(vs SHE)(见表 9.1)。相对地,也可以将焓代入反应式(9.3)根据自由能变化计算得到 $E^{\ominus}$。由 $E^{\ominus} = -1.550$ V 及 $n=6$,式(9.15)可以转化为:

$$E=-1.550-0.0591pH \tag{9.16}$$

在 Al/H_2O 体系中的所有可能反应集合中,由于双方均为化学反应,反应式(9.4)可以转化为反应式(9.14)的形式:

$$-pH+lg[AlO_2^-]=-14.644 \tag{9.17}$$

对于 AlO_2^-,当溶解的离子的浓度为 1.0×10^{-6} mol/L 时,由式(9.17)可得:

$$pH=8.64 \tag{9.18}$$

电化学反应式(9.5)的能斯特方程为:

$$E=-1.262+0.0197lg[AlO_2^-]-0.0788pH \tag{9.19}$$

当 $[AlO_2^-]=1.0\times10^{-6}$ mol/L 时,式(9.19)可以化为:

$$E=-1.380-0.0788pH \tag{9.20}$$

将式(9.18)、式(9.20)对应的直线加入图9.5可得完整的 Al 的 Pourbaix 图(见图9.2)。

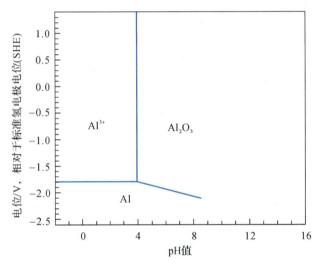

图 9.5　在 25 ℃的条件下 Al 的局部 Pourbaix 图(3)

9.1.2　H₂O 的 Pourbaix 图

在图 9.2 中,直线 a 为水的负极变化。在酸性溶液中,负极反应为:

$$2H^++2e^-\longrightarrow H_2 \tag{9.21}$$

而在碱性溶液中,负极反应为:

$$2H_2O+2e^-\longrightarrow H_2+2OH^- \tag{9.22}$$

对于式(9.21)和式(9.22),在 25 ℃下的能斯特方程为:

$$E=0.000-0.0591pH \tag{9.23}$$

如图 9.6 所示,在式(9.21)或式(9.22)中,当处于直线 a 下方时,还原相(H_2)稳定。当处于直线 a 上方时,氧化相 H^+ 在酸性溶液中稳定,OH^- 在碱性溶液中稳定。

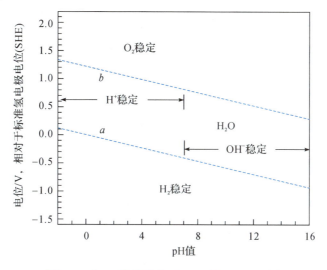

图 9.6　在 25 ℃的条件下 H_2O 的 Pourbaix 图

在图 9.6 中,直线 b 为氧气的正极变化。在电极电位足够高的情况下,水分子分解得到氧气,其正极反应为:

$$2H_2O \longrightarrow O_2 + 4H^+ + 4e^- \tag{9.24}$$

在 25 ℃条件下,且 O_2 分压为 1 atm 时,该反应的能斯特表达式为:

$$E = 1.228 - 0.0591pH \tag{9.25}$$

在图 9.6 中,将式(9.25)绘为直线 b。在直线 b 下方的区域中,还原相(H_2O)稳定存在;在直线 b 上方的区域中,氧化相(O_2)稳定存在。在直线 a 和直线 b 之间的区域中,水热力学稳定。如前所述,当在直线 a 下方时,析氢反应可能发生,当在直线 b 下方时,吸氧反应可能发生。

图 9.6 为水的 Pourbaix 图,图中显示了 $H_2O(l)$、$H^+(aq)$、$OH^-(aq)$、$H_2(g)$ 和 $O_2(g)$ 的稳定区域。我们通常将直线 a 和直线 b 叠加在金属的 Pourbaix 图上。由于直线 a 可以显示析氢的条件,因此直线 a 非常有用。氢原子是 H^+ 还原得到的,由两个氢原子组合得到一个氢分子。但是,如果有氢原子迁移到金属内部,而不是组合形成 H_2,那么氢原子将富集在受应力区域,通过氢脆作用,可以促进应力腐蚀断裂。

9.1.3　Zn 的 Pourbaix 图

图 9.7 为 Zn 的 Pourbaix 图。Zn 的 Pourbaix 图与 Al 的类似。这是由于 Zn 和 Al 一样在酸性溶液(以 Zn^{2+} 的形式)和碱性溶液(以锌酸盐离子的形式,ZnO_2^{2-})中均可以溶解。这一热力学信息与 Zn 的动力学数据相同,即 Zn 在低的和高的 pH 值条件下具有高腐蚀速率,而在相对中等的 pH 值条件下具有较低的腐蚀速率。

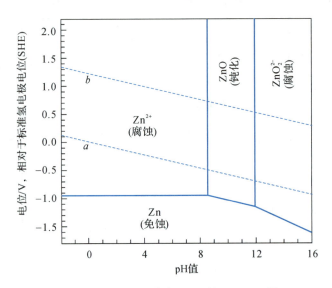

图 9.7　在 25 ℃的条件下 Zn 的 Pourbaix 图

9.1.4　Fe 的 Pourbaix 图

Fe 的 Pourbaix 图如图 9.8 所示。因为铁及其合金被大量用于结构材料,因此这个 Pourbaix 图相当重要。铁可以在酸性或中性溶液中腐蚀为两种不同的氧化态,即 Fe^{2+} 或 Fe^{3+}。在碱性溶液中,铁被腐蚀为络阴离子 $HFeO_2^-$。这与在碱性溶液中将 Al 和 Zn 分别溶解为 AlO_2^- 和 ZnO_2^{2-} 类似。

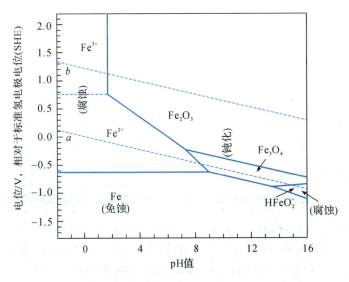

图 9.8　在 25 ℃的条件下 Fe 的 Pourbaix 图

可使用表 9.2 给出的一系列平衡反应和表达式绘制铁的 Pourbaix 图,简化的铁的 Pourbaix 图如图 9.9 所示。由图 9.9 可知,pH 值为 6.0 且电极电位为 -0.4 V(vs SHE)对

应于 Fe^{2+} 的腐蚀区域。此时有三种腐蚀的控制方法:

①如果电极电位逆向变化为低于 -0.7 V(vs SHE)的值,铁电极被迫进入免腐蚀区域,这一过程被称为阴极保护;

②如果电极电位正向变化为高于或近似于 0.0 V(vs SHE)的值,铁电极被迫进入钝化区域,这一过程被称为阳极保护;

③如果溶液 pH 值增加至 8 以上,铁电极也会处于钝化区域。

表 9.2　Fe/H_2O 体系的平衡反应和热力学表达式

平衡反应	能斯特方程
$Fe(s) \longrightarrow Fe^{2+}(aq) + 2e^-$	$E = -0.440 - 0.0295\lg[Fe^{2+}]$
$3Fe(s) + 4H_2O(l) \longrightarrow Fe_3O_4(s) + 8H^+(aq) + 8e^-$	$E = -0.085 - 0.0591pH$
$3Fe^{2+}(aq) + 4H_2O(l) \longrightarrow Fe_3O_4(s) + 8H^+(aq) + 2e^-$	$E = 0.980 - 0.02364pH - 0.0886\lg[Fe^{2+}]$
$2Fe^{2+}(aq) + 3H_2O(l) \longrightarrow Fe_2O_3(s) + 6H^+(aq) + 2e^-$	$E = 0.728 - 0.1773pH - 0.0591\lg[Fe^{2+}]$
$2Fe_3O_4(s) + 4H_2O(l) \longrightarrow 2Fe_2O_3(s) + 2H^+(aq) + 2e^-$	$E = 0.221 - 0.0591pH$
$Fe(s) + 2H_2O(l) \longrightarrow HFeO_2^-(aq) + 3H^+(aq) + 2e^-$	$E = 0.493 - 0.0886pH + 0.0295\lg[HFeO_2^-]$
$3HFeO_2^-(aq) + H^+(aq) \longrightarrow Fe_3O_4(s) + 2H_2O(l) + 2e^-$	$E = -1.819 + 0.0295pH - 0.0886\lg[HFeO_2^-]$
$Fe^{2+}(aq) \longrightarrow Fe^{3+}(aq) + e^-$	$E = 0.771 + 0.0591\lg([Fe^{3+}]/[Fe^{2+}])$
$2Fe^{3+}(aq) + 3H_2O(l) \longrightarrow Fe_2O_3(s) + 6H^+$	$\lg[Fe^{3+}] = -0.72 - 3pH$

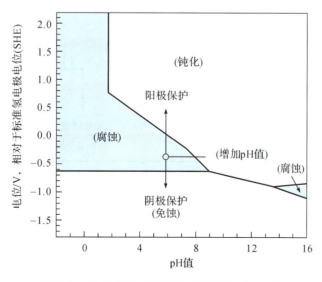

图 9.9　在 25 ℃的条件下铁的简化 Pourbaix 图

9.2 电化学氧化动力学

热力学上金属电化学氧化倾向的大小并不能反映金属腐蚀速率的实际情况。例如，铝的标准电位较负，这意味着在热力学上它的氧化倾向很大，然而在许多环境中铝却很耐腐蚀。因此需要在符合热力学条件的前提下，掌握电化学氧化动力学规律，从而解决实际腐蚀工程问题。在金属腐蚀时，电极反应过程都在不同程度地发生极化，腐蚀速率由这些极化过程共同控制。因此研究金属腐蚀的动力学就是研究这些电极的极化过程，以及这些极化过程如何决定腐蚀速率。

9.2.1 电化学极化

电化学极化是指反应中由于电流通过导致的电极电位偏离平衡电位的变化。极化分为以下三种：

①活化极化，即由缓慢的电极反应导致的极化；

②浓差极化，即电极阴极反应物或者生成物浓度的变化导致的极化；

③欧姆极化，即在溶液中或者穿过表面膜时的电阻压降导致的极化，如氧（或盐）。

极化的程度由过电位 η 决定，η 由以下等式计算得到：

$$\eta = E - E_0 \tag{9.26}$$

式中：E 为针对有电流时的电极电位；E_0 为零电流的电极电位（也被称为开路电位）。注意：零电流 E_0 的电极电位不能与标准电极电位 $E^{\ominus}$ 混淆。

阳极和阴极均可以被极化：

阳极极化是电极电位向正方向的变化，因此电极变得更正。

阴极极化是电极电位向负方向的变化，因此电极变得更负。

其过程如图 9.10 所示。

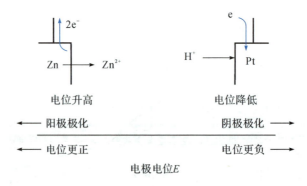

图 9.10　阳极极化和阴极极化

1. 阴极极化

以金属表面的析氢反应为例，首先，通过还原反应获得氢原子：

$$2H^+ + 2e^- \longrightarrow 2H_{ads} \tag{9.27}$$

然后，两个氢原子结合形成氢气分子：

$$2H_{ads} \longrightarrow H_2 \tag{9.28}$$

活化极化的过程包括一个缓慢的电极反应步骤。如图 9.11 所示,假设金属电极获得电子的速度高于反应形成 H 原子的速度,那么在界面的金属面出现电子富集现象。因此,活化极化导致电极电位 E 更负。

假设氢还原反应能够在电极表面形成浓度效应。如图 9.12 所示,如果反应中 H^+ 缓慢扩散到电极表面,那么电子会在界面的金属面上聚集。因此,浓差极化导致电极电位 E 更负。

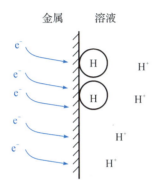

图 9.11　阴极的活化极化

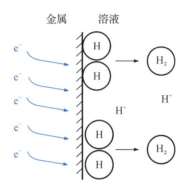

图 9.12　阴极的浓差极化

2. 阳极极化

根据如下反应:

$$Fe \longrightarrow Fe^{2+} + 2e^- \tag{9.29}$$

假设 Fe 原子缓慢氧化为 Fe^{2+},那么,如图 9.13 所示,电极失去电子的速度高于 Fe 原子离开金属基体的速度。这意味着由于 Fe^{2+} 的积累导致界面的金属面上的电子密度降低。因此,浓差极化导致电极电位 E 更正。

假设阳极反应的生成物,例如 Fe^{2+},从金属表面扩散出的速度慢(见图 9.14)。那么由于 Fe^{2+} 的累积,电极表面富集正电荷。因此,浓差极化导致电极电位 E 更正。

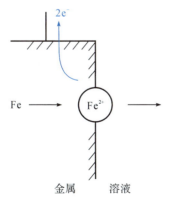

图 9.13　阳极的活化极化

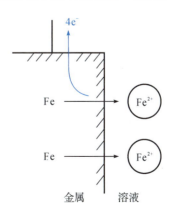

图 9.14　阳极的浓差极化

3. 欧姆极化

如图 9.15 所示，由于在实验过程中不能将参比电极直接置于金属表面，因此必然产生电阻压降，在高导溶液中 $IR_{solution}$ 可以忽略。在低导溶液中电阻压降会造成影响（如有机介质和一些土壤），导致欧姆极化。

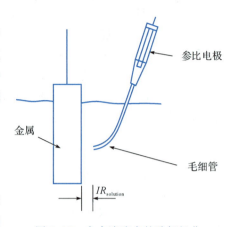

图 9.15　在水溶液中的欧姆极化

9.2.2　电极动力学

1. 活化极化的电极动力学

根据绝对反应速度理论，反应沿着反应坐标进行。反应坐标可以用于测量反应的程度。当将反应物转化为生成物时，首先达到暂态，形成活化络合物。对于一般的反应有：

$$A+B \longrightarrow [AB]^{\neq} \longrightarrow products \tag{9.30}$$

式中：$[AB]^{\neq}$ 为活化络合物。如图 9.16 所示，反应必须克服自由能势垒 $\Delta G^{\neq}$ 才能形成这种络合物。活化络合物的浓度及其越过能量势垒的速度决定了反应的速度。该反应的速率常数：

$$rate\ constant = \frac{kT}{h}\exp\left(-\frac{\Delta G^{\neq}}{RT}\right) \tag{9.31}$$

由式（9.31）可知，自由能势垒 $\Delta G^{\neq}$ 越大，则速率常数越小（因此反应的速率越小）。

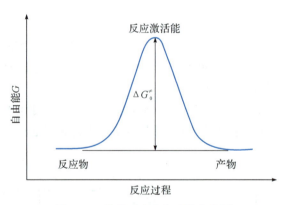

图 9.16　化学反应的自由能势垒图

2. 难腐蚀金属的电极动力学

讨论物质 Z 及其离子 Z^{n+} 平衡的情况，举例如下。

①Cu 与 Cu^+ 平衡（见图 9.17），在平衡状态下，Cu^+ 的溶解速率与 Cu 的析出速率相同。

$$Cu(s) \longrightarrow Cu^+(aq) + e^- \tag{9.32}$$

②Pb 与 Pb^{2+} 平衡：

$$Pb(s) \longrightarrow Pb^{2+}(aq) + 2e^- \tag{9.33}$$

在平衡状态下,Z 的氧化速率等于 Z^{n+} 的还原速率:

$$|\vec{i_Z}| = \overleftarrow{i_Z} = i_0 \qquad (9.34)$$

式中:$\overleftarrow{i_Z}$ 为还原反应的阴极电流密度:

$$Z^{n+}(aq) + ne^- \longrightarrow Z(s) \qquad (9.35)$$

$\vec{i}$ 为氧化反应的阳极电流密度:

$$Z(s) \longrightarrow Z^{n+}(aq) + ne^- \qquad (9.36)$$

交换电流密度记为 i_0。i_0 是在平衡开路电位 E_0 条件下,反应朝两向进行的速率。电流 $\overleftarrow{i_Z}$ 和 $\vec{i}$ 的流向相反。阴极电流 $\overleftarrow{i_Z}$ 的符号为负,阳极电流 $\vec{i}$ 的符号为正。在开路电位中,反应的净速率为零。对于开路电位 E_0 条件下的净速率:

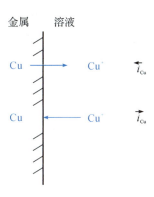

图 9.17　金属铜与其
溶出离子平衡

$$|\vec{i}_{net}| = |\vec{i_Z}| - \overleftarrow{i_Z} = 0 \qquad (9.37)$$

在开路电位 E_0 下,阳极反应的净速率也为零:

$$|\overleftarrow{i}_{net}| = \overleftarrow{i_Z} - |\vec{i_Z}| = 0 \qquad (9.38)$$

可以在开路电位下直接测量 E_0,但是不能在开路电位下直接测量 i_0。如果需要测量 i_0 则需要扰乱平衡。当活化控制反应时,例如金属原子跨越能量势垒进入溶液,则图 9.16 适用。

下面讨论 $Z(s)$ 到 $Z^{n+}(aq)$ 的氧化。如果电极电位由 E_0 变为其他 E 值,那么氧化速率升高或者降低为新值 i。新值的大小取决于自由能势垒 $\Delta G^{\neq}$ 升高还是降低。如果能量势垒降低,如图 9.18 所示,那么:

$$\Delta G^{\neq} = \Delta G_0^{\neq} - \alpha_{inter} nF(E - E_0) \qquad (9.39)$$

式中:$\Delta G^{\neq}$ 为在 E_0 的自由能势垒;α_{inter} 为交换系数(介于 0~1 之间,通常为 0.5)。使用新的电位改变自由能势垒,参数 α_{inter} 反映了测量得到的此自由能势垒的对称性。当 $\alpha_{inter} = 0.5$ 时,自由能势垒在正向的降低等于其在反向的增加。

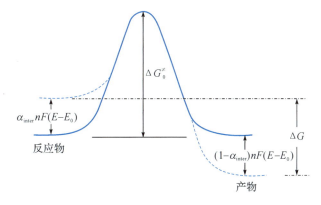

图 9.18　电极电位改变对自由能势垒高度的影响

注:当电极电位由 E_0 变化为新的电极电位 E 时,自由能曲线由实线变为虚线。

将式(9.39)代入式(9.31)可得:

$$\text{rate constant} = \frac{kT}{h} \exp\left[-\frac{\Delta G_0^{\neq} - \alpha_{inter} nF(E - E_0)}{RT} \right] \qquad (9.40)$$

穿过反应区域 A 的总电流 I 为:

$$I = (\text{rate constant})C^{\text{surf}}nFA \tag{9.41}$$

式中：C^{surf} 为表面反应物的浓度。将式(9.40)代入式(9.41)，并且由 $I/A = i$ 得到阳极电流密度为：

$$\overset{\leftarrow}{i}_Z = \frac{I}{A} = \frac{kT}{h}\exp\left(-\frac{\Delta G_0^{\neq}}{RT}\right)\exp\left[\frac{\alpha_{\text{inter}}nF(E-E_0)}{RT}\right]C_Z^{\text{surf}}nF \tag{9.42}$$

当 $E = E_0, \overset{\leftarrow}{i}_Z = i_0$ 时，式(9.42)可以化为：

$$i_0 = \frac{kT}{h}\exp\left(-\frac{\Delta G_0^{\neq}}{RT}\right)C_Z^{\text{surf}}nF \tag{9.43}$$

将式(9.43)代入式(9.42)可得：

$$\overset{\leftarrow}{i}_Z = \frac{I}{A} = i_0\exp\left[\frac{\alpha_{\text{inter}}nF(E-E_0)}{RT}\right] \tag{9.44}$$

相似地，逆反应(还原反应)的速率为：

$$|\vec{i}_Z| = i_0\exp\left[-\frac{(1-\alpha_{\text{inter}})nF(E-E_0)}{RT}\right] \tag{9.45}$$

净阳极反应如下：

$$\overset{\leftarrow}{i}_{\text{net}} = \overset{\leftarrow}{i}_Z - |\vec{i}_Z| \tag{9.46}$$

或

$$\overset{\leftarrow}{i}_{\text{net}} = i_0\left\{\exp\left[\frac{\alpha_{\text{inter}}nF(E-E_0)}{RT}\right] - \exp\left[-\frac{(1-\alpha_{\text{inter}})nF(E-E_0)}{RT}\right]\right\} \tag{9.47}$$

式(9.47)根据电极电位 E 清楚地显示了电化学反应的速度，对于腐蚀金属和难腐蚀金属均具有重要意义。

我们将 $\lg|i|$-E 或者 $\lg|i|$-$(E-E_0)$ 的图形称为极化曲线。极化曲线是任意电化学反应的基本动力学准则。图 9.19 为当 $E_0 = -0.100$ V 且 Tafel 斜率为 $\mathrm{d}E/\mathrm{d}\lg|i| +$

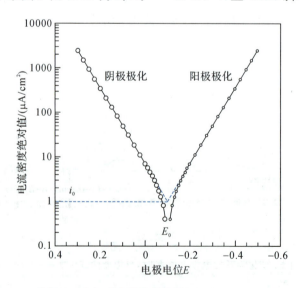

图 9.19　根据以下电极动力学参数绘制的 Butler-Volmer 公式点图
$E_0 = -0.100$ V(vs SHE)，
$i_0 = 1 \ \mu\text{A/cm}^2, b_a = +0.100$ V/decade, $b_c = -0.100$ V/decade

0.100 V/decade 的 Butler-Volmer 公式点图。根据过电位$(E-E_0)$或者根据电位 E 绘制得到电流密度的绝对值的对数(电流密度的绝对值的对数可以将双侧的电流值转化为正数,因此如前所述,阴极电流需要带负号)。如图 9.19 所示,当过电位足够高时,在 $\lg|i|$-E的图线上,阴极极化曲线和阳极极化曲线均出现线性区域。

9.2.3　极化曲线的绘制

研究者们提供了多种绘制极化曲线的方法。一般情况下,如图 9.20(a)所示绘制极化曲线,其中 $\lg|i|$ 绘制在横坐标上,电极电位 E 为自变量,电流为应变量。在腐蚀科学的早期,当时研究者们在恒流条件下绘制极化曲线。即用恒定的电流测试,并观察最终的电极电位。在电子恒压器(即恒电位装置)出现之前,恒流器的构建和操作比恒压器简单。然而,现在大多数极化曲线为恒压绘制,因此电极电位是实验的自变量。此外,根据吸附反应速率理论,通过改变电极电位,使自由能降低或者升高,从而观察到所引起的电流变化。因此,电极电位应当是自变量,并且应该被绘制在极化曲线的横坐标上。

将图 9.20(a)向左旋转90°,自变量 E 位于横坐标上,如图 9.20(b)所示。图 9.20(b)的缺点是电极电位沿着 x 轴的负向增加。然而这是电分析化学的惯例。

当同时绘制阳极和阴极极化曲线时,本书中使用如图 9.20(b)所示的形式。如果仅有阳极曲线或者只有阴极曲线,那么就从左向右绘制曲线,且清晰标注 x 轴的数值。

如果将图 9.20(b)水平翻转,那么电位沿着 x 轴右向增加。但是这种曲线是将图 9.20(a)进行了两次变化得到的。

9.2.4　Tafel 方程

在图 9.20 中,在开路电位附近的半对数图形不是线性的。开路电压附近的位置即为过电位接近零的部分。这是因为其他半电池反应造成的影响仍然不可忽略,并且其他的半电池反应会对总电流产生影响。然而,在过电位足够高的情况下,逆反应的影响可以忽略不计。在线性 Tafel 区域,我们可以推测图 9.20 中的直线部分的过电位为零(即 E_0),并以此计算开路交换电流密度,如下所示。

由 Butler-Volmer 公式推导出的 Tafel 公式如下。当过电位足够高时,逆反应的速率可以忽略,因此式(9.47)可以化为:

$$\overleftarrow{i}_{\text{net}}=i_0\exp\left[\frac{\alpha_{\text{inter}}nF(E-E_0)}{RT}\right] \tag{9.48}$$

或者简单的:

$$i=i_0\exp\left[\frac{\alpha_{\text{inter}}nF(E-E_0)}{RT}\right] \tag{9.49}$$

对式(9.49)两边取对数,可得:

$$\lg i=\lg i_0+\frac{\alpha_{\text{inter}}nF(E-E_0)}{2.303RT} \tag{9.50}$$

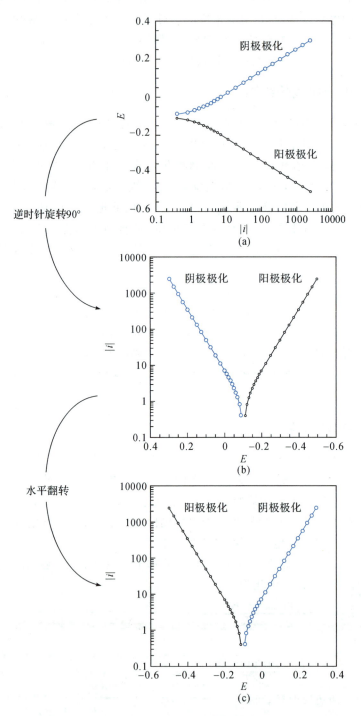

图 9.20　使用不同方法绘制的极化曲线

因此,当 $E=E_0$,$i=i_0$ 时,$\lg|i|$ 与过电位($E-E_0$)(或者 $\lg|i|$ 与电极电位 E)之间的关系图形为直线,如图 9.20 所示。因此,Tafel 区域可以外推至 $E=E_0$,从而获得交换电流密度 i_0。

等式可以转化为:

$$\eta_a=b_a\lg\frac{i}{i_0} \tag{9.51}$$

这是 Tafel 公式的一种形式,其中 η_a 为阳极过电位;b_a 为阳极 Tafel 斜率,由以下式子得到:

$$b_a=\frac{\mathrm{d}E}{\mathrm{d}\lg i}=\frac{2.303RT}{\alpha_{\mathrm{inter}}nF} \tag{9.52}$$

式(9.51)可以化为:

$$\eta_a=a+b_a\lg i \tag{9.53}$$

这是 Tafel 公式的另一种形式,其中 a 是常数,由以下式子得到:

$$a=-\frac{2.303RT}{\alpha nF}\lg i_0 \tag{9.54}$$

在绘制极化曲线的阴极部分时,也需要注意相似的事项。对于阴极方向,当逆反应(现在是阳极反应)可以忽略不计时,那么由式(9.47)可以获得阴极 Tafel 区域。阴极 Tafel 区域也可以逆推至 $E=E_0$,从而获得交换电流密度 i_0,如图 9.20 所示。式(9.51)可以化为:

$$\eta_c=b_c\lg\frac{i}{i_0} \tag{9.55}$$

和 $$\eta_c=a'+b_c\lg|i| \tag{9.56}$$

式中:η_c 为阴极过电位;b_c 为阴极 Tafel 斜率,由以下式子得到:

$$b_c=\frac{\mathrm{d}E}{\mathrm{d}\lg|i|}=-\frac{2.303RT}{(1-\alpha_{\mathrm{inter}})nF} \tag{9.57}$$

且 $$a'=\frac{2.303RT}{(1-\alpha_{\mathrm{inter}})nF}\lg i_0 \tag{9.58}$$

由图 9.20 我们不难看出阴极 Tafel 斜率为负,阳极 Tafel 斜率为正。

我们需要注意到的是,Tafel 斜率(b_a 或者 b_c)是图 9.20(a)中的半对数图的直线部分的几何斜率,而不是图 9.20(b)、(c)中的几何斜率。Tafel 斜率可以定义为 $\frac{\mathrm{d}E}{\mathrm{d}\lg|i|}$。

9.2.5　可逆和不可逆电位

在溶液中金属以其离子状态存在,且溶解反应的速率等于相反的析出反应的速率。如前文所述,我们一般需要反应 $Z^{n+}(\mathrm{aq})+n\mathrm{e}^-\longrightarrow Z(\mathrm{s})$ 达到平衡。如果在溶液中,Z^{n+} 的活度是 1,那么对于 $Z^{n+}(\mathrm{aq})/Z(\mathrm{s})$ 对而言,电极电位为标准电极电位 $E^{\ominus}$。如果 Z^{n+} 的活度不是 1,那么电极电位需通过能斯特方程与 $E^{\ominus}$ 联系起来。

然而,在大部分情况下,则为如下情形:①溶液最开始时不含有特定金属离子;②溶液中包含异质离子,如 Cl^-、SO_4^{2-}、CO_3^{2-}、PO_4^{3-}、H^+ 等;③溶液所包含的阳离子与腐蚀金属不同,如将铜浸入氯化铁溶液;④金属原子连续而不可逆地溶入溶液中。

在这些情况下,电极电位被称为不可逆电位,并且不能由能斯特方程计算得到。例如,将铁溶于酸溶液的过程

$$Fe(s) + 2H^+(aq) \longrightarrow Fe^{2+}(aq) + H_2(g) \qquad (9.59)$$

在不可逆电位下进行。这一过程包括两个不同的氧化-还原反应:

$$Fe(s) \longrightarrow Fe^{2+}(aq) + 2e^- \qquad (9.60)$$

和

$$2H^+(aq) + 2e^- \longrightarrow H_2(g) \qquad (9.61)$$

如图 9.21 所示,半电池反应式(9.60)和式(9.61)均为不可逆反应,而式(9.59)的电极电位也为不可逆电极电位。不可逆电极电位由混合的电位动力学决定,如下所述。由于金属表面具有物理和化学异质性,所以在相同的金属表面的不同位置可能分别存在式(9.60)和式(9.61)的反应。

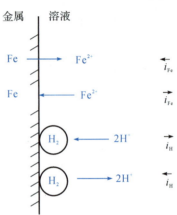

图 9.21 铁电极进入酸性溶液时物质的变化情况,及其相应的电流矢量

9.2.6 混合电位理论

根据 Wagner 和 Traud 的混合腐蚀电位理论:

①任何电化学反应均可以分解为两个或者更多个部分氧化或者还原反应。

②在平衡条件下,总阴极反应速率与总阳极反应速率相等。因此,铁在酸性溶液中的溶解如下所示:

$$|\overleftarrow{i_H}| + |\overleftarrow{i_{Fe}}| = \overrightarrow{i_H} + \overrightarrow{i_{Fe}} \qquad (9.62)$$

式中:$|\overleftarrow{i_H}|$ 为还原反应 $2H^+(aq) + 2e^- \longrightarrow H_2(g)$ 的电流密度;$|\overleftarrow{i_{Fe}}|$ 为还原反应 $Fe^{2+}(aq) + 2e^- \longrightarrow Fe(s)$ 的电流密度;$\overrightarrow{i_H}$ 为氧化反应 $H_2(g) \longrightarrow 2H^+(aq) + 2e^-$ 的电流密度;$\overrightarrow{i_{Fe}}$ 为氧化反应 $Fe(s) \longrightarrow Fe^{2+}(aq) + 2e^-$ 的电流密度。

③对于式(9.62)给出的稳定、自由腐蚀条件,电极电位称为腐蚀电位 E_{corr}。

④这个腐蚀电位与标准电位 $E^{\ominus}$ 的值无关。

⑤腐蚀电位 E_{corr} 位于两个半电池反应的电极电位之间,我们称这个电位为混合电位。

由式(9.62)可知,在平衡状态下有:

$$\overrightarrow{i_{Fe}} - |\overleftarrow{i_{Fe}}| = |\overleftarrow{i_H}| - \overrightarrow{i_H} = i_{corr} \qquad (9.63)$$

式中:i_{corr} 为自由腐蚀金属的腐蚀速率。在平衡状态下,对于每个式(9.62)而言,没有净电流。但是,如式(9.63)所示,具有金属损失。在式(9.63)中,我们称稳定、自由腐蚀条件下的电极电位为 E_{corr}(也称为开路电位或者剩余电位)。

我们可以直接测量腐蚀电位 E_{corr}，但是在电极处在腐蚀电位时，我们不能测量 i_{corr}。即我们不能测量单独的氧化速率（$\overleftarrow{i}_{Fe}$ 或 $\overleftarrow{i}_{H}$）或者单独的还原速率（$|\overrightarrow{i}_{Fe}|$ 或 $|\overrightarrow{i}_{H}|$）。

相反，我们需要将整个腐蚀金属置于电解槽中，并且使用极化条件推断式(9.63)的稳态条件。其中腐蚀金属可能是阳极也可能是阴极。对于阳极方向，Tafel 公式给出：

$$\eta_a = b_a \lg \frac{\overleftarrow{i}_H + \overleftarrow{i}_{Fe}}{i_{corr}} \tag{9.64}$$

式中：$(\overleftarrow{i}_H + \overleftarrow{i}_{Fe})$ 为总阳极电流密度。在任何电位条件下，净阳极电流密度为：

$$\overleftarrow{i}_{net} = (\overleftarrow{i}_H + \overleftarrow{i}_{Fe}) - (|\overrightarrow{i}_H| + |\overrightarrow{i}_{Fe}|) \tag{9.65}$$

将式(9.65)代入式(9.64)可得：

$$\eta_a = b_a \lg \frac{\overleftarrow{i}_{net} + (|\overrightarrow{i}_H| + |\overrightarrow{i}_{Fe}|)}{i_{corr}} \tag{9.66}$$

但是当阳极过电位过高时，阴极电流密度 $|\overrightarrow{i}_{Fe}|$ 和 $|\overrightarrow{i}_H|$ 可以忽略不计，因此由式(9.66)可以推出：

$$\eta_a = b_a \lg \frac{\overleftarrow{i}_{net}}{i_{corr}} \tag{9.67}$$

或者推出简单的：

$$\eta_a = b_a \lg \frac{i}{i_{corr}} \tag{9.68}$$

阴极部分对应的表达式与式(9.68)类似，即有：

$$\eta_c = b_c \lg \frac{i}{i_{corr}} \tag{9.69}$$

由式(9.68)和式(9.69)可知，当 $\eta=0$ 时，$i=i_{corr}$。因此，阳极和阴极 Tafel 直线可以推至腐蚀电位 E_{corr}，并给出腐蚀速率 i_{corr}。

因此，混合电位的 Wagner-Traud 理论为局部反应电池提供了牢固的理论基础。对于腐蚀金属，Wagner-Traud 理论的一个结果是 Butler-Volmer 公式可以写为：

$$\overleftarrow{i}_{net} = i_{corr} \left[\exp\left(\frac{\alpha_{inter} nF(E - E_{corr})}{RT} \right) - \exp\left(-\frac{(1 - \alpha_{inter})nF(E - E_{corr})}{RT} \right) \right] \tag{9.70}$$

针对单个电化学反应，比较式(9.70)和式(9.47)可得对腐蚀金属而言，i_{corr} 替代 i_0，E_{corr} 替代 E_0。然而，与 E_0 不同，腐蚀电位 E_{corr} 没有热力学特征，而是由系统的动力学决定的。

1. 电极动力学参数

表9.3列出了各金属析氢反应的交换电流密度。对于给定的金属，交换电流密度值由不同的环境因素决定，例如所用的电解液类型和浓度、金属的纯度、表面洁净度、浸入溶液的时间以及是否达到平衡条件等。

表 9.3　氢析出反应的交换电流密度 $i_{0,H}$　　　　　　　　单位：A/cm²

金属	$i_{0,H}$	金属	$i_{0,H}$	金属	$i_{0,H}$
Ag	1.3×10^{-8}	In	3.2×10^{-10}	Re	1.0×10^{-3}
Al	1.0×10^{-8}	Ir	2.5×10^{-4}	Rh	3.2×10^{-4}
Au	3.2×10^{-7}	Mn	1.3×10^{-11}	Ru	6.3×10^{-5}
Bi	1.6×10^{-8}	Mo	5.0×10^{-8}	Sb	7.9×10^{-6}
Cd	2.5×10^{-12}	Nb	4.0×10^{-9}	Sn	1.6×10^{-8}
Co	5.0×10^{-6}	Ni	5.6×10^{-6}	Ta	3.0×10^{-9}
Cr	1.0×10^{-7}	Os	7.9×10^{-5}	Ti	5.0×10^{-9}
Cu	1.6×10^{-8}	Pb	4.0×10^{-12}	Tl	2.5×10^{-10}
Fe	2.5×10^{-6}	Pd	7.9×10^{-4}	W	4.0×10^{-7}
Ga	4.0×10^{-9}	Pt	1.0×10^{-3}	Zn	3.2×10^{-11}

如图 9.22 所示，对于析氢反应有：

$$2H^+ + 2e^- \longrightarrow H_2 \tag{9.71}$$

随着金属功函数的增加，交换电流密度增加。功函数反映了金属给出电子的能力。因此，金属贡献电子的能力越强，反应接收电子的速率越快。

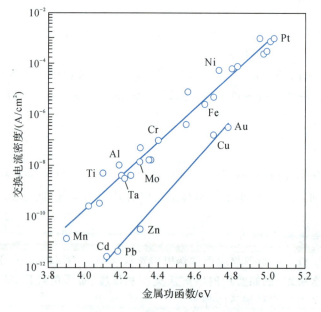

图 9.22　根据金属功函数确定的析氢交换电流密度

表 9.4 列出了多种金属的溶解（析出）的交换电流密度。在大多数情况下，溶液的性质、溶解的阳离子的浓度、溶液的 pH 值决定交换电流密度的数值。

一般而言，观察到的析氢反应的阴极 Tafel 斜率 -0.120 V/decade 接近理论值。其

中 $\alpha = 0.5$ 和 $n = 1$，假设 H^+ 到 H_{ads} 为单电子转移步骤，随后是两个 H_{ads} 结合为 H_2，或者随后发生如下反应：

$$H_{ads} + H^+ + e^- \longrightarrow H_2 \qquad (9.72)$$

各种金属溶解实验的阳极 Tafel 斜率一般在 $0.040 \sim 0.080$ V/decade。

表 9.4　金属溶解/金属沉积半电池反应的交换电流密度 $i_{0,M}$　　单位：A/cm^2

金属	溶液	交换电流密度
Zn	1 mol/L $ZnSO_4$	2×10^{-5}
	$0.057 \sim 0.46$ mol/L Zn^{2+}，3 mol/L ClO_4^-	3.5×10^{-4}
Cu	1 mol/L $CuSO_4$	2.0×10^{-5}
	$0.05 \sim 0.5$ mol/L $CuSO_4$ + 0.5 mol/L H_2SO_4	7.0×10^{-3}
Fe	1 mol/L $FeSO_4$	10^{-8}
	1 mol/L HCl	$4.0 \times 10^{-8} \sim 1.0 \times 10^{-7}$
	4% NaCl(pH=1.5)	4.1×10^{-8}
	4% NaCl(酸化)	1.0×10^{-7}
	0.1 mol/L 柠檬酸	9.3×10^{-8}
	0.1 mol/L 苹果酸	1.5×10^{-8}
	$FeSO_4$ + Na_2SO_4(pH=3.1)	2.2×10^{-6}
Ni	1 mol/L $NiSO_4$	2.0×10^{-9}
Cd	0.049 mol/L Cd^{2+}	2.3×10^{-3}
	0.452 mol/L Cd^{2+}	2.5×10^{-2}
Pb	0.0027 mol/L Pb^{2+}	2.62×10^{-2}
	0.5 mol/L Pb^{2+}	7.14×10^{-2}
Ag	0.001 mol/L Ag^+	0.15
	0.1 mol/L Ag^+	4.5

2. 混合电位理论的应用：金属浸入酸溶液

混合电位理论的其中一个应用是金属在酸溶液中的溶解。图 9.23 讨论了将 Zn 浸入盐酸的情况。总的化学反应为：

$$Zn + 2H^+ \longrightarrow Zn^{2+} + H_2 \qquad (9.73)$$

也可以分为两个半电池反应：

$$Zn \longrightarrow Zn^{2+} + 2e^- \qquad (9.74)$$

和

$$2H^+ + 2e^- \longrightarrow H_2 \qquad (9.75)$$

对于各个半电池反应而言，反应均按照其本身的单独开路电位 E_0、其本身的交换电流密度 i_0 及其本身的极化曲线进行。对于式(9.75)中的半电池反应，如图 9.23 所示，i_0 是 $i_{0,H}$。在 Zn 表面的析氢反应的 i_0 为 3.2×10^{-11} A/cm^2。仅当 $a(H^+) = 1.0$ 以及氢气在一个大气压下,式(9.75)的开路平衡电位为标准电极电位 $E^{\ominus}$。氢的析出和沉积的 Tafel 斜率为 ±100 mV/decade。

相似地,式(9.74)中 Zn 的溶解和析出半电池反应具有其自身的交换电流密度 $i_{0,Zn}$。如图 9.23 所示,交换电流密度为 2.0×10^{-5} A/cm² (见表 9.4)。同样地,如果 $a(Zn^{2+})=1.0$,那么平衡开路电位 E_0 为 Zn 的标准电极电位。

由图 9.23 可知,任意电极电位的总阴极电流密度基本一定,这是由于阴极反应主要为:

$$2H^+ + 2e^- \longrightarrow H_2 \tag{9.75}$$

(在对数尺度下,反应 $Zn^{2+} + 2e^- \longrightarrow Zn$ 对总阴极电流密度的影响可以忽略不计。)相似,由图 9.23 可知,任意电极电位的总阳极电流密度基本一定,这是由于阳极反应主要为:

$$Zn \longrightarrow Zn^{2+} + 2e^- \tag{9.74}$$

(同样地,反应 $H_2 \longrightarrow 2H^+ + 2e^-$ 对总阳极电流密度的影响可以忽略不计。)

在反应式(9.74)和式(9.75)极化曲线的交叉处,总阳极电流密度与总阴极电流密度相同。因此,这个交叉位置规定了腐蚀电位 E_{corr} 和腐蚀电流密度 i_{corr}。

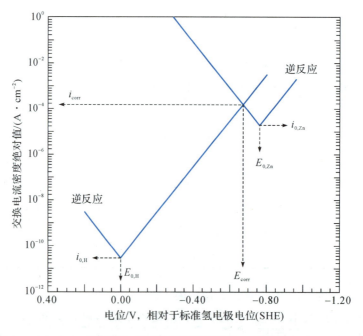

图 9.23　Zn 溶于盐酸中的 Evans 图

注:使用表 9.3 和表 9.4 中的交换电流密度绘制这个图形,对于氢的析出和沉积,Tafel 斜率为 ±100 mV/decade;对于 Zn 的溶解和沉积,Tafel 斜率为 ±60 mV/decade。

3. Tafel 外推法

当活化控制金属溶解时,可以使用 Tafel 外推法确定金属的腐蚀速率。最常见的应用是将金属浸入除去空气的酸性溶液中,其中,阳极反应是:

$$M \longrightarrow M^{n+} + ne^- \tag{9.76}$$

阴极反应是：

$$2H^+ + 2e^- \longrightarrow H_2 \tag{9.75}$$

除去溶液中空气的过程仅约束了阴极的析氢反应，而不包括氧在负极的还原反应。此外，在除去空气的溶液中，氧化物薄膜先生长在金属的表面，然后被酸性溶液溶解，从而达到稳定的开路电位。因此，单独的阳极反应是裸金属表面的溶解。

图 9.24 显示了将铁浸入不同浓度的 HCl 溶液获得的实验的阳极和阴极极化曲线。首先获得稳定的开路电位，然后获得这些曲线。Tafel 区域可以被外推至零过电位。阳极和阴极在 Tafel 斜率的交界处给出了腐蚀电位 E_{corr} 和腐蚀电流密度 i_{corr}（见图 9.24）。

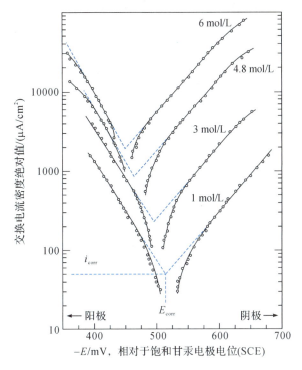

图 9.24　铁片浸入不同深度的盐酸溶液的阳极和阴极极化曲线

Tafel 外推法的基础源于式（9.70）。当 $E = E_{corr}$，$i = i_{corr}$ 时，因为过电位为 60～120 mV 时，逆反应对正反应的影响可以忽略不计，即超过开路电位的过电位为 60～120 mV 时，最容易观察到 Tafel 区域。

9.3　钝化

材料腐蚀给国民经济带来巨大损失，有时甚至会危及人身安全，必须引起高度关注和采取切实保护措施。常见的腐蚀控制方法包括阴极保护、阳极保护、使用有机物涂层保护、使用缓蚀剂以及使用添加物改变水溶液 pH 值。其中，最为有效的腐蚀保护方法是使用特殊的金属或者合金。这种金属或者合金在溶液

钝化的工业应用

中形成惰性氧化物薄膜,因此它们在溶液中的腐蚀速率很低。由于金属,如铁、镍、铬和铝,在自然界中均是以矿物形式而不是以元素形式存在的,因此它们均具有天然活性。然而,由于这些金属可以与水和/或者氧气反应形成稳定的惰性氧化物薄膜,所以可以用于工业生产中。本节讨论钝化现象以及钝化薄膜的性质。

9.3.1　Al 的钝化

由于 Al 及其合金质量轻、强度高(合金态下)以及具有优异的抗腐蚀性,被认为是重要的结构金属。然而在将其浸入水中或者暴露在空气中时,Al 会与水反应:

$$4Al(s)+12H_2O(l)+3O_2(g) \longrightarrow 2Al_2O_3(s)+12H^+(aq)+12OH^-(aq) \tag{9.77}$$

反应的自由能由热力学原理确定:

$$\Delta G^\ominus = 2\mu^\ominus(Al_2O_3(s))+12\mu^\ominus(OH^-(aq))-12\mu^\ominus(H_2O(l)) \tag{9.78}$$

代入 Pourbaix 列出的值,得 $\Delta G^\ominus = -2.2\ \text{MJ/mol}$。

式(9.77)的自由能变化值为较大的负值,因此 Al 与水的反应是自发的。因此,Al 的表面与水反应形成氧化物薄膜,如图 9.25 所示。然而,当 Al 表面被氧化物薄膜完全覆盖后,反应基本停止。膜的厚度仅有几百到几千埃米。

对式(9.77)所表示出的反应自发进行特性,问题在于为什么反应不能持续到全部的 Al 样品均转化为 Al_2O_3 呢?答案是:由于在 Al 金属表面形成

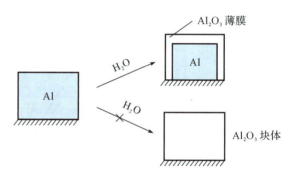

图 9.25　在 Al 表面氧化物防护薄膜的形成

了惰性氧化物薄膜,这种薄膜阻止了底层金属的进一步氧化,从而使得反应停止。因此,Al 及其合金表面的惰性氧化物薄膜保证了 Al 在水相环境中具有优异的抗腐蚀性。一般而言,对于用作结构或者电子材料的金属或者合金而言,钝化现象是最为重要也基本是唯一的实现化学稳定的因素。

钝化是指由于金属与环境之间发生反应,在金属表面形成防护薄膜,从而导致金属的化学或者电化学活性降低。这个定义中没有指出组成钝化薄膜的性质以及薄膜本身的任何特性。如今针对钝化的研究仍然集中在对钝化薄膜的化学或者物理性质进行深入的理解。

金属的氧化物薄膜通常(不总是)非常薄且肉眼不可见。必须使用特殊的表面分析技术才能研究这些薄膜。过渡金属(如 Fe、Cr、Co、Ni、Mo)及其合金(如 Fe-Cr 不锈钢)通常形成薄的钝化薄膜。薄膜厚度一般为几百埃米。钛与空气作用形成的钝化薄膜厚度为 30~80 Å,当将其暴露于空气中 4 年之后,钝化薄膜厚度为 250 Å。

非过渡金属(如 Zn、Cd、Cu、Mg、Pb)通常形成较厚的氧化物薄膜。薄膜厚度通常为几万埃米。例如,铜管在生活用水环境中形成的钝化薄膜主要是 Cu_2O,厚度为 5000 Å。在开放性环境中,在铜管、铜壳和铜雕塑上,在铜的表面可以形成肉眼可见的铜绿。在铜

绿最稳定的状态下,铜绿的主要组成成分是碱式硫酸铜 $CuSO_4 \cdot 3Cu(OH)_2$;在海洋环境中,铜绿的主要组成成分是氯化物;在工业气氛中,铜绿的主要组成成分是碳酸盐。铜绿的出现阻止了大气对铜的进一步腐蚀。

Al 可以具有薄的或者厚的钝化薄膜。Al 与空气作用形成的氧化物薄膜可以起到保护作用,且厚度仅有 $30\sim40$ Å。使用阳极氧化的方法可以得到更厚的钝化薄膜。例如,在磷酸中对 Al 合金进行阳极氧化,获得的薄膜厚度约为 4000 Å。

9.3.2　钝化的电化学基础

将不同种金属(如铁)浸入酸溶液(如硫酸)中,使其发生活化/钝化转变,所得到的典型曲线形状如图 9.26 所示。

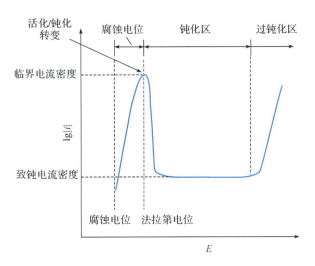

图 9.26　阳极极化曲线显示了在活化/钝化转变之后钝化薄膜的形成

首先,通过活化腐蚀区域。先施加开路腐蚀电位,并且将其移向正极方向。其中可以使用 Tafel 外推法确定开路电压腐蚀速率。但是到达临界电位时,进一步增加电位会导致阳极电流密度的降低。这个临界电位称为法拉第电位。这是由于在金属表面形成了钝化薄膜,我们认为金属经历了活化/钝化转变。当惰性氧化物形成时,以及金属进入阳极极化曲线的钝化区域时,可以观察到电流突然降低。在法拉第电位下的电流密度称为钝化的临界电流密度,在钝化区域的电流密度称为钝化电流密度。进一步增加阳极电位,电流继续增加,但是这个增加并不是由于金属腐蚀,而是由于电解质中的水分解形成氧气:

$$2H_2O(l) \longrightarrow O_2(g) + 4H^+(aq) + 4e^- \tag{9.79}$$

在钝化区域之外,随着电位的增加,电流密度再次增加的区域被称为过钝化区。

图 9.27 为在磷酸盐溶液中,pH 值对铁的阳极氧化曲线的影响。由图 9.28 可知,随着 pH 值的变化,法拉第电位也发生变化。当 pH 值增加时,法拉第电位更负。法拉第电位随着溶液 pH 值的变化情况如图 9.28 所示,遵循如下经验关系:

$$E_F = A_3 - BpH \tag{7.80}$$

式中:A_3 和 B 为常数,对于两种水溶液 A_3 和 B 的数值不同。

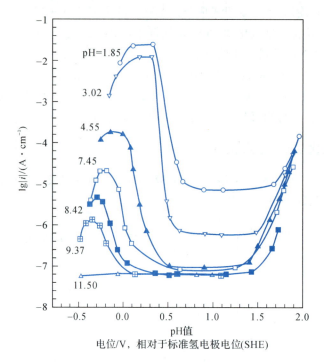

图 9.27 在不同的 pH 值条件下,磷酸盐溶液中铁的阳极极化曲线

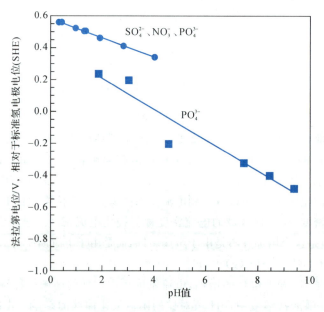

图 9.28 不同 pH 值时铁的法拉第电位的变化情况

钝化的临界电流密度也与溶液的 pH 值有关。如图 9.27 所示,随着酸性的增加(pH值降低)钝化的临界电流密度增加。对于大多数碱性磷化液(pH＝11.50),铁在没有经过大量的阳极溶解时即达到钝化。

　　事实上,对于金属而言,不必经历活化/钝化转变即可进入钝化态。例如,氧化缓蚀剂,如铬酸盐(中性或者碱性 pH)在不经过大量阳极溶解时就可以钝化,如图 9.29 所示。铬酸盐缓蚀剂通过如下反应,在铁表面形成混合的 Fe_2O_3 和 Cr_2O_3 氧化物,从而使铁钝化:

$$2Fe + 2CrO_4^{2-} + 4H^+ \longrightarrow Fe_2O_3 + Cr_2O_3 + 2H_2O \tag{9.81}$$

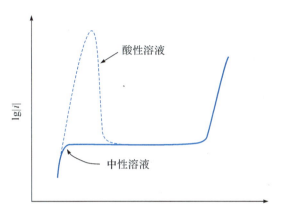

图 9.29　在酸性、中性和碱性溶液中形成钝化薄膜的阳极极化曲线

　　此外,过钝化区域氧的转化使两种附加反应均有可能发生。这取决于系统的特殊性质,即当电位位于法拉第电位和氧转化电位之间时,发生这些反应。因此,在电位到达氧转化电位之前即可发生。在两种可能的反应中,有一种是氧化薄膜的溶解。当氧化薄膜在阳极极化曲线的钝化区域不稳定时,发生氧化薄膜的溶解。以铬为例,当电极电位低于氧转化电位时,Cr_2O_3 溶解形成 CrO_4^{2-}。图 9.30 简略显示了铬在 pH=6 条件下的阳极极化曲线。其中,极化行为与 Pourbaix 图的热力学行为有关。

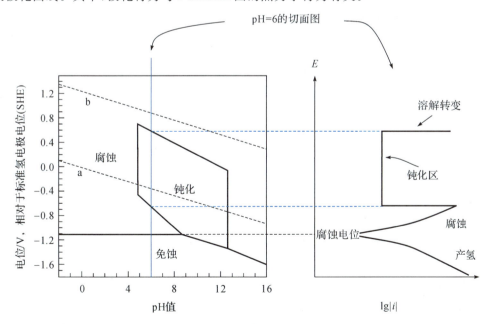

图 9.30　在 pH=6 的条件下,铬的 Pourbaix 图及其阳极极化曲线之间的关系

另一种阳极反应会在电极电位到达氧转化电位之前在钝化区域发生。这是由于侵蚀性阴离子(如氯根离子)的出现导致点状腐蚀。氯离子可以局部腐蚀氧化物薄膜,因此不会到达式(9.79)中的氧转化电位。相反,在电位增加至氧转化电位之前,阳极电流密度增加,并且腐蚀斑点中的活性溶解导致电流密度增加。18Cr-8Ni 不锈钢在氯化物溶液条件下的点蚀情况如图 9.31 所示。

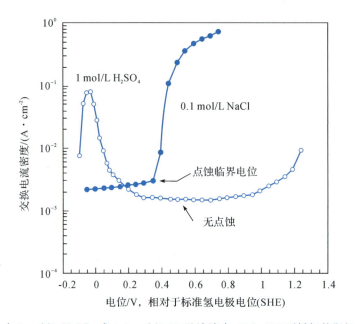

图 9.31　在 1 mol/L H_2SO_4 或 0.1 mol/L NaCl 溶液中,18Cr-8Ni 不锈钢的阳极极化曲线

9.3.3　钝化理论

目前有三种主要的钝化理论,分别为吸附理论、氧化薄膜理论、薄膜顺序理论。薄膜顺序理论实际上是将前两种理论结合起来,并且试图调和前两种理论之间的不同之处。

1. 吸附理论

根据钝化的视角,单层氧(即单分子层厚)化学吸附(用化学方法吸附)降低了表面金属原子的活性,并且防止了进一步氧化。当然,这种吸附单分子层的厚度是连续增加的,尽管如此该理论的支持者认为最初的化学吸附是钝化的首要条件。

如下观察结果支持吸附理论:①电化学方法产生钝化所需的库仑电量对应于单层氧吸附;②过渡金属在吸附 O_2 时需要吸收大量热,与表面键的形成或者化学吸附作用一致;③观察到的铁的法拉第电位与化学吸附单原子层的形成一致;④化学吸附理论较好地解释了二元合金的临界合金成分,它与合金的电子构型相关。

对于如上所列的第一点,使用库仑测试方法,研究人员确定了 NaOH 溶液、Na_2SO_4 溶液或者硼酸盐缓冲剂在铁表面形成相当于单层氧的钝化薄膜所需的电荷量。

将铁浸入 pH=0 的硫酸溶液中得到图 9.28 中所示的铁的法拉第电位为 0.58 V(vs SHE)。铁和溶液反应可以产生非化学计量氧化物。然而,我们不能使用这个简单电化学反应机理解释法拉第电位值。由表 9.5 所示,在 pH=0 的情况下,任何包含铁及其本体氧化物的标准电化学反应均与观察到的法拉第电位有关。

表 9.5 铁及其氧化物的热力学与法拉第电位 E_F 之间的关系

反应	能斯特方程	pH=0 时的 E /V(vs SHE)
$Fe+H_2O \longleftrightarrow FeO+2H^++2e^-$	$E=-0.0417-0.0591pH$	-0.0417
$3Fe+4H_2O \longleftrightarrow Fe_3O_4+8H^++8e^-$	$E=-0.085-0.0591pH$	-0.085
$2Fe+3H_2O \longleftrightarrow Fe_2O_3+6H^++6e^-$	$E=-0.051-0.0591pH$	-0.051
$2Fe_3O_4+H_2O \longleftrightarrow 3Fe_2O_3+2H^++2e^-$	$E=0.221-0.0591pH$	0.221

Uhlig 假设以下表面反应导致了钝化:

$$Fe(s)+3H_2O(l) \longrightarrow Fe(O_2 \cdot O)_{ads}+6H^+(aq)+6e^- \tag{9.82}$$

其中,$Fe(O_2 \cdot O)_{ads}$ 为具有两层氧吸附分子的化学吸附层。这个方法可以用于计算式(9.82)中的标准自由能变化 $\Delta G^\ominus$,并且根据式 $\Delta G^\ominus = -nFE^\ominus$ 计算得到 $E^\ominus$。简言之,Uhlig 根据式(9.82)计算得到每摩尔的 $Fe(O_2 \cdot O)_{ads}$ 的 $\Delta G^\ominus = 327.4$ kJ/mol 以及 $E^\ominus = -0.57$ V (vs SHE)。但是,这个电极电位是对应于氧化反应的,而标准电极电位则是对应于还原反应的,所以 $E^\ominus = +0.57$ V(vs SHE)。这个值与 Franck 测量得到的铁在硫酸中的法拉第电位 +0.58 V(vs SHE)相差不大。

2. 氧化薄膜理论

这个理论是由 Evans 及其合作者在早期的工作中提出的。在这个理论中,三维氧化物薄膜将金属与环境分离。氧化物薄膜作为屏障,将腐蚀环境进入薄膜的通路以及金属阳离子从基体进入薄膜的通路隔断。

如下观察结果支持氧化薄膜理论:

①使用化学品(如溴酒),能够把氧化物薄膜从金属基体上分离开,使用电子显微镜和电子衍射技术分析薄膜;

②目前,有大量研究使用现代表面分析方法,如 X 射线光电子能谱分析钝化薄膜的化学成分;

③研究证实在钝化薄膜中出现特定的有益合金元素(如 Cr、Ni、Mo),因此合金上钝化薄膜的化学成分对于合金的钝化性能具有重要影响。

1920 年,Evans 等人发表了三维氧化物薄膜理论的重要证据。他将溴或者碘溶于甲醇中制得混合溶液。然后,使用这种溶液将铁上的钝化薄膜从基体上分离下来(见图 9.32)。之后,研究者分离了铁、不锈钢和 Al 上的氧化物薄膜,并且使用化学分析、光学和电子显微镜以及电子衍射方法研究了薄膜的性能。例如,早期的研究表明,不锈钢表面分离出的钝化薄膜厚度约为 30 Å,薄膜为透明状或者半透明状,且在钝化薄膜中存在铬和铁。

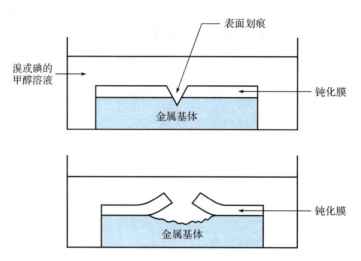

图 9.32　使用溴酒或者碘酒剥离钝化薄膜

钝化吸附理论的支持者没有质疑这种氧化物薄膜的存在,但是认为这些薄膜并不是钝化的起因,而是钝化的结果。

随着现代化表面分析技术的出现,我们可以获得各种合金的钝化薄膜的更多相关信息。例如,对于一系列的硫酸钝化的 Fe-Cr 合金,我们使用 X 射线电子能谱确定氧化物薄膜的化学组成。结果如图 9.33 所示,当合金中铬原子的含量约为 13% 时,氧化物薄膜富 Cr^{3+}。这个铬含量是 Fe-Cr 合金形成钝化的临界化学组成。

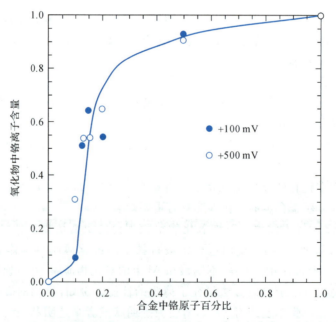

图 9.33　在两种不同的电极电位条件下,将合金浸入 1 mol/L H_2SO_4,之后,
根据合金的含铬量判断 Fe-Cr 二元合金钝化薄膜的含铬量

3. 薄膜顺序理论

Hackerman 提出了薄膜顺序理论。这一理论试图调和吸附理论和氧化薄膜理论之间的不同之处。Hackerman 指出吸附薄膜可能导致与钝化相关的宏观电势变化,但是吸附的单层分子不能对基体提供长期的抗腐蚀保护。因此,Hackerman 提出了薄膜顺序理论,旨在同时考虑吸附理论和氧化薄膜理论的钝化特性。

根据薄膜顺序理论,钝化薄膜按照一系列步骤形成,包括:

① O_2 的化学吸附;

② 吸附的 O_2 分子分裂形成两个吸附的氧原子 O_{ads};

③ 带电表面 O_{ads}^- 的形成;

④ 金属离子从基体中进入吸附层;

⑤ 三维氧化物的生长。

此外,在表面受到损伤时,薄膜必须能够再生。因此,当氧化物薄膜破损之后,重复步骤①和⑤。因此,薄膜顺序理论是基于吸附薄膜或者三维氧化物的特性而形成的。

Frankenthal 对 Fe-24Cr 合金上的钝化薄膜进行了研究,得到了钝化的吸附理论和氧化物薄膜理论之间的联系。电量测量结果显示最初的薄膜导致钝化现象出现,而最初的薄膜约为一个氧离子的单分子层厚,而当电极电位高于初始钝化的电位时,会在电极表面形成第二层或者更厚的稳定薄膜。

9.4　抗电化学氧化性能

金属材料抗电化学氧化性能主要取决于纯金属的特性,例如标准电极电位的高低、过电位大小、钝化特性等。合金化是改变金属抗电化学氧化最有效的途径。

9.4.1　影响抗电化学氧化性能的因素

1. 电极电位

金属的热力学稳定性可以根据其标准电极电位来近似地定性判断。电位越负的金属越不稳定,发生电化学氧化的倾向越大。表 9.6 为常用金属的标准电极电位及其热力学稳定性的一般特征。根据 pH=7 和 pH=0 时氢电极和氧电极的平衡电位值把这些金属划分为热力学稳定性不同的 5 个区。从表 9.6 中可以看到,在中性水溶液中即使没有氧存在,绝大多数金属在热力学上也是不稳定的。在自然界只有极少数金属(如 Pt、Au)可以认为是完全稳定的。即使电位很正的贵金属,在强氧化性介质中也可能发生电化学氧化反应。

表 9.6　金属在 25 ℃ 下的标准电极电位 $E^{\ominus}$ 及其腐蚀倾向的热力学特征

热力学稳定性的一般特征	金属及其电极电位	$E^{\ominus}/V$	热力学稳定性的一般特征	金属及其电极电位	$E^{\ominus}/V$
1. 热力学上很不稳定的金属（贱金属），甚至在不含氧的中性介质中也能被腐蚀	Li-e	3.045	2. 热力学不稳定的金属（半贱金属），在无氧的中性介质中稳定，但在酸性介质中能被腐蚀	Cd-2e	−0.402
	K-e	−2.925		In-3e	−0.342
	Cs-e	−2.923		Tl-e	−0.336
	Ba-2e	−2.906		Mn-3e	−0.283
	Sr-2e	−2.890		Co-2e	−0.277
	Ca-2e	−2.866		Ni-2e	−0.250
	Na-2e	−2.714		Mo-3e	−0.200
	La-3e	−2.522		Ge-4e	−0.150
	Ce-3e	−2.480		Sn-2e	−0.130
	Y-3e	−2.372		Pb-2e	−0.126
	Mg-2e	−2.363		W-2e	−0.110
	Sc-3e	−2.080		Fe-3e	−0.037
	Th-4e	−1.900	3. 热力学上中等稳定的金属（半贵金属），当无氧时，在中性和酸性介质中是稳定的	Sn-4e	+0.007
	Be-2e	−1.847		Ge-2e	+0.010
	U-3e	−1.800		Bi-3e	+0.216
	Hf-4e	−1.700		Sb-3e	+0.240
	Al-3e	−1.662		As-3e	+0.300
	Ti-2e	−1.628		Cu-2e	+0.337
	Zr-4e	−1.529		Co-3e	+0.418
	U-4e	−1.500		Cu-e	+0.521
	Ti-3e	−1.210		Rh-2e	+0.600
	V-2e	−1.186		Tl-3e	+0.723
	Mn-2e	−1.180		Pb-4e	+0.784
	Nb-3e	−1.100		Hg-e	+0.789
	Cr-2e	−0.913		Ag-e	+0.799
	V-3e	−0.876		Rh-2e	+0.800
	Ta-5e	−0.810	4. 高稳定性金属（贵金属），在有氧的中性介质中不腐蚀，在有氧或氧化剂的酸性介质中可能被腐蚀	Hg-2e	+0.854
	Zr-2e	−0.760		Pb-2e	+0.987
	Cr-3e	−0.740		Ir-3e	+1.000
	Ga-3e	−0.529		Pt-2e	+1.190
	Te-2e	−0.510	5. 完全稳定的金属，在有氧的酸性介质中是稳定的，有氧化剂时能溶解在络合剂中	Au-3e	+1.498
	Fe-2e	−0.440		Au-e	+1.691

2. 过电位

除了从热力学稳定性角度进行定性判断之外,还必须考虑动力学因素。金属发生电化学氧化的快慢主要由过电位决定。以析氢反应为例,通过分析锌、铁在酸性溶液中的反应速率来了解过电位对电化学氧化速率的影响。从图 9.34 可以看到,尽管锌的标准电极电位比铁负,但锌的腐蚀电流密度却比铁的小。原因就是氢在锌上的过电位比在铁上的过电位大,造成在锌上氢离子与电子的交换比在铁上的交换更难。这就是利用锌作为钢铁材料的保护层的原因。

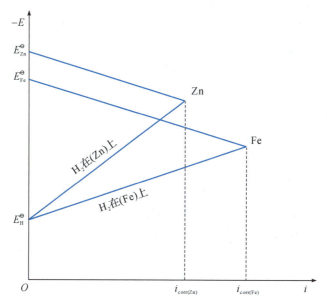

图 9.34　Fe、Zn 在酸中的腐蚀极化图

3. 钝化

有一些金属,如铬、钛、铝等,虽然在热力学上是不稳定的,但是在一定的环境介质中能发生钝化,因而具有良好的耐蚀性。金属钝化能力可用钝化系数来衡量:

$$K_p = \Delta E_a / \Delta E_c \tag{9.83}$$

式中:$\Delta E_a = E_{corr} - E_a$;$\Delta E_c = E_c - E_{corr}$。

按钝化系数的大小可将能够发生钝化的金属排列成表 9.7,钝化系数越大,材料的钝化能力越强。

表 9.7　几种金属在 0.5 mol/L NaCl 溶液中的钝化系数

金属	Ti	Al	Cr	Be	Mo	Mg	Ni	Co	Fe	Mn	Cu
钝化系数	2.44	0.82	0.74	0.73	0.49	0.47	0.37	0.20	0.18	0.13	0

9.4.2 提高抗电化学氧化性能的途径

1. 合金化

提高金属的热力学稳定性。合金的耐蚀性能主要取决于成分。在平衡电位较低、耐蚀性较差的金属中加入平衡电位较高的合金元素，可以提高合金的热力学稳定性，降低腐蚀速率。例如，在 Cu 中加 Au，或者在 Ni 中加 Cu。这是因为合金化形成的固溶体或金属间化合物使金属原子的电子壳层结构发生变化，使合金能量降低。合金的耐蚀性并非与加入元素的数量呈线性关系。在一些二元固溶体合金中，当合金元素的加入量达到原子分数 $n/8$ 时，合金的耐蚀性才有大幅度提高。例如在 Fe-Cr 合金中，只有当 Cr 原子含量达到 12.5% 时才能成为不锈钢。

提高析氢过电位阻滞阴极过程。合金中添加元素的析氢过电位不同，则阴极反应速率不同，导致合金腐蚀速率不同。例如，工业 Zn 中通常含有电位较高的 Cu、Fe 等杂质元素，由于 Cu、Fe 的析氢过电位低，析氢反应交换电流密度高，使 Zn 腐蚀速率急剧增大。相反，若在 Zn 中加入析氢过电位高的 Cd 或 Hg，则可大幅降低腐蚀速率。

2. 合金钝化

虽然工业合金的主要基体金属（如 Fe、Al、Mg）在一定的环境介质中能发生钝化，但它们的钝化能力还不够强。例如 Fe 需在强氧化性酸中才能自钝化，而在一般的自然环境中不钝化。当加入易钝化的合金元素 Cr 超过 12.5% 时，Fe 能在自然环境中钝化。因此加入一定量的易钝化合金元素能使合金整体钝化，降低腐蚀速率。

3. 金相组织与热处理

金属的组织形态和热处理状态对其耐蚀性有很大影响。工业使用的金属材料主要是多相组织。多相组织中相与相之间存在电位差，形成腐蚀电池。所以一般认为固溶体比多相组织耐蚀性好。通过热处理可以改变合金的晶粒大小、相分布和应力状态，从而对合金耐蚀性能产生影响。例如 18-8 型奥氏体不锈钢经高温固溶处理后在 400～850 ℃下长期加热，将产生大量的碳化铬沿晶界析出，使晶界附近形成贫 Cr 区。碳化物为腐蚀电池阴极，贫 Cr 区为腐蚀电池阳极，造成晶界腐蚀。

习题与思考题

1. 电化学腐蚀的热力学判据有几种？举例说明它们的应用和使用的局限性。
2. 什么是 E-pH 图？试用 Fe-H$_2$O 体系的 E-pH 图说明各直线、点、区域的物理意义和控制铁腐蚀的具体技术途径。E-pH 图使用中有何局限性？
3. 铁在 pH=1 的 NaCl 溶液中的电极电位为 0.2 V，利用 Pourbaix 图写出可能的阳极反应和阴极反应。有人提出两个反应分别为 $Cl_2+2e^- \Longrightarrow 2Cl^-$ 和 $Na \Longrightarrow Na^+ +e^-$，你同意上述看法吗？为什么？
4. 计算下列电池的电动势：
$$Pt|Fe^{3+}(\alpha_{Fe^{3+}}=0.1),Fe^{2+}(\alpha_{Fe^{2+}}=0.001)||Ag(\alpha_{Ag^+}=0.01)|Ag$$
并写出该电池的自发反应，判定哪个电极为阳极。
5. 锌浸在 CuCl$_2$ 溶液中时会发生什么样的反应？当 Zn^{2+}/Cu^{2+} 活度比等于何值时，这个反应才会停止？
6. 在 0.1 mol/L 氯化铜溶液中，银能否腐蚀生成固体 AgCl？如能发生，腐蚀倾向的大小如何（以 V

表示)?

(1)阴极反应是 Cu^{2+} 还原为 Cu^+;　　　　　　(2)阴极反应是 Cu^{2+} 还原为 Cu。

7.已知电极反应 $O_2+2H_2O+4e^-\Longrightarrow 4OH^-$ 的标准平衡电位等于 0.401 V,请计算电极反应 $O_2+4H^++4e^-\Longrightarrow 2H_2O$ 的标准电极电位。

8.已知电极反应 $Fe\Longrightarrow Fe^{2+}+2e^-$ 和 $Fe^{2+}\Longrightarrow Fe^{3+}+e^-$ 的标准电极电位分别为 -0.44 V 和 0.771 V,请计算电极反应 $Fe\Longrightarrow Fe^{3+}+3e^-$ 的标准电极电位。

9.根据 25 ℃时 $Fe-H_2O$ 体系 E-pH 图(平衡相为 Fe、Fe_2O_3、Fe_3O),当溶液的 pH=7,Fe 在此溶液中分别处在 5 个不同电位 -0.65 V、-0.5 V、-0.3 V、$+0.5$ V、$+1.0$ V 时,写出可能进行的电极反应。Fe 处于何种状态?

10.为什么在讨论腐蚀金属电极极化方程式时,首先必须掌握单一金属电极的极化方程式?两者之间的根本区别是什么?对照单电极电化学极化方程式推导出电化学极化控制下的腐蚀金属电极极化方程式。

11.在电化学极化控制下,决定腐蚀速率的主要因素是什么?

12.在浓差极化控制下,决定腐蚀速率的主要因素是什么?

13.什么是金属电极的极化曲线?实测极化曲线和理想极化曲线有何区别与联系?理想极化曲线如何绘制?

14.试用混合电位理论说明铜在含氧酸和氰化物中的腐蚀行为。

15.何谓腐蚀电位?试用混合电位理论说明氧化剂对腐蚀电位和腐蚀速率的影响。

16.铁电极在 pH=4.0 的电解液中以 0.001 A/cm^2 的电流密度阴极极化到电位 -0.916 V(vs SCE)时的氢过电位是多少?

17.当 H^+ 以 0.001 A/cm^2 放电时的阴极电位为 -0.92 V(相对 25 ℃,0.01 mol/L KCl 溶液中的 Ag/AgCl 电极)。问:

(1)相对 SHE 的阴极电位是多少?　　　　　　(2)如果电解液的 pH=1,氢过电位多大?

18.在 pH=10 的电解液中,铂电极上氧的析出电位为 1.30 V(vs SCE),求氧的析出过电位。

19.Cu^{2+} 从 0.2 mol/L $CuSO_4$ 溶液中沉积到 Cu 电极上的电位为 -0.180 V(相对 1 mol/L 甘汞电极),计算该电极的极化值。该电极发生的是阴极极化还是阳极极化?

20.Zn 和 Cu 试片的面积各为 10 cm^2,浸在质量分数为 0.03 的 NaCl 溶液中,分别测得电位 $E_{Zn}=-0.792$ V,$E_{Cu}=0.04$ V,两块金属片之间经导线接通后,线路中流过的稳定电流 $I=200$ μA,线路的外电阻 $R_{外}=110$ Ω,内电阻 $R_{内}=120$ Ω。试问:

(1)起始的腐蚀电流值是多少?

(2)此值是实验测得的稳定腐蚀电流的多少倍?说明了什么问题?

(3)Zn 的腐蚀速率以重量法和深度法表示时,各为多少?(Zn 的密度 $\rho_{Zn}=7.14$ g/cm^3)

21.计算 25 ℃下 1 电子和 2 电子电荷传递过程的阳极塔 Tafel 斜率 b_a,对每一过程的传递系数都取 $a=0.5$。

22.测得铁在 25 ℃、质量分数为 0.03 的 NaCl 溶液中的混合电位为 -0.3 V(vs SCE),试问阴、阳极的控制程度,并指出属于何种腐蚀控制。

23.Pt 在去除空气的 pH=1.0 的 H_2SO_4 中,以 0.01 A/cm^2 的电流进行阴极极化时的电位为 -0.334 V(vs SCE);而以 0.1 A/cm^2 的电流进行阴极极化时的电位为 -0.364 V(vs SCE)。计算在此溶液中 H^+ 在 Pt 上放电的交换电流密度 i_0 和 Tafel 斜率 b_c。

24.对于小的外加电流密度 i,阳极活化过电位 η 遵循关系式 $\eta=ki$,推导与交换电流密度 i_0 的关系。假定 Tafel 斜率 $b_a=b_c=0.1$ V。

25. Fe 在腐蚀溶液中,低电流密度下线性极化的斜率为 $dE/di = 2\ mV/(\mu A/cm^2)$,假定 $b_a = b_c = 0.1\ V$,试计算其腐蚀速率[以 $g/(m^2 \cdot d)$ 为单位]。

26. 金属的自钝化(或化学钝化)与电化学阳极钝化有何异同?试给金属的钝化、钝性和钝态下一个比较确切的定义。

27. 金属的化学钝化曲线与电化学钝化阳极极化曲线有何异同点?试画出金属的阳极钝化曲线,并说明该曲线上各特征区和特征点的物理意义。

28. 何谓法拉第电位?如何利用法拉第电位来判断金属的钝化稳定性?举例说明。

29. 实现金属的自钝化,其介质中的氧化剂必须满足什么条件?试举例分析说明随着介质的氧化性和浓度的不同,对易钝化金属可能腐蚀的四种情况。

30. 氧化薄膜理论和吸附理论各自以什么论点和论据来解释金属的钝化?两种理论各有何局限性?

31. 什么是合金耐蚀性的"$n/8$ 定律"(或 Tamman 定律)?是否只要稳定化合金元素满足"$n/8$ 定律"就一定可获得显著的耐蚀性?试用两种钝化理论对"$n/8$ 定律"进行解释。

32. 影响金属钝化的因素有哪些?其规律是怎样的?试用两种钝化理论解释活性氯离子对钝化膜的破坏作用。

33. 有哪些措施可以使处于活化/钝化不稳定状态的金属进入稳定的钝态?试用极化图说明。

34. 现有一批 304L 不锈钢管,拟用作运输常温下含氧的 $1\ mol/L\ H_2SO_4$ 的管材。如果氧的溶解度为 $10^{-3}\ mol/L$,测定不锈钢在这种酸中的致钝电流密度为 $200\ \mu A/cm^2$,并已知还原反应 $O_2 + 2H_2O + 4e^- \longrightarrow 4OH^-$,氧的扩散层厚度在流动酸中为 $0.005\ cm$,在静止酸中为 $0.05\ cm$,溶解氧的扩散系数 $D = 10^{-5}\ cm^2/s$。试问:304L 不锈钢管在流动酸和静止酸中是否处于钝化状态?通过理论计算确定该材料能否投入使用。

第 10 章

高分子材料的老化性能

高分子材料在加工、储存和使用过程中,在光、热、水、化学和生物侵蚀等内外因素综合作用下,表现出性能逐渐下降,从而部分或者全部丧失其使用价值的现象称为老化。高分子材料的老化造成的实际危害比人们想象的严重许多,常导致设备过早失效、材料大量流失甚至严重污染环境,已经成为一个非常重要的问题。从本质而言,高分子材料的老化可分为化学老化和物理老化。化学老化是指高分子材料分子结构变化,主要发生主键断裂或者次价键破坏,例如溶胀、溶解、开裂等。这是一种不可逆的化学反应,常分为降解和交联两种类型。降解是高分子材料受到光、热、机械作用力等因素影响,其分子链发生断裂引发自由基连锁反应;交联是指原本未相连的自由基相互作用产生交联结构。高分子材料的物理老化是指处于非平衡态的不稳定结构在玻璃化转变温度以下会逐渐趋向稳定的平衡态从而引起材料性质发生变化。本文主要介绍高分子材料的化学老化,从化学角度而言高分子材料的化学老化也可以从化学反应的热力学和动力学两方面进行研究。

高分子材料的化学老化是一个自催化过程,按照游离基反应过程主要包括三种反应。

①链引发。高分子材料受到热、光或者其他因素作用后在分子链的薄弱点首先引发出自由基,可用通式表达:

$$非自由基物质 \longrightarrow 自由基 \, \text{I} + Q_i \tag{10.1}$$

②之后,自由基与周围基团作用形成新自由基和非自由基产物,或者分解出新自由基:

$$自由基 \, \text{I} + 底物 \longrightarrow 自由基 \, \text{II} + Q_p \tag{10.2}$$

③当自由基相互碰撞而发生双基偶合终止形成非自由基产物:

$$自由基 \, \text{I} + 自由基 \, \text{I}(或 \, \text{II}) \longrightarrow Q_t \tag{10.3}$$

式中:Q_i、Q_p 与 Q_t 为非自由基的产物。

10.1 高分子材料老化热力学

通过比较反应焓,我们可估计高分子材料的分子链结构与活性的关系。这些可从反应物和生成物的自由焓中计算,它们的自由焓在模型化合物中已知,与聚合物中的相同。我们以异丙醇为例。表 10.1 列出了计算所需数据,有了这些热化学数据,我们就可进行下列推测。

10.1.1　链引发

以异丙醇为例,异丙醇的化学老化引发过程可以通过如下四种常见的方式产生。

①由底物的分解:

$$i\text{-}C_4H_{10} \longrightarrow ter\text{-}C_4H_9 \cdot + H \cdot \qquad \Delta G = 276\ kJ/mol \qquad (10.4)$$

②由 POOH 的单分子分解:

$$ter\text{-}C_4H_9OOH \longrightarrow ter\text{-}C_4H_9O \cdot + HO \cdot \qquad \Delta G = 98\ kJ/mol \qquad (10.5)$$

③由 POOH 的双分子分解:

$$2ter\text{-}C_4H_9OOH \longrightarrow ter\text{-}C_4H_9OO \cdot + ter\text{-}C_4H_9O \cdot + H_2O$$
$$\Delta G = 33\ kJ/mol \qquad (10.6)$$

④由过氧化物 POOP 的分解:

$$r\text{-}C_4H_9OOC_4H_9 \longrightarrow 2ter\text{-}C_4H_9O \cdot \qquad \Delta G = 87\ kJ/mol \qquad (10.7)$$

可以看到,所有的引发反应都是吸热的。过氧化氢物分解比底物分解更容易。比起单分子分解,POOH 双分子分解(在足够高的浓度下)在热力学上更有利。过氧化物的分解与其母体过氧化氢物的单分子分解的特征相似。活化能与焓所体现的趋势大体一致。

表 10.1　在异丙醇氧化过程中形成各种化学基元的热力学焓、熵及自由能数据

分子或自由基	$H_f/(J/mol)$	$S_f/[J/(mol \cdot k)]$	$\Delta G_f/(kJ/mol, 373\ K)$
$i\text{-}C_4H_{10}$	-134500	295	-244
$ter\text{-}C_4H_9 \cdot$	28000	296	-83
$i\text{-}C_3H_7 \cdot$	72400	276	-30
$CH_3 \cdot$	133900	193	62
$H \cdot$	218000	115	175
$ter\text{-}C_4H_9OOH$	-217600	360	-352
$ter\text{-}C_4H_9O \cdot$	-102500	326	-224
$HO \cdot$	38900	184	-30
CH_3COCH_3	-216400	295	-326
H_2O	-243000	48	-225
$C_4H_9OO \cdot$	-87900	359	-222
$i\text{-}C_3H_7O \cdot$	-62800	315	-180
$ter\text{-}C_4H_9OH$	-313000	321	-433
$ter\text{-}C_4H_9OOC_4H_9$	-354000	485	-535

10.1.2　链增长

与链引发类似,链增长可以通过多种方式实现:

$$\text{ter-C}_4\text{H}\cdot_9 + \text{O}_2 \longrightarrow \text{ter-C}_4\text{H}_9\text{OO}\cdot \qquad \Delta G = 139 \text{ kJ/mol} \qquad (10.8)$$

$$\text{ter-C}_4\text{H}_9\text{OO}\cdot + \text{i-C}_4\text{H}_{10} \longrightarrow \text{ter-C}_4\text{H}_9\text{OOH} + \text{ter-C}_4\text{H}_9\cdot$$
$$\Delta G = 31 \text{ kJ/mol} \qquad (10.9)$$

$$\text{ter-C}_4\text{H}_9\text{O}\cdot + \text{i-C}_4\text{H}_{10} \longrightarrow \text{ter-C}_4\text{H}_9\text{OH} + \text{ter-C}_4\text{H}_9\cdot$$
$$\Delta G = -48 \text{ kJ/mol} \qquad (10.10)$$

$$\text{ter-C}_4\text{H}_9\text{O}\cdot \longrightarrow \text{CH}_3\text{COCH}_3 + \text{CH}_3\cdot \qquad \Delta G = -40 \text{ kJ/mol} \qquad (10.11)$$

$$\text{HO}\cdot + \text{i-C}_4\text{H}_{10} \longrightarrow \text{H}_2\text{O} + \text{ter-C}_4\text{H}_9\cdot \qquad \Delta G = -94 \text{ kJ/mol} \qquad (10.12)$$

10.1.3　链终止

事实上,在链增长的过程中,链终止反应也在发生。类似地,有多种实现链终止的方式:

$$2\text{ter-C}_4\text{H}_9\cdot \longrightarrow \text{i-C}_4\text{H}_{10} + \text{CH}_3-\text{CH}=\text{CH}-\text{CH}_3$$
$$\Delta G = -200 \text{ kJ/mol} \qquad (10.13)$$

$$2\text{C}_4\text{H}_9\cdot \longrightarrow \text{C}_8\text{H}_{18} \qquad \Delta G = -315 \text{ kJ/mol} \qquad (10.14)$$

$$\text{C}_4\text{H}_9\cdot + \text{C}_4\text{H}_9\text{OO}\cdot \longrightarrow \text{C}_4\text{H}_9-\text{O}-\text{O}-\text{C}_4\text{H}_9$$
$$\Delta G = -230 \text{ kJ/mol} \qquad (10.15)$$

链终止反应放出大量的热,尤其是那些含 P·自由基的。我们看到,氧化反应如果是完全放热的,那么这是由于自由基结合实现了终止。

10.2　高分子材料老化动力学

与热力学涉及的过程类似,高分子老化动力学同样也需要考察链引发、链增长、链终止三个过程。

10.2.1　链引发

链引发是最受争议的,也是氧化反应机理最不透彻的部分。根据引发过程是否来自聚合物的分解、氧化产物的分解或其他反应,我们能分辨出三种引发反应,本文以聚合物分解为例阐述引发反应。此分解可以是受热、光化学或放射化学引起的。它能影响在合成或加工过程生成规则结构单元(单体)或不规则结构。在这两种情况下,无论哪种机理,我们都可写为:

$$(\text{I})\text{St} \longrightarrow \text{P}\cdot \qquad (10.16)$$

式中:St 为断裂成自由基的结构。引起的速率可写为:

$$r_{10} = k_{10}[\text{St}] \qquad (10.17)$$

其中在热氧化中,k_{10}遵循阿伦尼乌斯定律,或者在光化学或放射化学老化中,k_{10}与光照的强度成比例。由于反应活性已知,引发速率随时间而降低。如果反应物质浓度大(单体单元),速率为一常数,对此的研究就限定为低转化率。

10.2.2　链增长

有两种常见的氧化链增长的方式:一是自由基加成到双键上,二是得氢。第二种方式是针对含氢原子的有机底物的。

在所有情况中,链增长含两个自由基(P·和POO·)以及两个基本步骤,其中第一个步骤中的自由基在第二个步骤中重新生成,因此,链增长为:

$$(\text{Ⅱ}) \quad \text{P·}+\text{O}_2 \longrightarrow \text{POO·} \tag{10.18}$$

$$(\text{Ⅲ}) \quad \text{POO·}+\text{Subs} \longrightarrow \text{Perox}+\text{P·} \tag{10.19}$$

式中:Subs代表底物;Perox在加成反应中是指过氧化物(POOP),在得氢反应中是指过氧化氢物(POOH)。在脂肪族底物中,反应Ⅱ总是比反应Ⅲ快,速率常数的比值通常高于10^6。反应Ⅱ的速率常数与自由基P·的结构关系不大。它的活化能较低,大多数情况下可忽略不计。

10.2.3　链终止

不存在稳定剂时,两个自由基之间发生失活,即终止双分子结合。由于有两种自由基,所以理论上有三种终止方式:

$$(\text{Ⅳ}) \quad \text{P·}+\text{P·} \longrightarrow \text{非活性产物} \tag{10.20}$$

$$(\text{Ⅴ}) \quad \text{P·}+\text{POO·} \longrightarrow \text{非活性产物} \tag{10.21}$$

$$(\text{Ⅵ}) \quad \text{POO·}+\text{POO·} \longrightarrow \text{非活性产物} \tag{10.22}$$

事实上,每种终止反应都会包括一些不同的基元反应。

注意:我们发现,终止或引发反应的形式高度相似,可以描述为:

$$\text{A}+\text{A} \longrightarrow \text{产物(B)} \tag{10.23}$$

反应物A的消耗速率为:

$$\frac{d[\text{A}]}{dt}=-a_c k_v [\text{A}]^2 \tag{10.24}$$

式中:k_v为速率常数;a_c为化学当量参数。

产物B的生成速率为:

$$\frac{d[\text{B}]}{dt}=k_v [\text{A}]^2 \tag{10.25}$$

化学反应中每生成一分子B,需要消耗两分子A。A消耗的速率是B生成速率的2倍。

10.3　高分子材料热氧化老化

在聚氯乙烯的热氧化中,HCl分子分裂和双键形成发挥着重要的作用。聚酰胺的氧化不需诱导期,与碳氢化合化氧化特征明显不同。聚硅氧烷的热氧化破坏,以及生橡胶和硫化橡胶的热氧化也别具一格。凝固的高分子——环氧化物树脂、聚芳酯和聚碳酸酯在较高温度被氧化,迄今为止,尚未知道有效稳定它们的方法。

　　鉴于聚丙烯高分子的氧化过程已经获得充分研究,在此章中我们将以聚丙烯氧化为例讨论高分子材料的热氧化行为。首先,需要提到的是电子顺磁共振方法。该方法可以检测到 γ 射线或者快电子辐照聚合物时所产生的自由基。另外,通过电子顺磁共振方法可证明高分子的自由基 R^* 能吸收氧气,形成过氧化氢自由基 RO_2^*。

　　通过特别合成的 2,4,6 三甲基庚烷在 60～80 ℃温度范围氧化来模拟研究聚丙烯分子的部分氧化。通过光引发实现氧化,其反应过程如下:

$$RH + h\nu \longrightarrow R^* \tag{10.26}$$

$$R^* + O_2 \Longrightarrow RO_2^* \tag{10.27}$$

$$RO_2^* + RH \Longrightarrow ROOH + R^* \tag{10.28}$$

$$RO_2^* + RO_2^* \Longrightarrow inactive\ product \tag{10.29}$$

　　就像聚烯烃一样,聚丙烯也是通过含退化分支的自由基链机制发生氧化的,氢过氧化物是支化产物。图 10.1 描述的是在 130 ℃和 53.3 kPa 的氧气压力下,聚丙烯氧化的氧气吸收曲线。高分子中氧气吸收率最大值对应 15% 单分子结构的氧化。在评估氧化的高分子量时,需要考虑氧气吸收率等于单分子结构氧化率,也即一个单分子结构加一个氧分子。氧气吸收率可用以下形式表示:

$$w_{O_2} = a[ROOH]^{\frac{1}{2}} + b[ROOH] \tag{10.30}$$

　　根据式(10.30),过氧化氢浓度的氧气吸收率对氢过氧化物浓度的依赖性应该是线性的,如图 10.2 所示。

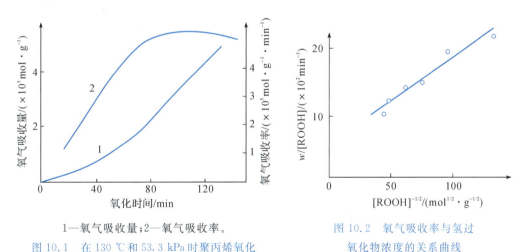

1—氧气吸收量;2—氧气吸收率。

图 10.1　在 130 ℃和 53.3 kPa 时聚丙烯氧化

图 10.2　氧气吸收率与氢过氧化物浓度的关系曲线

　　图 10.3(a)为上例中氧化产物 H_2O 的形成率曲线,产物的形成率变化与过氧化氢浓度的相一致。我们可以假设由于初级氧化产物——氢过氧化物的分解,所有次级产物形成。根据实验数据,产物形成率与过氧化物浓度成比例[见图 10.3(b)]。实验点正好与直线相符。该结果表明氢过氧化物分解得到所有产物。

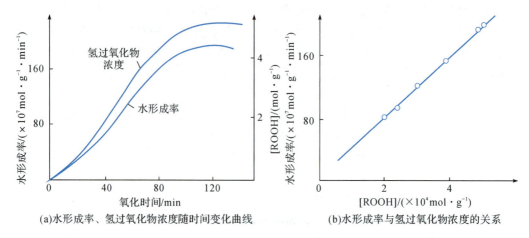

(a)水形成率、氢过氧化物浓度随时间变化曲线　　　(b)水形成率与氢过氧化物浓度的关系

图 10.3　聚丙烯在 130 ℃和 $p=53.3$ kPa 条件下氧化的关系曲线

氢过氧化物分解遵循双分子法则:

$$ROOH+RH \Longrightarrow RO^* + H_2O + R^* \tag{10.31}$$

由于此双分子反应的吸热效应(-63 kJ/mol)比单分子分解的吸热效应小 105 kJ/mol,因此更容易进行双分子反应。如果某物质的氢结合能比 RH 的氢结合能小,当该物质与氢过氧化物反应时,氢过氧化物分解将更快出现。

众所周知,抗氧化物的 N—H 结合能比烃类 C—H 结合能小得多。通过比较聚丙烯氧化中以及有无抗氧化物时形成的氢过氧化物的分解率,发现在 90~130 ℃时,把环己基-N′-苯基-p-对苯二胺放入聚丙烯中能显著提高氢过氧化物的分解率(见图 10.4)。聚丙烯氢过氧化物的分解活化能为 105 kJ/mol,而存在抗氧化物时该活化能为 54.6 kJ/mol。这为开发抗氧剂抑制高分子材料的热氧化提供了理论思路。

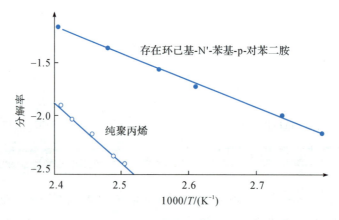

图 10.4　氢过氧化物分解率与温度依赖关系曲线

10.4　高分子材料光氧化老化

大多数高分子材料都具有明显的光老化现象。以聚烯烃为例,在紫外线照射的影响下,其性质发生很大变化,在富氧环境中的光老化效应尤为明显。通过水银石英灯照射在空气中的聚烯烃薄膜,会导致其物理力学性质快速变化。如图 10.5 所示,其延伸率急剧下降并伴随断裂强度下降。在大气老化条件下,聚烯烃物理力学性质的变化规律与人工紫外线照射的规律一致,只是该过程的速度改变了。在大气老化过程中,聚合物的最大分解速度对应太阳照射最大的月份。

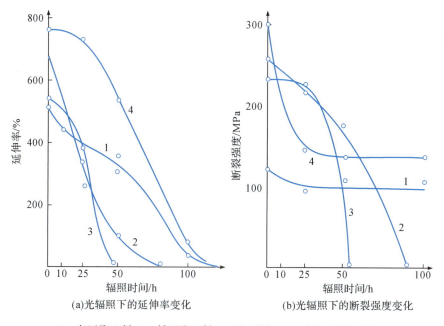

1—高压聚乙烯;2—低压聚乙烯;3—聚丙烯;4—乙烯-丙烯共聚物。

图 10.5　四种聚烯烃基薄膜在光辐照下的延伸率和断裂强度变化

紫外线照射增强了聚合物的氧化,吸氧率随光的强度和温度的增加而增加。光的影响导致聚合物结构中各种含氧基团的浓度逐渐增加。对聚乙烯在照射过程中的红外吸收光谱分析表明,在 1180 cm^{-1}(羧基)区域、1700 cm^{-1}(羰基)区域和 3300 cm^{-1}(羟基)区域观察到吸收量的增加。另外,还观察到对应不饱和键的 940 cm^{-1} 区域的吸收量的增加。由光氧化引起的聚乙烯红外光谱变化如图 10.6 所示,可见羰基的浓度变化特别剧烈。

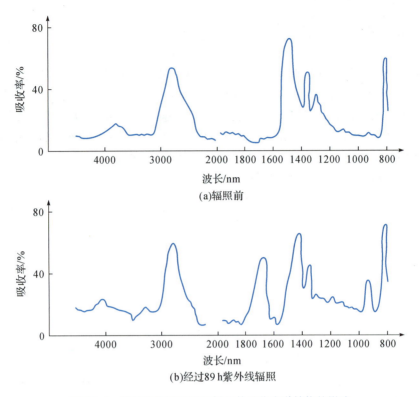

(a)辐照前

(b)经过89 h紫外线辐照

图 10.6　紫外线辐照对聚乙烯红外吸收光谱结构的影响

　　图 10.7 为 PRK-2 灯照射高、低压聚乙烯样品时,羰基基团增加的典型动力学曲线。值得注意的是,高压和低压聚乙烯的动力学曲线不同。在后一种情况下,羰基基团的增加接近极限,而对于高压聚乙烯,新的基团继续以越来越快的速度形成。这种差异显然可以用高、低压聚乙烯结晶度的不同来解释。众所周知,低压聚乙烯的结晶度较高,晶体结构阻碍了氧气在样品中的渗透。

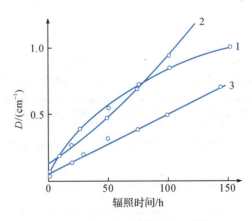

1—低压聚乙烯;2—高压聚乙烯;
3—苯基-β-萘胺、二苯基-p-苯二胺和炭黑混合的稳定的高压聚乙烯。
图 10.7　在聚乙烯光解过程中羰基增加的动力学曲线

对羰基吸收区域内的光吸收进行研究得到的结论是光氧化的链式反应是从羰基吸收光开始的,而羰基总是存在于线性聚合物中。这种基团可以出现在聚合物分子中,甚至在有氧的聚合过程中。当光(波长小于 330 nm)被醛、酮的羰基吸收时,后者分解为宏观自由基。在聚乙烯的光解研究中,气相中检测到了一氧化碳、水、乙醛和丙酮,聚合物中检测到了乙烯基。这些产物的组成证实了化合物中羰基的分解。

因此,假设分解按照以下方案进行:

$$R{-}CO{-}CH_2{-}CH_2{-}CH_2{-}R \xrightarrow{h\nu} R{-}CO{-}CH_3{+}CH_2{=}CH{-}R \qquad (10.32)$$

$$R{-}CH_2{-}CH_2{-}C\begin{smallmatrix}O\\H\end{smallmatrix} \xrightarrow{h\nu} \begin{cases} R'{-}CH{=}CH_2{+}CH_3C\begin{smallmatrix}O\\H\end{smallmatrix} \\ R{-}CH_2{-}\dot{C}H_2{+}\dot{C}\begin{smallmatrix}O\\H\end{smallmatrix} \end{cases} \qquad (10.33)$$

反应式(10.33)形成的宏观自由基与氧相互作用,获得正常的连锁反应并形成氢过氧化物。根据已有研究,在聚乙烯光解过程中羰基的量子产率不大于 0.1。这意味着光氧化的动力链不是很长。因此,在实践中通过抗氧化剂终止该连锁反应是行不通的,因为在短链高速增长的情况下,是不可能有效抑制的。在光解反应式(10.32)和式(10.33)过程中,不饱和化合物的形成促进了聚烯烃的进一步氧化。

在一些研究者看来,光破坏过程中形成的过氧化氢化合物比相应的醛和酮的形成更稳定。已有研究表明,醛在二级过氧化物分解中形成,酮在三级过氧化物分解中形成。在氧的存在下,醛在光的作用下被氧化成酸。

在大气条件下,由于空气中含有臭氧、二氧化硫、二氧化氮、过氧化氢、自由基等多种氧化剂,促进了聚烯烃的光氧化。其中臭氧从大气层的上层进入,或由二氧化硫和二氧化氮的光氧化形成;而自由基可能形成于水的光解过程中:

$$H_2O \xrightarrow{h\nu} H \cdot + O \cdot H \qquad (10.34)$$

或来自过氧化氢的光解过程中:

$$H_2O_2 \xrightarrow{h\nu} 2O \cdot H \qquad (10.35)$$

例如,过氧化氢可以由水与臭氧反应生成:

$$H_2O + O_3 \xrightarrow{h\nu} O_2 + H_2O_2 \qquad (10.36)$$

总体而言,聚烯烃的光破坏过程是极其复杂的,目前对其机理仍处于初步研究阶段。

10.5　影响高分子材料老化的因素

影响高分子材料发生化学老化的因素有内在和外在两类因素。内在因素包括以下几种。

10.5.1　化学结构

化学结构的弱键部位容易受到外界因素的影响发生断裂而成为自由基。这种自由基是引发后续反应的起始点。最典型的例子是聚乙烯和聚四氟乙烯。两者的化学组成与链节结构分别如图 10.8 所示。

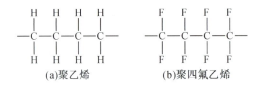

(a)聚乙烯   (b)聚四氟乙烯

图 10.8   聚乙烯和聚四氟乙烯的化学组成与链节结构

当聚合度相同时,两者的差别仅是一个氟原子和一个氢原子的不同。聚四氟乙烯有"塑料王"之称,它不仅有卓越的耐化学性能、耐高低温性能和优秀的介电性能,而且有优秀的耐老化性能。但是聚乙烯的耐老化性能却差得多。原因是 C—F 键(441.2 kJ/mol)和 C—H 键(413.6 kJ/mol)的键能不同,更重要的是氟原子的半径远大于氢原子的半径。这样氟原子不仅自身十分稳定,还保护了碳原子免受其他原子攻击,从而使聚四氟乙烯具有优良的耐老化性能。

10.5.2   物理形态

高分子材料的分子链有些是有序排列的,有些是无序排列的。有序排列的分子链构成结晶区,无序排列的分子链构成非晶区。非晶区自由能相对较高,化学老化往往优先从非晶区开始。例如,支链聚乙烯在 100 ℃时比直链聚乙烯老化速度快,这是因为前者结晶度低于后者。

10.5.3   相对分子质量及其分布

通常而言,相对分子质量绝对值与老化性能关系不大,但是相对分子质量的分布对老化性能影响很大。高分子材料的相对分子质量分布越宽则越容易老化,因为分布越宽则端基越多,从而越容易引起老化反应。

10.6   高分子材料的抗老化方法

目前已经开发出多种手段防止和抑制高分子材料的老化,通常可分为如下四个方面:①在高分子材料中添加各种稳定剂;②用物理方法进行保护;③改进聚合和成型加工工艺;④将聚合物改性。限于篇幅,本文简略介绍在高分子材料中添加抗氧剂来控制老化的方法。

抗氧剂的主要作用是捕获氧自由基和有效分解氢过氧化物。抗氧剂可分为两大类:①主抗氧剂,它能与自动氧化过程中的烷基过氧化物自由基、烷氧自由基和羟基自由基等发生反应,终止自由基的链式反应;②辅助抗氧剂,它能分解在自动氧化过程中产生的氢过氧化物而不生成自由基。原则上,抗氧剂越早加入高分子材料越好,大体可在高分子材料的聚合阶段、配料阶段和成型阶段加入。

10.6.1　抗氧化剂

已经在使用的主抗氧剂大体可分为氢给予体、电子给予体、自由基捕获体和苯并呋喃酮类这四种。氢给予体能够与聚合物争夺过氧化物自由基,通过氢原子的转移,形成非自由基 ROOH 和一个较稳定的自由基,从而抑制自由基链式增长。电子给予体通过与自由基结合并将电子转移至自由基上使活性链反应终止。自由基捕获体通过捕获自由基并形成非自由基产物终止链反应。苯并呋喃酮对烷基自由基具有很强的捕获能力。

10.6.2　光吸收剂

以聚烯烃为例,300～400 nm 的光波范围是最危险的。因此,光稳定的实际问题主要归结于精确地吸收该部分光谱的聚合体的引入。光吸收剂的作用机理十分复杂,目前研究甚少,并且很明显是基于光吸收剂对光的吸收,以及光吸收剂电子激发的能量进一步转化为其他形式的能量。根据光量子吸收能量的转化机理,光吸收剂可以分为以下三组。

①化合物吸收光量子后,能够以相同频率辐射(荧光)的形式发出电子激发的能量;在这种情况下,没有观察到光稳定作用。

②吸收光量子的分子也可以通过碰撞传递能量。这比荧光需要的时间更短。这种能量的传递能够导致光吸收剂的光敏作用,从而增加聚合物的破坏速度。

③某些抗氧化剂在接近羰基吸收的区域吸收光——特别是二级胺和苯基-β-萘胺,然而它们会加剧光氧化作用。能够对此做出解释的原因是胺分子电子激发的能量被用于以下类型的化学反应:

$$R_1NHR_2 \xrightarrow{h\nu} [R_1NHR_2]^* \tag{10.37}$$

这导致了活性自由基的形成,能够进行聚合物链氧化反应。

对大量能够吸收紫外线的不同化合物的测试表明,某些化合物在分子中不含不稳定的氢,仍然具有致敏倾向。这些化合物包括苯甲酮,其特征是羰基中吸收光能的局部化。这些化合物吸收光量子的能量,并将这些能量通过碰撞传递给聚合物分子,并导致了自由基的形成和进一步的破坏。实验证明了苯甲酮溶液辐照时苯甲酮自由基的形成。这些自由基二聚化;其二聚体能够以结晶的形式分离。

当目标聚合物不仅要采取保护以免受光的作用,而且要免受氧化破坏时,必须考虑许多抗氧化剂的敏化作用。

如果光的吸收仅能够引起光吸收剂最小电子激发水平,则这样的光吸收剂分子会以热能和光量子的形式迅速释放一部分能量。在低能量量子中,激发能量向聚合物的传递对聚合物来说是无害的。此时可以观察到光作用的稳定性。此类光吸收剂的典型代表是羟基苯甲酮及其衍生物。

羟基苯甲酮中光能的传递是通过它重排为醌型结构来实现的,这导致了比吸收光频率低的能量发射。这类重新排列按照以下组合进行,其中 $h\nu' < h\nu$。

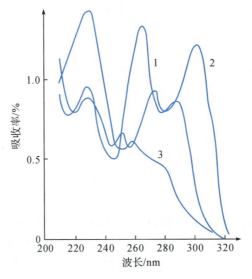

$$\text{（10.38）}$$

苯甲酮的苯结构和醌结构在此过程中存在不稳定平衡,使得大量能量的转换成为可能。正是这种羟基苯甲酮将吸收的光能转化为聚合物能量的能力,使其衍生物作为光稳定剂得到了广泛的实际应用。基于苯甲酮的光稳定剂可以分为两种基本类型:单-2-羟基苯甲酮和 2,2′-二羟基苯甲酮。

在大多数情况下,这些化合物的产生都是基于相应的苯甲酮衍生物的烷基化或烃基化反应。由于这些化合物的结构差异,它们的光吸收特性、与聚烯烃的相容性、颜色和在有机溶剂中的溶解度均有很大不同。苯甲酮类的所有光吸收剂都含有羟苯酮基,该基团的氢键负责对近紫外区域光波的强烈吸收。苯甲酮的 2,2′-二羟基衍生物具有较大的共轭效应,因此它们在紫外线区域的吸收更加强烈,并且几乎延伸到可见光的边界。如图 10.9 所示的某些苯甲酮衍生物的紫外线吸收光谱就证明了这一点。

1—2-羟基-2-甲氧基苯甲酮;2—2,2′-羟基-4-甲氧基苯甲酮;
3—2,4-二甲氧基二苯甲酮。

图 10.9　二氯乙烷中苯甲酮衍生物溶液的紫外吸收光谱

炭黑对聚烯烃亦具有良好的光稳定作用。许多研究人员解释了炭黑的光稳定作用是因为:一方面,它能够吸收整个范围的紫外线和可见光,并将吸收的光能转化为对聚合物来说不那么危险的形式——热能;另一方面,由于晶体结构的特性,炭黑具有阻挡自由基引发热氧化和光氧化的能力。

对于对光作用稳定性较低的聚合物,即光吸收量大,量子产率大(如聚丙烯),为了获得最大的效果,使用含抗氧化剂的光吸收剂混合物是有利的。在这种情况下,不仅光的有害作用被阻断,而且氧化反应也被抑制。

在许多情况下,高吸收量的同时伴随着低量子产率。这时一种光吸收剂就足够了,因为低量子产率伴随着短动力链,这样使用抗氧化剂毫无用处。紫外线透明聚合物的光稳定可以通过单独使用抗氧化剂来实现。在为聚合物选择抗氧化剂时,抗氧化剂不应在 290~300 nm 区域内吸收光线,也不应受光解作用的影响。光稳定剂的应用使聚烯烃制品的使用周期大幅增加,图 10.10 显示了在大气老化过程中稳定的和不稳定的高压聚乙烯薄膜的延伸率变化曲线。该结果在一定程度上也说明了各种光稳定剂有效性的差异。

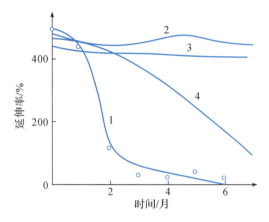

1—不稳定的聚乙烯;2—加入 2-羟基-4-辛基-氧苯甲酮;
3—加入炭黑和二苯基对苯二胺;4—加入 4-噻唑烷酮衍生物。

图 10.10　光稳定剂对大气老化过程中高压聚乙烯薄膜延伸率的影响

10.7　高分子材料老化性能评价与测试

10.7.1　高分子材料老化性能评价

高分子材料的老化程度是根据材料在暴露实验中性能的变化来评定的。从理论上而言,凡是在暴露过程中发生变化并可测量的性能都可以作为防老化性能的评价指标。但是在实际应用中往往选择对变化较敏感的一种或几种性能的变化来评定老化性能,通常分为以下几类指标。

1. 物理性能指标

物理性能指标是最直观的评价老化的指标,主要有表面表观变化(粉化、龟裂、斑点等)、光学性能(光泽、色变、透射率等)、物理测定方法(相对分子质量及分布、黏度、质量等)。其中,橡胶和塑料软管氙弧灯曝晒颜色和外观变化的测定,规定了将橡胶和塑料软管暴露于实验室光源下,以评价其在这种暴露条件下颜色和外观变化的方法。对于涂层,涉及光泽、颜色、厚度的变化,主要的国标有色漆和清漆漆膜之 20°、60° 和 85° 镜面光泽的测定,涂膜颜色的测量方法,色漆和清漆漆膜厚度的测定和磁性金属基体上非磁性覆盖层厚度测量方法。

2. 力学性能指标

这是评价高分子材料在变形和破坏情况下的重要性能指标,主要有抗拉强度、断裂伸长率、弯曲强度及冲击强度等。涉及的实验方法有塑料拉伸性能实验方法、塑料弯曲性能实验方法、塑料薄膜拉伸性能实验方法、硫化橡胶耐臭氧老化实验动态拉伸实验方法、硫化橡胶或热塑性橡胶拉伸应力应变性能的测定等。

3. 微观分析方法

材料的宏观物理机械性能是由其微观结构决定的。因此,在研究高分子材料的老化时,除了用某些宏观物理机械性能作为评价标准外,更应该采用一些微观分析措施。特别是当建立人工老化和大气老化之间的相关模型时,微观分析方法显得更为重要。目前主要采用的高分子材料降解的检测和分析方法有热分析法(差热分析 DTA、差示扫描量热法 DSC、热重分析法 TGA 及热机械分析法 TMA)、化学分析法(氧吸收法、过氧化物基团测定、羰基羧基测定)、色谱法、质谱法、光谱法等。

4. 其他性能指标

评价高分子材料老化的性能指标主要有耐磨、抗紫外线、抗大气环境等,这些指标通常没有统一的规范,更多的是按工程要求进行专门研究。

10.7.2 高分子材料老化性能测试

如何评价高分子材料的老化一直以来是研究人员关注的问题,目前主要有两类测试方法:自然环境老化和人工加速老化。

1. 自然环境老化试验

自然环境老化试验是指利用自然环境条件或者自然介质进行的试验,主要包括大气老化试验、埋地试验、仓库贮存试验、海水浸渍试验等。自然环境老化试验的结果更符合实际,所需费用较低而且操作简单方便,是国内外广泛采用的方法,应用最多的是户外气候试验。

自然气候暴露试验就是将试样置于自然气候环境下暴露,使其经受日光、温度、氧等气候因素的综合作用,通过测定其性能的变化来评价塑料的耐候性。目前我国关于直接自然气候暴露的试验方法主要有光解性塑料户外暴露试验方法、涂层自然气候暴露试验方法和塑料大气暴露试验方法。另外,将材料置于玻璃板后的自然气候暴露的试验方法有硫化橡胶在玻璃下耐阳光暴露试验方法和塑料在玻璃板过滤后的日光下间接暴露试验方法。它们分别规定了各种材料自然气候暴露试验方法的要求及步骤,用于评价高分子材料在室外自然条件以及经玻璃过滤后的日光暴露下的耐候性。

由于大气暴露与贮存试验周期长,为了获得自然条件下的老化数据,同时相对加快自然老化的进程,人们又研制了户外自然加速暴露试验方法。户外自然加速暴露试验方法是在大气暴露试验方法的基础上,人为强化并控制某些环境因素,来加速材料或构件的腐蚀和老化。近 20 年来国内外研制了在自然条件下加速暴露的试验方法和设备,以提高试验和评价的效率和水平。目前常见的方法有 7 种,分别是橡胶动态暴露试验、追光式跟踪太阳暴露试验、聚光式跟踪太阳暴露试验、加速暴露试验、喷淋加速暴露试验、黑框暴露试验、玻璃框下暴露试验。自然气候暴露试验是评价高分子材料老化特性最真实的方法,但材料在大气中受日照、雨淋、冻融等环境条件变化引起的外观、物理与化学性能的变化十分缓慢。因此进行自然老化,不但旷日持久,而且因为环境条件变化与影响因素复杂,对试验结果很难准确评价。

2. 人工加速老化试验

人工加速老化试验是指用人工的方法在室内或者设备内模拟近似于大气环境条件或某种特定环境条件,并强化某些因素,以期在短期内获得试验结果。使用该试验方法可以相对地比较不同材料的抗老化性能,并对材料的使用寿命提出指导意见。人工加速老化试验主要包括人工气候试验、热老化试验、湿热老化试验等。

(1)复合老化试验 采用氙弧灯或碳弧灯作为光源,其光谱能量分布基本与自然太阳光谱相似,并通过特殊的内外过滤器,模拟和强化高分子材料在自然气候中受到的光、热、空气、温度、湿度和降雨等主要老化破坏的环境因素,快速模拟不同气候的日光曝晒效果,从而获得近似于自然气候的耐候性。我国目前已有的关于具体高分子复合老化的试验方法有:塑料实验室光源暴露试验方法,塑料氙弧灯光源暴露试验方法,色漆、清漆、喷漆及有关产品的光-水暴露设备(碳弧型)及实施方法,非金属材料暴露试验用的有水和无水光暴露设备(碳弧型)及实施方法,以及硫化橡胶人工气候老化(碳弧灯)试验方法,分别规定了不同光源暴露条件下进行耐候性评定的步骤和措施,也适用于同类材料之间的耐候性对比试验。但这种方法也有局限性,即氙弧灯光源稳定性及由此带来的试验系统的复杂性。氙弧灯光源必须经过过滤以减少不期望的辐射,为达到不同的辐照度分布可有多种过滤玻璃类型供选择。改变过滤玻璃可以改变透过的波长类型,从而改变材料遭受破坏的速度和类型,选用何种过滤玻璃取决于被测试材料的类型及其用途。

(2)紫外灯老化试验 紫外线具有很大的能量,能切断聚合物的分子链或引发光氧化反应。通过紫外灯老化,将产品周而复始地置于光、湿及受控高温等极端恶劣的环境之中,能模拟雨水或露水以及阳光中的紫外能量所引起的破坏。但这种试验只有当材料对紫外线较敏感时模拟才是有效的,我国目前的紫外灯试验方法主要有硫化橡胶人工气候老化(荧光紫外灯)试验方法和塑料实验室光源暴露试验方法(荧光紫外灯)。

使用紫外灯老化试验的主要优势在于它能够模拟较为符合实际的室外潮湿环境对材料的破坏作用。紫外灯照射老化试验利用荧光紫外灯模拟太阳光对耐久性材料的破坏性作用。荧光紫外灯因自身内在的光谱稳定性使辐照度控制简单化。它的光谱能量分布不会随时间变化,这与前面提到的氙弧灯有区别。这一特点提高了试验结果的重现性,因而也是另一大优势,但这项试验不能模拟大气污染、生物破坏和咸水作用等区域性天气现象所引起的破坏。

(3)热老化试验 热是促进高分子材料发生老化反应的主要因素之一,热可使高分子材料分子发生链断裂从而产生自由基,形成自由基链式反应,导致高分子材料分解和交联,性能劣化。热老化试验通过加速材料在氧、热作用下的老化进程,反映材料耐热氧老化性能。根据材料的使用要求和试验目的确定试验温度。温度上限可根据有关技术规范确定,一般对于热塑性材料应低于其维卡软化点,对于热固性材料应低于其热变形温度,或者通过探索试验,选取不致造成试样分解或明显变形的温度。烘箱法老化试验是耐热性试验的常用方法,将试样置于选定条件的热烘箱内,主要通行的试验方法有塑料热空气暴露试验方法、硫化橡胶(或热塑性橡胶)热空气加速老化和耐热试验方法以及漆膜耐热性测定方法。

(4)湿热老化试验　湿热老化试验是用于鉴定高分子材料在高温、高湿环境下耐老化性能的试验方法。高温下的水汽对高分子材料具有一定的渗透能力,尤其是在热的作用下,这种渗透能力更强。能够渗进材料体系内部并积累起来形成水泡,从而降低了分子间的相互作用,导致塑料的性能劣化。湿热老化试验一般使用湿热试验箱,要求在一定的温度(40～60 ℃),保持较高的相对湿度(90％以上)。提高试验温度有利于加速老化,但试验温度过高,破坏速度太快,不利于区别材料的优劣,而且脱离实际的试验意义不大。此外,相对湿度也不能达到100％,因为相对湿度达100％时,试样表面出现大量的凝露水珠,这种情况近似于热水试验的环境,与湿热老化的环境不符。

习题与思考题

1.高分子材料老化的基本概念是什么? 有哪些类型?

2.请简述引起高分子材料化学老化的原因。

3.影响高分子材料化学老化的因素有哪些?

4.防止高分子材料热氧化和光氧化老化有哪些措施?

5.高分子材料的氧化反应分哪几个阶段? 哪些因素可引发反应?

6.光氧化反应是怎样引发的? 为什么暴露在大气中的高分子材料没有引发"爆发"式的光氧化反应?

7.高分子材料的老化测试方法有哪些? 如何评价高分子材料的老化?

参考文献

[1] Askeland D R. The science and engineering of materials [M]. Boston：PWS Engineering，1984.

[2] Bartenev G M，Lavrentev V V. Friction and wear of polymers [M]. New York：Elsevier，1982.

[3] Budinski K G，Michael K. Engineering materials：Properties and selection [M]. Virginia：Reston Pub Co，2009.

[4] Callister Jr W D. Materials science and engineering：an introduction [M]. New York：Wiley，1990.

[5] Czichos H. Hütte-die grundlagen der ingenieurwissenschaften [M]. 29th ed. Berlin：Springer-Verlag，1989.

[6] Edward M C. Introduction to corrosion science [M]. New York：Springer-Verlag，2010.

[7] Elliott S R. The physics and chemistry of solids [M]. Chichester：Wiley，2000.

[8] Evans H E. Mechanisms of creep fracture [M]. London：Elsevier，1984.

[9] Everett R K，Arsenault R J. Metal matrix composites，mechanisms and properties [M]. San Diego：Academic Press，1991.

[10] Ewalds H L，Wanhill R J H. Fracture mechanics [M]. London：Edward Arnold，1984.

[11] Fratzl P，Weinkamer R. Nature's hierarchical materials [J]. Progress in Materials Science，2007，52(8)：1263-1334.

[12] Gere J M，Goodno B J. Mechanics of materials [M]. Stamford Conn：Cengage Learning，2013.

[13] Gibson L J，Ashby M F. Cellular solids-structure and properties [M]. 2nd ed. Cambridge：Cambridge University Press，1997.

[14] Gray G T. High-strain-rate deformation：mechanical behavior and deformation substructures induced [J]. Annual Review of Materials Research，2012，42：285-303.

[15] Hertzberg R W. Deformation and fracture mechanics of engineering materials [M]. 4th ed. New York：Wiley，1996.

[16] Holister G S，Thomas C. Fiber reinforced materials [M]. London：Elsevier，1986.

[17] Hull D. An introduction to composite materials [M]. Cambridge：Cambridge

University Press,1981.

[18] Kelly A,Nicholson R B. Strengthening methods in crystals[M]. New York:Wiley, 1971.

[19] Kim J H,Lee M G,Kim D,et al. Micromechanics-based strain hardening model in consideration of dislocation-precipitate interactions [J]. Metals and Materials International,2011,17(2):291-300.

[20] Lain L M. Principle of mechanical metallurgy[M]//Ashby M F,Jones D R H. Engineering materials 1:an introduction to their properties and applications. Oxford:Pergamon Press,1980.

[21] Li J,Nagamani C,Moore J S. Polymer mechanochemistry:from destructive to productive[J]. Accounts of Chemical Research,2015,48(8):2181-2190.

[22] Lo K H,Shek C H,Lai J K L. Recent developments in stainless steels[J]. Materials Science and Engineering,R:Reports,2009,65(4):39-104.

[23] Lynch S P. Mechanisms of fracture in liquid-metal environments,embrittlement by liquid and solid metals[C]//Kamdar M H. TMS-AIME, Warrendale, PA, 1984: 105.

[24] Meerthan G W, Van de Voorde M H. Corrosion books:materials for high temperature engineering applications[M]. New York:Wiley,2003.

[25] Schaedler T A,Carter W B. Architected cellular materials[J]. Annual Review of Materials Research,2016,46:187-210.

[26] Tetelman A S,McEvily Jr A J. Fracture of structural materials[M]. New York: Wiley,1967.

[27] Wang E,Yao R,Li Q,et al. Lightweight metallic cellular materials:a systematic review on mechanical characteristics and engineering applications[J]. International Journal of Mechanical Sciences,2024,270:108795.

[28] White M A. Properties of materials[M]. Oxford:Oxford University Press,1999.

[29] Buschow K H J. 金属与陶瓷的电子及磁学性质(Ⅱ)[M]. 詹文山,赵见高,译. 北京:科学出版社,2001.

[30] Luborsky F E. 非晶态金属合金[M]. 柯成,唐与谌,罗阳,等译. 北京:冶金工业出版社,1989.

[31] 曹富荣. 金属超塑性[M]. 北京:冶金工业出版社,2014.

[32] 崔福斋,冯庆玲. 生物材料学[M]. 北京:清华大学出版社,2004.

[33] 崔忠圻,覃耀春. 金属学与热处理[M]. 北京:机械工业出版社,2023.

[34] 杜勤,梁波. 金属材料力学性能检测[M]. 北京:机械工业出版社,2021.

[35] 干福熹. 信息材料[M]. 天津:天津大学出版社,2000.

[36] 高敏,张景韶,Rowe D M. 温差电转换及其应用[M]. 北京:兵器工业出版社,1996.

[37] 戈康达. 金属的疲劳与断裂[M]. 颜鸣皋,刘才穆,译. 上海:上海科学技术出版社,1983.

[38] 何曼君,张红东,陈维孝,等.高分子物理[M].上海:复旦大学出版社,2019.

[39] 何业东,齐慧滨.材料腐蚀与防护概论[M].北京:机械工业出版社,2008.

[40] 赫光生.非线性光学与光子学[M].上海:上海科学技术出版社,2018.

[41] 李立碑,孙玉福.金属材料物理性能手册[M].北京:机械工业出版社,2011.

[42] 李晓刚.材料腐蚀与防护[M].长沙:中南大学出版社,2009.

[43] 刘道新.材料的腐蚀与防护[M].西安:西北工业大学出版社,2006.

[44] 刘家浚.材料磨损原理及其耐磨性[M].北京:清华大学出版社,1993.

[45] 卢柯,卢磊.金属纳米材料力学性能的研究进展[J].金属学报,2000,36(8):785-789.

[46] 宁青菊,于成龙.无机材料物理性能[M].西安:西安交通大学出版社,2022.

[47] 乔生儒,张程煜,王泓.材料的力学性能[M].2版.西安:西北工业大学出版社,2021.

[48] 阮建明,邹俭鹏,黄伯云.生物材料学[M].北京:科学出版社,2004.

[49] 孙军,张国君,刘刚.大块非晶合金力学性能研究进展[J].西安交通大学学报,2001,35(6):640-645.

[50] 王猛.稀土上转换发光纳米材料的合成及应用[M].沈阳:东北大学出版社,2015.

[51] 王荣国,武卫莉,谷万里.复合材料概论[M].哈尔滨:哈尔滨工业大学出版社,2015.

[52] 肖纪美.金属的韧性与韧化[M].上海:上海科学技术出版社,1982.

[53] 殷景华,王雅珍,鞠刚.功能材料概论[M].哈尔滨:哈尔滨工业大学出版社,2017.

[54] 余泉茂.无机发光材料研究及应用新进展[M].合肥:中国科学技术大学出版社,2010.

[55] 张帆,郭益平,周伟敏.材料性能学[M].上海:上海交通大学出版社,2014.

[56] 张立德,牟季美.纳米材料学[M].沈阳:辽宁科学技术出版社,1994.

[57] 张梅,张恒华,等.金属力学性能及工程应用[M].北京:冶金工业出版社,2022.

[58] 浙江大学,武汉工业大学,上海化工学院,等.硅酸盐物理化学[M].北京:中国建筑工业出版社,1980.

[59] 郑植仁,吴文智,李艾华.光学[M].哈尔滨:哈尔滨工业大学出版社,2015.

[60] 中国航空研究院.应力强度因子手册[M].北京:科学出版社,1981.

附录 1　主要物理量一览表

符号	中文名称	英文名称	单位
C_p	等压比热	specific heat at constant pressure	$J \cdot (K \cdot mol)^{-1}$
α	线膨胀系数	coefficient of linear thermal expansion	K^{-1}
κ	热导率	thermal conductivity	$W \cdot (m \cdot K)^{-1}$
E_F	费米能	Fermi energy	eV
σ	电导率	electric conductivity	$(\Omega \cdot m)^{-1}$
E_g	禁带能	band gap energy	eV
m^*	(电子/空穴的)有效质量	(electron or hole) effective mass	g
μ	(电子/空穴的)迁移率	(electron or hole) mobility	$m^2 \cdot (s \cdot V)^{-1}$
n_e, n_h	载流子浓度	carrier concentration	m^{-3}
ρ	电阻率	electric resistivity	$\Omega \cdot m$
ε	介电常数	dielectric constant	$F \cdot m^{-1}$
T_C	居里温度	Curie temperature	K
ε_{ab}	塞贝克系数(温差热电势系数)	Seebeck coefficient	$V \cdot K^{-1}$
Z	热电优值(品质因素)	thermoelectric figure of merit	K^{-1}
P_m	磁矩	magnetic moment	$A \cdot m^2$
H	磁场强度	magnetic field strength	$A \cdot m^{-1}$
M	磁化强度	magnetization	$A \cdot m^{-1}$
μ	磁导率	permeability	$H \cdot m^{-1}$
B	磁感应强度	magnetic induction	T
χ	磁化率	magnetic susceptibility	—
ΔW	磁滞损耗	hysteresis loss	$J \cdot m^{-3}$
n	折射率	refractive index	—
β	吸收系数	absorption coefficient	m^{-1}

续表

符号	中文名称	英文名称	单位
σ	应力	stress	MPa
σ_T	真实应力	true stress	MPa
ε	应变	strain	—
ε_T	真实应变	true strain	—
σ_e	弹性极限	elastic limit	MPa
ε_e	最大弹性应变	maximal elastic straining	—
σ_s	屈服强度	yield strength	MPa
σ_b	抗拉强度	tensile strength	MPa
σ_k	断裂强度	breaking strength	MPa
σ_{bc}	抗压强度	compression strength	MPa
T_g	玻璃化温度	vitrification point	K
f	挠度	flexivity	—
ε_{ck}	相对压缩	relative compressibility	—
ψ_{ck}	相对断面扩胀率	relative fracture bulge percentage	—
G	切变模量	shear elasticity	MPa
τ_p	扭转比例极限	twisting proportional limit	MPa
$\tau_{0.3}$	扭转屈服强度	twisting yield strength	MPa
τ_b	抗扭强度	torsion strength	MPa
W_e	弹性比功	elastic strain energy	J
n	形变强化系数	strain-hardening coefficient	—
$\dot{\varepsilon}$	应变速率	strain rate	—
$\dot{\varepsilon}_T$	真实应变速率	true strain rate	—
M	应变速率敏感指数	strain rate sensitive factor	—
δ_k	延伸率	elongation percentage	—
ψ_k	断面收缩率	fracture contraction percentage	—
$\sigma_{\dot{\varepsilon}}^{T}$	蠕变极限	creep limit	MPa
σ_r	松弛极限	relaxed limit	MPa
K_{Ic}	断裂韧性	fracture toughness property	$MPa \cdot m^{1/2}$
K_I	应力强度因子	stress intensity factor	$MPa \cdot m^{1/2}$
A_k	冲击功	ballistic work	J
N_f	疲劳寿命	endurance life	周次

续表

符号	中文名称	英文名称	单位
N_0	裂纹形成寿命	crack formation life	周次
N_p	裂纹扩展寿命	crack propagation life	周次
σ_t^T	持久强度	endurance strength	MPa
σ_{scc}	应力腐蚀断裂的临界应力	stress corrosion fracture crippling strength	MPa
ω	磨损量	wear extent	m^3
$\Delta G^\ominus$	标准自由能	standard free energy change	$J \cdot mol^{-1}$
$\Delta G^{\neq}$	自由能势垒	free energy barrier	$J \cdot mol^{-1}$
$\Delta H^\ominus$	标准焓	standard enthalpy	$J \cdot mol^{-1}$
$\Delta S^\ominus$	标准熵	standard entropy	$J \cdot mol^{-1}$
a	活度	activity	—
y	氧化膜厚度	thickness of oxide	nm
I	电流	electric current	A
d_{oxide}	氧化物的密度	density of oxide	$g \cdot mm^{-3}$
F	法拉第常数	Faraday constant	$C \cdot mol^{-1}$
R	电阻	electric resistant	—
E	电动势或电极电位	potential	V
$E^\ominus$	标准电极电位	standard potential	V
E_F	法拉第电位	Faraday potential	V
κ_{ionic}	离子传导率	ion conductivity	$S \cdot m^{-1}$
$\kappa_{electronic}$	电子传导率	electron conductivity	$S \cdot m^{-1}$
τ_a	阴离子迁移率	anion mobility	$m \cdot s^{-1} \cdot V^{-1}$
τ_c	阳离子迁移率	cation mobility	$m \cdot s^{-1} \cdot V^{-1}$
τ_e	电子迁移率	electron mobility	$m \cdot s^{-1} \cdot V^{-1}$
$k_{rational}$	归一化速率常数	rational rate constant	$cm^{-1} \cdot s^{-1}$
ΔE_{act}	活化能	activation energy	$J \cdot mol^{-1}$
K	速率常数	rate constant	—
p	压强	pressure	Pa
PBR	Pilling-Bedworth 比值	Pilling-Bedworth ratio	—
μ°	化学势	chemical potential	$J \cdot mol^{-1}$
H	过电位	overvoltage	V
η_a	阳极过电位	anodic overvoltage	V

续表

符号	中文名称	英文名称	单位
η_c	阴极过电位	cathodic overvoltage	V
E_0	开路电位	open circle potential	V
$\overrightarrow{i}_Z$	阴极电流密度	cathodic current density	$A \cdot cm^{-2}$
$\overleftarrow{i}$	阳极电流密度	anodic current density	$A \cdot cm^{-2}$
i_0	交换电流密度	exchange current density	$A \cdot cm^{-2}$
$\overleftarrow{i}_{net}$	净电流密度	net current density	$A \cdot cm^{-2}$
α_{inter}	交换系数	exchange constant	—
C^{surf}	表面反应物的浓度	concentration of surface reactant	$mol \cdot L^{-1}$
b	塔菲尔常数	Tafel constant	—
b_a	阳极塔菲尔常数	anodic Tafel constant	—
b_c	阴极塔菲尔常数	cathodic Tafel constant	—
i_{corr}	腐蚀电流	corrosion current	A
E_{corr}	腐蚀电位	corrosion potential	V
K_p	钝化系数	passivation constant	—
a_c	化学当量参数	stoichiometric parameter	—
k_v	速率常数	rate constant	—
w_{O_2}	氧气吸收率	rate of oxygen absorption	$mol \cdot (g \cdot min)^{-1}$

附录 2　常数表

符号	中文名称	英文名称	数值[①]	单位
N_A	阿伏伽德罗常数	Avogadro constant	$6.0221(367) \times 10^{23}$	mol^{-1}
k_B	玻尔兹曼常数	Boltzmann constant	$1.3806(58) \times 10^{-23}$	$J \cdot K^{-1}$
R	摩尔气体常数	molar gas constant	$8.134(510)$	$J \cdot (mol \cdot K)^{-1}$
e	元电荷	electron charge	$1.60217(733) \times 10^{-19}$	C
F	法拉第常数	Faraday constant	$9.6485(309) \times 10^4$	$C \cdot mol^{-1}$
h	普朗克常数	Planck constant	$6.62607(55) \times 10^{-34}$	$J \cdot s$
$\hbar$	普朗克常数($=h/2\pi$)	Planck constant	$1.05457(27) \times 10^{-34}$	$J \cdot s$
μ_0	真空磁导率	vacuum permeability	$4\pi \times 10^{-7} \approx 1.256637 \times 10^{-6}$	$H \cdot m^{-1}$
μ_B	玻尔磁子	Bohr magneton	$9.27401(54) \times 10^{-24}$	$A \cdot m^2$

　　[①]由于采用不同的测定方法,许多常数的测量或计算数值可能不同,表中括号内的数字是不可靠的。

附录 3　元素周期表

元素周期表
Periodic Table of Elements

主要数据来源：1. M. Winter: WebElements, http://www.webelements.com/. （2005）
2. 戴安邦、沈孟长：元素周期表. 上海科学技术出版社. （1979）